高等数学

（第4版）

主　编　黄　璇　胡　琳

副主编　吴高翔　王新长

重庆大学出版社

内容提要

本书根据经济管理类、化学类和生物类等专业高等数学课程的基本要求，参照研究生入学考试大纲，结合编者多年的教学实践经验编写而成. 全书共 8 章，内容为：函数与极限，导数与微分，微分中值定理与导数的应用，不定积分，定积分及其应用，多元函数微积分，常微分方程初步，无穷级数. 本书内容丰富，逻辑清晰，重点突出，简明实用，便于教学. 书后附有习题答案与提示，供教师和学生参考使用.

本书可作为高等工科院校经济管理类、化学类和生物类等专业高等数学的教材，也可供工程技术人员参考.

图书在版编目（CIP）数据

高等数学 / 黄璇，胡琳主编. -- 4 版. -- 重庆：重庆大学出版社，2024. 7. --（本科公共课系列教材）.
ISBN 978-7-5689-4557-8

Ⅰ. O13

中国国家版本馆 CIP 数据核字第 202484SZ77 号

高等数学

GAODENG SHUXUE

（第 4 版）

主　编　黄　璇　胡　琳

副主编　吴高翔　王新长

策划编辑：杨粮菊

责任编辑：秦旖旎　　版式设计：杨粮菊

责任校对：关德强　　责任印制：张　策

*

重庆大学出版社出版发行

出版人：陈晓阳

社址：重庆市沙坪坝区大学城西路 21 号

邮编：401331

电话：（023）88617190　88617185（中小学）

传真：（023）88617186　88617166

网址：http://www.cqup.com.cn

邮箱：fxk@cqup.com.cn（营销中心）

全国新华书店经销

重庆新荟雅科技有限公司印刷

*

开本：787mm×1092mm　1/16　印张：20.5　字数：463 千

2015 年 5 月第 1 版　2024 年 7 月第 4 版　2024 年 7 月第 5 次印刷

印数：9 601—12 600

ISBN 978-7-5689-4557-8　定价：49.80 元

本书如有印刷、装订等质量问题，本社负责调换

版权所有，请勿擅自翻印和用本书

制作各类出版物及配套用书，违者必究

前言(第4版)

本书第4版是在第3版的基础上,根据教学改革实践的经验以及同行提出的宝贵意见,按照新形势下全国高校思想政治工作会议精神对课堂育人的新要求和新理念全面修订而成.为了更加适应当前教学和育人的需要,在不改变原教材知识系统的前提下,对第3版做了以下几个方面的修订:

①每章内容增添了学习导读,更好地满足教学与学习的需要;

②每节内容增添了相关知识点的微视频学习,以便读者自学和掌握相关内容;

③每章内容增添了本章内容小结,以便读者更好地复习巩固;

④每章总习题增添了答案提示与解析,为学生做题解惑;

⑤每章增添了课外阅读,内容包括与高等数学知识相关的一些课外材料和思政内容,拓展知识点的同时起到思政育人的效果;

⑥对第3版书中的一些错误进行了订正.

虽经修订,但新版中仍可能存在问题,欢迎广大专家、同行和读者批评指正.

编　者

2024年3月

前 言(第3版)

根据教学实践中积累的经验以及使用本书过程中同行提出的宝贵意见,为了更加适应教学的实际需求,在保持第一版结构严谨、通俗易懂、简明实用的优点使之更加符合高等院校经济管理、化学、生物等相关专业的教学需要的基础上,对第一版做了以下几个方面的修订:

①对部分内容进行了优化和增删,使之更符合教学的需要;

②对习题进行了适当增删,使之与相应内容之间的搭配更加合理,增选了近年来全国硕士研究生入学考试中的部分题目;

③对原书中的一些错误作了订正.

虽经修改,本书的不足之处在所难免,敬请广大读者不吝指正.

编 者

2020 年 7 月

前言

为了适应高等教育大众化的发展现状，在教学课时减少的情况下，使学生能较好地掌握高等数学的基本思想和方法，提高学生的数学素质和能力，编者根据多年的教学实践编写了本书. 本书是为一般高等院校经济管理类、化学类、生物类等相关专业的本科生所编写的高等数学教材，具有以下特点：

第一，对于重要概念，尽可能从实际问题引出并用图形、文字、代数的方法加以呈现. 对于重要定理的引入与证明，尽可能呈现“发现”过程，力求做到深入浅出、形象直观、通俗易懂.

第二，在保持内容的科学性、系统性的同时，适当简化或略去了某些性质和定理的证明过程，引导学生用数学的观点、方法分析问题和解决问题.

第三，本教材适用于经济管理类、化学类、生物类等相关专业. 在例题的选用上，除经典的物理学实例外，选用了适量的经济、化学和生物等方面的实例，以适应不同专业的教学需求.

本书在编写过程中参考了众多国内现有同类教材（见参考文献），同时得到了重庆大学出版社的大力支持，对此表示衷心感谢.

限于作者水平，不当之处在所难免，敬请广大读者批评指出.

编　者

2015 年 1 月

目录 CONTENTS

第 1 章　函数与极限

第 1 章学习导读

函数是数学里基本的概念,也是高等数学研究的主要对象. 极限是微积分的理论基础,也是研究微积分的基本工具. 本章主要介绍数列极限和函数极限的定义、性质、运算法则,以及函数的连续性,并讨论计算极限的各种方法.

1.1　函　数

1.1.1　集合

一般地,将具有某种特定性质的对象组成的总体称为**集合**,将组成集合的对象称为该集合的**元素**.

通常用大写字母 A,B,C 等表示集合,用小写字母 a,b,c 等表示元素. 若 a 是集合 A 的元素,记为 $a\in A$,否则记为 $a\notin A$. 根据集合中元素个数的多少,集合可分为**有限集**和**无限集**.

集合通常有两种表示方法:**列举法**和**描述法**.

①列举法. 列举法是将集合的所有元素一一列举出来的表示方法. 例如,由元素 $a_1,a_2,\cdots,a_n$ 组成的集合 A 可表示成

$$A=\{a_1,a_2,\cdots,a_n\}.$$

②描述法. 若集合 A 由具有某种性质 P 的元素的全体所组成,就可以表示成

$$A=\{x\,|\,x\text{ 具有性质 }P\}.$$

例如,大于 0 小于 6 的一切实数组成的集合可表示成

$$M=\{x\,|\,0<x<6,x\in\mathbf{R}\}.$$

习惯上,将全体非负整数即自然数的集合记为 $\mathbf{N}$,全体正整数的集合记为 $\mathbf{N}^*$,全体整数的集合记为 $\mathbf{Z}$,全体有理数的集合记为 $\mathbf{Q}$,全体实数的集合记为 $\mathbf{R}$.

如果集合 A 的每一个元素都是集合 B 的元素,则称 A 是 B 的**子集**,或 B **包含** A,记为 $A\subset B$(或 $B\supset A$). 例如有

$$\mathbf{N}^*\subset\mathbf{N}\subset\mathbf{Z}\subset\mathbf{Q}\subset\mathbf{R}.$$

如果 $A\subset B$ 且 $B\subset A$,则称集合 A 与 B 相等,记为 $A=B$.

不含任何元素的集合称为**空集**,记为 $\varnothing$,并规定空集为任一集合的子集.

1.1.2 实数集

区间与邻域是微积分学中常用的实数集.

设 a 和 b 为实数,且 $a<b$. 数集 $\{x \mid a<x<b\}$ 称为**开区间**,记为 (a,b);数集 $\{x \mid a\leqslant x\leqslant b\}$ 称为**闭区间**,记为 $[a,b]$;数集 $\{x \mid a\leqslant x<b\}$ 和 $\{x \mid a<x\leqslant b\}$ 都称为**半开半闭区间**,分别记为 $[a,b)$ 和 $(a,b]$.

以上这几类区间统称为**有限区间**,其中 a,b 分别称为区间的**左端点**和**右端点**, $b-a$ 称为**区间的长度**.

类似可定义无穷区间

$$[a,+\infty)=\{x \mid x\geqslant a\};$$

$$(a,+\infty)=\{x \mid x>a\};$$

$$(-\infty,b]=\{x \mid x\leqslant b\};$$

$$(-\infty,b)=\{x \mid x<b\};$$

$$(-\infty,+\infty)=\{x \mid -\infty<x<+\infty\}=\mathbf{R}.$$

设有实数 a 及 δ,且 $\delta>0$,称数集 $\{x \mid |x-a|<\delta\}$ 为**点 a 的 δ 邻域**,记为 $U(a,\delta)$. 其中,a 称为这个**邻域的中心**,δ 称为这个**邻域的半径**,如图 1.1 所示.

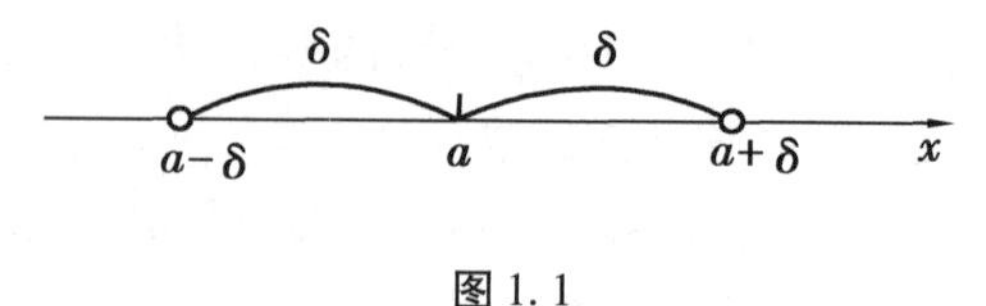

图 1.1

称数集 $\{x \mid 0<|x-a|<\delta\}$ 为**点 a 的去心 δ 邻域**,记为 $\mathring{U}(a,\delta)$. 它是点 a 的 δ 邻域去掉中心点 a 所得的集合.

当不需要强调邻域的半径 δ 时,点 a 的 δ 邻域和去心 δ 邻域可分别简记为 $U(a)$ 和 $\mathring{U}(a)$.

为了方便,将区间 $(a-\delta,a)$ 和 $(a,a+\delta)$ 分别称为点 a 的**左 δ 邻域**和**右 δ 邻域**.

1.1.3 函数的概念

定义 1 设 D 是一个非空实数集,如果按照某一确定的对应法则 f,对于每一个实数 $x\in D$,都有唯一的一个实数 y 与之对应,则称对应法则 f 是定义在实数集 D 上的**函数**,记为

$$f:D\to\mathbf{R} \text{ 或 } y=f(x),x\in D.$$

其中,x 称为**自变量**,y 称为**因变量**,D 称为**定义域**.

每个 $x\in D$ 所对应的实数 y 称为函数 f 在点 x 的**函数值**,记为 $y=f(x)$. 全体函数值的集合

$$f(D)=\{y \mid y=f(x), x \in D\}$$

称为函数 f 的**值域**.

函数概念的两个基本要素是对应法则和定义域. 如果两个函数的定义域和对应法则都相同,则称这两个函数相同.

函数的定义域通常按以下两种情况来确定:一种是有实际背景的函数,其定义域根据这个问题的实际意义来确定;另一种是用数学表达式表示的函数,如不说明定义域,则其定义域就是指使表达式有意义的一切实数组成的集合,称为函数的自然定义域.

例1 求函数 $f(x)=\dfrac{1}{\sqrt{4-x^2}}$ 的定义域.

解 要使函数有意义,必须有

$$4-x^2>0,$$

即

$$-2<x<2.$$

故函数的定义域为

$$D=\{x \mid -2<x<2\}.$$

函数的表示法主要有三种:解析法(或称公式法)、表格法和图形法. 用图形法表示函数是基于函数图形的概念,称坐标平面上的点集

$$\{(x,y) \mid y=f(x), x \in D\}$$

为函数 $y=f(x), x \in D$ 的**图形**.

例2 函数

$$y=|x|=\begin{cases}-x, & x<0 \\ x, & x \geqslant 0\end{cases}$$

称为绝对值函数,它的定义域 $D=(-\infty,+\infty)$,它的图形如图1.2所示.

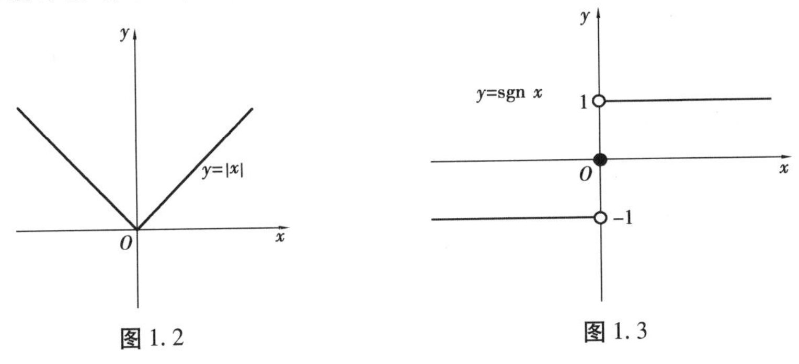

图1.2　　图1.3

例3 函数

$$y=\operatorname{sgn} x=\begin{cases}-1, & x<0 \\ 0, & x=0 \\ 1, & x>0\end{cases}$$

称为**符号函数**,它的定义域 $D=(-\infty,+\infty)$,它的图形如图1.3所示.

例 4 函数

$$y=[x]$$

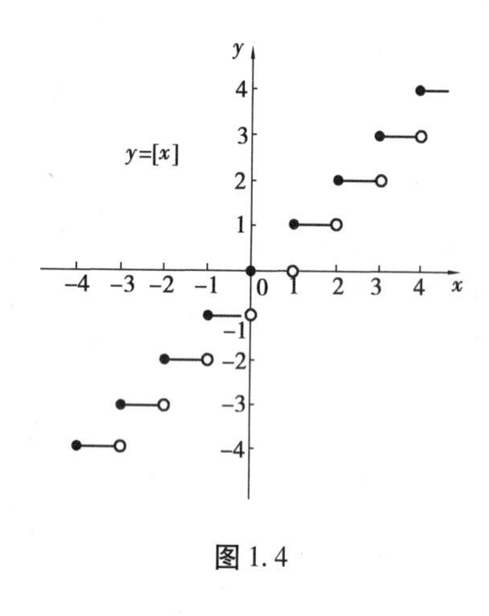

图 1.4

称为**取整函数**. 这里$[x]$表示不超过 x 的最大整数,称为 x 的整数部分. 它的定义域 $D=(-\infty,+\infty)$,它的图形如图 1.4 所示.

上面几个函数在其定义域的不同区间,对应法则用不同的公式表达,这类函数称为**分段函数**.

分段函数在实际问题中也是经常出现的. 例如,某市出租车按如下规定收费:当行驶里程不超过 3 km 时,一律收起步费 10.00 元;当行驶里程超过 3 km 时,除起步费外,对超过 3 km 且不超过 10 km 的部分,按 2.00 元/km 计费,对超过 10 km 的部分,按 3.00 元/km 计费. 则车费 C 与行驶里程 S 之间的函数关系为

$$C(S)=\begin{cases}10, & 0<S\leqslant 3\\ 2S+4, & 3<S\leqslant 10\\ 3S-6, & S>10\end{cases}.$$

1.1.4 函数的性质

1) 有界性

设函数 $f(x)$ 在数集 D 上有定义. 如果存在正数 M,使对 D 中每一个 x 都有

$$|f(x)|\leqslant M,$$

则称 $f(x)$ 在 D 上**有界**,并称 $f(x)$ 是 D 上的**有界函数**. 否则称 $f(x)$ 在 D 上**无界**.

直观上看,有界函数 $f(x)$ 的图形介于水平线 $y=-M$ 与 $y=M$ 之间.

例如,正弦函数 $y=\sin x$ 和余弦函数 $y=\cos x$ 为 $(-\infty,+\infty)$ 上的有界函数,因为对一切实数 x 有 $|\sin x|\leqslant 1$ 和 $|\cos x|\leqslant 1$. 又如函数 $y=x^3$ 在 $[0,1]$ 上是有界的,而在 $[0,+\infty)$ 上却是无界的.

2) 单调性

设函数 $f(x)$ 的定义域为 D,区间 $I\subset D$,如果对任意的 $x_1,x_2\in I$,当 $x_1<x_2$ 时,有

$$f(x_1)<f(x_2)\ (f(x_1)>f(x_2)),$$

则称 $f(x)$ 在区间 I 上**单调增加**(**单调减少**),并称区间 I 为函数 $f(x)$ 的**单调增加区间**(**单调减少区间**).

单调增加和单调减少的函数统称为**单调函数**.

函数在 I 上单调增加(单调减少),其图形沿 x 轴正向逐渐上升(逐渐下降).

例如,函数 $y=x^2$ 在 $(-\infty,+\infty)$ 内不具有单调性,但在 $(-\infty,0]$ 上单调减少,在 $[0,+\infty)$ 上单调增加,如图1.5所示.

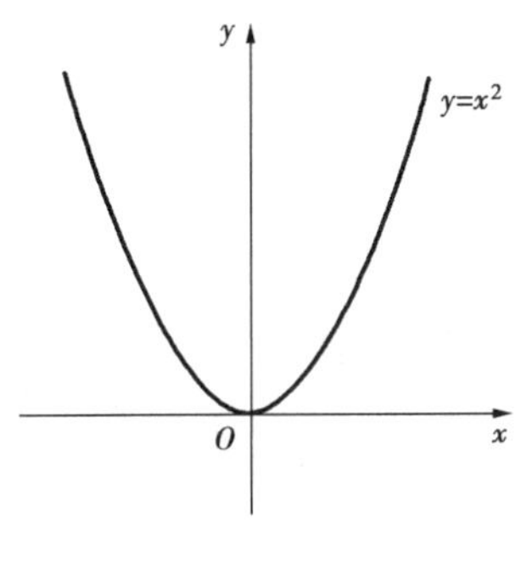

图1.5

3) **奇偶性**

设函数 $f(x)$ 的定义域 D 在数轴上关于原点对称. 如果对任何 $x\in D$ 有

$$f(-x)=-f(x),$$

则称 $f(x)$ 是 D 上的**奇函数**;如果对任何 $x\in D$ 有

$$f(-x)=f(x),$$

则称 $f(x)$ 是 D 上的**偶函数**.

例如,$f(x)=\sin x$ 是奇函数,因为 $f(-x)=\sin(-x)=-\sin x=-f(x)$. 又例如,$f(x)=\cos x$ 是偶函数,因为 $f(-x)=\cos(-x)=\cos x=f(x)$.

奇和偶的名称来自幂函数的 x 的幂次. 如果 $f(x)$ 是 x 的奇数次幂,如 $f(x)=x$ 或 $f(x)=x^3$,则它就是奇函数; 如果 $f(x)$ 是 x 的偶数次幂,如 $f(x)=x^2$ 或 $f(x)=x^4$,则它就是偶函数.

奇函数的图形关于原点对称,如图1.6所示;偶函数的图形关于 y 轴对称,如图1.7所示.

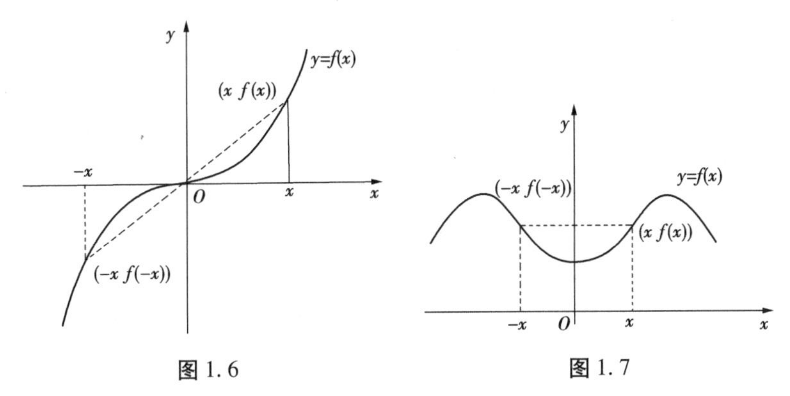

图1.6　　图1.7

4) **周期性**

设函数 $f(x)$ 定义域为 D. 如果存在正数 T,使得对一切 $x\in D$,都有 $x\pm T\in D$,且

$$f(x+T)=f(x),$$

则称 $f(x)$ 为 D 上的**周期函数**,称 T 为 $f(x)$ 的一个**周期**.

显然,如果 T 为 $f(x)$ 的周期,则对于任何正整数 k,kT 也是函数 $f(x)$ 的周期. 如果在周期函数的所有周期中有一个最小的,则称此周期为该函数的**最小正周期**. 通常说周期函数的周期是指最小正周期.

例如,函数 $y=\sin x$,$y=\cos x$ 都是周期为 2π 的周期函数.

1.1.5 反函数与复合函数

1)反函数的概念

设有函数 $y=f(x)$, $x\in D$,若对于每一个 $y\in f(D)$,有唯一的 $x\in D$ 使得 $y=f(x)$,则在 $f(D)$ 上定义了一个函数,记为

$$x=f^{-1}(y), y\in f(D).$$

称这个函数为函数 $y=f(x)$ 的**反函数**.

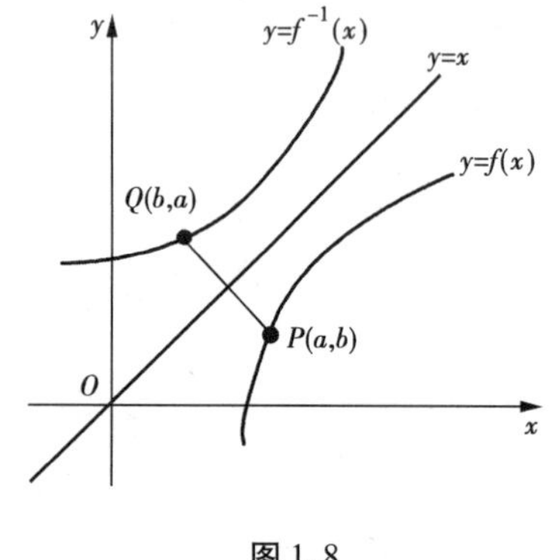

图 1.8

习惯上自变量用 x 表示,因变量用 y 表示,故函数 $y=f(x)$, $x\in D$ 的反函数记为

$$y=f^{-1}(x), x\in f(D).$$

由反函数的定义可知,如果当 $x_1\neq x_2$ 时有 $f(x_1)\neq f(x_2)$,则函数 $y=f(x)$ 一定有反函数. 由此可见,单调函数一定有反函数,并且其反函数有相同的单调性.

相对于反函数 $y=f^{-1}(x)$ 而言,原来的函数 $y=f(x)$ 称为**直接函数**. 如果将它们的图形画在同一坐标平面上,则这两个图形关于直线 $y=x$ 对称,如图 1.8 所示.

例 5 求函数 $y=-\sqrt{x-1}$ 的反函数.

解 函数的定义域为 $[1,+\infty)$,值域为 $(-\infty,0]$,由 $y=-\sqrt{x-1}$ 解得

$$x=y^2+1.$$

所求反函数为

$$y=x^2+1, x\in(-\infty,0].$$

例 6 反正弦函数 $y=\arcsin x$ 是 $y=\sin x$, $x\in\left[-\frac{\pi}{2},\frac{\pi}{2}\right]$ 的反函数,其定义域为 $[-1,1]$,值域为 $\left[-\frac{\pi}{2},\frac{\pi}{2}\right]$,如图 1.9(a)所示.

反余弦函数 $y=\arccos x$ 是 $y=\cos x$, $x\in[0,\pi]$ 的反函数, 其定义域为 $[-1,1]$,值域为 $[0,\pi]$,如图 1.9(b)所示.

反正切函数 $y=\arctan x$ 是 $y=\tan x$, $x\in\left(-\frac{\pi}{2},\frac{\pi}{2}\right)$ 的反函数,其定义域为 $(-\infty,+\infty)$,值域为 $\left(-\frac{\pi}{2},\frac{\pi}{2}\right)$,如图 1.9(c)所示.

反余切函数 $y=\operatorname{arccot} x$ 是 $y=\cot x$, $x\in(0,\pi)$ 的反函数, 其定义域为 $(-\infty,+\infty)$,值域为 $(0,\pi)$,如图 1.9(d)所示.

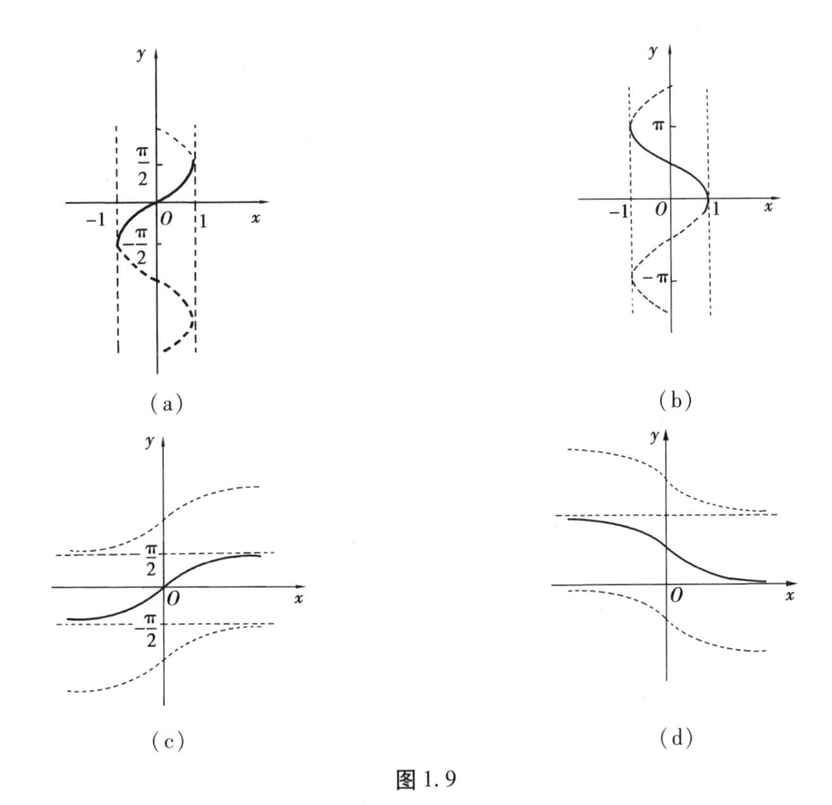

图 1.9

2)复合函数的概念

将函数 $u=g(x)$ 代入另一个函数 $y=f(u)$ 的自变量的位置,得到的新函数 $y=f[g(x)]$ 称为函数 $y=f(u)$ 和函数 $u=g(x)$ 的**复合函数**. 复合函数的定义域是使得 $f[g(x)]$ 有意义的 x 组成的集合. 其中, f 称为**外(层)函数**, g 称为**内(层)函数**, u 称为**中间变量**.

例如,函数 $y=f(u)=\sqrt{u}$ 与函数 $u=g(x)=1-x^2$ 的复合函数为

$$y=f(g(x))=\sqrt{1-x^2},$$

其定义域为$[-1,1]$.

并不是任意两个函数都能进行复合. 例如 $y=\arcsin u$ 与 $u=2+x^2$ 就不能进行复合,因为对任意实数 x,表达式 $\arcsin(2+x^2)$ 没有意义.

复合函数也可由多个函数相继复合而成. 例如,由三个函数 $y=\sqrt[3]{u}$, $u=\sin v$ 与 $v=x^2$ 相继复合而成的复合函数为

$$y=\sqrt[3]{\sin x^2}.$$

1.1.6　初等函数

下列函数称为基本初等函数.

常量函数: $y=C$ (C 是常数).

幂函数: $y=x^{\alpha}$ (α 为实数).

指数函数: $y=a^{x}$ ($a>0, a\neq 1$).

对数函数: $y=\log_{a}x$ ($a>0, a\neq 1$).

三角函数: $y=\sin x, y=\cos x, y=\tan x, y=\cot x$.

反三角函数: $y=\arcsin x, y=\arccos x, y=\arctan x, y=\operatorname{arccot} x$.

由基本初等函数经过有限次四则运算与复合运算形成的并可以由一个式子表示的函数,称为**初等函数**.

例如, $y=\sqrt{1-x^2}$ 是多项式 $u=1-x^2$ 与幂函数 $y=u^{\frac{1}{2}}$ 复合而成,而多项式 $1-x^2$ 又是常数 1 与幂函数 x^2 之差,所以 $y=\sqrt{1-x^2}$ 是初等函数.

又如符号函数、取整函数不是初等函数.

分段函数常常不是初等函数,但有些分段函数却是初等函数. 如函数

$$y=|x|=\begin{cases}-x, & x<0\\ x, & x\geqslant 0\end{cases}$$

是一个分段函数,因为 $y=|x|=\sqrt{x^2}$,所以是初等函数.

习题 1.1

1. 求下列函数的定义域:

(1) $y=\dfrac{1}{\sqrt{9-x^2}}$;

(2) $y=\ln(x+1)$;

(3) $y=\sqrt{3-x}+\arctan\dfrac{1}{x}$;

(4) $y=\arcsin\dfrac{x-3}{2}$.

2. 设函数 $f(x)=\begin{cases}x^2-1, x<1\\ x+3, x\geqslant 1\end{cases}$,求: $f(0), f(1), f(2), f(x+2)$.

3. 判断下列函数的奇偶性:

(1) $y=x+\sin x$;

(2) $y=|\sin x|$;

(3) $y=\dfrac{e^{x}+e^{-x}}{2}$;

(4) $y=\ln(x+\sqrt{1+x^2})$;

(5) $y=\sin x-\cos x+1$;

(6) $y=x(x-1)(x+1)$.

4. 证明 $f(x)=\dfrac{1+x}{1-x}$ 在 $(-\infty,1)$ 与 $(1,+\infty)$ 内单调增加. 能否说 $f(x)$ 在 $(-\infty,1)\cup(1,+\infty)$ 内单调增加?

5. 求下列函数的反函数:

(1) $y=-\sqrt{1-x^2}, x\in[-1,0]$；　　(2) $y=1+\ln(x+3)$；

(3) $y=e^{4x+5}$；　　(4) $y=\dfrac{x+1}{x-1}$.

6. 指出下列函数是由哪些基本初等函数复合而成：

(1) $y=(1+x)^{20}$；　　(2) $y=(\arcsin x^2)^2$；

(3) $y=\ln(1+\sqrt{1+x^2})$；　　(4) $y=2^{\sin 2x}$.

1.2　数列极限

1.2.1　数列极限的定义

定义1　如果按照某一法则，对每个 $n\in\mathbf{Z}^+$，都对应着一个确定的实数 a_n，这些实数按下标 n 从小到大排列得到的一个序列：

$$a_1, a_2, \cdots, a_n, \cdots$$

称为**无穷数列**，简称为**数列**，简记为$\{a_n\}$. 其中，a_n 称为数列的**通项**或**一般项**.

显然，数列可以理解为定义域为正整数集 $\mathbf{Z}^+$ 的函数：

$$a_n=f(n), n\in\mathbf{Z}^+.$$

例如

$$\frac{1}{2}, \frac{1}{2^2}, \cdots, \frac{1}{2^n}, \cdots，简记为\left\{\frac{1}{2^n}\right\}；$$

$$\frac{2}{1}, \frac{3}{2}, \frac{4}{3}, \cdots, \frac{n+1}{n}, \cdots，简记为\left\{\frac{n+1}{n}\right\}.$$

不难看出，数列$\left\{\frac{1}{2^n}\right\}$的通项 $\frac{1}{2^n}$ 随着 n 的增大而无限接近于0，称0为数列$\left\{\frac{1}{2^n}\right\}$的极限；数列$\left\{\frac{n+1}{n}\right\}$的通项 $\frac{n+1}{n}$ 随着 n 的增大而无限接近于1，称1为数列$\left\{\frac{n+1}{n}\right\}$的极限.

一般地，对于数列$\{a_n\}$，如果当 n 无限增大时，a_n 无限地接近某一个常数 a，则称此数列为**收敛数列**，常数 a 称为它的**极限**.

"无限增大"和"无限接近"只是一种描述性语言，为了用更确切的数学术语来表达极限的意义，需进一步考察数列$\left\{\frac{n+1}{n}\right\}$.

表示两个数 a,b 接近程度的是它们的距离$|a-b|$. 这个例子要考察的是数列的通项 $a_n=\frac{n+1}{n}$与1的距离$|a_n-1|$，a_n 无限地接近数1意味着距离$|a_n-1|$可以无限小或者任意小，即$|a_n-1|$可以小于预先给定的任意小的正数，只要 n 无限增大或者 n 充分大.

事实上,要使 $|a_n-1|=\frac{1}{n}<\frac{1}{10}$,只要 $n>10$ 即可,即从第11项起的一切项 a_n 与1之差的绝对值都小于 $\frac{1}{10}$;要使 $|a_n-1|<\frac{1}{100}$,只要 $n>100$ 即可.一般地,任意给定 $\varepsilon>0$,不论它多么小,要使 $|a_n-1|<\varepsilon$,只要 $n>\frac{1}{\varepsilon}$ 即可,也就是从第 $\left[\frac{1}{\varepsilon}\right]+1$ 项起的一切项都满足 $|a_n-1|<\varepsilon$.因为 $\varepsilon>0$ 是任意的,这就说明 a_n 可以无限地接近于1.

定义2 设 $\{a_n\}$ 是一数列,a 为定数.如果对任意给定的正数 ε,总存在正整数 N,使得当 $n>N$ 时,有

$$|a_n-a|<\varepsilon,$$

则称 a 为数列 $\{a_n\}$ 的**极限**,或称数列 $\{a_n\}$ **收敛于** a,记为

$$\lim_{n\to+\infty}a_n=a \text{ 或 } a_n\to a(n\to\infty).$$

数列极限的定义

如果数列 $\{a_n\}$ 没有极限,则称 $\{a_n\}$ 为**发散数列**.这个定义被称为数列极限的 ε-N 定义.为书写简便,定义可简述为:

$$\lim_{n\to+\infty}a_n=a \Leftrightarrow \text{对}\,\forall\varepsilon>0,\exists N>0,\text{当}\,n>N\,\text{时,有}\,|a_n-a|<\varepsilon.$$

其中,符号"$\forall$"表示"任意给定",符号"$\exists$"表示"存在".

需要注意的是,定义中的 ε 是可以任意给定的正数.ε 越小,表示 a_n 与定数 a 越接近,从而 ε 的任意性保证了 a_n 可以无限地接近于 a;一旦 ε 给定后,ε 就是一个确定的正数,从而由 $|a_n-a|<\varepsilon$ 可找到相应的 N,但 N 不是由 ε 所唯一确定的.

例1 证明:$\lim\limits_{n\to\infty}\frac{n+1}{n}=1$.

证 对任意 $\varepsilon>0$,要使

$$|a_n-a|=\left|\frac{n+1}{n}-1\right|=\frac{1}{n}<\varepsilon,$$

只需 $n>\frac{1}{\varepsilon}$,故可取 $N=\left[\frac{1}{\varepsilon}\right]$,则当 $n>N$ 时就有

$$|a_n-a|<\varepsilon,$$

故

$$\lim_{n\to\infty}\frac{n+1}{n}=1.$$

例2 证明:$\lim\limits_{n\to\infty}\frac{(-1)^n}{(n+1)^2}=0$.

证 因为

$$|a_n-0|=\left|\frac{(-1)^n}{(n+1)^2}-0\right|=\frac{1}{(n+1)^2},$$

则对任意给定的 $\varepsilon>0$(不妨设 $\varepsilon<1$),要使 $|a_n-0|<\varepsilon$,只需 $\frac{1}{(n+1)^2}<\varepsilon$,即 $n>\sqrt{\frac{1}{\varepsilon}}-1$,因

此可取 $N=\left[\sqrt{\frac{1}{\varepsilon}}-1\right]$. 则当 $n>N$ 时,就有

$$\left|\frac{(-1)^n}{(n+1)^2}-0\right|<\varepsilon,$$

故
$$\lim_{n\to\infty}\frac{(-1)^n}{(n+1)^2}=0.$$

1.2.2 收敛数列的性质

性质1(唯一性) 若数列$\{a_n\}$收敛,则它的极限是唯一的.

定义3 对于数列$\{a_n\}$,如果存在正数 M,使得对一切正整数 n,有

$$|a_n|\leqslant M,$$

则称数列$\{a_n\}$是**有界的**;否则,就称数列$\{a_n\}$是**无界的**.

性质2(有界性) 若数列$\{a_n\}$收敛,则$\{a_n\}$必有界.

证 设 $\lim\limits_{n\to\infty}a_n=a$,取 $\varepsilon=1$,则存在正整数 N,对一切 $n>N$ 有

$$|a_n-a|<1.$$

于是,当 $n>N$ 时

$$|a_n|=|(a_n-a)+a|\leqslant|a_n-a|+|a|<1+|a|.$$

取 $M=\max\{|a_1|,|a_2|,\cdots,|a_N|,1+|a|\}$,则对一切正整数 n,都有

$$|a_n|<M,$$

即$\{a_n\}$有界.

有界只是数列收敛的必要条件,而非充分条件,即有界数列不一定收敛. 例如,数列$\{(-1)^n\}$有界,但它并不收敛.

性质3(保号性) 若 $\lim\limits_{n\to\infty}a_n=a>0$(或 $a<0$),则存在正整数 N,使得当 $n>N$ 时有 $a_n>0$(或 $a_n<0$).

证 设 $a>0$. 取 $\varepsilon=\frac{a}{2}$,因为 $\lim\limits_{n\to\infty}a_n=a$,故存在正整数 N,使得当 $n>N$ 时,有

$$|a_n-a|<\frac{a}{2},$$

从而
$$a_n>\frac{a}{2}>0.$$

性质3表明:若数列的极限为正(或负),则该数列从某一项开始以后所有项也为正(或负).

在数列$\{a_n\}$中任意抽取无限多项并保持这些项在原数列$\{a_n\}$中的先后次序,这样得到的一个数列称为数列$\{a_n\}$的**子数列**.

性质 4 如果数列$\{a_n\}$收敛于a,那么它的任一子数列也收敛于a.

1.2.3 数列极限的运算法则

定理 1 如果 $\lim\limits_{n\to\infty} a_n = a, \lim\limits_{n\to\infty} b_n = b$,则

(1) $\lim\limits_{n\to\infty}(a_n + b_n) = \lim\limits_{n\to\infty} a_n + \lim\limits_{n\to\infty} b_n = a + b$;

(2) $\lim\limits_{n\to\infty}(a_n - b_n) = \lim\limits_{n\to\infty} a_n - \lim\limits_{n\to\infty} b_n = a - b$;

(3) $\lim\limits_{n\to\infty}(a_n \cdot b_n) = \lim\limits_{n\to\infty} a_n \cdot \lim\limits_{n\to\infty} b_n$;

(4) $\lim\limits_{n\to\infty}\dfrac{a_n}{b_n} = \dfrac{\lim\limits_{n\to\infty} a_n}{\lim\limits_{n\to\infty} b_n} = \dfrac{a}{b}(b \neq 0)$.

例 3 求 $\lim\limits_{n\to\infty}\left(\dfrac{1}{n^2} + \dfrac{2}{n}\right)$.

解 因为

$$\lim_{n\to\infty}\frac{1}{n^2} = 0,\ \lim_{n\to\infty}\frac{2}{n} = 0,$$

所以

$$\lim_{n\to\infty}\left(\frac{1}{n^2} + \frac{2}{n}\right) = \lim_{n\to\infty}\frac{1}{n^2} + \lim_{n\to\infty}\frac{2}{n} = 0 + 0 = 0.$$

例 4 求 $\lim\limits_{n\to\infty}\dfrac{n^2 + 9n - 1}{3n^2 + 4}$.

解 $\dfrac{n^2 + 9n - 1}{3n^2 + 4}$的分子和分母同除以$n^2$后,再用极限运算法则得

$$\lim_{n\to\infty}\frac{n^2 + 9n - 1}{3n^2 + 4} = \lim_{n\to\infty}\frac{1 + \dfrac{9}{n} - \dfrac{1}{n^2}}{3 + \dfrac{4}{n^2}} = \frac{\lim\limits_{n\to\infty}\left(1 + \dfrac{9}{n} - \dfrac{1}{n^2}\right)}{\lim\limits_{n\to\infty}\left(3 + \dfrac{4}{n^2}\right)} = \frac{1}{3}.$$

例 5 求 $\lim\limits_{n\to\infty}\left(\dfrac{3n + 1}{n} \cdot \dfrac{n + 2}{n}\right)$.

解
$$\begin{aligned}\lim_{n\to\infty}\left(\frac{3n + 1}{n} \cdot \frac{n + 2}{n}\right) &= \lim_{n\to\infty}\left(3 + \frac{1}{n}\right)\left(1 + \frac{2}{n}\right)\\ &= \lim_{n\to\infty}\left(3 + \frac{1}{n}\right) \cdot \lim_{n\to\infty}\left(1 + \frac{2}{n}\right)\\ &= 3 \cdot 1 = 3.\end{aligned}$$

习题 1.2

1. 按 ε-N 定义证明：

(1) $\lim\limits_{n\to\infty}\dfrac{5n+1}{n-1}=5$；　　(2) $\lim\limits_{n\to\infty}\sin\dfrac{\pi}{n}=0$.

2. 求下列极限：

(1) $\lim\limits_{n\to\infty}\left(1+\dfrac{(-1)^n}{n}\right)$；　　(2) $\lim\limits_{n\to\infty}\dfrac{n-1}{n^2}$；

(3) $\lim\limits_{n\to\infty}\dfrac{1+2+3+\cdots+n}{n^2}$；　　(4) $\lim\limits_{n\to\infty}\left(\dfrac{1}{1\cdot 2}+\dfrac{1}{2\cdot 3}+\cdots+\dfrac{1}{n(n+1)}\right)$；

(5) $\lim\limits_{n\to\infty}\dfrac{1+\dfrac{1}{2}+\dfrac{1}{2^2}+\cdots+\dfrac{1}{2^n}}{1+\dfrac{1}{3}+\dfrac{1}{3^2}+\cdots+\dfrac{1}{3^n}}$；　　(6) $\lim\limits_{n\to\infty}\dfrac{(-2)^n+3^n}{(-2)^{n+1}+3^{n+1}}$.

3. 设$\{a_n\}$是收敛数列，$\{b_n\}$是发散数列，证明$\{a_n+b_n\}$是发散数列. 又问$\{a_nb_n\}$是否必为发散数列？

1.3 函数极限

1.3.1 x 趋于∞时函数的极限

因为数列$\{a_n\}$可以理解为定义域为正整数集 $\mathbf{Z}^+$ 的函数 $a_n=f(n)$，所以数列$\{a_n\}$的极限为 A 是指，对于$\forall\varepsilon>0$，$\exists$正整数 N，当 $n>N$ 时，就有 $|f(n)-A|<\varepsilon$. 将数列极限定义中的函数为$f(n)$而自变量 n 只取正整数值的特殊性撇开，可以引出 $x\to+\infty$ 时函数极限的定义.

定义 1 设函数$f(x)$在区间$[a,+\infty)$上有定义，A 是常数. 若对任意给定的正数 ε，总存在某个正数 X，使得当 $x>X$ 时都有

$$|f(x)-A|<\varepsilon,$$

则称 A 为**函数$f(x)$当 $x\to+\infty$ 时的极限**，记为

$$\lim_{x\to+\infty}f(x)=A \text{ 或 } f(x)\to A(x\to+\infty).$$

类似地，可以给出 $x\to\infty$，$x\to-\infty$ 时函数极限的定义.

定义 2 设函数$f(x)$当$|x|\geqslant a$ 时有定义，A 是常数. 若对任意给定的正数 ε，总存在某个正数 X，使得当$|x|>X$ 时有

$$|f(x)-A|<\varepsilon,$$

则称 A 为**函数 $f(x)$ 当 $x\to\infty$ 时的极限**,记为

$$\lim_{x\to\infty}f(x)=A \text{ 或 } f(x)\to A(x\to\infty).$$

从几何上看,$\lim\limits_{x\to\infty}f(x)=A$ 表示:对于任意给定的正数 ε,总能找到某个正数 X,使得函数 $f(x)$ 在区间 $(-\infty,-X)$ 和 $(X,+\infty)$ 内的图形位于直线 $y=A-\varepsilon$ 与 $y=A+\varepsilon$ 之间,如图 1.10 所示.

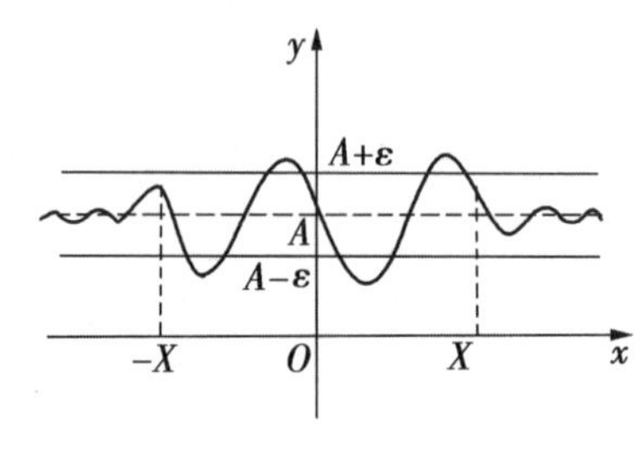

图 1.10

例 1 证明 $\lim\limits_{x\to\infty}\dfrac{1}{x}=0$.

证 对于 $\forall\varepsilon>0$,取 $X=\dfrac{1}{\varepsilon}$,则当 $|x|>X$ 时,有

$$\left|\frac{1}{x}-0\right|=\frac{1}{|x|}<\frac{1}{X}=\varepsilon,$$

所以

$$\lim_{x\to\infty}\frac{1}{x}=0.$$

1.3.2 x 趋于 x_0 时函数的极限

1)概念

现在讨论当自变量 x 无限接近某一有限值 x_0 时,函数 $f(x)$ 的变化趋势.

考察当 $x\to\dfrac{1}{2}$时,函数

$$f(x)=\frac{4x^2-1}{2x-1}$$

的变化趋势.

当 $x\neq\dfrac{1}{2}$时,$f(x)=2x+1$,由图 1.11 可见,当 x 无限地接近 $\dfrac{1}{2}$(但不等于 $\dfrac{1}{2}$)时,对应函数值无限地接近常数 2. 称常数 2 为函数$f(x)=\dfrac{4x^2-1}{2x-1}$ 当 $x\to\dfrac{1}{2}$时的极限.

一般地,设函数 $f(x)$ 在 x_0 的某去心邻域内有定义,如果当自变量 x 无限接近 x_0 时,对应

的函数值 $f(x)$ 无限接近于常数 A，则称 A 为函数 $f(x)$ 当 $x \to x_0$ 时的极限.

在 $x \to x_0$ 的过程中，对应的函数值 $f(x)$ 无限接近于常数 A，即 $|f(x)-A|<\varepsilon$，其中 ε 是可以任意小的正数. 而 $x \to x_0(x \neq x_0)$ 可用 $0<|x-x_0|<\delta$ 来刻画，其中 δ 是某个正数. 因此有下述定义：

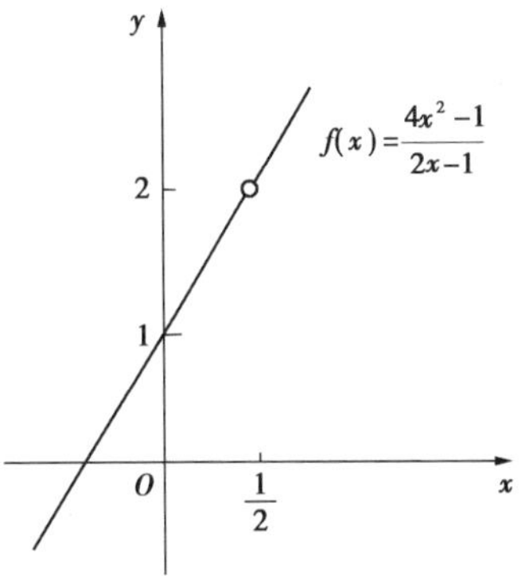

图 1.11

定义 3 设函数 $f(x)$ 在 x_0 的某个去心邻域内有定义，A 是常数. 若对任意的正数 ε，总存在某个正数 δ，使得当 $0<|x-x_0|<\delta$ 时都有

$$|f(x)-A|<\varepsilon,$$

则称 A 为**函数 $f(x)$ 当 $x \to x_0$ 时的极限**，记为

$$\lim_{x \to x_0} f(x)=A \text{ 或 } f(x) \to A(x \to x_0).$$

这个定义称为函数极限的 $\varepsilon-\delta$ 定义.

定义中 $0<|x-x_0|$ 表示 $x \neq x_0$，所以 $f(x)$ 当 $x \to x_0$ 的极限是否存在与函数在该定点 x_0 处有无定义没有关系.

2）几何意义

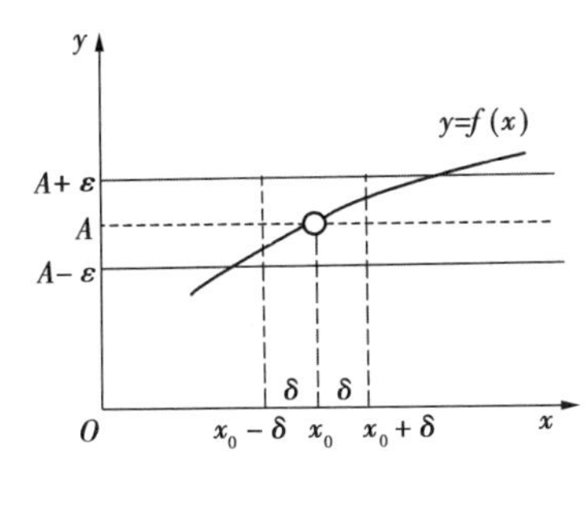

图 1.12

因为 $0<|x-x_0|<\delta$，即 $x \in \mathring{U}(x_0,\delta)$，所以 $\lim\limits_{x \to x_0} f(x)=A$ 表示：对任意给定的正数 ε，总存在一个正数 δ，使得函数 $f(x)$ 在 $\mathring{U}(x_0,\delta)$ 内的图形位于两条直线 $y=A-\varepsilon$ 与 $y=A+\varepsilon$ 之间，如图 1.12 所示.

由于正数 ε 可以任意小（一般 δ 相应变小），从而直线 $y=A-\varepsilon$ 与 $y=A+\varepsilon$ 所围的窄条可任意窄，这就表明函数值可以无限接近于 A.

例 2 证明 $\lim\limits_{x \to 1}(2x+1)=3$.

证 由于

$$|f(x)-A|=|(2x+1)-3|=|2(x-1)|=2|x-1|,$$

对于 $\forall \varepsilon>0$，要使 $|f(x)-A|<\varepsilon$，只要 $2|x-1|<\varepsilon$.

取 $\delta=\dfrac{\varepsilon}{2}$，则当 $0<|x-1|<\delta$ 时，就有

$$|(2x+1)-3|<\varepsilon,$$

故

$$\lim_{x \to 1}(2x+1)=3.$$

例 3　证明 $\lim\limits_{x\to x_0}\sqrt{x}=\sqrt{x_0}\ (x_0>0)$.

证
$$|f(x)-A|=|\sqrt{x}-\sqrt{x_0}|=\left|\frac{x-x_0}{\sqrt{x}+\sqrt{x_0}}\right|\leqslant\frac{1}{\sqrt{x_0}}|x-x_0|.$$

对 $\forall\varepsilon>0$,要使 $|f(x)-A|<\varepsilon$,只要 $|x-x_0|<\sqrt{x_0}\ \varepsilon$ 且 $x\geqslant0$,而 $x\geqslant0$ 可用 $|x-x_0|<x_0$保证.

取 $\delta=\min\{\sqrt{x_0}\varepsilon,x_0\}$,则当 $0<|x-x_0|<\delta$ 时,就有
$$|\sqrt{x}-\sqrt{x_0}|<\varepsilon,$$
所以
$$\lim_{x\to x_0}\sqrt{x}=\sqrt{x_0}.$$

3)单侧极限

函数极限定义中"$x\to x_0$"是指 x 从 x_0 的左右两侧趋向 x_0. 有些函数在其定义域上某些点左侧与右侧的解析式不同,或仅在某些点的一侧有定义,这时需要考虑 x 从 x_0 的一侧趋向 x_0 时函数的变化趋势.

定义 4　设函数 $f(x)$在(x_0,x_0+h)(或(x_0-h,x_0))$(h>0)$内有定义,A 是常数. 若对于任意给定的正数 ε,总存在某个正数 δ,使得当 $x_0<x<x_0+\delta$(或 $x_0-\delta<x<x_0$)时都有
$$|f(x)-A|<\varepsilon,$$
则称 A 为函数 $f(x)$当 $x\to x_0$ 时的**右极限**(或**左极限**),记为
$$\lim_{x\to x_0^+}f(x)=A(\text{或}\lim_{x\to x_0^-}f(x)=A),$$
或者
$$f(x_0^+)=A(\text{或} f(x_0^-)=A).$$

右极限与左极限统称为**单侧极限**.

由定义容易证明:$\lim\limits_{x\to x_0}f(x)=A$ 的充要条件是 $\lim\limits_{x\to x_0^+}f(x)=\lim\limits_{x\to x_0^-}f(x)=A$.

由上述结论可知,如果 $\lim\limits_{x\to x_0^+}f(x)$和 $\lim\limits_{x\to x_0^-}f(x)$至少有一个不存在或两个都存在但不相等,则 $\lim\limits_{x\to x_0}f(x)=A$ 一定不存在. 由于分段函数在分段点两侧的表达式不同,因此分段函数在分段点处的极限可通过左右极限来讨论.

例 4　讨论符号函数
$$\operatorname{sgn}x=\begin{cases}-1, & x<0\\ 0, & x=0\\ 1, & x>0\end{cases}$$
当 $x\to0$ 时的极限.

解
$$\lim_{x\to0^+}\operatorname{sgn}x=\lim_{x\to0^+}1=1,$$
$$\lim_{x\to0^-}\operatorname{sgn}x=\lim_{x\to0^-}(-1)=-1.$$
故 $\lim\limits_{x\to0^+}\operatorname{sgn}x\neq\lim\limits_{x\to0^-}\operatorname{sgn}x$,所以当 $x\to0$ 时 $\operatorname{sgn}x$ 的极限不存在.

1.3.3 函数极限的性质

前面给出了下述6种类型的函数极限：

$\lim\limits_{x\to+\infty} f(x)$；$\lim\limits_{x\to-\infty} f(x)$；$\lim\limits_{x\to\infty} f(x)$；$\lim\limits_{x\to x_0} f(x)$；$\lim\limits_{x\to x_0^+} f(x)$；$\lim\limits_{x\to x_0^-} f(x)$.

它们具有与数列极限相类似的一些性质，下面仅以 $\lim\limits_{x\to x_0} f(x)$ 为例来叙述这些性质，至于其他类型的极限，只要作出相应修改即可.

性质1(唯一性) 如果 $\lim\limits_{x\to x_0} f(x)$ 存在，那么这极限唯一.

性质2(局部有界性) 如果 $\lim\limits_{x\to x_0} f(x)$ 存在，则 $f(x)$ 在 x_0 的某个去心邻域内有界.

证 设 $\lim\limits_{x\to x_0} f(x)=A$，取 $\varepsilon=1$，则存在 $\delta>0$，使得对一切 $x\in \mathring{U}(x_0,\delta)$ 有

$$|f(x)-A|<1,$$

故

$$|f(x)|\leqslant|f(x)-A|+|A|\leqslant 1+|A|.$$

所以 $f(x)$ 在 $\mathring{U}(x_0,\delta)$ 内有界.

性质3(局部保号性) 若 $\lim\limits_{x\to x_0} f(x)=A>0$（或 $A<0$），则在 x_0 的某个去心邻域内 $f(x)>0$（或 $f(x)<0$）.

证 设 $A>0$. 由于 $\lim\limits_{x\to x_0} f(x)=A$，对 $\varepsilon=\dfrac{A}{2}$，则存在 $\delta>0$，当 $0<|x-x_0|<\delta$ 时，则

$$|f(x)-A|<\frac{A}{2}.$$

故

$$f(x)>A-\frac{A}{2}=\frac{A}{2}>0.$$

从上面的证明可得如下结论：

推论1 若 $\lim\limits_{x\to x_0} f(x)=A>0$（或 $A<0$），则在 x_0 的某个去心邻域内 $f(x)>\dfrac{A}{2}$（或 $f(x)<\dfrac{A}{2}$）.

推论2 若在 x_0 的某个去心邻域内 $f(x)\geqslant0$（或 $f(x)\leqslant0$），且 $\lim\limits_{x\to x_0} f(x)=A$，则 $A\geqslant0$（或 $A\leqslant0$）.

1.3.4 函数极限的运算

使用四则运算法则要注意的问题

定理1(四则运算法则) 若 $\lim\limits_{x\to x_0} f(x)=A$，$\lim\limits_{x\to x_0} g(x)=B$，则

(1) $\lim\limits_{x\to x_0}[f(x)+g(x)]=\lim\limits_{x\to x_0} f(x)+\lim\limits_{x\to x_0} g(x)=A+B$；

(2) $\lim\limits_{x \to x_0}[f(x)-g(x)]=\lim\limits_{x \to x_0}f(x)-\lim\limits_{x \to x_0}g(x)=A-B$;

(3) $\lim\limits_{x \to x_0}[f(x)\cdot g(x)]=\lim\limits_{x \to x_0}f(x)\cdot\lim\limits_{x \to x_0}g(x)=A\cdot B$;

(4) $\lim\limits_{x \to x_0}\dfrac{f(x)}{g(x)}=\dfrac{\lim\limits_{x \to x_0}f(x)}{\lim\limits_{x \to x_0}g(x)}=\dfrac{A}{B}\ (B\neq 0)$.

证 只证(3).

由于 $\lim\limits_{x \to x_0}f(x)=A,\lim\limits_{x \to x_0}g(x)=B$,所以对任意给定的 $\varepsilon>0$,分别存在 $\delta_1>0$ 与 $\delta_2>0$,使得当 $0<|x-x_0|<\delta_1$ 时有

$$|f(x)-A|<\varepsilon; \tag{1}$$

当 $0<|x-x_0|<\delta_2$ 时有

$$|g(x)-B|<\varepsilon. \tag{2}$$

又

$$\begin{aligned}|f(x)g(x)-AB|&=|(f(x)-A)g(x)+A(g(x)-B)|\\&\leqslant|f(x)-A||g(x)|+|A||g(x)-B|.\end{aligned} \tag{3}$$

由局部有界性,存在 $M>0,\delta_3>0$,使得当 $0<|x-x_0|<\delta_3$ 时,有

$$|g(x)|<M. \tag{4}$$

令 $\delta=\min\{\delta_1,\delta_2,\delta_3\}$,则当 $0<|x-x_0|<\delta$ 时,式(1)、(2)、(3)、(4)同时成立,故有

$$|f(x)g(x)-AB|<(M+|A|)\varepsilon.$$

由 ε 的任意性,证得

$$\lim_{x \to x_0}[f(x)\cdot g(x)]=A\cdot B.$$

定理中的(1)和(3)可推广到有限个函数的情形,并由(3)可得以下推论.

推论 1 若 $\lim\limits_{x \to x_0}f(x)$ 存在,C 为常数,则

$$\lim_{x \to x_0}[Cf(x)]=C\lim_{x \to x_0}f(x).$$

即在求极限时,常数可提到极限符号外.

推论 2 若 $\lim\limits_{x \to x_0}f(x)$ 存在,n 为正整数,则

$$\lim_{x \to x_0}[f(x)]^n=[\lim_{x \to x_0}f(x)]^n.$$

例 5 求 $\lim\limits_{x \to 1}(x^3+4x^2-1)$.

解
$$\begin{aligned}\lim_{x \to 1}(x^3+4x^2-1)&=\lim_{x \to 1}x^3+\lim_{x \to 1}4x^2-\lim_{x \to 1}1\\&=1^3+4\times1^2-1=4.\end{aligned}$$

例 6 求 $\lim\limits_{x \to 1}\dfrac{x^3+3x^2-2}{x^2+1}$.

解 $\lim\limits_{x \to 1}\dfrac{x^3+3x^2-2}{x^2+1}=\dfrac{\lim\limits_{x \to 1}(x^3+3x^2-2)}{\lim\limits_{x \to 1}(x^2+1)}$

$$=\frac{\lim\limits_{x\to1}x^3+3\lim\limits_{x\to1}x^2-\lim\limits_{x\to1}2}{\lim\limits_{x\to1}x^2+\lim\limits_{x\to1}1}=\frac{1^3+3\times1^2-2}{1^2+1}=1.$$

一般地,可用代入法求有理函数 $\frac{P(x)}{Q(x)}$ 的极限,其中 $P(x)$ 和 $Q(x)$ 是多项式:

$$\lim_{x\to x_0}\frac{P(x)}{Q(x)}=\frac{P(x_0)}{Q(x_0)}\ (Q(x_0)\neq0).$$

例7 求 $\lim\limits_{x\to1}\frac{x^2+x-2}{x^2-x}$.

解 不能代入 $x=1$,因为此时分母为零. 但当 $x\neq1$ 时

$$\frac{x^2+x-2}{x^2-x}=\frac{(x+2)(x-1)}{x(x-1)}=\frac{x+2}{x},$$

所以
$$\lim_{x\to1}\frac{x^2+x-2}{x^2-x}=\lim_{x\to1}\frac{x+2}{x}=\frac{1+2}{1}=3.$$

例8 求 $\lim\limits_{x\to-1}\left(\frac{1}{x+1}-\frac{3}{x^3+1}\right)$.

解
$$\lim_{x\to-1}\left(\frac{1}{x+1}-\frac{3}{x^3+1}\right)=\lim_{x\to-1}\frac{(x-2)(x+1)}{(x+1)(x^2-x+1)}=\lim_{x\to-1}\frac{x-2}{x^2-x+1}$$
$$=\frac{\lim\limits_{x\to-1}(x-2)}{\lim\limits_{x\to-1}(x^2-x+1)}=\frac{-3}{3}=-1.$$

例9 求 $\lim\limits_{x\to0}\frac{\sqrt{2+x}-\sqrt{2}}{x}$.

解
$$\lim_{x\to0}\frac{\sqrt{2+x}-\sqrt{2}}{x}=\lim_{x\to0}\frac{(\sqrt{2+x}-\sqrt{2})(\sqrt{2+x}+\sqrt{2})}{x(\sqrt{2+x}+\sqrt{2})}$$
$$=\lim_{x\to0}\frac{x}{x(\sqrt{2+x}+\sqrt{2})}$$
$$=\lim_{x\to0}\frac{1}{\sqrt{2+x}+\sqrt{2}}=\frac{1}{2\sqrt{2}}.$$

定理2(复合函数的极限) 设函数 $y=f[\varphi(x)]$ 是函数 $u=\varphi(x)$, $y=f(u)$ 的复合函数. 如果 $\lim\limits_{x\to x_0}\varphi(x)=u_0$, $\lim\limits_{u\to u_0}f(u)=A$,且在 x_0 的某个去心邻域内 $\varphi(x)\neq u_0$,则

$$\lim_{x\to x_0}f[\varphi(x)]=\lim_{u\to u_0}f(u)=A.$$

定理对 $x\to\infty$ 时的情形也成立. 定理说明,在满足定理的条件下,可通过变量代换 $u=\varphi(x)$ 将 $\lim\limits_{x\to x_0}f[\varphi(x)]$ 化为 $\lim\limits_{u\to u_0}f(u)$ 来计算.

习题 1.3

1. 根据极限定义证明：

(1) $\lim\limits_{x\to 2}(5x+2)=12$；　　(2) $\lim\limits_{x\to 3}\dfrac{x^2-6x+5}{x-5}=2$；

(3) $\lim\limits_{x\to x_0}\sin x=\sin x_0$.

2. 求 $\lim\limits_{x\to 0^-}\dfrac{|x|}{x}$ 及 $\lim\limits_{x\to 0^+}\dfrac{|x|}{x}$，并说明 $\lim\limits_{x\to 0}\dfrac{|x|}{x}$ 是否存在.

3. 求下列极限：

(1) $\lim\limits_{x\to 1}\dfrac{x^2-1}{2x^2-x-1}$；　　(2) $\lim\limits_{x\to 1}\dfrac{x^n-1}{x^m-1}$（$n,m$ 为正整数）；

(3) $\lim\limits_{x\to 4}\dfrac{\sqrt{1+2x}-3}{\sqrt{x}-2}$；　　(4) $\lim\limits_{x\to +\infty}\dfrac{(3x+6)^{70}(8x-5)^{20}}{(5x-1)^{90}}$；

(5) $\lim\limits_{x\to 1}\left(\dfrac{1}{1-x}-\dfrac{3}{1-x^3}\right)$；　　(6) $\lim\limits_{x\to +\infty}x(\sqrt{x^2+1}-x)$.

4. 证明：如果 $\lim\limits_{x\to x_0}f(x)=A$，则 $\lim\limits_{x\to x_0}|f(x)|=|A|$. 试举例说明逆命题不成立.

1.4　极限存在准则　两个重要极限

本节介绍极限存在的两个准则，并在此基础上讨论两个重要极限：$\lim\limits_{x\to 0}\dfrac{\sin x}{x}=1$ 及 $\lim\limits_{x\to\infty}\left(1+\dfrac{1}{x}\right)^x=\mathrm{e}$.

1.4.1　极限存在准则

1）夹逼准则

定理 1　如果数列$\{a_n\}$、$\{b_n\}$、$\{c_n\}$满足：

(1) 存在正整数 N，当 $n>N$ 时，有 $a_n\leqslant c_n\leqslant b_n$；

(2) $\lim\limits_{n\to\infty}a_n=\lim\limits_{n\to\infty}b_n=a$，

则数列$\{c_n\}$收敛，且 $\lim\limits_{n\to\infty}c_n=a$.

证　由于 $\lim\limits_{n\to\infty}a_n=\lim\limits_{n\to\infty}b_n=a$，故对任意 $\varepsilon>0$，分别存在正整数 N_1 与 N_2，使得当 $n>N_1$ 时有

$$a-\varepsilon<a_n<a+\varepsilon;$$

当 $n > N_2$ 时有

$$a-\varepsilon < b_n < a+\varepsilon.$$

取 $N_3=\max\{N,N_1,N_2\}$,则当 $n > N_3$ 时,有

$$a-\varepsilon < a_n \leqslant c_n \leqslant b_n < a+\varepsilon,$$

即

$$|c_n - a| < \varepsilon,$$

所以

$$\lim_{n\to\infty} c_n = a.$$

这个定理不仅给出了判定数列收敛的一种方法,而且也提供了一种求极限的方法.

例1 设 $a_n=\frac{1}{\sqrt{n^2+1}}+\frac{1}{\sqrt{n^2+2}}+\cdots+\frac{1}{\sqrt{n^2+n}}$,求 $\lim\limits_{n\to\infty} a_n$.

解 由于 $\frac{n}{\sqrt{n^2+n}}\leqslant a_n\leqslant\frac{n}{\sqrt{n^2+1}}$,而

$$\lim_{n\to\infty}\frac{n}{\sqrt{n^2+n}}=\lim_{n\to\infty}\frac{1}{\sqrt{1+\frac{1}{n}}}=1,$$

$$\lim_{n\to\infty}\frac{n}{\sqrt{n^2+1}}=\lim_{n\to\infty}\frac{1}{\sqrt{1+\frac{1}{n^2}}}=1.$$

由夹逼准则知

$$\lim_{n\to\infty} a_n = 1.$$

上述数列极限存在准则可以推广到函数极限的情形.

定理2 如果函数 $f(x),h(x),g(x)$ 满足:

(1)在 x_0 的某个去心邻域内,$f(x)\leqslant h(x)\leqslant g(x)$;

(2)$\lim\limits_{x\to x_0} f(x)=\lim\limits_{x\to x_0} g(x)=A$;

则

$$\lim_{x\to x_0} h(x)=A.$$

例2 求 $\lim\limits_{x\to 0} x\left[\frac{1}{x}\right]$.

夹逼准则举例

解 由于

$$\frac{1}{x}-1<\left[\frac{1}{x}\right]\leqslant\frac{1}{x},$$

当 $x>0$ 时

$$1-x\leqslant x\left[\frac{1}{x}\right]\leqslant 1,$$

而 $\lim\limits_{x\to 0^+}(1-x)=1$,故由夹逼准则得

$$\lim_{x\to 0^+} x\left[\frac{1}{x}\right]=1.$$

另一方面,当 $x<0$ 时

$$1\leqslant x\left[\frac{1}{x}\right]<1-x,$$

而 $\lim\limits_{x\to0^-}(1-x)=1$,故由夹逼准则得

$$\lim_{x\to0^-}x\left[\frac{1}{x}\right]=1.$$

综上所述,得

$$\lim_{x\to0}x\left[\frac{1}{x}\right]=1.$$

2)**单调有界准则**

定义 如果数列$\{a_n\}$满足

$$a_1\leqslant a_2\leqslant\cdots\leqslant a_n\leqslant a_{n+1}\leqslant\cdots$$

则称$\{a_n\}$是**单调增加数列**;如果数列$\{a_n\}$满足

$$a_1\geqslant a_2\geqslant\cdots\geqslant a_n\geqslant a_{n+1}\geqslant\cdots$$

则称$\{a_n\}$是**单调减少数列**. 单调增加和单调减少数列统称为**单调数列**.

定理 3(单调有界准则) 单调有界数列必有极限.

例 3 设 $a_n=1+\frac{1}{2^\alpha}+\frac{1}{3^\alpha}+\cdots+\frac{1}{n^\alpha}$,$n=1,2,3,\cdots$,其中实数 $\alpha\geqslant2$,证明:数列$\{a_n\}$收敛.

证 显然$\{a_n\}$是单调增加的,下面证明$\{a_n\}$有上界. 事实上

$$\begin{aligned}a_n&\leqslant1+\frac{1}{2^2}+\frac{1}{3^2}+\cdots+\frac{1}{n^2}\leqslant1+\frac{1}{1\cdot2}+\frac{1}{2\cdot3}+\cdots+\frac{1}{(n-1)n}\\&=1+\left(1-\frac{1}{2}\right)+\left(\frac{1}{2}-\frac{1}{3}\right)+\cdots+\left(\frac{1}{n-1}-\frac{1}{n}\right)\\&=2-\frac{1}{n}<2,n=1,2,3,\cdots\end{aligned}$$

于是,由单调有界准则可知数列$\{a_n\}$收敛.

单调有界收敛准则举例

例 4 证明 $\lim\limits_{n\to\infty}\left(1+\frac{1}{n}\right)^n$ 存在.

证 由于

$$\begin{aligned}\sqrt[n+1]{\left(1+\frac{1}{n}\right)^n}&=\sqrt[n+1]{\left(1+\frac{1}{n}\right)\left(1+\frac{1}{n}\right)\cdots\left(1+\frac{1}{n}\right)\cdot1}\\&\leqslant\frac{(1+\frac{1}{n})+(1+\frac{1}{n})+\cdots+(1+\frac{1}{n})+1}{n+1}\\&=\frac{n+2}{n+1}=1+\frac{1}{n+1},\end{aligned}$$

所以
$$\left(1+\frac{1}{n}\right)^n \leqslant \left(1+\frac{1}{n+1}\right)^{n+1}.$$

因此，$\left\{\left(1+\frac{1}{n}\right)^n\right\}$单调增加.

因为

$$\frac{n}{n+1}=\frac{\overbrace{1+1+\cdots+1}^{n-1}+\frac{1}{2}+\frac{1}{2}}{n+1}$$
$$\geqslant \sqrt[n+1]{1\cdot 1\cdot \cdots \cdot 1\cdot \frac{1}{2}\cdot \frac{1}{2}}$$
$$=\sqrt[n+1]{\frac{1}{4}}=\frac{1}{\sqrt[n+1]{4}},$$

故
$$\frac{n+1}{n}\leqslant \sqrt[n+1]{4}.$$

从而
$$1+\frac{1}{n+1}<1+\frac{1}{n}=\frac{n+1}{n}\leqslant \sqrt[n+1]{4}.$$

即
$$\left(1+\frac{1}{n+1}\right)^{n+1}\leqslant 4 \quad (n=1,2,3,\cdots).$$

所以对一切n，有$a_n<4$. 故$\left\{\left(1+\frac{1}{n}\right)^n\right\}$有上界.

由单调有界准则知$\lim\limits_{n\to\infty}\left(1+\frac{1}{n}\right)^n$存在. 通常用字母e表示该极限，即

$$\lim_{n\to\infty}\left(1+\frac{1}{n}\right)^n=\mathrm{e}.$$

e是一个无理数，它的值是

$$\mathrm{e}\approx 2.718\ 281\ 828\ 459\cdots$$

1.4.2 两个重要极限

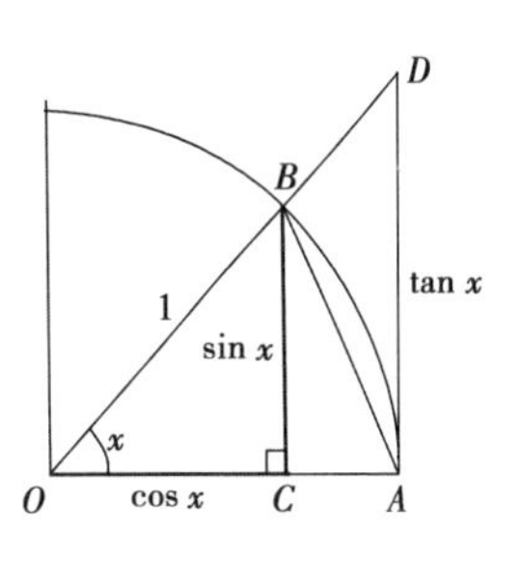

图1.13

1) $\lim\limits_{x\to 0}\frac{\sin x}{x}=1$

在如图1.13所示的单位圆内，当$0<x<\frac{\pi}{2}$时，显然有

$$S_{\triangle AOB}<S_{扇形AOB}<S_{\triangle AOD},$$

即
$$\frac{1}{2}\sin x<\frac{1}{2}x<\frac{1}{2}\tan x.$$

故
$$\sin x<x<\tan x.$$

不等式各边同除以 $\sin x$,有

$$1<\frac{x}{\sin x}<\frac{1}{\cos x},$$

即
$$\cos x<\frac{\sin x}{x}<1.$$

当 $-\frac{\pi}{2}<x<0$ 时, $0<-x<\frac{\pi}{2}$,故

$$\cos(-x)<\frac{\sin(-x)}{-x}<1,$$

即
$$\cos x<\frac{\sin x}{x}<1.$$

从而
$$\cos x<\frac{\sin x}{x}<1$$

对一切满足 $0<|x|<\frac{\pi}{2}$ 的 x 都成立.

由于 $\lim\limits_{x\to 0}\cos x=1$,由夹逼准则得

$$\lim_{x\to 0}\frac{\sin x}{x}=1.$$

例5 计算 $\lim\limits_{x\to 0}\frac{\tan x}{x}$.

解
$$\lim_{x\to 0}\frac{\tan x}{x}=\lim_{x\to 0}\left(\frac{\sin x}{x}\cdot\frac{1}{\cos x}\right)=\lim_{x\to 0}\frac{\sin x}{x}\cdot\lim_{x\to 0}\frac{1}{\cos x}=1.$$

例6 计算 $\lim\limits_{x\to 0}\frac{1-\cos x}{x^2}$.

解
$$\lim_{x\to 0}\frac{1-\cos x}{x^2}=\lim_{x\to 0}\frac{2\sin^2\frac{x}{2}}{x^2}=\frac{1}{2}\lim_{x\to 0}\frac{\sin^2\frac{x}{2}}{\left(\frac{x}{2}\right)^2}=\frac{1}{2}\lim_{x\to 0}\left(\frac{\sin\frac{x}{2}}{\frac{x}{2}}\right)^2=\frac{1}{2}.$$

2) $\lim\limits_{x\to\infty}\left(1+\frac{1}{x}\right)^x=\mathrm{e}$

证 先考虑 $x\to+\infty$ 的情形. 对任意 $x\geqslant 1$,有

$$1\leqslant[x]\leqslant x<[x]+1,$$

故
$$1+\frac{1}{[x]+1}<1+\frac{1}{x}\leqslant 1+\frac{1}{[x]},$$
则
$$\left(1+\frac{1}{[x]+1}\right)^{[x]}<\left(1+\frac{1}{x}\right)^{x}\leqslant\left(1+\frac{1}{[x]}\right)^{[x]+1}.$$
由例4有
$$\lim_{x\to+\infty}\left(1+\frac{1}{[x]}\right)^{[x]+1}=\lim_{n\to+\infty}\left(1+\frac{1}{n}\right)^{n+1}=\lim_{n\to+\infty}\left(1+\frac{1}{n}\right)^{n}\left(1+\frac{1}{n}\right)=\mathrm{e};$$
$$\lim_{x\to+\infty}\left(1+\frac{1}{[x]+1}\right)^{[x]}=\lim_{n\to+\infty}\left(1+\frac{1}{n+1}\right)^{n}=\frac{\lim\limits_{n\to+\infty}\left(1+\frac{1}{n+1}\right)^{n+1}}{\lim\limits_{n\to+\infty}\left(1+\frac{1}{n+1}\right)}=\mathrm{e}.$$
由夹逼准则有
$$\lim_{x\to+\infty}\left(1+\frac{1}{x}\right)^{x}=\mathrm{e}.$$
再证 $x\to-\infty$ 的情形. 设 $x=-y$,则 $x\to-\infty$ 时 $y\to+\infty$,故
$$\lim_{x\to-\infty}\left(1+\frac{1}{x}\right)^{x}=\lim_{y\to+\infty}\left(1-\frac{1}{y}\right)^{-y}=\lim_{y\to+\infty}\left(\frac{y}{y-1}\right)^{y}$$
$$=\lim_{y\to+\infty}\left(1+\frac{1}{y-1}\right)^{y-1}\cdot\left(1+\frac{1}{y-1}\right)=\mathrm{e}.$$
综合有
$$\lim_{x\to\infty}\left(1+\frac{1}{x}\right)^{x}=\mathrm{e}.$$
这个重要极限的另一种形式为
$$\lim_{\alpha\to0}(1+\alpha)^{\frac{1}{\alpha}}=\mathrm{e}.$$
事实上,令 $\alpha=\frac{1}{x}$,则 $x\to\infty\Leftrightarrow\alpha\to0$,所以
$$\mathrm{e}=\lim_{x\to\infty}\left(1+\frac{1}{x}\right)^{x}=\lim_{\alpha\to0}(1+\alpha)^{\frac{1}{\alpha}}.$$

例7 计算 $\lim\limits_{x\to0}(1+2x)^{\frac{1}{x}}$.

解 $\lim\limits_{x\to0}(1+2x)^{\frac{1}{x}}=\lim\limits_{x\to0}\left[(1+2x)^{\frac{1}{2x}}\cdot(1+2x)^{\frac{1}{2x}}\right]=\mathrm{e}^{2}$.

例8 计算 $\lim\limits_{x\to\infty}\left(1-\frac{1}{x}\right)^{x}$.

解
$$\lim_{x\to\infty}\left(1-\frac{1}{x}\right)^{x}=\lim_{x\to\infty}\left[\left(1+\frac{1}{(-x)}\right)^{(-x)}\right]^{-1}$$
$$=\lim_{x\to\infty}\frac{1}{\left(1+\frac{1}{(-x)}\right)^{(-x)}}=\frac{1}{\mathrm{e}}.$$

例 9 设某人以本金 p 元进行一项投资，投资的年利率为 r. 如果以年为单位计算复利（即每年计息一次，并将利息计入下年的本金，重复计息），那么 t 年后，资金总额将变为

$$p(1+r)^t（元）.$$

而若以月为单位计算复利（即每月计息一次，并将利息加入下月的本金，重复计息），那么 t 年后，资金总额将变为

$$p\left(1+\frac{r}{12}\right)^{12t}（元）.$$

这样类推，若以天为单位计算复利，那么 t 年后，资金总额将变为

$$p\left(1+\frac{r}{365}\right)^{365t}（元）.$$

一般地，若以 $\frac{1}{n}$ 年为单位计算复利，那么 t 年后，资金总额将变为

$$p\left(1+\frac{r}{n}\right)^{nt}（元）.$$

现在让 $n\to\infty$，即每时每刻计算复利（称为连续复利），那么 t 年后，资金总额将变为

$$\lim_{n\to\infty} p\left(1+\frac{r}{n}\right)^{nt}=\lim_{n\to\infty}\left[p\left(1+\frac{r}{n}\right)^{\frac{n}{r}}\right]^{rt}=p\mathrm{e}^{rt}（元）.$$

习题 1.4

1. 求下列极限：

(1) $\lim\limits_{x\to0}\frac{2\sin 2x}{x}$；

(2) $\lim\limits_{x\to0}\frac{\sin(\sin x)}{x}$；

(3) $\lim\limits_{x\to0}\frac{\sin(x^3)}{(\sin x)^2}$；

(4) $\lim\limits_{x\to1}\left[(1-x)\tan\frac{\pi x}{2}\right]$；

(5) $\lim\limits_{x\to a}\frac{\sin^2x-\sin^2a}{x-a}$；

(6) $\lim\limits_{x\to0}\frac{\sqrt{1+x^2}-1}{1-\cos x}$；

(7) $\lim\limits_{x\to\frac{\pi}{2}}\frac{\cos x}{x-\frac{\pi}{2}}$；

(8) $\lim\limits_{x\to0}\frac{1-\cos x}{x}$.

2. 求下列极限：

(1) $\lim\limits_{x\to\infty}\left(1+\frac{4}{x}\right)^x$；

(2) $\lim\limits_{x\to\infty}\left(1-\frac{2}{x}\right)^{-x}$；

(3) $\lim\limits_{x\to0}(1+nx)^{\frac{1}{x}}$（$n$ 为整数）；

(4) $\lim\limits_{x\to+\infty}\left(\frac{3x+2}{3x-1}\right)^{2x-1}$；

(5) $\lim\limits_{x\to0}\left(\frac{1+x}{1-x}\right)^{\frac{1}{x}}$；

(6) $\lim\limits_{x\to0}(1+\tan x)^{\cot x}$；

(7) $\lim\limits_{x\to\frac{\pi}{2}}(1+\cot x)^{\tan x}$;　　(8) $\lim\limits_{x\to 0}\dfrac{\ln(1+\alpha x)}{x}$.

3. 利用夹逼准则求下列数列的极限:

(1) $\lim\limits_{n\to\infty}\left(\dfrac{1}{n^2}+\dfrac{1}{(n+1)^2}+\cdots+\dfrac{1}{(2n)^2}\right)$;

(2) $\lim\limits_{n\to\infty}n\left(\dfrac{1}{n^2+\pi}+\dfrac{1}{n^2+2\pi}+\cdots+\dfrac{1}{n^2+n\pi}\right)$.

4. 利用单调有界准则证明下列数列收敛.

(1) $a_n=\dfrac{1}{n^2}+\dfrac{2}{n^2}+\cdots+\dfrac{n}{n^2}$;

(2) $a_n=\dfrac{1}{3+1}+\dfrac{1}{3^2+1}+\cdots+\dfrac{1}{3^n+1}$.

1.5 无穷小与无穷大

1.5.1 无穷小

定义1 如果 $\lim\limits_{x\to x_0}f(x)=0$,则称 $f(x)$ 为当 $x\to x_0$ 时的**无穷小**.

例如,因为 $\lim\limits_{x\to 0}\sin x=0$,所以函数 $\sin x$ 是当 $x\to 0$ 时的无穷小.

类似可定义 $x\to x_0^+$, $x\to x_0^-$, $x\to\infty$, $x\to+\infty$, $x\to-\infty$ 时的无穷小.

特别地,以零为极限的数列 $\{a_n\}$ 称为 $n\to\infty$ 时的无穷小.

需要注意的是,无穷小是一个极限为零的函数(或数列),不是一个很小的数,因而与自变量的变化趋势密切相关.如函数 $\dfrac{1}{x}$ 是当 $x\to\infty$ 时的无穷小,而当 x 趋于任何固定值时都不是无穷小.

由无穷小的定义及函数极限的四则运算法则,易知无穷小有如下性质:

性质1 有限个无穷小的代数和仍是无穷小.

性质2 有界函数与无穷小的乘积仍是无穷小.

例如,由于 $\lim\limits_{x\to\infty}\dfrac{1}{x}=0$,且 $|\sin x|\leqslant 1$,所以 $\lim\limits_{x\to\infty}\dfrac{\sin x}{x}=0$.

推论1 常数与无穷小的乘积仍是无穷小.

推论2 有限个无穷小的乘积仍是无穷小.

函数极限与无穷小有如下关系:

定理1 $\lim\limits_{x\to x_0}f(x)=A\Leftrightarrow f(x)=A+\alpha(x)$,其中 $\alpha(x)$ 是当 $x\to x_0$ 时的无穷小.

证 充分性. 因为 $\alpha(x)$ 是当 $x\to x_0$ 时的无穷小,所以

$$\lim_{x\to x_0}f(x)=\lim_{x\to x_0}(A+\alpha(x))=A+\lim_{x\to x_0}\alpha(x)=A+0=A.$$

必要性. 因为 $\lim\limits_{x\to x_0}f(x)=A$,所以

$$\lim_{x\to x_0}\alpha(x)=\lim_{x\to x_0}(f(x)-A)=\lim_{x\to x_0}f(x)-A=A-A=0.$$

1.5.2 无穷大

如果在自变量的某一变化过程中,对应的函数值的绝对值 $|f(x)|$ 无限增大,就称函数 $f(x)$ 为这一变化过程中的无穷大.

定义 2 设函数 $f(x)$ 在 x_0 的某个去心邻域内有定义. 若对于任意给定的正数 M,总存在正数 δ,使得当 $0<|x-x_0|<\delta$ 时,都有

$$|f(x)|>M,$$

则称函数 $f(x)$ 是当 $x\to x_0$ 时的**无穷大**(或当 x 趋于 x_0 时 $f(x)$ 趋于无穷),记为

$$\lim_{x\to x_0}f(x)=\infty.$$

如果在定义中将 $|f(x)|>M$ 换成 $f(x)>M$(或 $f(x)<-M$),则称函数 $f(x)$ 是当 $x\to x_0$ 时的**正无穷大**(或**负无穷大**),记为

$$\lim_{x\to x_0}f(x)=+\infty\ (\text{或}\ \lim_{x\to x_0}f(x)=-\infty).$$

类似地,可以给出函数 $f(x)$ 是当 $x\to x_0^+$, $x\to x_0^-$, $x\to\infty$, $x\to+\infty$, $x\to-\infty$ 时的无穷大的定义. 例如:

定义 3 设函数 $f(x)$ 在 $[a,+\infty)$ 上有定义. 若对于任意给定的正数 M,总存在正数 X,使得当 $x>X$ 时,都有

$$|f(x)|>M,$$

则称函数 $f(x)$ 是当 $x\to+\infty$ 时的**无穷大**,记为

$$\lim_{x\to+\infty}f(x)=\infty.$$

例如,$\lim\limits_{x\to 0}\dfrac{1}{x}=\infty$, $\lim\limits_{x\to+\infty}e^x=+\infty$, $\lim\limits_{x\to 0^+}\ln x=-\infty$,即 $y=\dfrac{1}{x}$ 是当 $x\to 0$ 时的无穷大,$y=e^x$ 是当 $x\to+\infty$ 时的(正)无穷大,$y=\ln x$ 是当 $x\to 0^+$ 时的(负)无穷大.

必须注意的是,无穷大不是一个数,不可与很大的数混为一谈.

由无穷大与无穷小的定义,可推得它们之间有如下关系:

定理 2 在自变量的同一变化过程中,如果 $f(x)$ 为无穷大,则 $\dfrac{1}{f(x)}$ 为无穷小;反之,如果 $f(x)$ 为无穷小,且 $f(x)\neq 0$,则 $\dfrac{1}{f(x)}$ 为无穷大.

根据这个定理,对无穷大的研究可归结为对无穷小的讨论.

1.5.3 无穷小的比较

当 $x\to0$ 时,$2x$,x^2 与 $\sin x$ 都是无穷小. 现在来考察它们的商当 $x\to0$ 时的极限:

$$\lim_{x\to0}\frac{x^2}{2x}=0,\lim_{x\to0}\frac{2x}{x^2}=\infty,\lim_{x\to0}\frac{\sin x}{x}=1.$$

两个无穷小之比的极限的各种不同情形,反映了作为分子与分母的这两个无穷小趋于零的速度的"快慢"不同. 就以上的几个例子来说,在 $x\to0$ 的时候,$x^2\to0$ 比 $2x\to0$ 的速度"快";反过来,$2x\to0$ 比 $x^2\to0$ 的速度"慢";而 $\sin x\to0$ 与 $x\to0$ 的速度"相同".

定义4 设 α 及 β 都是自变量同一变化过程中的无穷小,且 $\beta\neq0$.

(1)如果 $\lim\frac{\alpha}{\beta}=0$,则称 α **是比** β **高阶的无穷小**,或称 β **是比** α **低阶的无穷小**,记为 $\alpha=o(\beta)$;

(2)如果 $\lim\frac{\alpha}{\beta}=l\neq0$,则称 α **与** β **是同阶无穷小**,记为 $\alpha=O(\beta)$. 特别当 $l=1$ 时,则称 α **与** β **是等价无穷小**,记为 $\alpha\sim\beta$.

例如, $\sin x$ 与 x 当 $x\to0$ 时都是无穷小,由于 $\lim\limits_{x\to0}\frac{\sin x}{x}=1$,所以 $\sin x$ 与 x 是当 $x\to0$ 时的等价无穷小,即 $\sin x\sim x(x\to0)$.

又如,$\frac{1}{x^2}$ 与 $\frac{1}{x}$ 当 $x\to\infty$ 时都是无穷小,由于

$$\lim_{x\to\infty}\frac{\frac{1}{x^2}}{\frac{1}{x}}=\lim_{x\to\infty}\frac{1}{x}=0,$$

因此,当 $x\to\infty$ 时 $\frac{1}{x^2}$ 是比 $\frac{1}{x}$ 高阶的无穷小,即 $\frac{1}{x^2}=o\left(\frac{1}{x}\right)(x\to\infty)$.

又如,x^2-4 与 $x-2$ 都是当 $x\to2$ 时的无穷小. 由于

$$\lim_{x\to2}\frac{x^2-4}{x-2}=\lim_{x\to2}(x+2)=4\neq0,$$

因此,x^2-4 与 $x-2$ 为当 $x\to2$ 时的同阶无穷小,即 $x^2-4=O(x-2)(x\to2)$.

定理3 设 $\alpha\sim\alpha_1$, $\beta\sim\beta_1$,且 $\lim\frac{\alpha_1}{\beta_1}$ 存在,则

$$\lim\frac{\alpha}{\beta}=\lim\frac{\alpha_1}{\beta_1}.$$

证 $\lim\frac{\alpha}{\beta}=\lim\left(\frac{\alpha}{\alpha_1}\cdot\frac{\alpha_1}{\beta_1}\cdot\frac{\beta_1}{\beta}\right)$

$$=\lim\frac{\alpha}{\alpha_1}\cdot\lim\frac{\alpha_1}{\beta_1}\cdot\lim\frac{\beta_1}{\beta}=\lim\frac{\alpha_1}{\beta_1}.$$

定理表明，求函数极限时，分子、分母中的因式都可用等价无穷小来代换.

例 1 计算$\lim\limits_{x\to 0}\dfrac{\tan x-\sin x}{\sin x^3}$.

等价无穷小求极限举例

解 由于$\tan x-\sin x=\dfrac{\sin x}{\cos x}(1-\cos x)$，当$x\to 0$时

$$\sin x\sim x,1-\cos x\sim\frac{x^2}{2},\sin x^3\sim x^3,$$

故有

$$\lim_{x\to 0}\frac{\tan x-\sin x}{\sin x^3}=\lim_{x\to 0}\frac{1}{\cos x}\cdot\frac{x\cdot\frac{x^2}{2}}{x^3}=\frac{1}{2}.$$

例 2 计算$\lim\limits_{x\to 1}\dfrac{x\sin(x-1)}{x^2-1}$.

解 当$x\to 1$时，$\sin(x-1)\sim(x-1)$，所以

$$\lim_{x\to 1}\frac{x\sin(x-1)}{x^2-1}=\lim_{x\to 1}\frac{x(x-1)}{x^2-1}=\lim_{x\to 1}\frac{x}{x+1}=\frac{1}{2}.$$

将常用的几个$x\to 0$时的等价无穷小列出，以便于应用.

$\sin x\sim x,\arcsin x\sim x,\tan x\sim x,\arctan x\sim x,\ln(1+x)\sim x,e^x-1\sim x,1-\cos x\sim\dfrac{x^2}{2},\sqrt[n]{1+x}-1\sim\dfrac{x}{n}$.

习题 1.5

1. 在下列各题中，指出哪些是无穷小，哪些是无穷大：

(1)$f(x)=\dfrac{1+x}{x^2}$，当$x\to -1$时；　(2)$f(x)=\ln|x|$，当$x\to 0$时；

(3)$f(x)=\dfrac{\sin x}{1+\sec x}$，当$x\to 0$时；　(4)$f(x)=\dfrac{1+3x}{x-1}$，当$x\to 1$时.

2. 设$f(x)=\dfrac{4x^2+3}{x-1}+ax+b$，若已知$\lim\limits_{x\to\infty}f(x)=0$，求$a,b$.

3. 试比较$\alpha(x)$和$\beta(x)$中哪一个是高阶无穷小?

(1)$\alpha(x)=x^3+10x,\beta(x)=x^4$，当$x\to 0$时；

(2)$\alpha(x)=5x^3,\beta(x)=\sin^2x$，当$x\to 0$时.

4. 利用等价无穷小求下列极限：

(1)$\lim\limits_{x\to 0}\dfrac{\arctan x}{\sin 4x}$；　(2)$\lim\limits_{x\to 0}\dfrac{\ln(1+x)}{\sqrt{1+x}-1}$；

(3)$\lim\limits_{x\to 0}\dfrac{\tan x-\sin x}{x\arctan^2x}$.

1.6 函数的连续性

自然界中连续变化的现象是很多的,如空气或水的流动,气温的变化等. 这些现象反映到数学的函数关系上就是函数的连续性. 函数的连续性是微积分学的基本概念之一,它同函数的极限概念有密切的联系.

1.6.1 函数连续性的概念

定义1 设函数$f(x)$在点x_0的某个邻域内有定义,如果

$$\lim_{x\to x_0}f(x)=f(x_0), \tag{1}$$

则称函数$f(x)$在点x_0处**连续**,并称点x_0为$f(x)$的**连续点**;如果$f(x)$在点x_0处不连续,则称$f(x)$在点x_0处间断,并称点x_0为$f(x)$的间断点.

例如,函数$f(x)=2x+1$在点$x=2$连续,这是因为

$$\lim_{x\to 2}f(x)=\lim_{x\to 2}(2x+1)=5=f(2).$$

又如函数

$$f(x)=\begin{cases}x\sin\dfrac{1}{x}, & x\neq 0\\ 0, & x=0\end{cases}$$

在点$x=0$连续,这是因为

$$\lim_{x\to 0}f(x)=\lim_{x\to 0}x\sin\frac{1}{x}=0=f(0).$$

由于函数$f(x)$在点x_0处连续是用极限来定义的,故$f(x)$在点x_0处连续可用$\varepsilon-\delta$语言描述如下:

设函数$f(x)$在点x_0的某个邻域内有定义,如果对$\forall\varepsilon>0$, $\exists\delta>0$,当$|x-x_0|<\delta$时,就有

$$|f(x)-f(x_0)|<\varepsilon,$$

则称函数$f(x)$在点x_0处连续.

为了介绍函数$f(x)$在点x_0处连续的另一种表述,需要给出变量的增量的概念.

称$x-x_0$为自变量x在x_0处的**增量**(或**改变量**),记为Δx,即

$$\Delta x=x-x_0.$$

对应函数值的差$f(x)-f(x_0)$称为函数$f(x)$在x_0处的**增量**(或**改变量**),记为Δy,即

$$\Delta y=f(x)-f(x_0)=f(x_0+\Delta x)-f(x_0).$$

因为$x\to x_0$等价于$\Delta x\to 0$,故定义1中的式(1)等价于

$$\lim_{\Delta x \to 0} \Delta y = 0.$$

这样，函数 $y=f(x)$ 在点 x_0 处连续又可用下述方式定义：

定义 2 设函数 $f(x)$ 在点 x_0 的某个邻域内有定义，如果

$$\lim_{\Delta x \to 0} \Delta y = 0, \tag{2}$$

则称函数 $y=f(x)$ 在点 x_0 处**连续**.

相应于左右极限的概念，给出左右连续的定义.

定义 3 设函数 $f(x)$ 在 (x_0, x_0+h) $(h>0)$（或 (x_0-h, x_0)）内有定义，如果

$$\lim_{x \to x_0^+} f(x) = f(x_0) \left(\text{或} \lim_{x \to x_0^-} f(x) = f(x_0)\right),$$

则称函数 $f(x)$ 在点 x_0 **右连续**（或**左连续**）.

据上述定义 1 与定义 3，不难推出如下定理.

定理 1 函数 $f(x)$ 在点 x_0 处连续的充要条件是：$f(x)$ 在点 x_0 处既是右连续，又是左连续.

例 1 讨论函数

$$f(x) = \begin{cases} x+2, & x \geqslant 0 \\ x-2, & x<0 \end{cases}$$

在点 $x=0$ 的连续性.

解 因为

$$\lim_{x \to 0^+} f(x) = \lim_{x \to 0^+} (x+2) = 2$$

$$\lim_{x \to 0^-} f(x) = \lim_{x \to 0^-} (x-2) = -2,$$

而 $f(0)=2$，所以 $f(x)$ 在点 $x=0$ 右连续，但不左连续，故它在 $x=0$ 不连续.

如果函数 $f(x)$ 在区间 I 上的每一点都连续，则称 $f(x)$ 为该区间上的连续函数，并称 I 为 $f(x)$ 的连续区间.

若区间 I 包含端点，在左端点处连续是指右连续，在右端点处连续是指左连续.

直观上，连续函数的图形是一条连绵不断的曲线.

例如，函数 $y=c, y=x, y=\sin x$ 和 $y=\cos x$ 都是 $\mathbf{R}$ 上的连续函数. 又如函数 $y=\sqrt{1-x^2}$ 在 $(-1,1)$ 内每一点处都连续，在 $x=1$ 处为左连续，在 $x=-1$ 处为右连续，因而它在 $[-1,1]$ 上连续.

1.6.2 间断点的分类

间断点的分类

函数 $f(x)$ 在点 x_0 处连续的充分必要条件为

$$\lim_{x \to x_0^-} f(x) = \lim_{x \to x_0^+} f(x) = f(x_0).$$

由此可知，函数 $f(x)$ 在点 x_0 处间断的可能情形为：$\lim\limits_{x \to x_0^-} f(x)$，$\lim\limits_{x \to x_0} f(x)$ 和 $f(x_0)$ 中至少有一个不存在或者它们都存在但不全相等.

如果 $\lim\limits_{x\to x_0}f(x)$ 存在,即 $\lim\limits_{x\to x_0^-}f(x)=\lim\limits_{x\to x_0^+}f(x)$,而 $f(x)$ 在点 x_0 无定义,或有定义但 $\lim\limits_{x\to x_0}f(x)=A\neq f(x_0)$,则 x_0 为 $f(x)$ 的间断点,称为**可去间断点**. 此时,补充或改变函数在点 x_0 的定义,则可得到一个在点 x_0 处连续的新的函数:

$$y=\begin{cases}f(x), & x\neq x_0\\ A, & x=x_0\end{cases}$$

例如,函数 $f(x)=|\operatorname{sgn} x|$,因 $f(0)=0$,而

$$\lim_{x\to 0}f(x)=1\neq f(0),$$

故 $x=0$ 为 $f(x)=|\operatorname{sgn} x|$ 的可去间断点. 但改变定义,令 $f(0)=1$,则函数在 $x=0$ 处连续.

又如,函数 $g(x)=\dfrac{\sin x}{x}$ 在 $x=0$ 无定义,而

$$\lim_{x\to 0}\frac{\sin x}{x}=1,$$

所以 $x=0$ 是 $g(x)$ 的可去间断点. 但补充定义,令 $g(0)=1$,则函数在 $x=0$ 处连续.

如果 $\lim\limits_{x\to x_0^-}f(x)$ 与 $\lim\limits_{x\to x_0^+}f(x)$ 都存在但不相等,则 $\lim\limits_{x\to x_0}f(x)$ 不存在,从而点 x_0 为函数 $f(x)$ 的间断点,称为**跳跃间断点**.

例如,函数 $f(x)=\operatorname{sgn} x$,因为

$$\lim_{x\to 0^+}f(x)=1,\ \lim_{x\to 0^-}f(x)=-1,$$

故 $x=0$ 是 $\operatorname{sgn} x$ 的跳跃间断点. 从图 1.14 上看,函数在 $x=0$ 处有一个跳跃现象.

函数的可去间断点和跳跃间断点统称为**第一类间断点**. 其特点是函数的左、右极限都存在.

除第一类间断点外,所有其他形式的间断点,都称为函数的**第二类间断点**. 其特点是函数的左、右极限至少有一个不存在.

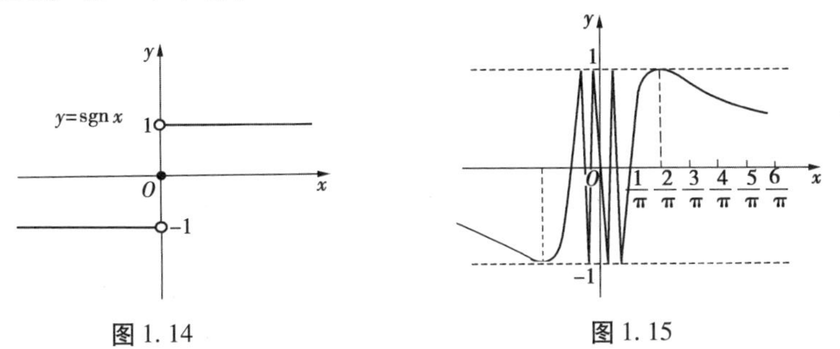

图 1.14　　图 1.15

例如,函数 $y=\tan x$ 当 $x\to\dfrac{\pi}{2}$ 时趋于 ∞,故 $x=\dfrac{\pi}{2}$ 是函数的第二类间断点,称为**无穷间断点**.

函数 $y=\sin\dfrac{1}{x}$ 当 $x\to 0$ 时,函数值在 -1 与 1 之间无限次变动,如图 1.15 所示,故点 $x=0$

称为函数的**振荡间断点**,也属于函数的第二类间断点.

1.6.3 连续函数的运算

由函数连续的定义和极限的四则运算法则,有如下定理:

定理2(四则运算) 若函数$f(x)$,$g(x)$在点x_0连续,则

$$f(x)\pm g(x),\ f(x)\cdot g(x),\ \frac{f(x)}{g(x)}(这里\ g(x_0)\neq 0)$$

也都在点x_0处连续.

定理3(复合函数的连续性) 如果函数$u=g(x)$在点x_0连续,$y=f(u)$在点$u_0=g(x_0)$连续,则复合函数$y=f[g(x)]$在点x_0连续.

证 对任给的$\varepsilon>0$,由于$f(x)$在u_0连续,故存在$\delta_1>0$,使得当$|u-u_0|<\delta_1$时,有

$$|f(u)-f(u_0)|<\varepsilon;$$

又因为$u_0=g(x_0)$,$u=g(x)$在点x_0连续,故对上述$\delta_1>0$,存在$\delta>0$,使得当$|x-x_0|<\delta$时,有

$$|u-u_0|=|g(x)-g(x_0)|<\delta_1.$$

故对任给的$\varepsilon>0$,存在$\delta>0$,当$|x-x_0|<\delta$时,有

$$|f[g(x)]-f[g(x_0)]|<\varepsilon.$$

所以$y=f[g(x)]$在点x_0连续.

根据连续性的定义,上述定理的结论可表述为

$$\lim_{x\to x_0}f[g(x)]=f[\lim_{x\to x_0}g(x)]=f[g(x_0)].$$

定理4(反函数的连续性) 单调连续函数的反函数也是单调连续的.

例如,$y=\sin x$在$\left[-\frac{\pi}{2},\frac{\pi}{2}\right]$上单调连续,故其反函数$y=\arcsin x$在$[-1,1]$上单调连续. 同理可得其他反三角函数也在相应的定义区间上连续.

例2 计算$\lim\limits_{x\to 1}\sin(1-x^2)$.

解 函数$y=\sin(1-x^2)$可看成函数$y=\sin u$与$u=1-x^2$的复合函数,而函数$\sin u$和$1-x^2$连续,故

$$\lim_{x\to 1}\sin(1-x^2)=\sin[\lim_{x\to 1}(1-x^2)]=\sin 0=0.$$

例3 计算

(1)$\lim\limits_{x\to 0}\sqrt{2-\frac{\sin x}{x}}$;　　(2)$\lim\limits_{x\to\infty}\sqrt{2-\frac{\sin x}{x}}$.

解 (1)$\lim\limits_{x\to 0}\sqrt{2-\frac{\sin x}{x}}=\sqrt{2-\lim\limits_{x\to 0}\frac{\sin x}{x}}=\sqrt{2-1}=1$;

(2)$\lim\limits_{x\to\infty}\sqrt{2-\frac{\sin x}{x}}=\sqrt{2-\lim\limits_{x\to\infty}\frac{\sin x}{x}}=\sqrt{2-0}=\sqrt{2}$.

1.6.4 初等函数的连续性

基本初等函数在它们的定义域上都是连续的.

由于任何初等函数都是由基本初等函数经过有限次的四则运算与复合运算所得到,所以有结论:初等函数在其有定义区间上都是连续的. 所谓定义区间,就是包含在定义域内的区间.

根据上面这个结论,对于初等函数$f(x)$,如果x_0是$f(x)$的定义区间内的点,则

$$\lim_{x\to x_0} f(x)=f(x_0),$$

即求$\lim\limits_{x\to x_0} f(x)$时只需计算函数值$f(x_0)$.

例4 计算$\lim\limits_{x\to 0}\dfrac{\sqrt{1+x^2}-1}{x}$.

解 $$\lim_{x\to 0}\frac{\sqrt{1+x^2}-1}{x}=\lim_{x\to 0}\frac{(\sqrt{1+x^2}-1)(\sqrt{1+x^2}+1)}{x(\sqrt{1+x^2}+1)}$$

$$=\lim_{x\to 0}\frac{x}{\sqrt{1+x^2}+1}=\frac{0}{2}=0.$$

例5 计算$\lim\limits_{x\to 0}\dfrac{\ln(1+x)}{x}$.

解 由对数函数的连续性有

$$\lim_{x\to 0}\frac{\ln(1+x)}{x}=\lim_{x\to 0}\ln(1+x)^{\frac{1}{x}}=\ln[\lim_{x\to 0}(1+x)^{\frac{1}{x}}]=\ln \mathrm{e}=1.$$

1.6.5 闭区间上连续函数的性质

在闭区间上连续的函数有几个重要性质,在此不加证明地给予介绍.

定义4 设函数$f(x)$在实数集D上有定义,如果存在$x_0\in D$,使得对一切$x\in D$有

$$f(x_0)\geqslant f(x)\ (\text{或} f(x_0)\leqslant f(x)),$$

则称$f(x_0)$为$f(x)$在D上的**最大值**(或**最小值**).

例如,$\sin x$在$[0,\pi]$上最大值为1,最小值为0. 但一般而言,函数$f(x)$在定义域D上不一定有最大值或最小值(即使$f(x)$在D上有界). 如$f(x)=x$在$(0,1)$上有界,但既无最大值也无最小值.

定理5(最值定理) 如果函数$f(x)$在闭区间$[a,b]$上连续,则$f(x)$在$[a,b]$上有最大值与最小值.

推论 若函数 $f(x)$ 在闭区间 $[a,b]$ 上连续，则 $f(x)$ 在 $[a,b]$ 上有界.

定理 6(介值定理) 设函数 $f(x)$ 在闭区间 $[a,b]$ 上连续，且 $f(a)\neq f(b)$. 若 μ 为介于 $f(a)$ 与 $f(b)$ 之间的任意一个数，即

$$f(a)<\mu<f(b) \text{ 或 } f(a)>\mu>f(b),$$

则至少存在一点 $\xi\in(a,b)$，使得

$$f(\xi)=\mu.$$

推论 1(零点定理) 若函数 $f(x)$ 在闭区间 $[a,b]$ 上连续，且 $f(a)$ 与 $f(b)$ 异号(即 $f(a)\cdot f(b)<0$)，则至少存在一点 $\xi\in(a,b)$ 使得

$$f(\xi)=0.$$

从几何上看，推论 1 表示：如果连续曲线弧 $y=f(x)$，$x\in[a,b]$ 的两个端点分别位于 x 轴的上下两侧，则这段曲线与 x 轴至少有一个交点，如图 1.16 所示.

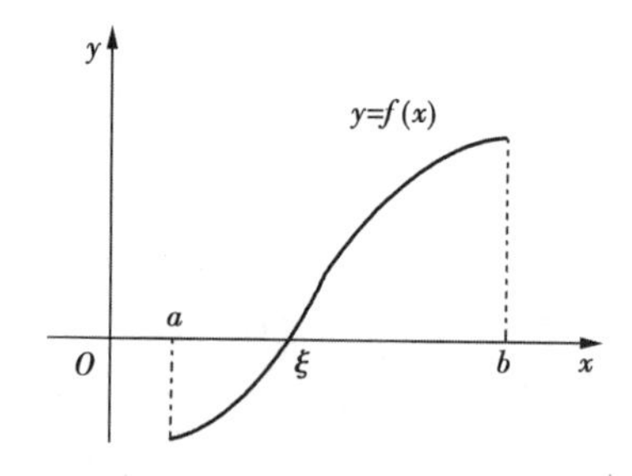

图 1.16

推论 2 在闭区间上连续的函数必取得介于其最小值 m 与最大值 M 之间的任何值.

例 6 证明方程 $x^3-5x^2+2=0$ 在区间 $(0,1)$ 内至少有一个根.

证 设函数 $f(x)=x^3-5x^2+2$，则 $f(x)$ 在闭区间 $[0,1]$ 上连续，且

$$f(0)=2>0,\ f(1)=-2<0.$$

根据零点定理，在 $(0,1)$ 内至少存在一点 ξ，使得

$$f(\xi)=0,$$

即

$$\xi^3-5\xi^2+2=0(0<\xi<1),$$

故方程 $x^3-5x^2+2=0$ 在 $(0,1)$ 内至少有一个根.

例 7 证明方程 $\mathrm{e}^x+\sin x=2$ 在区间 $(0,1)$ 内有唯一的根.

证 设函数 $f(x)=\mathrm{e}^x+\sin x-2$，则 $f(x)$ 在闭区间 $[0,1]$ 上连续，且

$$f(0)=-1<0,\ f(1)=\mathrm{e}+\sin 1-2>0.$$

根据零点定理，在 $(0,1)$ 内至少存在一点 ξ，使得

$$f(\xi)=0,$$

即

$$\mathrm{e}^\xi+\sin\xi=2,$$

故方程 $\mathrm{e}^x+\sin x=2$ 在 $(0,1)$ 内至少有一个根 ξ.

又因为 e^x 与 $\sin x$ 在 $(0,1)$ 上都是单调增加的函数，故 $\mathrm{e}^x+\sin x$ 也在 $(0,1)$ 上单调增加.

于是,对于任何 $x \in (0,1)$,只要 $x \neq \xi$,就有 $e^x + \sin x \neq e^\xi + \sin \xi = 2$. 这说明 ξ 是方程 $e^x + \sin x = 2$ 在 $(0,1)$ 内唯一的根.

习题 1.6

1. 指出下列函数的间断点并说明其类型:

(1) $f(x) = x + \frac{1}{x}$; (2) $f(x) = \frac{\sin x}{|x|}$;

(3) $f(x) = \operatorname{sgn} |x|$; (4) $f(x) = \operatorname{sgn}(\cos x)$;

(5) $f(x) = \begin{cases} x, & x \text{ 为有理数} \\ -x, & x \text{ 为无理数} \end{cases}$;

(6) $f(x) = \begin{cases} \frac{1}{x+7}, & -\infty < x < -7 \\ x, & -7 \leqslant x \leqslant 1 \\ (x-1) \sin \frac{1}{x-1}, & 1 < x < +\infty \end{cases}$

2. 问 a 为何值时,函数

$$f(x) = \begin{cases} \frac{x^3 - 1}{x^2 - 1}, & x \neq 1 \\ a, & x = 1 \end{cases}$$

在点 $x = 1$ 处连续?

3. 讨论复合函数 $f[g(x)]$ 与 $g[f(x)]$ 的连续性,设

(1) $f(x) = \operatorname{sgn} x, g(x) = 1 + x^2$; (2) $f(x) = \operatorname{sgn} x, g(x) = (1 - x^2)x$.

4. 求极限:

(1) $\lim\limits_{x \to 0} \sqrt{3 + 2x - x^2}$; (2) $\lim\limits_{x \to 2} \frac{2x}{x^2 + x - 2}$;

(3) $\lim\limits_{x \to 1^+} \frac{x\sqrt{1 + 2x} - \sqrt{x^2 - 1}}{x + 1}$; (4) $\lim\limits_{x \to 0} \frac{(1 - \cos x)(1 + x^2)^{\frac{1}{1 - \sin x}}}{1 + e^{2x}}$;

(5) $\lim\limits_{x \to +\infty} \arccos \frac{1 - x}{1 + x}$; (6) $\lim\limits_{x \to 0} (1 + \sin x)^{\cot x}$.

5. 证明:若 $f(x)$ 在 $[a,b]$ 上连续,且对任何 $x \in [a,b]$, $f(x) \neq 0$,则 $f(x)$ 在 $[a,b]$ 上恒正或恒负.

6. 证明方程 $e^x - 4x^2 + 1 = 0$ 至少有一个小于 1 的正根.

本章小结

一、基本概念

(1)数列的极限.

(2)函数的极限、函数的左右极限.

(3)函数的连续性、左右连续.

(4)无穷小(高阶、低阶、同阶、等价)、无穷大.

(5)间断点(第一类间断点:可去、跳跃;第二类间断点).

二、基本性质

(1)函数的有界性、单调性、奇偶性、周期性.

(2)收敛数列的性质:唯一性、有界性、保号性.

(3)函数极限的性质:唯一性、局部有界性、局部保号性、初等函数的连续性.

(4)连续函数的性质:四则运算、复合函数的连续性、反函数的连续性.

(5)闭区间上连续函数的性质:最值定理、介值定理、零点定理.

三、求函数(数列)极限的方法

(1)利用函数的连续性及极限的四则运算法则、复合函数的极限运算法则求极限.

(2)利用无穷小和无穷大的关系求极限.

(3)利用有界函数和无穷小之积仍为无穷小求极限.

(4)利用极限存在的两个重要准则(夹逼准则、单调有界收敛准则)求极限.

(5)利用两个重要极限($\lim\limits_{x\to0}\dfrac{\sin x}{x}=1$;$\lim\limits_{x\to0}(1+x)^{\frac{1}{x}}=\mathrm{e}$)求极限.

(6)利用等价无穷小替换求极限.

($x\to0$ 时,常见的等价无穷小:

$\sin x\sim x$;$\tan x\sim x$;$\arcsin x\sim x$;$\arctan x\sim x$;$\ln(1+x)\sim x$;$\mathrm{e}^x-1\sim x$;$1-\cos x\sim\dfrac{1}{2}x^2$;$(1+x)^\alpha-1\sim\alpha x,\alpha\in\mathbf{R}$)

总习题 1 答案解析

总习题 1

一、填空题

1. 已知 $f(x)=\sin x$,$f[\varphi(x)]=1-x^2$,则 $\varphi(x)=$________.

2. 设 $f(x)=\begin{cases}1, & |x|\leqslant1\\0, & |x|>1\end{cases}$,则 $f[f(x)]=$________.

3. 设$f(x)=\begin{cases}e^x, & x<0\\ a+x, & x\geqslant 0\end{cases}$在$(-\infty,+\infty)$内连续,则$a=$________.

4. $\lim\limits_{x\to x_0}f(x)$存在的充分必要条件是$f(x_0^+)$与$f(x_0^-)$________.

5. 设$\lim\limits_{x\to -2}\dfrac{x^2-x+a}{x+2}$存在,则$a=$________.

6. 设$\lim\limits_{x\to\infty}\left(\dfrac{x+2a}{x-a}\right)^x=8$,则$a=$________.

二、单项选择题

1. 数列$\{x_n\}$与$\{y_n\}$的极限分别为A和B,且$A\neq B$. 数列$x_1,y_1,x_2,y_2,\cdots$的极限为(　　).

A. A　　B. B　　C. $A+B$　　D. 不存在

2. 当$x\to 0^+$时,$\cos x-\cos\sqrt{x}$是x的(　　).

A. 低阶无穷小　　B. 高阶无穷小

C. 同阶但非等价的无穷小　　D. 等价无穷小

3. 设$\{a_n\}$、$\{b_n\}$、$\{c_n\}$均为非负数列,且$\lim\limits_{n\to\infty}a_n=0$,$\lim\limits_{n\to\infty}b_n=1$,$\lim\limits_{n\to\infty}c_n=\infty$,则必有(　　).

A. $a_n<b_n$对任意n成立　　B. $b_n<c_n$对任意n成立

C. $\lim\limits_{n\to\infty}a_nc_n$不存在　　D. $\lim\limits_{n\to\infty}b_nc_n$不存在

4. 如果函数$f(x)\begin{cases}\dfrac{1-\cos\sqrt{x}}{ax}, & x>0\\ b, & x\leqslant 0\end{cases}$在$x=0$连续,则(　　).

A. $ab=\dfrac{1}{2}$　　B. $ab=-\dfrac{1}{2}$　　C. $ab=0$　　D. $ab=2$

5. 设数列$\{a_n\}$收敛,则(　　).

A. 当$\lim\limits_{n\to\infty}\sin a_n=0$时,$\lim\limits_{n\to\infty}a_n=0$

B. 当$\lim\limits_{n\to\infty}a_n(a_n+\sqrt{|a_n|})=0$时,$\lim\limits_{n\to\infty}a_n=0$

C. 当$\lim\limits_{n\to\infty}(a_n+a_n^2)=0$时,$\lim\limits_{n\to\infty}a_n=0$

D. 当$\lim\limits_{n\to\infty}(a_n+\sin a_n)=0$时,$\lim\limits_{n\to\infty}a_n=0$

三、解答题

1. 求下列极限:

(1) $\lim\limits_{x\to\infty}\dfrac{x+\sin 2x}{x-\sin 2x}$;　　(2) $\lim\limits_{x\to 0}\dfrac{\sqrt{x+1}-1}{x}$;

(3) $\lim\limits_{x\to\infty}\left(\dfrac{2x-3}{2x+1}\right)^{x+1}$;　　(4) $\lim\limits_{x\to 0}\dfrac{x^2\sin^2 x}{(\arctan x)^2(1-\cos x)}$;

(5) $\lim\limits_{n\to\infty}\left(1+\dfrac{1}{1+2}+\dfrac{1}{1+2+3}+\cdots+\dfrac{1}{1+2+\cdots+n}\right)$；

(6) $\lim\limits_{n\to\infty}\left(1+\dfrac{1}{n}+\dfrac{1}{n^2}\right)^n$.

2. 求下列极限：

(1) $\lim\limits_{x\to 0}(\cos x)^{\frac{1}{\ln(1+x^2)}}$；

(2) $\lim\limits_{x\to 0}\dfrac{x\ln(1+x)}{1-\cos x}$；

(3) $\lim\limits_{x\to -\infty}\dfrac{\sqrt{4x^2+x-1}+x+1}{\sqrt{x^2+\sin x}}$；

(4) $\lim\limits_{x\to 0}\left(\dfrac{2+e^{\frac{1}{x}}}{1+e^{\frac{4}{x}}}+\dfrac{\sin x}{|x|}\right)$.

3. 设 $x_1=10, x_{n+1}=\sqrt{6+x_n}\ (n=1,2,\cdots)$，试证明数列 $\{x_n\}$ 的极限存在，并求此极限.

4. 证明方程 $x^3-3x^2-9x+1=0$ 在 $(0,1)$ 内至少有一实根.

第 1 章拓展阅读

拓展阅读(1)　第二次数学危机与极限严格理论的建立

拓展阅读(2)　极限严格理论的意义和价值

第 2 章　导数与微分

第 2 章学习导读

微分学是微积分学的基本组成部分,它的基本内容是导数和微分.本章通过实际问题引入导数与微分的概念,然后讨论它们的计算方法.

2.1　导数的概念

2.1.1　导数的定义

先讨论两个问题:速度问题和切线问题.

例 1　设一质点作变速直线运动,位置函数 $s=s(t)$,求质点在某时刻 t_0 的瞬时速度.

解　考虑从 t_0 到 $t_0+\Delta t$ 这一时间间隔,在此时间间隔内,质点经过的路程为

$$\Delta s=s(t_0+\Delta t)-s(t_0),$$

所以质点在 t_0 到 $t_0+\Delta t$ 这段时间内的平均速度为

$$\bar{v}=\frac{\Delta s}{\Delta t}=\frac{s(t_0+\Delta t)-s(t_0)}{\Delta t}.$$

$\bar{v}$ 可作质点在时刻 t_0 的瞬时速度的近似值.显然,$|\Delta t|$ 越小,近似程度越好.令 $\Delta t\to 0$,如果 $\bar{v}$ 的极限存在,则称此极限为质点在时刻 t_0 的瞬时速度,即

$$v(t_0)=\lim_{\Delta t\to 0}\frac{\Delta s}{\Delta t}=\lim_{\Delta t\to 0}\frac{s(t_0+\Delta t)-s(t_0)}{\Delta t}.$$

例 2　求平面曲线 $L:y=f(x)$ 在点 $P_0(x_0,f(x_0))$ 处切线的斜率.

解　设点 $P(x_0+\Delta x,y_0+\Delta y)$ 为曲线 L 上的一个动点,其中 $\Delta x\neq 0$,$\Delta y=f(x_0+\Delta x)-f(x_0)$.作割线 P_0P,设其倾角(即与 x 轴的夹角)为 φ,易知割线 P_0P 的斜率为

$$\tan\varphi=\frac{\Delta y}{\Delta x}=\frac{f(x_0+\Delta x)-f(x_0)}{\Delta x}.$$

当点 P 沿曲线 L 趋向于定点 P_0(即 $\Delta x\to 0$)时,割线 P_0P 也随之趋向于它的极限位置 P_0T.称直线 P_0T 为曲线 L 在定点 P_0 处的切线,如图 2.1 所示.显然,此时倾角 φ 趋于切线倾角 α,即切线的斜率为

$$\tan\alpha=\lim_{\Delta x\to 0}\frac{\Delta y}{\Delta x}=\lim_{\Delta x\to 0}\frac{f(x_0+\Delta x)-f(x_0)}{\Delta x}.$$

上面两个例子尽管实际意义不同,但它们在数学上的处理方法却是一样的,都归结为函

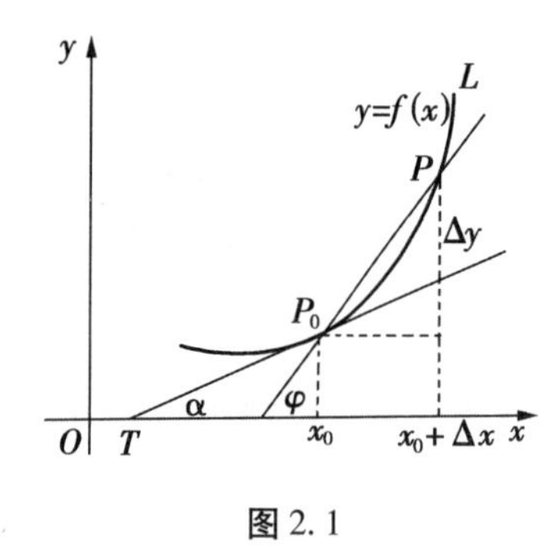

图 2.1

数增量与自变量增量比值的极限. 撇开这些量的实际意义,就得到导数的概念.

定义 1 设函数 $y=f(x)$ 在点 x_0 的某个邻域内有定义,如果极限

$$\lim_{\Delta x\to 0}\frac{\Delta y}{\Delta x}=\lim_{\Delta x\to 0}\frac{f(x_0+\Delta x)-f(x_0)}{\Delta x} \tag{1}$$

存在,则称函数 $f(x)$ 在点 x_0 处**可导**,并称该极限为函数 $f(x)$ 在点 x_0 处的**导数**,记为 $f'(x_0)$.

如果极限(1)不存在,则称函数 $f(x)$ 在点 x_0 处**不可导**. 特别地,如果 $\lim\limits_{\Delta x\to 0}\frac{\Delta y}{\Delta x}=\infty$,为方便起见,也说函数 $f(x)$ 在点 x_0 处的导数为无穷大.

$\frac{\Delta y}{\Delta x}=\frac{f(x_0+\Delta x)-f(x_0)}{\Delta x}$ 反映的是自变量 x 从 x_0 变到 $x_0+\Delta x$ 时,函数 $f(x)$ 的**平均变化率**,故导数 $f'(x_0)=\lim\limits_{\Delta x\to 0}\frac{\Delta y}{\Delta x}$ 也称为函数 $f(x)$ 在点 x_0 处的**(瞬时)变化率**.

令 $x=x_0+\Delta x$,则有

$$f'(x_0)=\lim_{x\to x_0}\frac{f(x)-f(x_0)}{x-x_0}.$$

有时也记 $\Delta x=h$,此时

$$f'(x_0)=\lim_{h\to 0}\frac{f(x_0+h)-f(x_0)}{h}.$$

如果函数 $y=f(x)$ 在开区间 (a,b) 内每一点都可导,则称函数在 (a,b) 内可导. 此时对 (a,b) 内的每一个确定的 x,都对应一个确定的数 $f'(x)$,这样就定义了一个新的函数,称为 $f(x)$ 的**导函数**,记为

$$f'(x),y' \text{ 或 } \frac{\mathrm{d}y}{\mathrm{d}x}.$$

即
$$f'(x)=\lim_{\Delta x\to 0}\frac{f(x+\Delta x)-f(x)}{\Delta x},x\in(a,b).$$

导函数也简称为导数.

显然,$f'(x_0)$ 就是导函数 $f'(x)$ 在点 x_0 处的函数值,因而 $f'(x_0)$ 也记为

$$f'(x)\big|_{x=x_0},y'\big|_{x=x_0}\text{或}\left.\frac{\mathrm{d}y}{\mathrm{d}x}\right|_{x=x_0}.$$

下面根据导数定义求一些函数的导数.

例 3 求 $f(x)=C$(C 为常数)的导数.

解 $f'(x)=\lim\limits_{\Delta x\to 0}\frac{f(x+\Delta x)-f(x)}{\Delta x}=\lim\limits_{\Delta x\to 0}\frac{C-C}{\Delta x}=0$,

即常数的导数等于零.

例4 求$f(x)=x^n(n\in \mathbf{N}^+)$的导数.

解 由于

$$\frac{\Delta y}{\Delta x}=\frac{(x+\Delta x)^n-x^n}{\Delta x}=C_n^1x^{n-1}+C_n^2x^{n-2}\Delta x+\cdots+C_n^n(\Delta x)^{n-1},$$

因此

$$f'(x)=\lim_{\Delta x\to 0}\frac{\Delta y}{\Delta x}=\lim_{\Delta x\to 0}[C_n^1x^{n-1}+C_n^2x^{n-2}\Delta x+\cdots+C_n^n(\Delta x)^{n-1}]=nx^{n-1}.$$

例5 求$f(x)=\sin x$的导数.

解 由于

$$\frac{\Delta y}{\Delta x}=\frac{\sin(x+\Delta x)-\sin x}{\Delta x}=\frac{2\sin\frac{\Delta x}{2}\cdot\cos\left(x+\frac{\Delta x}{2}\right)}{\Delta x},$$

因此

$$f'(x)=\lim_{\Delta x\to 0}\frac{\Delta y}{\Delta x}=\lim_{\Delta x\to 0}\frac{\sin\frac{\Delta x}{2}}{\frac{\Delta x}{2}}\cdot\cos\left(x+\frac{\Delta x}{2}\right)$$

$$=\lim_{\Delta x\to 0}\frac{\sin\frac{\Delta x}{2}}{\frac{\Delta x}{2}}\cdot\lim_{\Delta x\to 0}\cos\left(x+\frac{\Delta x}{2}\right)=\cos x.$$

同理可求得$(\cos x)'=-\sin x$.

例6 求$f(x)=\log_a x(a>0,a\neq 1,x>0)$的导数.

解 $f'(x)=\lim\limits_{\Delta x\to 0}\frac{\Delta y}{\Delta x}=\lim\limits_{\Delta x\to 0}\frac{\log_a(x+\Delta x)-\log_a x}{\Delta x}=\lim\limits_{\Delta x\to 0}\frac{\log_a\left(1+\frac{\Delta x}{x}\right)}{\Delta x}$

$$=\lim_{\Delta x\to 0}\log_a\left(1+\frac{\Delta x}{x}\right)^{\frac{x}{\Delta x}\cdot\frac{1}{x}}=\frac{1}{x}\log_a\lim_{\Delta x\to 0}\left(1+\frac{\Delta x}{x}\right)^{\frac{x}{\Delta x}}=\frac{1}{x}\log_a \mathrm{e}.$$

特别地,当$a=\mathrm{e}$时,

$$(\ln x)'=\frac{1}{x}.$$

2.1.2 导数的几何意义

由例2可知,函数$f(x)$在点x_0处的导数$f'(x_0)$是曲线$y=f(x)$在点$P_0(x_0,y_0)$处切线的斜率.

因此，曲线 $y=f(x)$ 在点 (x_0,y_0) 处的切线方程为

$$y-y_0=f'(x_0)(x-x_0),$$

法线方程为

$$y-y_0=-\frac{1}{f'(x_0)}(x-x_0)\ (f'(x_0)\neq 0).$$

如果函数 $f(x)$ 在点 x_0 处的导数为无穷大，则曲线 $y=f(x)$ 在点 (x_0,y_0) 处的切线为垂直于 x 轴的直线：$x=x_0$.

例 7 求双曲线 $y=\frac{1}{x}$ 在点 $(1,1)$ 处的切线的斜率，并写出在该点处的切线方程和法线方程.

解 根据导数的几何意义可知，所求切线的斜率为

$$k_1=y'\big|_{x=1}.$$

由于 $y'=-\frac{1}{x^2}$，于是

$$k_1=-\frac{1}{x^2}\bigg|_{x=1}=-1,$$

从而所求切线方程为

$$y-1=-1\cdot(x-1),$$

即

$$x+y-2=0.$$

所求法线的斜率为

$$k_2=-\frac{1}{k_1}=1,$$

于是所求法线方程为

$$y-1=1\cdot(x-1),$$

即

$$x-y=0.$$

2.1.3 单侧导数

单侧导数举例

例 8 判断函数 $f(x)=|x|$ 在点 $x=0$ 处是否可导.

解 因为

$$\frac{f(0+\Delta x)-f(0)}{\Delta x}=\frac{|\Delta x|}{\Delta x}=\begin{cases}1, & \Delta x>0\\ -1, & \Delta x<0\end{cases}$$

故

$$\lim_{\Delta x\to 0^-}\frac{f(0+\Delta x)-f(0)}{\Delta x}=-1,$$

$$\lim_{\Delta x\to 0^+}\frac{f(0+\Delta x)-f(0)}{\Delta x}=1.$$

所以$\lim\limits_{\Delta x\to 0}\dfrac{f(0+\Delta x)-f(0)}{\Delta x}$不存在，即函数$f(x)$在点$x=0$处不可导，如图2.2所示.

函数$f(x)$在点x_0处的导数

$$f'(x_0)=\lim_{\Delta x\to 0}\frac{f(x_0+\Delta x)-f(x_0)}{\Delta x}$$

是一个极限，而极限存在的充分必要条件是左、右极限都存在且相等，因此$f'(x_0)$存在即$f(x)$在点x_0可导的充分必要条件是左、右极限

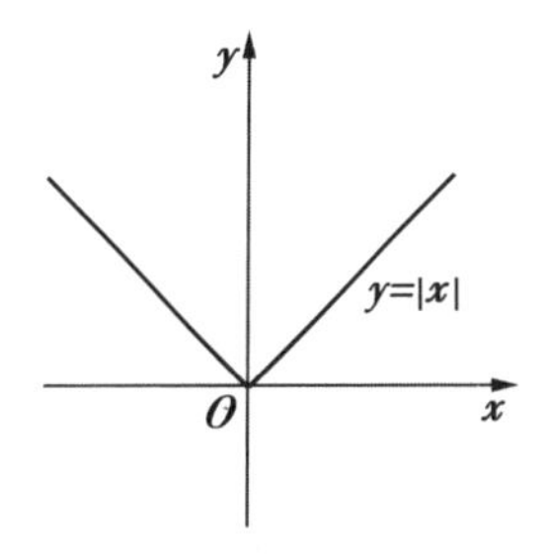

图2.2

$$\lim_{\Delta x\to 0^-}\frac{f(x_0+\Delta x)-f(x_0)}{\Delta x}\text{及}\lim_{\Delta x\to 0^+}\frac{f(x_0+\Delta x)-f(x_0)}{\Delta x}$$

都存在且相等. 这两个极限分别称为函数$f(x)$在点x_0处的**左导数**和**右导数**，记作$f'_-(x_0)$及$f'_+(x_0)$，即

$$f'_-(x_0)=\lim_{\Delta x\to 0^-}\frac{f(x_0+\Delta x)-f(x_0)}{\Delta x},$$

$$f'_+(x_0)=\lim_{\Delta x\to 0^+}\frac{f(x_0+\Delta x)-f(x_0)}{\Delta x}.$$

从而有如下结论：

函数$f(x)$在点x_0处可导的充分必要条件是左导数$f'_-(x_0)$和右导数$f'_+(x_0)$都存在且相等.

左导数和右导数统称为**单侧导数**.

如果函数$f(x)$在(a,b)内可导，且$f'_+(a)$和$f'_-(b)$存在，就称$f(x)$在$[a,b]$上可导.

2.1.4 可导与连续的关系

连续性与可导性都是函数局部性质的反映，它们之间有什么联系呢？

设函数$y=f(x)$在点x_0处可导，即有

$$\lim_{\Delta x\to 0}\frac{\Delta y}{\Delta x}=f'(x_0).$$

由函数极限与无穷小的关系可知

$$\frac{\Delta y}{\Delta x}=f'(x_0)+\alpha,$$

其中α是当$\Delta x\to 0$时的无穷小. 上式两边同乘以Δx得

$$\Delta y=f'(x_0)\Delta x+\alpha\cdot\Delta x.$$

故当$\Delta x\to 0$时，$\Delta y\to 0$，所以函数$y=f(x)$在点x_0处连续. 因而有如下定理：

定理 如果函数$y=f(x)$在x_0处可导，则它在x_0处一定连续.

需要注意的是，一个函数在一点连续却不一定在该点可导. 例如，函数$y=|x|$在点$x=0$

处连续,但在点 $x=0$ 处不可导.

习题 2.1

1. 设 $f(x)=2x^2$,按导数定义求 $f'(-1)$.

2. 用导数定义求下列函数的导数:

(1) $f(x)=\dfrac{1}{\sqrt{x}}$;　　(2) $f(x)=\cos x$.

3. 求曲线 $y=\cos x$ 在点 $(0,1)$ 处的切线方程与法线方程.

4. 求抛物线 $y=x^2-5x+9$ 在点 $(3,3)$ 处的切线方程与法线方程.

5. 设 $f(x)=\begin{cases} x^2, & x\geqslant 2 \\ ax+b, & x<2 \end{cases}$,确定 a,b 的值,使 $f(x)$ 在 $x=2$ 处可导.

6. 证明:若 $f(x)$ 在点 x_0 可导,则

$$\lim_{\Delta x\to 0}\frac{f(x_0+\Delta x)-f(x_0-\Delta x)}{\Delta x}=2f'(x_0).$$

7. 讨论 $f(x)=|\sin x|$ 在 $x=0$ 处的连续性与可导性.

2.2 求导法则

本节将引入几个基本的求导法则,利用这些法则和基本初等函数的导数公式,就能较简便地求出常见的初等函数的导数.

2.2.1 函数四则运算的求导法则

定理 1 如果函数 $u(x)$ 和 $v(x)$ 在点 x 可导,则它们的和、差、积、商(分母为零的点除外)在点 x 可导,并且

(1) $[u(x)\pm v(x)]'=u'(x)\pm v'(x)$;

(2) $[u(x)v(x)]'=u'(x)v(x)+u(x)v'(x)$;

(3) $\left[\dfrac{u(x)}{v(x)}\right]'=\dfrac{u'(x)v(x)-u(x)v'(x)}{v^2(x)}\ (v(x)\neq 0)$.

以上三个法则都可用导数定义和极限运算法则来证明,只给出法则(2)的证明.

证 因为

$$\lim_{\Delta x\to 0}\frac{u(x+\Delta x)v(x+\Delta x)-u(x)v(x)}{\Delta x}$$
$$=\lim_{\Delta x\to 0}\frac{u(x+\Delta x)v(x+\Delta x)-u(x)v(x+\Delta x)+u(x)v(x+\Delta x)-u(x)v(x)}{\Delta x}$$

$$= \lim_{\Delta x \to 0} \frac{u(x+\Delta x) - u(x)}{\Delta x} \cdot \lim_{\Delta x \to 0} v(x+\Delta x) + \lim_{\Delta x \to 0} u(x) \cdot \lim_{\Delta x \to 0} \frac{v(x+\Delta x) - v(x)}{\Delta x}$$

$$= u'(x)v(x) + u(x)v'(x),$$

所以 $u(x)v(x)$ 在点 x 可导,并且

$$[u(x)v(x)]' = u'(x)v(x) + u(x)v'(x).$$

法则(2)可简单地表示为

$$(uv)' = u'v + uv'.$$

定理中的(1),(2)可推广到任意有限个可导函数的情形. 例如

$$(uvw)' = u'vw + uv'w + uvw'.$$

由定理中的(2),(3)可得到两种特殊的情形:

$$(Cu)' = Cu', \left(\frac{1}{v}\right)' = -\frac{v'}{v^2} \quad (C \text{ 为常数}, v \neq 0).$$

例 1 设 $f(x) = x^5 - 4x^3 + 10x^2 + 5x - 9 + \pi$,求 $f'(x)$.

解 $f'(x) = (x^5)' - (4x^3)' + (10x^2)' + (5x)' + (\pi - 9)'$

$$= 5x^4 - 12x^2 + 20x + 5.$$

例 2 设 $y = \sin x \cdot \ln x$,求 $y'(\pi)$.

解 $y' = (\sin x)' \cdot \ln x + \sin x \cdot (\ln x)'$

$$= \cos x \cdot \ln x + \frac{1}{x}\sin x.$$

所以

$$y'(\pi) = -\ln \pi.$$

例 3 设 $y = x^{-n}, n \in \mathbf{N}^+$,求 y'.

解 $y' = (x^{-n})' = \left(\frac{1}{x^n}\right)' = -\frac{nx^{n-1}}{x^{2n}} = -nx^{-n-1}.$

例 4 设 $y = \cot x$,求 y'.

解 $y' = \left(\frac{\cos x}{\sin x}\right)' = \frac{(\cos x)'\sin x - \cos x(\sin x)'}{\sin^2 x}$

$$= \frac{-\cos^2 x - \sin^2 x}{\sin^2 x} = \frac{-1}{\sin^2 x} = -\csc^2 x.$$

同理可得

$$(\tan x)' = \sec^2 x.$$

例 5 设 $y = \sec x$,求 y'.

解 $y' = \left(\frac{1}{\cos x}\right)' = -\frac{(\cos x)'}{\cos^2 x}$

$$= \frac{\sin x}{\cos^2 x} = \sec x \cdot \tan x.$$

同理可得

$$(\csc x)' = -\csc x \cdot \cot x.$$

2.2.2 反函数的求导法则

反函数的求导法则

定理2 如果函数 $x=\varphi(y)$ 在某区间内单调、可导且 $\varphi'(y)\neq 0$，则它的反函数 $y=f(x)$ 在对应区间内可导，并且

$$f'(x)=\frac{1}{\varphi'(y)} \text{ 或 } \frac{\mathrm{d}y}{\mathrm{d}x}=\frac{1}{\frac{\mathrm{d}x}{\mathrm{d}y}}.$$

简单地说，即反函数的导数等于直接函数导数的倒数.

例6 求 $y=a^x$ 的导数.

解 由于 $y=a^x, x\in(-\infty,+\infty)$ 为 $x=\log_a y, y\in(0,+\infty)$ 的反函数，所以由定理2得

$$\frac{\mathrm{d}y}{\mathrm{d}x}=\frac{1}{\frac{\mathrm{d}x}{\mathrm{d}y}}=\frac{y}{\log_a \mathrm{e}}=a^x\ln a,$$

即

$$(a^x)'=a^x\ln a, x\in(-\infty,+\infty).$$

特别地，当 $a=\mathrm{e}$ 时

$$(\mathrm{e}^x)'=\mathrm{e}^x.$$

例7 求 $y=\arcsin x, x\in(-1,1)$ 的导数.

解 由于 $y=\arcsin x, x\in(-1,1)$ 是 $x=\sin y, y\in\left(-\frac{\pi}{2},\frac{\pi}{2}\right)$ 的反函数，所以

$$\frac{\mathrm{d}y}{\mathrm{d}x}=\frac{1}{\frac{\mathrm{d}x}{\mathrm{d}y}}=\frac{1}{\cos y}=\frac{1}{\sqrt{1-\sin^2 y}}=\frac{1}{\sqrt{1-x^2}},$$

即

$$(\arcsin x)'=\frac{1}{\sqrt{1-x^2}}, x\in(-1,1).$$

同理可得

$$(\arccos x)'=-\frac{1}{\sqrt{1-x^2}}, x\in(-1,1).$$

例8 求 $y=\arctan x$ 的导数.

解 由于 $y=\arctan x, x\in(-\infty,+\infty)$ 是 $x=\tan y, y\in\left(-\frac{\pi}{2},\frac{\pi}{2}\right)$ 的反函数，所以

$$\frac{\mathrm{d}y}{\mathrm{d}x}=\frac{1}{\frac{\mathrm{d}x}{\mathrm{d}y}}=\frac{1}{\sec^2 y}=\frac{1}{1+\tan^2 y}=\frac{1}{1+x^2},$$

即

$$(\arctan x)'=\frac{1}{1+x^2}, x\in(-\infty,+\infty).$$

同理可得

$$(\operatorname{arccot} x)'=-\frac{1}{1+x^2}, x\in(-\infty,+\infty).$$

2.2.3　复合函数的求导法则

定理 3　如果 $u=\varphi(x)$ 在点 x 处可导，$y=f(u)$ 在对应点 $u=\varphi(x)$ 可导，则复合函数 $y=f[\varphi(x)]$ 在点 x 可导，且

$$\frac{\mathrm{d}y}{\mathrm{d}x}=f'(u)\cdot\varphi'(x).$$

证　设 x 有增量 Δx，相应 u 有增量 Δu，从而 y 有增量 Δy. 由于 $f(u)$ 在点 u 可导，因此

$$\lim_{\Delta u\to 0}\frac{\Delta y}{\Delta u}=f'(u)$$

存在，根据极限与无穷小的关系有

$$\frac{\Delta y}{\Delta u}=f'(u)+\alpha.$$

其中 α 是 $\Delta u\to 0$ 时的无穷小. 上式中 $\Delta u\neq 0$，用 Δu 乘上式两边，得

$$\Delta y=f'(u)\cdot\Delta u+\alpha\cdot\Delta u.$$

当 $\Delta u=0$ 时，由于 $\Delta y=0$，上式仍成立（这时取 $\alpha=0$），于是

$$\lim_{\Delta x\to 0}\frac{\Delta y}{\Delta x}=\lim_{\Delta x\to 0}\left[f'(u)\cdot\frac{\Delta u}{\Delta x}+\alpha\cdot\frac{\Delta u}{\Delta x}\right].$$

由于 $u=\varphi(x)$ 在点 x 可导，故在该点连续，于是当 $\Delta x\to 0$ 时，$\Delta u\to 0$，从而

$$\lim_{\Delta x\to 0}\alpha=\lim_{\Delta u\to 0}\alpha=0,$$

并且

$$\lim_{\Delta x\to 0}\frac{\Delta u}{\Delta x}=\varphi'(x).$$

所以

$$\lim_{\Delta x\to 0}\frac{\Delta y}{\Delta x}=f'(u)\cdot\varphi'(x),$$

即

$$\frac{\mathrm{d}y}{\mathrm{d}x}=f'(u)\cdot\varphi'(x).$$

复合函数的求导公式亦称为**链式法则**. 函数 $y=f(u)$，$u=\varphi(x)$ 的复合函数在点 x 的求导公式一般也写作

$$\frac{\mathrm{d}y}{\mathrm{d}x}=\frac{\mathrm{d}y}{\mathrm{d}u}\cdot\frac{\mathrm{d}u}{\mathrm{d}x}.$$

链式法则可以推广到多个中间变量的情形. 例如，如果 $y=f(u)$，$u=\varphi(v)$，$v=\psi(x)$ 都可导，则复合函数 $y=f(\varphi(\psi(x)))$ 可导，并且

$$\frac{\mathrm{d}y}{\mathrm{d}x}=\frac{\mathrm{d}y}{\mathrm{d}u}\cdot\frac{\mathrm{d}u}{\mathrm{d}v}\cdot\frac{\mathrm{d}v}{\mathrm{d}x}.$$

例 9　求 $y=\cos x^2$ 的导数.

解　将 $y=\cos x^2$ 看作 $y=\cos u$ 与 $u=x^2$ 的复合函数，故

$$\frac{\mathrm{d}y}{\mathrm{d}x}=\frac{\mathrm{d}y}{\mathrm{d}u}\cdot\frac{\mathrm{d}u}{\mathrm{d}x}=-\sin u\cdot 2x=-2x\sin x^2.$$

例 10 求 $y=\ln|x|$ 的导数.

解 当 $x>0$ 时,$y=\ln x$

$$\frac{\mathrm{d}y}{\mathrm{d}x}=(\ln x)'=\frac{1}{x}.$$

当 $x<0$ 时,$y=\ln(-x)$ 可看作 $y=\ln u$ 与 $u=-x$ 的复合函数,故

$$\frac{\mathrm{d}y}{\mathrm{d}x}=\frac{\mathrm{d}y}{\mathrm{d}u}\cdot\frac{\mathrm{d}u}{\mathrm{d}x}=\frac{1}{u}\cdot(-1)=\frac{1}{x}.$$

因此

$$(\ln|x|)'=\frac{1}{x},x\neq 0.$$

链式法则熟练后,中间变量可以不写出来,只要记住复合过程,弄清楚每一步"是在对谁求导".

例 11 设 α 为实数,求幂函数 $y=x^\alpha(x>0)$ 的导数.

解 $(x^\alpha)'=(\mathrm{e}^{\alpha\ln x})'=\mathrm{e}^{\alpha\ln x}\cdot(\alpha\ln x)'$

$$=\mathrm{e}^{\alpha\ln x}\cdot\frac{\alpha}{x}=\alpha x^{\alpha-1}.$$

例 12 求 $y=\ln(x+\sqrt{x^2+a^2})(a>0)$ 的导数.

解 $y'=\dfrac{1}{x+\sqrt{x^2+a^2}}(x+\sqrt{x^2+a^2})'$

$$=\frac{1}{x+\sqrt{x^2+a^2}}\left[1+\frac{1}{2\sqrt{x^2+a^2}}(x^2+a^2)'\right]$$

$$=\frac{1}{x+\sqrt{x^2+a^2}}\left(1+\frac{2x}{2\sqrt{x^2+a^2}}\right)=\frac{1}{\sqrt{x^2+a^2}}.$$

2.2.4 基本求导法则与导数公式

现在将前面得到的求导法则与基本初等函数的导数公式列出如下:

1)函数四则运算的求导法则

设 $u(x)$ 和 $v(x)$ 在点 x 可导,则

(1) $[u(x)\pm v(x)]'=u'(x)\pm v'(x)$;

(2) $[u(x)v(x)]'=u'(x)v(x)+u(x)v'(x)$;

(3) $\left[\dfrac{u(x)}{v(x)}\right]'=\dfrac{u'(x)v(x)-u(x)v'(x)}{v^2(x)}(v(x)\neq 0)$.

2)反函数的求导法则

设 $y=f(x)$ 是 $x=\varphi(y)$ 的反函数,$\varphi'(y)\neq 0$,则

$$f'(x)=\frac{1}{\varphi'(y)} \text{ 或 } \frac{dy}{dx}=\frac{1}{\frac{dx}{dy}}.$$

3)链式法则

设 $u=\varphi(x)$ 在点 x 处可导,$y=f(u)$ 在相应点 $u=\varphi(x)$ 可导,则

$$\frac{dy}{dx}=\frac{dy}{du}\cdot\frac{du}{dx}.$$

4)基本初等函数导数公式

(1) $(C)'=0$.

(2) $(x^\alpha)'=\alpha x^{\alpha-1}$($\alpha$ 为任意实数).

(3) $(\sin x)'=\cos x$,$(\cos x)'=-\sin x$.

(4) $(\tan x)'=\sec^2 x$,$(\cot x)'=-\csc^2 x$.

(5) $(\sec x)'=\sec x\tan x$,$(\csc x)'=-\csc x\cot x$.

(6) $(a^x)'=a^x\ln a$,$(e^x)'=e^x$.

(7) $(\log_a x)'=\frac{1}{x\ln a}$,$(\ln x)'=\frac{1}{x}$.

(8) $(\arcsin x)'=\frac{1}{\sqrt{1-x^2}}$,$(\arccos x)'=-\frac{1}{\sqrt{1-x^2}}$.

(9) $(\arctan x)'=\frac{1}{1+x^2}$,$(\text{arccot } x)'=-\frac{1}{1+x^2}$.

习题 2.2

1. 求下列函数的导数:

(1) $y=\frac{1}{3}x^3+\frac{1}{2}x^2-2x$;

(2) $y=\frac{x^5+\sqrt{x}+1}{x^3}$;

(3) $y=x^2\ln x$;

(4) $y=3e^x\sin x$;

(5) $y=\frac{x}{1-\cos x}$;

(6) $y=\frac{1+\ln x}{1-\ln x}$;

(7) $y=2^x\arcsin x-3e^x$;

(8) $y=x^2\cdot\ln x\cdot\cos x$.

2. 求下列复合函数的导数:

(1) $y=(1+x^2)^5$;

(2) $y=\sqrt{x^2-2x+5}$;

(3) $y=\ln\ln x$;

(4) $y=\arctan(2x+1)$;

(5) $y=\ln(2^{-x}+3^{-x}+4^{-x})$;　　(6) $y=\sqrt{x+\sqrt{x}}$;

(7) $y=\mathrm{e}^{-\sin^2\frac{1}{x}}$;　　(8) $y=x\arcsin(\ln x)$.

3. 定义双曲函数如下:

双曲正弦函数 $\mathrm{sh}\,x=\dfrac{\mathrm{e}^x-\mathrm{e}^{-x}}{2}$;　双曲余弦函数 $\mathrm{ch}\,x=\dfrac{\mathrm{e}^x+\mathrm{e}^{-x}}{2}$;

双曲正切函数 $\mathrm{th}\,x=\dfrac{\mathrm{sh}\,x}{\mathrm{ch}\,x}$;　双曲余切函数 $\coth x=\dfrac{\mathrm{ch}\,x}{\mathrm{sh}\,x}$.

证明:

(1) $(\mathrm{sh}\,x)'=\mathrm{ch}\,x$;　　(2) $(\mathrm{ch}\,x)'=\mathrm{sh}\,x$;

(3) $(\mathrm{th}\,x)'=\dfrac{1}{\mathrm{ch}^2x}$;　　(4) $(\coth x)'=-\dfrac{1}{\mathrm{sh}^2x}$.

4. 设 $f(x)$ 可导,求下列函数的导数 $\dfrac{\mathrm{d}y}{\mathrm{d}x}$:

(1) $y=f(x^2)$;　　(2) $y=f(\tan x)+\tan(f(x))$.

2.3　高阶导数

如果函数 $y=f(x)$ 的导函数 $f'(x)$ 仍可导,则称 $f'(x)$ 的导数为 $f(x)$ 的**二阶导数**,记为

$$y'',\ f''(x)\text{或}\frac{\mathrm{d}^2y}{\mathrm{d}x^2},$$

即

$$f''(x)=\lim_{\Delta x\to 0}\frac{f'(x+\Delta x)-f'(x)}{\Delta x}.$$

同时称 $f(x)$ **二阶可导**. 相应地称 $f'(x)$ 为 $f(x)$ 的一阶导数.

一般地,可由 $f(x)$ 的 $n-1$ 阶导数的导数定义 $f(x)$ 的 n **阶导数**,记为

$$y^{(n)},\ f^{(n)}(x)\text{或}\frac{\mathrm{d}^ny}{\mathrm{d}x^n}.$$

这里 $\dfrac{\mathrm{d}^ny}{\mathrm{d}x^n}$ 也可写作 $\dfrac{\mathrm{d}^n}{\mathrm{d}x^n}y$,它是对 y 相继进行 n 次求导运算"$\dfrac{\mathrm{d}}{\mathrm{d}x}$"的结果.

二阶以及二阶以上的导数都称为**高阶导数**.

例 1　求 $y=x^k$(k 为正整数)的 n 阶导数.

解　$y'=kx^{k-1}$,

$y''=(kx^{k-1})'=k(k-1)x^{k-2}$

$\vdots$

$y^{(k-1)}=(y^{(k-2)})'=k(k-1)\cdots 2x$

$$y^{(k)}=(y^{(k-1)})'=(k(k-1)\cdots 2x)'=k!$$
$$y^{(k+1)}=y^{(k+2)}=\cdots=0$$

因此
$$y^{(n)}=(x^k)^{(n)}=\begin{cases}k(k-1)\cdots(k-n+1)x^{k-n}, & n\leqslant k\\0, & n>k\end{cases}$$

例2 求 $y=\sin x$ 的 n 阶导数.

解 注意诱导公式 $\cos x=\sin\left(x+\frac{\pi}{2}\right)$,则有

$$y'=\cos x=\sin\left(x+\frac{\pi}{2}\right).$$

$$y''=\left[\sin\left(x+\frac{\pi}{2}\right)\right]'=\cos\left(x+\frac{\pi}{2}\right)=\sin\left(x+2\cdot\frac{\pi}{2}\right).$$

$$y'''=\left[\sin\left(x+2\cdot\frac{\pi}{2}\right)\right]'=\cos\left(x+2\cdot\frac{\pi}{2}\right)=\sin\left(x+3\cdot\frac{\pi}{2}\right).$$

一般地
$$y^{(n)}=\sin\left(x+n\cdot\frac{\pi}{2}\right),$$

即
$$(\sin x)^{(n)}=\sin\left(x+n\cdot\frac{\pi}{2}\right).$$

类似可得:

$$(\cos x)^{(n)}=\cos\left(x+n\cdot\frac{\pi}{2}\right).$$

求函数的高阶导数常用到以下两个公式:

如果 $u(x),v(x)$ 有直到 n 阶的导数,则

(1) $(u\pm v)^{(n)}=u^{(n)}\pm v^{(n)}$;

(2) $$(uv)^{(n)}=u^{(n)}v^{(0)}+C_n^1u^{(n-1)}v^{(1)}+C_n^2u^{(n-2)}v^{(2)}+\cdots+C_n^ku^{(n-k)}v^{(k)}+\cdots+u^{(0)}v^{(n)}=\sum_{k=0}^{n}C_n^ku^{(n-k)}v^{(k)}.$$

其中,$u^{(0)}=u,v^{(0)}=v$. 公式(2)可以用数学归纳法证明,其形式与二项式$(u+v)^n$展开式相似,称为**莱布尼茨公式**.

例3 设 $y=x^3\mathrm{e}^{-x}$,求 $y^{(30)}$.

解 由例1可知

$$(x^3)^{(k)}=0,(k>3).$$

高阶导数举例

因此由莱布尼茨公式得

$$\begin{aligned}y^{(30)}&=(x^3\mathrm{e}^{-x})^{(30)}\\&=x^3(\mathrm{e}^{-x})^{(30)}+30(x^3)'(\mathrm{e}^{-x})^{(29)}+435(x^3)''(\mathrm{e}^{-x})^{(28)}+4\,060(x^3)'''(\mathrm{e}^{-x})^{(27)}.\end{aligned}$$

又由于

$$(\mathrm{e}^{-x})^{(n)}=(-1)^n\mathrm{e}^{-x},$$

因此

$$y^{(30)}=x^3\mathrm{e}^{-x}-90x^2\mathrm{e}^{-x}+2\ 610x\mathrm{e}^{-x}-24\ 360\mathrm{e}^{-x}.$$

习题 2.3

1. 求下列函数的二阶导数：

(1) $y=x^3+2x^2+1$； (2) $y=\mathrm{e}^{-x^2}$；

(3) $y=\cos^2 x$； (4) $y=x\ln x$；

(5) $y=\mathrm{e}^x\sin x$； (6) $y=\ln(x+\sqrt{1+x^2})$.

2. 设函数 $f(x)=\dfrac{x}{\sqrt{1+x^2}}$，求 $f''(0)$.

3. 求下列函数的 n 阶导数：

(1) $y=\ln(1+x)$； (2) $y=x\mathrm{e}^x$.

4. 证明：$y=\mathrm{e}^{-x}(\sin x+\cos x)$ 满足方程：

$$y''+y'+2\mathrm{e}^{-x}\cos x=0.$$

2.4 隐函数和由参数方程所确定的函数的导数

2.4.1 隐函数的导数

前面所遇到的函数大多数是由解析式表示的函数，式子给出了 x,y 之间的一个表达式 $y=f(x)$，这种函数称为**显函数**. 如果变量 x 与 y 之间的函数关系由一个含 x 和 y 的方程 $F(x,y)=0$ 给出，那么称这种函数为由方程 $F(x,y)=0$ 所确定的**隐函数**.

例如，在方程 $x-y^3=1$ 中，给 x 以任一确定值，相应地可确定 y 值，从而由方程确定函数 $y=f(x)$. 这个函数就称为由 $x-y^3=1$ 确定的隐函数.

将一个隐函数化成显函数，称为**隐函数的显化**. 例如，从方程 $x-y^3=1$ 中解出 $y=\sqrt[3]{x-1}$，就将隐函数化成了显函数. 隐函数的显化有时是困难的，甚至是不可能的. 能否直接由方程求出它所确定的隐函数的导数呢？

例 1 求由方程 $y^2=x$ 所确定的隐函数的导数 $\dfrac{\mathrm{d}y}{\mathrm{d}x}$.

解 方程 $y^2=x$ 确定了两个函数：$y_1=\sqrt{x}$ 和 $y_2=-\sqrt{x}$.

$$\frac{\mathrm{d}y_1}{\mathrm{d}x}=\frac{1}{2\sqrt{x}},\quad \frac{\mathrm{d}y_2}{\mathrm{d}x}=-\frac{1}{2\sqrt{x}}.$$

假如方程 $y^2=x$ 确定隐函数不能显化,怎么求 $\frac{\mathrm{d}y}{\mathrm{d}x}$?

可对方程 $y^2=x$ 两边求关于 x 的导数,将 $y=f(x)$ 当作 x 的可导函数来处理:

$$2y\frac{\mathrm{d}y}{\mathrm{d}x}=1,$$

所以

$$\frac{\mathrm{d}y}{\mathrm{d}x}=\frac{1}{2y}.$$

上式给出了对显函数 $y_1=\sqrt{x}$ 和 $y_2=-\sqrt{x}$ 所计算的导数:

$$\frac{\mathrm{d}y_1}{\mathrm{d}x}=\frac{1}{2y_1}=\frac{1}{2\sqrt{x}},$$

$$\frac{\mathrm{d}y_2}{\mathrm{d}x}=\frac{1}{2y_2}=-\frac{1}{2\sqrt{x}}.$$

一般地,设方程 $F(x,y)=0$ 确定 y 为 x 的隐函数. 对方程两边求关于 x 的导数,将 y 当作 x 的函数,可得一个包含 $\frac{\mathrm{d}y}{\mathrm{d}x}$ 的一次方程,解出 $\frac{\mathrm{d}y}{\mathrm{d}x}$ 即可.

例 2 求由方程 $\mathrm{e}^y+xy-\sin x=0$ 所确定的隐函数的导数 $\frac{\mathrm{d}y}{\mathrm{d}x}$.

解 对方程两边关于 x 求导,注意 y 为 x 的函数,得

$$\mathrm{e}^y\frac{\mathrm{d}y}{\mathrm{d}x}+y+x\frac{\mathrm{d}y}{\mathrm{d}x}-\cos x=0,$$

所以

$$\frac{\mathrm{d}y}{\mathrm{d}x}=\frac{\cos x-y}{x+\mathrm{e}^y}.$$

例 3 求由方程 $\sin xy-\frac{1}{y-x}=1$ 所确定的隐函数在 $x=0$ 处的导数 $y'(0)$.

解 方程两边对 x 求导,得

$$\cos xy\cdot(y+xy')+\frac{y'-1}{(y-x)^2}=0.$$

隐函数求导举例

将 $x=0$ 代入原方程,得 $y(0)=-1$. 再将它们代入上式,得

$$y'(0)=2.$$

例 4 求由方程 $x-y+\frac{1}{2}\sin y=0$ 所确定的隐函数的二阶导数 $\frac{\mathrm{d}^2y}{\mathrm{d}x^2}$.

解 方程两边对 x 求导,得

$$1-\frac{\mathrm{d}y}{\mathrm{d}x}+\frac{1}{2}\cos y\cdot\frac{\mathrm{d}y}{\mathrm{d}x}=0,$$

于是

$$\frac{\mathrm{d}y}{\mathrm{d}x}=\frac{2}{2-\cos y}.$$

再对 x 求导,得

$$\frac{d^2y}{dx^2}=\frac{d}{dx}\left(\frac{2}{2-\cos y}\right)=\frac{-2\sin y\cdot\frac{dy}{dx}}{(2-\cos y)^2},$$

代入 $\frac{dy}{dx}=\frac{2}{2-\cos y}$,得

$$\frac{d^2y}{dx^2}=\frac{-4\sin y}{(2-\cos y)^3}.$$

有时在求函数 $y=f(x)$ 的导数时,利用所谓**对数求导法**较为简便. 这种方法是先在 $y=f(x)$ 的两边取对数,然后利用隐函数求导法求出 y 的导数.

例 5 求函数 $y=\sqrt{\frac{(x-1)(x-2)}{(x-3)(x-4)}}$ 的导数.

解 取对数,得

$$\ln y=\frac{1}{2}(\ln|x-1|+\ln|x-2|-\ln|x-3|-\ln|x-4|).$$

两边对 x 求导数,得

$$\frac{1}{y}y'=\frac{1}{2}\left(\frac{1}{x-1}+\frac{1}{x-2}-\frac{1}{x-3}-\frac{1}{x-4}\right).$$

即

$$\begin{aligned}y'&=\frac{1}{2}y\left(\frac{1}{x-1}+\frac{1}{x-2}-\frac{1}{x-3}-\frac{1}{x-4}\right)\\&=\frac{1}{2}\sqrt{\frac{(x-1)(x-2)}{(x-3)(x-4)}}\left(\frac{1}{x-1}+\frac{1}{x-2}-\frac{1}{x-3}-\frac{1}{x-4}\right).\end{aligned}$$

例 6 求函数 $y=\left(\frac{x}{1+x}\right)^x$ 的导数.

解 这是一个**幂指函数**,为此取对数

$$\ln y=x(\ln|x|-\ln|1+x|),$$

两边对 x 求导数,得

$$\frac{1}{y}y'=\ln|x|-\ln|1+x|+x\left(\frac{1}{x}-\frac{1}{1+x}\right).$$

所以

$$y'=\left(\frac{x}{1+x}\right)^x\left(\ln\frac{x}{1+x}+\frac{1}{1+x}\right).$$

2.4.2 由参数方程所确定的函数的导数

如果参数方程

$$\begin{cases}x=\varphi(t)\\y=\psi(t)\end{cases}\tag{1}$$

确定了 y 是 x 的函数,则称此函数为由参数方程(1)所确定的函数.

设函数 $x=\varphi(t)$ 有反函数 $t=\varphi^{-1}(x)$，那么由参数方程(1)所确定的函数可以看成是由函数 $y=\psi(t)$，$t=\varphi^{-1}(x)$ 组成的复合函数

$$y=\psi[\varphi^{-1}(x)].$$

现在来计算这个复合函数的导数. 假设函数 $x=\varphi(t)$，$y=\psi(t)$ 都可导，而且 $\varphi'(t)\neq0$. 于是根据复合函数的求导法则与反函数的求导法则，就有

$$\frac{\mathrm{d}y}{\mathrm{d}x}=\frac{\mathrm{d}y}{\mathrm{d}t}\cdot\frac{\mathrm{d}t}{\mathrm{d}x}=\frac{\mathrm{d}y}{\mathrm{d}t}\cdot\frac{1}{\frac{\mathrm{d}x}{\mathrm{d}t}}=\frac{\psi'(t)}{\varphi'(t)},$$

即

$$\frac{\mathrm{d}y}{\mathrm{d}x}=\frac{\psi'(t)}{\varphi'(t)}. \tag{2}$$

上式也可写成

$$\frac{\mathrm{d}y}{\mathrm{d}x}=\frac{\frac{\mathrm{d}y}{\mathrm{d}t}}{\frac{\mathrm{d}x}{\mathrm{d}t}}.$$

式(2)就是由参数方程(1)所确定的函数的求导公式.

作为 x 的函数，$\frac{\mathrm{d}y}{\mathrm{d}x}$ 应表述为

$$\begin{cases}x=\varphi(t)\\ \frac{\mathrm{d}y}{\mathrm{d}x}=\frac{\psi'(t)}{\varphi'(t)}\end{cases}$$

将上式中的 $\frac{\mathrm{d}y}{\mathrm{d}x}$ 看作式(1)中的 y，由公式(2)有

$$\frac{\mathrm{d}^2y}{\mathrm{d}x^2}=\frac{\mathrm{d}}{\mathrm{d}x}\left(\frac{\mathrm{d}y}{\mathrm{d}x}\right)=\frac{\left(\frac{\psi'(t)}{\varphi'(t)}\right)'}{\varphi'(t)}.$$

例7 已知椭圆的参数方程

$$\begin{cases}x=a\cos t\\ y=b\sin t\end{cases}$$

求 $t=\frac{\pi}{4}$ 相应的点处的切线方程.

解 当 $t=\frac{\pi}{4}$ 时，椭圆上的相应点 M 的坐标为

$$x_0=a\cos\frac{\pi}{4}=\frac{a\sqrt{2}}{2},\ y_0=b\sin\frac{\pi}{4}=\frac{b\sqrt{2}}{2}.$$

曲线在点 M 处的切线斜率为

$$\left.\frac{\mathrm{d}y}{\mathrm{d}x}\right|_{t=\frac{\pi}{4}}=\left.\frac{(b\sin t)'}{(a\cos t)'}\right|_{t=\frac{\pi}{4}}=\left.\frac{b\cos t}{-a\sin t}\right|_{t=\frac{\pi}{4}}=-\frac{b}{a}.$$

椭圆在点 M 处的切线方程为

$$y-\frac{b\sqrt{2}}{2}=-\frac{b}{a}\left(x-\frac{a\sqrt{2}}{2}\right),$$

即

$$bx+ay-\sqrt{2}ab=0.$$

例 8 求由参数方程

$$\begin{cases}x=\theta-\sin\theta\\ y=1-\cos\theta\end{cases}$$

所确定的函数 $y=f(x)$ 的二阶导数 $\frac{\mathrm{d}^2y}{\mathrm{d}x^2}$.

解 $\frac{\mathrm{d}y}{\mathrm{d}x}=\frac{(1-\cos\theta)'}{(\theta-\sin\theta)'}=\frac{\sin\theta}{1-\cos\theta}$,

$$\frac{\mathrm{d}^2y}{\mathrm{d}x^2}=\frac{\left(\frac{\sin\theta}{1-\cos\theta}\right)'}{(\theta-\sin\theta)'}=-\frac{1}{(1-\cos\theta)^2}.$$

习题 2.4

1. 求由下列方程所确定的隐函数的导数 $\frac{\mathrm{d}y}{\mathrm{d}x}$:

(1) $x^2+2xy-y^2-2x=0$;　　(2) $\ln(x^2+y^2)=x+y-1$;

(3) $y=1-xe^y$;　　(4) $1+\sin(x+y)=e^{-xy}$.

2. 试用对数求导法求下列函数的导数:

(1) $y=\frac{(x+5)^2(x-4)^{\frac{1}{3}}}{(x+2)^5(x+4)^{\frac{1}{2}}}$;　　(2) $y=x^{\sin x}$;

(3) $y=\sqrt{x\sin x\cdot\sqrt{1-e^x}}$.

3. 求由方程 $x^2+y^2=R^2$ 所确定的隐函数 $y(x)$ 的二阶导数.

4. 求由参数方程确定的函数的导数 $\frac{\mathrm{d}y}{\mathrm{d}x}$:

(1) $\begin{cases}x=\ln t\\ y=t^2\end{cases}$;　　(2) $\begin{cases}x=e^t(1-\cos t)\\ y=e^t(1+\sin t).\end{cases}$

5. 求曲线 $\begin{cases}x=\sin t\\ y=\cos 2t\end{cases}$ 在 $t=\frac{\pi}{4}$ 相应点处的切线方程与法线方程.

6. 证明曲线

$$\begin{cases}x=a(\cos t+t\sin t)\\ y=a(\sin t-t\cos t)\end{cases}$$

上任一点的法线与原点距离等于 a.

2.5 微 分

2.5.1 微分的概念

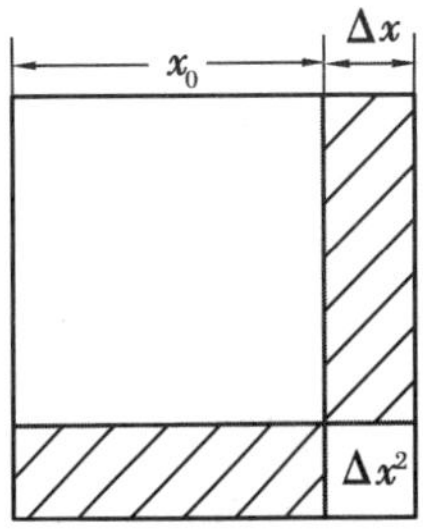

先考查一个具体问题.

设有一边长为 x_0 的正方形金属薄片,受温度的影响其边长变为 $x_0+\Delta x$,相应的正方形面积的增量为

$$\Delta S = (x_0+\Delta x)^2 - x_0^2 = 2x_0\Delta x + (\Delta x)^2.$$

图 2.3

可见 ΔS 由两部分组成.第一部分为 $2x_0\Delta x$(即图 2.3 中阴影部分的面积)是 Δx 的线性函数,第二部分 $(\Delta x)^2$ 是当 $\Delta x\to 0$ 时比 Δx 高阶的无穷小.由此可知,当给 x_0 一个微小增量 Δx 时,由此引起的正方形面积增量 ΔS 可以近似地用第一部分来近似,产生的误差是一个比 Δx 高阶的无穷小.

定义 1 设函数 $y=f(x)$ 在点 x_0 的某邻域内有定义,$x_0+\Delta x$ 在此邻域内,如果函数增量 $\Delta y=f(x_0+\Delta x)-f(x_0)$ 可表示为

$$\Delta y = A\Delta x + o(\Delta x) \tag{1}$$

其中 A 是与 Δx 无关的常数,则称函数 $f(x)$ 在**点 x_0 可微**,并称 $A\Delta x$ 为 $f(x)$ 在**点 x_0 的微分**,记为 $\mathrm{d}y\big|_{x=x_0}$,即

$$\mathrm{d}y\big|_{x=x_0} = A\Delta x.$$

函数微分 $A\Delta x$ 是 Δx 的线性函数,且与函数增量 Δy 相差一个比 Δx 高阶的无穷小.当 $A\neq 0$ 时,它是 Δy 的主要部分,所以也说微分 $\mathrm{d}y$ 是增量 Δy 的**线性主部**.当 $|\Delta x|$ 很小时,就可以用微分 $\mathrm{d}y$ 来近似增量 Δy.

下面讨论函数可微的条件.

可导和可微的关系

设 $f(x)$ 在点 x_0 可微,由式(1)有

$$\frac{\Delta y}{\Delta x} = A + \frac{o(\Delta x)}{\Delta x},$$

两边取极限得

$$\lim_{\Delta x\to 0}\frac{\Delta y}{\Delta x} = \lim_{\Delta x\to 0}\left(A + \frac{o(\Delta x)}{\Delta x}\right) = A,$$

所以 $f(x)$ 在点 x_0 可导,并且

$$f'(x_0) = A.$$

反之,若 $f(x)$ 在点 x_0 可导,即

$$\lim_{\Delta x\to 0}\frac{\Delta y}{\Delta x} = f'(x_0)$$

存在，根据极限与无穷小的关系，有

$$\frac{\Delta y}{\Delta x}=f'(x_0)+\alpha,$$

其中当 $\Delta x\to 0$ 时 $\alpha\to 0$. 因而

$$\Delta y=f'(x_0)\cdot\Delta x+\alpha\cdot\Delta x.$$

这表明函数增量 Δy 可表示为 Δx 的线性部分 $f'(x_0)\Delta x$ 与比 Δx 高阶的无穷小之和，所以 $f(x)$ 在点 x_0 可微，且有

$$\mathrm{d}y\big|_{x=x_0}=f'(x_0)\Delta x.$$

因此，有如下定理：

定理 函数 $f(x)$ 在点 x_0 可微的充要条件是函数 $f(x)$ 在点 x_0 可导，并有

$$\mathrm{d}y\big|_{x=x_0}=f'(x_0)\Delta x.$$

若函数 $y=f(x)$ 在区间 I 上每一点都可微，则称 $f(x)$ 为 I 上的可微函数. 函数 $y=f(x)$ 在 I 上任一点 x 处的微分记作

$$\mathrm{d}y=f'(x)\Delta x \tag{2}$$

它不仅依赖于 Δx，而且也依赖于 x.

特别当 $f(x)=x$ 时，则 $f'(x)=1$. 代入公式 $\mathrm{d}y=f'(x)\Delta x$ 得 $\mathrm{d}x=\Delta x$，即自变量 x 的微分 $\mathrm{d}x$ 就是它的增量 Δx. 于是函数 $y=f(x)$ 的微分又可记为

$$\mathrm{d}y=f'(x)\mathrm{d}x. \tag{3}$$

两边除以 $\mathrm{d}x$，得

$$\frac{\mathrm{d}y}{\mathrm{d}x}=f'(x)$$

也就是说，函数微分 $\mathrm{d}y$ 与自变量微分 $\mathrm{d}x$ 的商就等于该函数的导数，故导数也称为**微商**.

例 1 设 $y=x^2$，求 $\mathrm{d}y,\mathrm{d}y\big|_{x=1}$.

解 因为 $y'=(x^2)'=2x$，所以

$$\mathrm{d}y=2x\mathrm{d}x.$$

又 $y'\big|_{x=1}=2x\big|_{x=1}=2$，所以

$$\mathrm{d}y\big|_{x=1}=2\mathrm{d}x.$$

2.5.2 微分的几何意义

设函数 $f(x)$ 在点 x_0 处可微. 如图 2.4 所示，过曲线 $y=f(x)$ 上点 $P_0(x_0,y_0)$ 作切线 P_0T，设 P_0T 的倾角为 α，则 $\tan\alpha=f'(x_0)$.

当 x 从 x_0 变化到 $x_0+\Delta x$ 时，切线 P_0T 上的点的纵坐标有相应的增量

$$NT=\Delta x\tan\alpha=f'(x_0)\Delta x=\mathrm{d}y.$$

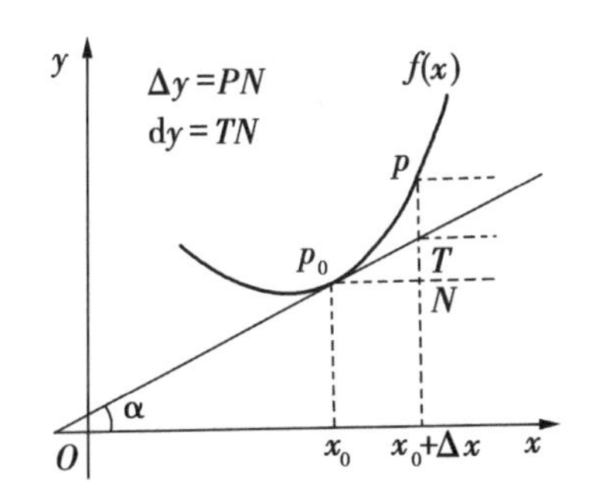

图 2.4

由此可见，函数$f(x)$在点x_0处的微分dy就是曲线$y=f(x)$在点$P_0(x_0,y_0)$处切线上点的纵坐标的增量.

当$|\Delta x|$很小时，$|\Delta y-dy|$比$|\Delta x|$小得多. 因此在点P_0的邻近，可以用切线段来近似代替曲线段.

2.5.3 微分的运算法则

根据函数导数与微分的关系，可推出如下的微分运算法则：

(1)$d[u(x)\pm v(x)]=du(x)\pm dv(x)$；

(2)$d[u(x)v(x)]=v(x)du(x)+u(x)dv(x)$；

(3)$d\left(\dfrac{u(x)}{v(x)}\right)=\dfrac{v(x)du(x)-u(x)dv(x)}{v^2(x)}$；

(4)$d(f[g(x)])=f'(u)g'(x)dx$，其中$u=g(x)$.

在上述复合函数的微分运算法则(4)中，由于$du=g'(x)dx$，所以它也可写作

$$dy=f'(u)du.$$

这与式(3)在形式上完全相同. 因此，对于函数$y=f(u)$，无论u为自变量还是中间变量，它的微分形式都是$dy=f'(u)du$. 这个性质通常称为**一阶微分形式的不变性**.

例 2 求$y=x\ln x+x$的微分.

解 $dy=d(x\ln x+x)=d(x\ln x)+d(x)$

$=\ln x dx+xd(\ln x)+dx=(\ln x+2)dx.$

例 3 求$y=e^{\sin(ax+b)}$的微分.

解 由一阶微分形式不变性，可得

$$\begin{aligned}dy&=e^{\sin(ax+b)}d(\sin(ax+b))\\&=e^{\sin(ax+b)}\cos(ax+b)d(ax+b)\\&=ae^{\sin(ax+b)}\cos(ax+b)dx.\end{aligned}$$

例 4 在下列等式左端的括号中填上适当的函数,使等式成立.

(1) $d(\quad)=2x^2dx$; (2) $d(\quad)=\sin at dt(a\neq 0)$.

解 (1)因为
$$d(x^3)=3x^2dx,$$
所以
$$2x^2dx=\frac{2}{3}d(x^3)=d\left(\frac{2x^3}{3}\right),$$
即
$$d\left(\frac{2x^3}{3}\right)=2x^2dx.$$
一般地
$$d\left(\frac{2x^3}{3}+C\right)=2x^2dx(C\text{ 为任意常数}).$$
(2)因为
$$d(\cos at)=-a\sin at dt,$$
所以
$$\sin at dt=-\frac{1}{a}d(\cos at)=d\left(-\frac{1}{a}\cos at\right),$$
即
$$d\left(-\frac{1}{a}\cos at\right)=\sin at dt.$$
一般地
$$d\left(-\frac{1}{a}\cos at+C\right)=\sin at dt(C\text{ 为任意常数}).$$

2.5.4 微分在近似计算中的应用

微分在数学中有许多重要的应用. 这里只介绍它在近似计算方面的应用.

由函数增量与微分的关系
$$\Delta y=f'(x_0)\Delta x+\alpha\cdot\Delta x=dy+\alpha\cdot\Delta x$$
其中 $\Delta x\to 0$ 时 $\alpha\to 0$. 当 $|\Delta x|$ 较小时,有 $\Delta y\approx dy$,因此即得
$$f(x_0+\Delta x)\approx f(x_0)+f'(x_0)\Delta x. \tag{4}$$
令 $x=x_0+\Delta x$,有
$$f(x)\approx f(x_0)+f'(x_0)(x-x_0). \tag{5}$$
如果 $f(x_0)$ 与 $f'(x_0)$ 都容易计算,那么可利用式(4)来近似计算 $f(x_0+\Delta x)$ 或利用式(5)来近似计算 $f(x)$.

令 $x_0=0$,则由式(5)可得一些函数在原点附近的近似公式:

(1) $\sin x\approx x$; (2) $\tan x\approx x$;

(3) $\ln(1+x)\approx x$; (4) $e^x\approx 1+x$;

(5) $\sqrt[n]{1+x}\approx 1+\frac{1}{n}x$.

例5 求 $\sqrt[5]{0.99}$ 的近似值.

解 方法一 设 $f(x)=\sqrt[5]{x}$, 取 $x_0=1,\Delta x=-0.01$. 由于

$$f'(x)=\frac{1}{5}x^{-\frac{4}{5}},f'(1)=\frac{1}{5},$$

由式(4)可得

$$\begin{aligned}\sqrt[5]{0.99}&=f(1-0.01)\approx f(1)+f'(1)\times(-0.01)\\&=1+\frac{1}{5}\times(-0.01)=0.998.\end{aligned}$$

方法二 直接利用近似公式：$\sqrt[n]{1+x}\approx1+\frac{1}{n}x$. 取 $x=-0.01$,故

$$\begin{aligned}\sqrt[5]{0.99}&=\sqrt[5]{1+(-0.01)}\\&\approx1+\frac{1}{5}\times(-0.01)=0.998.\end{aligned}$$

习题 2.5

1. 对指定的 x 及 $\mathrm{d}x$,求 $\mathrm{d}y$:

(1) $y=(x^2+5)^3,x=1,\mathrm{d}x=-0.01$;　　(2) $y=\cos x,x=\frac{\pi}{6},\mathrm{d}x=0.05$.

2. 求下列函数的微分:

(1) $y=\frac{1}{x}+2\sqrt{x}$;　　(2) $y=x\ln x-x$;

(3) $y=x^2\cos 2x$;　　(4) $y=\mathrm{e}^{-x}\cos(3-x)$;

(5) $y=\tan^2(1+2x^2)$;　　(6) $y=\arcsin\sqrt{1-x^2}$.

3. 利用微分求近似值:

(1) $\sqrt[3]{1.02}$;　　(2) $\ln(1.002)$.

本章小结

一、基本概念

(1)函数在一点的导数;导函数;导数的几何意义.

(2)函数的微分;微分的几何意义.

(3)函数可导、可微和连续的关系.

(4)高阶导数、高阶导数的加法、减法、乘法运算法则.

二、求导数的方法

(1)利用定义求导数(尤其是分段函数在分段点的导数).

(2)利用导数的基本公式和四则运算法则求导数.

(3)利用链式法则求复合函数的导数.

(4)利用隐函数求导法求隐函数的导数.

(5)利用对数求导法求幂指函数的导数.

(6)利用对数求导法求由多个"因子"乘积、商、乘方、开方构成的函数的导数.

(7)利用参数函数求导法求参数函数的导数.

三、求微分的方法

(1)利用公式 $dy=f'(x)dx$ 求微分.

(2)利用微分的四则运算法则以及一阶微分形式不变性求微分.

总习题 2

总习题 2 答案解析

一、填空题

1. 若$f(x)$在 $x=x_0$ 处可导,则 $\lim\limits_{h\to 0}\dfrac{f(x_0+h)-f(x_0-h)}{h}=$________.

2. 曲线 $y=x\ln x-x$ 在点$(e,0)$处的切线方程为________________.

3. 若$f(x)=\begin{cases} ax+b, x>1 \\ x^2, x\leqslant 1 \end{cases}$ 在 $x=1$ 处可导,则 $a=$________,$b=$________.

4. 由方程 $2y-x=\sin y$ 确定了 y 是 x 的隐函数,则 $dy=$________.

5. 设$f(0)=0$且极限 $\lim\limits_{x\to 0}\dfrac{f(x)}{x}$存在,则 $\lim\limits_{x\to 0}\dfrac{f(x)}{x}=$________.

二、单项选择题

1. 下列结论正确的是(　　).

A. $f(x)$在点 x_0 连续,则在点 x_0 可导

B. $f(x)$在点 x_0 可导,则在点 x_0 连续

C. $f(x)$在点 x_0 连续,则在点 x_0 可微

D. $f(x)$当 $x\to x_0$ 时极限存在,则在点 x_0 连续

2. 设$f(x)=\begin{cases} \dfrac{1-\cos x}{x}, & x>0 \\ x^2, & x\leqslant 0 \end{cases}$,则$f(x)$在 $x=0$ 处(　　).

A. 不连续　　　　B. 连续,但不可导

C. 可导　　　　D. 不仅可导,且导数连续

3. 设$f'(x_0)=2$,则当 $x\to x_0$ 时,$f(x)$在 $x=x_0$ 处的微分 dy 是(　　).

A. 比 Δx 低阶无穷小　　B. 比 Δx 高阶无穷小

C. 与 Δx 同阶但非等价的无穷小　　D. 与 Δx 等价无穷小

4. 设 $f(x)=x(x-1)(x-2)\cdots(x-99)$，则 $f'(0)=$(　　).

A. 99　　B. -99　　C. 99!　　D. $-99!$

5. 下列函数中，在 $x=0$ 处不可导的是(　　).

A. $f(x)=|x|\sin|x|$　　B. $f(x)=|x|\sin\sqrt{|x|}$

C. $f(x)=\cos|x|$　　D. $f(x)=\cos\sqrt{|x|}$

三、解答题

1. 求下列函数的导数 $\dfrac{dy}{dx}$:

(1) $y=\dfrac{x^2}{\ln x}$;　　(2) $y=\arccos\dfrac{1-x}{\sqrt{2}}$;

(3) $y=x\sqrt{\dfrac{1-x}{1+x}}$;　　(4) $y=x^{\ln x}$.

2. 求由参数方程 $\begin{cases}x=t+e^t\\y=\sin t\end{cases}$ 所确定的函数的二阶导数 $\left.\dfrac{d^2y}{dx^2}\right|_{t=0}$.

3. 求函数 $f(x)=\dfrac{1}{2x+3}$ 在 $x=0$ 处的 n 阶导数 $f^{(n)}(0)$.

4. 已知动点 P 在曲线 $y=x^3$ 上运动，记坐标原点与点 P 间的距离为 l，假设点 P 的横坐标对时间的变化率为常数 V_0，求当 P 运动到点(1,1)时，l 对时间的变化率.

第2章拓展阅读

拓展阅读(1)　关于导数和微分的一些历史注记

拓展阅读(2)　关于导数记号 $\dfrac{dy}{dx}$ 与 $f'(x)$ 的说明

第3章　微分中值定理与导数的应用

第3章
学习导读

本章将应用导数研究函数以及曲线的某些性态，并利用这些知识解决一些实际问题. 为此，先介绍导数应用的理论基础——微分中值定理.

3.1　微分中值定理

要利用导数来研究函数的性质，首先就要了解导数值与函数值之间的联系. 反映这些联系的是微分学中的几个中值定理，它们揭示了函数在某区间的整体性质与该区间内某一点的导数之间的关系.

3.1.1　罗尔定理

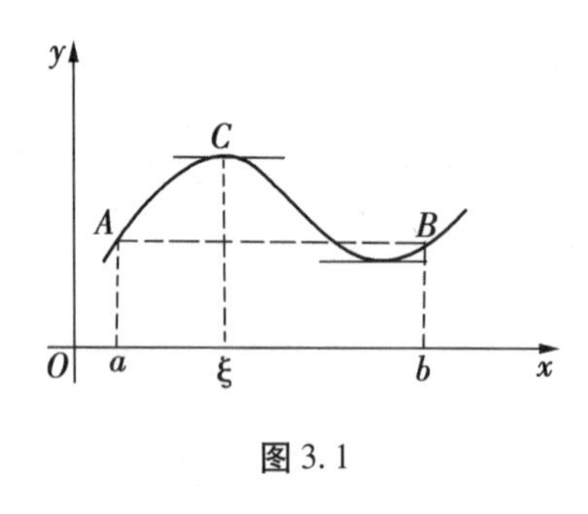

图3.1

观察图3.1，连续曲线弧$\overset{\frown}{AB}$：$y=f(x)$ $(x\in[a,b])$的两个端点的纵坐标相等，即$f(a)=f(b)$，且除了端点外处处有不垂直于x轴的切线. 可以发现在曲线弧的最高点或最低点处，曲线有水平的切线. 如果记图中C点的横坐标为ξ，那么就有$f'(\xi)=0$. 下面从理论上论证这个结论.

定理1(罗尔定理)　如果函数$y=f(x)$满足

(1)在闭区间$[a,b]$上连续；

(2)在开区间(a,b)内可导；

(3)$f(a)=f(b)$，则在(a,b)内至少存在一点ξ，使得$f'(\xi)=0$.

证　因为函数$f(x)$在闭区间$[a,b]$上连续，所以根据闭区间上连续函数的最大值和最小值定理，$f(x)$在闭区间$[a,b]$上必定取得它的最大值M和最小值m. 下面分两种情况讨论：

(1)如果$M=m$，则$f(x)$在区间$[a,b]$上恒为常数，此时区间(a,b)内任一点取作ξ，均有$f'(\xi)=0$.

(2)如果$M>m$，因为$f(a)=f(b)$，所以M和m这两个数中至少有一个不等于$f(a)$. 不妨设$M\neq f(a)$，那么必定在开区间(a,b)内有一点ξ使$f(\xi)=M$.

下面证明$f'(\xi)=0$.

因为ξ是开区间(a,b)内的点，根据假设可知$f'(\xi)$存在，即极限

$$\lim_{\Delta x\to 0}\frac{f(\xi+\Delta x)-f(\xi)}{\Delta x}$$

存在. 而极限存在必定左、右极限都存在并且相等,因此

$$f'(\xi)=\lim_{\Delta x\to 0^+}\frac{f(\xi+\Delta x)-f(\xi)}{\Delta x}=\lim_{\Delta x\to 0^-}\frac{f(\xi+\Delta x)-f(\xi)}{\Delta x}.$$

由于$f(\xi)=M$是$f(x)$在区间$[a,b]$上的最大值,因此不论$\Delta x>0$还是$\Delta x<0$,只要$\xi+\Delta x\in[a,b]$,总有

$$f(\xi+\Delta x)\leqslant f(\xi).$$

故当$\Delta x>0$时

$$\frac{f(\xi+\Delta x)-f(\xi)}{\Delta x}\leqslant 0;$$

当$\Delta x<0$时

$$\frac{f(\xi+\Delta x)-f(\xi)}{\Delta x}\geqslant 0,$$

所以

$$f'(\xi)=f'_+(\xi)=\lim_{\Delta x\to 0^+}\frac{f(\xi+\Delta x)-f(\xi)}{\Delta x}\leqslant 0;$$

$$f'(\xi)=f'_-(\xi)=\lim_{\Delta x\to 0^-}\frac{f(\xi+\Delta x)-f(\xi)}{\Delta x}\geqslant 0.$$

从而$f'(\xi)=0$.

通常称导数等于零的点为函数的**驻点**(或称为**稳定点**,**临界点**).

例1 设$p(x)$为多项式函数,证明:如果方程$p'(x)=0$没有实根,则方程$p(x)=0$至多有一个实根.

证 反证法. 假设$p(x)=0$有两个实根x_1,x_2,即

$$p(x_1)=p(x_2)=0.$$

不妨设$x_1<x_2$,由于多项式函数$p(x)$在$[x_1,x_2]$上连续且可导,由罗尔定理知,至少存在一点$\xi\in(x_1,x_2)$,使得

$$p'(\xi)=0.$$

这与方程$p'(x)=0$没有实根矛盾. 所以方程$p(x)$至多有一个实根.

例2 证明方程$x^5-5x+1=0$有且仅有一个小于1的正实根.

证 先证存在性.

令$f(x)=x^5-5x+1$,则$f(x)$在闭区间$[0,1]$上连续,且

$$f(0)=0-0+1=1>0,f(1)=1-5+1=-3<0.$$

由零点定理知,至少有一点$x_0\in(0,1)$,使得$f(x_0)=0$. 即方程$x^5-5x+1=0$至少有一个小于1的正实根.

再证唯一性.

假设方程 $x^5-5x+1=0$ 有两个小于 1 的正实根，即另有 $x_1\in(0,1)$，且 $x_1\neq x_0$，使得 $f(x_1)=0$. 不妨设 $x_0<x_1$，则 $f(x)$ 在区间 $[x_0,x_1]$ 上满足罗尔定理条件，所以至少存在一点 $\xi\in(x_0,x_1)\subset(0,1)$，使得 $f'(\xi)=0$. 而事实上

$$f'(x)=5x^4-5=5(x^4-1)<0,\ x\in(0,1)$$

矛盾，所以方程 $x^5-5x+1=0$ 有且仅有一个小于 1 的正实根.

3.1.2 拉格朗日中值定理

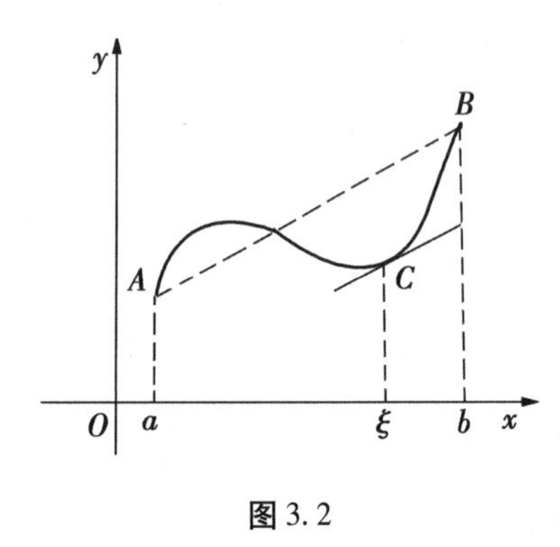

图 3.2

罗尔定理的结论从几何上看，就是曲线上存在一点 C，使得点 C 处的切线平行于 x 轴. 由于 $f(a)=f(b)$，从而切线平行于弦 AB. 然而，条件 $f(a)=f(b)$ 是非常特殊的，这使罗尔定理的应用受到了限制. 如图 3.2 所示，当 $f(a)\neq f(b)$ 时，弦 AB 是斜线，此时连续曲线弧 $\overset{\frown}{AB}:y=f(x)$ 上存在一点 C，曲线在点 C 处的切线平行于弦 AB. 由于曲线在点 C 处切线的斜率为 $f'(\xi)$，弦 AB 的斜率为 $\dfrac{f(b)-f(a)}{b-a}$，因此

$$f'(\xi)=\frac{f(b)-f(a)}{b-a}.$$

定理 2（拉格朗日中值定理） 如果函数 $f(x)$ 满足

（1）在闭区间 $[a,b]$ 上连续；

（2）在开区间 (a,b) 内可导，则在 (a,b) 内至少存在一点 ξ，使得

$$f'(\xi)=\frac{f(b)-f(a)}{b-a} \tag{1}$$

成立.

拉格朗日中值定理的其他证明方法

证 如图 3.2 所示，弦 AB 的方程为

$$y=f(a)+\frac{f(b)-f(a)}{b-a}(x-a).$$

由于弦 AB 的端点与曲线弧 $\overset{\frown}{AB}:y=f(x)$ 的端点重合，因此

$$\varphi(x)=f(x)-f(a)-\frac{f(b)-f(a)}{b-a}(x-a)$$

满足 $\varphi(a)=\varphi(b)=0$. 根据罗尔定理，知在 (a,b) 内至少存在一点 ξ，使 $\varphi'(\xi)=0$，又

$$\varphi'(x)=f'(x)-\frac{f(b)-f(a)}{b-a},$$

所以

$$f'(\xi)=\frac{f(b)-f(a)}{b-a}.$$

公式(1)称为**拉格朗日中值公式**,显然,当 $a>b$ 时仍然成立. 公式的右端 $\frac{f(b)-f(a)}{b-a}$ 表示函数在区间$[a,b]$上的平均变化率,左端 $f'(\xi)$ 表示函数在区间(a,b)内某点 ξ 处的变化率. 于是该公式反映了可导函数在区间$[a,b]$上整体平均变化率与内点 ξ 处的变化率之间的关系,是连接局部与整体的纽带.

公式也可写成

$$f(b)-f(a)=f'(\xi)(b-a). \tag{2}$$

进一步,设 x 为闭区间$[a,b]$上一点,$x+\Delta x$ 为这区间内的另一点($\Delta x>0$或$\Delta x<0$),则公式(2)在区间$[x,x+\Delta x]$(当 $\Delta x>0$ 时)或在区间$[x+\Delta x,x]$(当$\Delta x<0$时)上成立,即

$$f(x+\Delta x)-f(x)=f'(x+\theta\Delta x)\cdot\Delta x,$$

或

$$\Delta y=f'(x+\theta\Delta x)\cdot\Delta x. \tag{3}$$

其中 θ 是 0 与 1 之间的某个数.

函数的微分 $dy=f'(x)\Delta x$ 是函数增量 Δy 的近似表达式,以它近似代替 Δy 时所产生的误差只有当 $\Delta x\to 0$ 时才趋于零;而式(3)则表示,对 Δx 的任一值,只要$x+\Delta x\in(a,b)$,那么 $f'(x+\theta\Delta x)\cdot\Delta x$ 总是增量 Δy 的精确表达式.

如果函数$f(x)$在某一区间上是常数,那么$f(x)$在该区间上的导数恒为零. 现在来证明它的逆命题也是成立的.

推论 1 如果函数$f(x)$在区间 I 上的导数恒为零,那么$f(x)$在区间 I 上是一个常数.

证 设 x_1,x_2 为区间 I 内任意两点,不妨设 $x_1<x_2$,显然 $f(x)$ 在$[x_1,x_2]$上连续,在(x_1,x_2)内可导,由拉格朗日中值定理,有

$$f(x_2)-f(x_1)=f'(\xi)(x_2-x_1)\ (x_1<\xi<x_2).$$

因为$f'(x)\equiv 0$,所以$f'(\xi)=0$,从而

$$f(x_2)-f(x_1)=0,\text{即} f(x_1)=f(x_2).$$

而 x_1,x_2 是区间 I 内任意两点,所以$f(x)$在区间 I 上是一个常数.

推论 2 如果函数$f(x)$和 $g(x)$在区间 I 上可导,且 $f'(x)\equiv g'(x)$,则在 I 上有 $f(x)=g(x)+C$,其中 C 为某一常数.

例 3 证明恒等式

$$\arcsin x+\arccos x=\frac{\pi}{2},x\in[-1,1].$$

证 设$f(x)=\arcsin x+\arccos x$,则

$$f'(x)=\frac{1}{\sqrt{1-x^2}}-\frac{1}{\sqrt{1-x^2}}\equiv 0,x\in(-1,1).$$

因此由推论 1 知$f(x)$在开区间$(-1,1)$内为一常数,设

$$f(x) = \arcsin x + \arccos x = C.$$

因为$f(0)=\frac{\pi}{2}$,可得$C=\frac{\pi}{2}$. 又$f(\pm 1)=\frac{\pi}{2}$,所以在闭区间$[-1,1]$上

$$\arcsin x + \arccos x = \frac{\pi}{2}.$$

例 4 证明:当$x>0$时

$$\frac{x}{1+x} < \ln(1+x) < x.$$

证 设$f(t)=\ln(1+t)$,显然$f(t)$在区间$[0,x]$上满足拉格朗日中值定理的条件,因此有

$$f(x)-f(0)=f'(\xi)(x-0)\ (0<\xi<x).$$

而

$$f'(x)=\frac{1}{1+x}$$

所以

$$\ln(1+x)=\frac{x}{1+\xi}.$$

又$0<\xi<x$,于是

$$\frac{x}{1+x}<\frac{x}{1+\xi}<x,$$

所以

$$\frac{x}{1+x}<\ln(1+x)<x.$$

3.1.3 柯西中值定理

拉格朗日中值定理指出,如果连续曲线弧$\overset{\frown}{AB}$上除端点外处处具有不垂直于横轴的切线,那么这段弧上至少有一点C,使曲线在点C处的切线平行于弦AB. 设$\overset{\frown}{AB}$由参数方程

$$\begin{cases} X=g(x) \\ Y=f(x) \end{cases} \quad (a \leqslant x \leqslant b)$$

表示,其中x为参数. 则曲线上点(X,Y)处的切线的斜率为

$$\frac{\mathrm{d}Y}{\mathrm{d}X}=\frac{f'(x)}{g'(x)};$$

弦AB的斜率为

$$\frac{f(b)-f(a)}{g(b)-g(a)}.$$

假定点C对应于参数$x=\xi$,那么曲线在点C处的切线平行于弦AB,可表示为

$$\frac{f(b)-f(a)}{g(b)-g(a)}=\frac{f'(\xi)}{g'(\xi)}.$$

定理3(柯西中值定理) 如果函数$f(x)$和$g(x)$满足条件:

(1)在闭区间$[a,b]$上连续;

(2)在开区间(a,b)内可导;

(3)$g'(x)$在(a,b)内每一点处都不为零,则在(a,b)内至少存在一点ξ,使得等式

$$\frac{f(b)-f(a)}{g(b)-g(a)}=\frac{f'(\xi)}{g'(\xi)} \tag{4}$$

成立.

可引进辅助函数

$$\varphi(x)=f(x)-f(a)-\frac{f(b)-f(a)}{g(b)-g(a)}[g(x)-g(a)]$$

或
$$\varphi(x)=f(x)-\frac{f(b)-f(a)}{g(b)-f(a)}g(x)$$

再在$[a,b]$上利用罗尔定理证明,这里不再赘述.

公式(4)也称**柯西公式**. 如果令$g(x)=x$,那么$g(b)-g(a)=b-a$,$g'(x)=1$,则公式(4)就变成拉格朗日中值公式. 故柯西中值定理是拉格朗日中值定理的推广.

习题3.1

1. 验证下列各题,确定ξ的值:

(1)对函数$y=\sin x$在区间$\left[\frac{\pi}{6},\frac{5\pi}{6}\right]$上验证罗尔定理;

(2)对函数$y=4x^3-6x^2-2$在区间$[0,1]$上验证拉格朗日中值定理.

2. 不用求出函数$f(x)=x(x-1)(x-2)(x-3)$的导数,试判别方程$f'(x)=0$有几个实根,并指出它们所在的区间.

3. 证明恒等式:

(1)$\arctan x+\operatorname{arccot} x=\frac{\pi}{2}(-\infty<x<+\infty)$;

(2)$\arctan x-\frac{1}{2}\arccos\frac{2x}{1+x^2}=\frac{\pi}{4}(x\geqslant 1)$.

4. 设方程$a_0x^n+a_1x^{n-1}+\cdots+a_{n-1}x=0$有一个正根$x_0$,证明方程$a_0nx^{n-1}+a_1(n-1)x^{n-2}+\cdots+a_{n-1}=0$必有一个小于$x_0$的正根.

5. 若函数$f(x)$在(a,b)内具有二阶导数,且$f(x_1)=f(x_2)=f(x_3)$,其中$a<x_1<x_2<x_3<b$,证明:在(x_1,x_3)内至少有一点ξ,使得$f''(\xi)=0$.

6. 证明下列不等式:

(1)当$x>1$时,$e^x>e\cdot x$;

(2)当 $a>b>0$ 时，$\frac{a-b}{a}<\ln\frac{a}{b}<\frac{a-b}{b}$；

(3) $|\arctan a-\arctan b|\leqslant|a-b|$；

(4)当 $a>b>0$ 时，$3b^2(a-b)<a^3-b^3<3a^2(a-b)$.

7. 证明方程 $x^3+x-1=0$ 有且只有一个正实根.

8. 证明：不管 b 取何值，方程 $x^3-3x+b=0$ 在区间 $[-1,1]$ 上至多有一个实根.

9. 设函数 $f(x)$ 在 $(-\infty,+\infty)$ 内满足 $f'(x)=f(x)$，$f(0)=1$，证明：$f(x)=e^x$.

3.2 洛必达法则

在第1章介绍极限时，计算过两个无穷小之比以及两个无穷大之比的极限，通常称这两种形式的极限为 $\frac{0}{0}$ 型和 $\frac{\infty}{\infty}$ 型**未定式**. 此类极限可能存在，也可能不存在. 在前面，计算这类极限都是具体问题具体分析. 本节将根据柯西中值定理来推出求这类极限的简便又重要的一般方法——洛必达法则.

3.2.1 $\frac{0}{0}$ 型未定式

下面先讨论 $x\to x_0$ 的情形.

定理1 设函数 $f(x)$ 和 $g(x)$ 满足

(1) $\lim\limits_{x\to x_0}f(x)=0$，$\lim\limits_{x\to x_0}g(x)=0$；

(2)在点 x_0 的某去心邻域内，$f'(x)$，$g'(x)$ 都存在，且 $g'(x)\neq 0$；

(3) $\lim\limits_{x\to x_0}\frac{f'(x)}{g'(x)}$ 存在(或为无穷大)，则 $\lim\limits_{x\to x_0}\frac{f(x)}{g(x)}$ 存在(或为无穷大)，且

$$\lim_{x\to x_0}\frac{f(x)}{g(x)}=\lim_{x\to x_0}\frac{f'(x)}{g'(x)}.$$

这种在一定条件下通过分子、分母分别求导再求极限来确定未定式的值的方法称为**洛必达法则**.

证 因为当 $x\to x_0$ 时，$\frac{f(x)}{g(x)}$ 的极限与 $f(x_0)$ 及 $g(x_0)$ 无关，所以可以补充定义 $f(x_0)=g(x_0)=0$，于是由条件(1)、(2)可知，$f(x)$，$g(x)$ 在点 x_0 的某邻域内连续. 设 x 是这邻域内的一点，那么在以 x_0 和 x 为端点的闭区间上，$f(x)$，$g(x)$ 满足柯西中值定理的条件，故有

$$\frac{f(x)}{g(x)}=\frac{f(x)-f(x_0)}{g(x)-g(x_0)}=\frac{f'(\xi)}{g'(\xi)}(\xi\text{ 在 }x_0\text{ 与 }x\text{ 之间}).$$

注意到当 $x \to x_0$ 时 $\xi \to x_0$，所以

$$\lim_{x \to x_0} \frac{f(x)}{g(x)} = \lim_{x \to x_0} \frac{f'(\xi)}{g'(\xi)} = \lim_{\xi \to x_0} \frac{f'(\xi)}{g'(\xi)},$$

即

$$\lim_{x \to x_0} \frac{f(x)}{g(x)} = \lim_{x \to x_0} \frac{f'(x)}{g'(x)}.$$

并且当上式右端为无穷大时，左端也为无穷大.

定理 1 的意义是：当满足定理的条件时，函数之比 $\frac{f(x)}{g(x)}$ 的极限可以转化为函数导数之比 $\frac{f'(x)}{g'(x)}$ 的极限，从而为求极限化难为易提供了可能. 如果 $\lim\limits_{x \to x_0} \frac{f'(x)}{g'(x)}$ 仍是 $\frac{0}{0}$ 型未定式，且这时 $f'(x)$，$g'(x)$ 能满足定理中 $f(x)$，$g(x)$ 所要满足的条件，那么可以继续使用洛必达法则，即有

$$\lim_{x \to x_0} \frac{f(x)}{g(x)} = \lim_{x \to x_0} \frac{f'(x)}{g'(x)} = \lim_{x \to x_0} \frac{f''(x)}{g''(x)}$$

依次类推，直到求出所要求的极限为止.

例 1 求 $\lim\limits_{x \to 0} \frac{1 - \cos x}{\sin x}$.

解 $\lim\limits_{x \to 0} \frac{1 - \cos x}{\sin x} = \lim\limits_{x \to 0} \frac{\sin x}{\cos x} = 0.$

例 2 求 $\lim\limits_{x \to 0} \frac{e^x - \sin x - 1}{1 - \sqrt{1 - x^2}}$.

解
$$\lim_{x \to 0} \frac{e^x - \sin x - 1}{1 - \sqrt{1 - x^2}} = \lim_{x \to 0} \frac{\sqrt{1 - x^2}(e^x - \cos x)}{x}$$
$$= \lim_{x \to 0} \frac{e^x - \cos x}{x} = \lim_{x \to 0} \frac{e^x + \sin x}{1} = 1.$$

例 3 求 $\lim\limits_{x \to 1} \frac{x^3 - 3x + 2}{x^3 - x^2 - x + 1}$.

解
$$\lim_{x \to 1} \frac{x^3 - 3x + 2}{x^3 - x^2 - x + 1} = \lim_{x \to 1} \frac{3x^2 - 3}{3x^2 - 2x - 1}$$
$$= \lim_{x \to 1} \frac{6x}{6x - 2} = \frac{3}{2}.$$

注意上式中的 $\lim\limits_{x \to 1} \frac{6x}{6x - 2}$ 已不是未定式，不能再用洛必达法则，否则要导致错误结果. 因此，在反复应用洛必达法则的过程中，要特别注意验证每次所求的极限是否为未定式，如果不是，则不能应用洛必达法则.

例4 求 $\lim\limits_{x\to 0}\dfrac{\tan x - x}{x^2\sin x}$.

解 如果直接用洛必达法则,那么分母的导数较为复杂. 如果作一个等价无穷小代换,那么运算就简便得多.

$$\lim_{x\to 0}\frac{\tan x - x}{x^2\sin x} = \lim_{x\to 0}\frac{\tan x - x}{x^3} = \lim_{x\to 0}\frac{\sec^2 x - 1}{3x^2}$$
$$= \frac{1}{3}\lim_{x\to 0}\frac{\tan^2 x}{x^2} = \frac{1}{3}.$$

从本例可以看到,在应用洛必达法则时应注意与其他求极限的方法结合,以简化运算.

如果将极限过程换成 $x\to x_0^+$ 或 $x\to x_0^-$,则只要将定理1的条件作相应的改动,结论仍然成立. 当极限过程换为 $x\to -\infty$,$x\to +\infty$ 或 $x\to\infty$,只要 $\lim\dfrac{f(x)}{g(x)}$ 是 $\dfrac{0}{0}$ 型的,并且 $\lim\dfrac{f'(x)}{g'(x)}$ 存在(或为无穷大),则仍然有

$$\lim\frac{f(x)}{g(x)} = \lim\frac{f'(x)}{g'(x)}.$$

例5 求 $\lim\limits_{x\to +\infty}\dfrac{\dfrac{\pi}{2} - \arctan x}{\dfrac{1}{x}}$.

解 $$\lim_{x\to +\infty}\frac{\dfrac{\pi}{2} - \arctan x}{\dfrac{1}{x}} = \lim_{x\to +\infty}\frac{-\dfrac{1}{1+x^2}}{-\dfrac{1}{x^2}}$$
$$= \lim_{x\to +\infty}\frac{x^2}{1+x^2} = 1.$$

3.2.2 $\dfrac{\infty}{\infty}$ 型未定式

定理2 设 $f(x)$ 和 $g(x)$ 满足

(1) $\lim\limits_{x\to x_0} f(x) = \infty$,$\lim\limits_{x\to x_0} g(x) = \infty$;

(2)在点 x_0 的某去心邻域内,$f'(x)$,$g'(x)$ 都存在,且 $g'(x)\neq 0$;

(3) $\lim\limits_{x\to x_0}\dfrac{f'(x)}{g'(x)}$ 存在(或为无穷大),则 $\lim\limits_{x\to x_0}\dfrac{f(x)}{g(x)}$ 存在(或为无穷大),且

$$\lim_{x\to x_0}\frac{f(x)}{g(x)} = \lim_{x\to x_0}\frac{f'(x)}{g'(x)}.$$

同样要说明的是,定理中 $x\to x_0$ 可以换成 $x\to x_0^+$,$x\to x_0^-$,$x\to -\infty$,$x\to +\infty$ 或 $x\to\infty$,只要将条件作相应的修改即可.

例6 求 $\lim\limits_{x\to+\infty}\dfrac{\ln x}{x^{\mu}}(\mu>0)$.

解 $\lim\limits_{x\to+\infty}\dfrac{\ln x}{x^{\mu}}=\lim\limits_{x\to+\infty}\dfrac{\frac{1}{x}}{\mu x^{\mu-1}}=\lim\limits_{x\to+\infty}\dfrac{1}{\mu x^{\mu}}=0$

例7 求 $\lim\limits_{x\to+\infty}\dfrac{x^{\mu}}{e^{x}}(\mu>0)$.

解 若 μ 为正整数,则相继应用洛必达法则 μ 次,得

$$\lim_{x\to+\infty}\frac{x^{\mu}}{e^{x}}=\lim_{x\to+\infty}\frac{\mu x^{\mu-1}}{e^{x}}=\lim_{x\to+\infty}\frac{\mu(\mu-1)x^{\mu-2}}{e^{x}}$$

$$=\cdots=\lim_{x\to+\infty}\frac{\mu!}{e^{x}}=0.$$

若 μ 不是整数,则 $\mu=[\mu]+r$,其中 $[\mu]$ 为 μ 的整数部分,$0<r<1$. 相继应用洛必达法则 $[\mu]+1$ 次,得

$$\lim_{x\to+\infty}\frac{x^{\mu}}{e^{x}}=\lim_{x\to+\infty}\frac{\mu x^{\mu-1}}{e^{x}}=\lim_{x\to+\infty}\frac{\mu(\mu-1)x^{\mu-2}}{e^{x}}$$

$$=\cdots=\lim_{x\to+\infty}\frac{\mu(\mu-1)\cdots r\cdot x^{r-1}}{e^{x}}=\lim_{x\to+\infty}\frac{\mu(\mu-1)\cdots r}{e^{x}x^{1-r}}=0.$$

故所求极限为零.

上述两例的结果说明:当 $x\to+\infty$ 时,对数函数 $\ln x$,幂函数 $x^{\mu}(\mu>0)$,指数函数 e^{x} 均趋于正无穷,但它们趋于无穷的"快慢"程度却不一样. 三者相比,指数函数最快,幂函数次之,对数函数最慢.

3.2.3 其他类型未定式

除了 $\dfrac{0}{0}$ 型和 $\dfrac{\infty}{\infty}$ 型这两种未定式外,还有以下五个类型的未定式:

$$0\cdot\infty,\ \infty-\infty,\ 0^{0}, 1^{\infty}, \infty^{0}.$$

这些类型的未定式都可以化为 $\dfrac{0}{0}$ 型和 $\dfrac{\infty}{\infty}$ 型.

例8 求 $\lim\limits_{x\to0^{+}}x\ln x$.

解 这是 $0\cdot\infty$ 型未定式. 因为 $x\ln x=\dfrac{\ln x}{\frac{1}{x}}$,当 $x\to0^{+}$ 时,右端是 $\dfrac{\infty}{\infty}$ 型未定式,应用洛必达法则得到

$$\lim_{x\to0^{+}}x\ln x=\lim_{x\to0^{+}}\frac{\ln x}{\frac{1}{x}}=\lim_{x\to0^{+}}\frac{\frac{1}{x}}{-\frac{1}{x^{2}}}=\lim_{x\to0^{+}}(-x)=0.$$

再看另一种化法：

$$\lim_{x\to0^+}x\ln x=\lim_{x\to0^+}\frac{x}{\dfrac{1}{\ln x}}=\lim_{x\to0^+}\frac{1}{\dfrac{-1}{\ln^2x}\cdot\dfrac{1}{x}}=\lim_{x\to0^+}x\ln^2x.$$

此极限比原来的更复杂，因而这种化法不能解决问题. 可见选择恒等变形的方法是很重要的.

例 9 求 $\lim\limits_{x\to0}\left(\dfrac{1}{x}-\dfrac{1}{\ln(1+x)}\right)$.

解 这是$\infty-\infty$型未定式. 因为$\dfrac{1}{x}-\dfrac{1}{\ln(1+x)}=\dfrac{\ln(1+x)-x}{x\ln(1+x)}$，当 $x\to0^+$ 时，右端是 $\dfrac{0}{0}$ 型未定式，应用洛必达法则得到

$$\lim_{x\to0}\left(\frac{1}{x}-\frac{1}{\ln(1+x)}\right)=\lim_{x\to0}\frac{\ln(1+x)-x}{x\ln(1+x)}$$

$$=\lim_{x\to0}\frac{\ln(1+x)-x}{x^2}=\lim_{x\to0}\frac{\dfrac{1}{1+x}-1}{2x}$$

$$=\lim_{x\to0}\frac{1-(1+x)}{2x(1+x)}=-\frac{1}{2}.$$

例 10 求 $\lim\limits_{x\to0^+}x^x$.

其他类型
未定式举例

解 这是 0^0 型未定式. 令 $y=x^x$，取对数得

$$\ln y=x\ln x.$$

由例 8 可知
$$\lim_{x\to0^+}\ln y=\lim_{x\to0^+}x\ln x=0$$

从而
$$\lim_{x\to0^+}x^x=\lim_{x\to0^+}y=\lim_{x\to0^+}\mathrm{e}^{\ln y}=\mathrm{e}^{\lim\limits_{x\to0^+}\ln y}=\mathrm{e}^0=1.$$

例 11 求 $\lim\limits_{x\to1}x^{\frac{x}{x-1}}$.

解 这是 1^∞ 型未定式. 令 $y=x^{\frac{x}{x-1}}$，则 $\ln y=\dfrac{x\ln x}{x-1}$，由于

$$\lim_{x\to1}\ln y=\lim_{x\to1}\frac{x\ln x}{x-1}=\lim_{x\to1}\frac{\ln x+1}{1}=1,$$

从而
$$\lim_{x\to1}x^{\frac{x}{x-1}}=\lim_{x\to1}y=\lim_{x\to1}\mathrm{e}^{\ln y}=\mathrm{e}^1=\mathrm{e}.$$

最后指出，洛必达法则的条件是充分而非必要条件，当 $\lim\dfrac{f'(x)}{g'(x)}$不存在且不是无穷大时，$\lim\dfrac{f(x)}{g(x)}$仍可能存在.

例 12 验证 $\lim\limits_{x\to\infty}\dfrac{x+\sin x}{x}$ 存在，但不能用洛必达法则求出.

解 此极限是 $\dfrac{\infty}{\infty}$ 型未定式，定理 2 的条件(1)、(2)是满足的，但是由于

$$\frac{(x+\sin x)'}{x'}=\frac{1+\cos x}{1}$$

当 $x\to\infty$ 时极限不存在,也不是无穷大,所以定理 2 的条件(3)不满足,即所给极限不能用洛必达法则得出. 正确解法如下:

$$\lim_{x\to\infty}\frac{x+\sin x}{x}=1+\lim_{x\to\infty}\frac{1}{x}\sin x=1+0=1.$$

习题 3.2

1. 用洛必达法则求下列极限:

(1) $\lim\limits_{x\to a}\frac{x^m-a^m}{x^n-a^n}$ (m,n 为正整数,$a\neq 0$);

(2) $\lim\limits_{x\to 0}\frac{a^x-b^x}{x}$ ($a>0,b>0$);

(3) $\lim\limits_{x\to 0}\frac{\ln(1+x)}{x}$;

(4) $\lim\limits_{x\to 0}\frac{e^x-e^{-x}}{\sin x}$;

(5) $\lim\limits_{x\to\frac{\pi}{2}}\frac{\ln\sin x}{(\pi-2x)^2}$;

(6) $\lim\limits_{x\to\pi}\frac{\sin 2x}{\tan 4x}$;

(7) $\lim\limits_{x\to 0^+}\frac{\ln\tan 3x}{\ln\tan 5x}$;

(8) $\lim\limits_{x\to\frac{\pi}{2}}\frac{\tan x}{\tan 3x}$;

(9) $\lim\limits_{x\to+\infty}\frac{\ln\left(1+\frac{2}{x}\right)}{\operatorname{arccot} x}$;

(10) $\lim\limits_{x\to 0}\frac{\ln(1+x^2)}{\sec x-\cos x}$;

(11) $\lim\limits_{x\to 1}(1-x)\tan\frac{\pi x}{2}$;

(12) $\lim\limits_{x\to 0}x\cot 3x$;

(13) $\lim\limits_{x\to 0}x^2e^{\frac{1}{x^2}}$;

(14) $\lim\limits_{x\to 1}\left(\frac{2}{x^2-1}-\frac{1}{x-1}\right)$;

(15) $\lim\limits_{x\to 1}\left(\frac{x}{x-1}-\frac{1}{\ln x}\right)$;

(16) $\lim\limits_{x\to\infty}\left(1+\frac{3}{x}\right)^x$;

(17) $\lim\limits_{x\to 0^+}x^{\tan x}$;

(18) $\lim\limits_{x\to 0^+}\left(\frac{1}{x}\right)^{\sin x}$;

(19) $\lim\limits_{x\to 0}\left[\frac{a^{x+1}+b^{x+1}+c^{x+1}}{a+b+c}\right]^{\frac{1}{x}}$,其中 a,b,c 均大于零且不等于 1;

(20) $\lim\limits_{x\to 0}\frac{\sin^2 x-x^2\cos^2 x}{x^2\sin^2 x}$.

2. 验证 $\lim\limits_{x\to\infty}\frac{x-\sin x}{x+\sin x}$ 存在,但不能用洛必达法则计算.

3.3 函数的单调性与极值

3.3.1 函数的单调性

第1章介绍了函数单调性的概念. 本节将以导数为工具研究函数的单调性.

如果函数$f(x)$在$[a,b]$上单调增加,那么它的图形是一条沿x轴正向上升的曲线,这时曲线上各点处的切线斜率非负,即$f'(x)\geqslant 0$,如图3.3(a)所示;如果$f(x)$在$[a,b]$上单调减少,那么它的图形是一条沿x轴正向下降的曲线,这时曲线上各点处的切线斜率非正,即$f'(x)\leqslant 0$,如图3.3(b)所示.

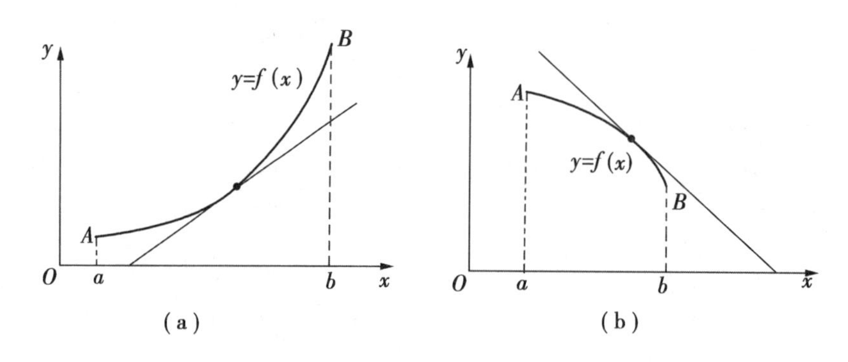

图3.3

反过来,是否可以用导数的符号来判别函数的单调性呢? 有如下定理:

定理1 设函数$y=f(x)$在$[a,b]$上连续,在(a,b)内可导.

(1)如果在(a,b)内$f'(x)>0$,那么函数$y=f(x)$在$[a,b]$上单调增加;

(2)如果在(a,b)内$f'(x)<0$,那么函数$y=f(x)$在$[a,b]$上单调减少.

证 (1)在$[a,b]$上任取两点$x_1,x_2(x_1<x_2)$,应用拉格朗日中值定理,得

$$f(x_2)-f(x_1)=f'(\xi)(x_2-x_1)\ (x_1<\xi<x_2).$$

因为在(a,b)内$f'(x)>0$,故有$f'(\xi)>0$,所以

$$f(x_2)-f(x_1)>0,即 f(x_1)<f(x_2),$$

因而函数$y=f(x)$在$[a,b]$上单调增加.

类似可证(2).

如果将定理1中的闭区间换成其他各种区间(包括无穷区间),结论也成立.

例1 讨论函数$y=x^3-3x$的单调性.

解 函数在$(-\infty,+\infty)$上连续,且

$$y' = 3x^2 - 3 = 3(x-1)(x+1).$$

因为在$(-\infty, -1)$和$(1, +\infty)$内$y'>0$,所以函数在$(-\infty, -1]$和$[1, +\infty)$上单调增加;因为在$(-1,1)$内$y'<0$,所以函数在$[-1,1]$上单调减少.

例2 讨论函数$y=\sqrt[3]{x^2}$的单调性.

解 函数的定义域为$(-\infty, +\infty)$.

当$x\neq 0$时,

$$y' = \frac{2}{3\sqrt[3]{x}}.$$

当$x=0$时,函数不可导.

因为在$(-\infty,0)$内,$y'<0$,所以函数在$(-\infty,0]$上单调减少;

因为在$(0,+\infty)$内,$y'>0$,因此函数在$[0,+\infty)$上单调增加,如图3.4所示.

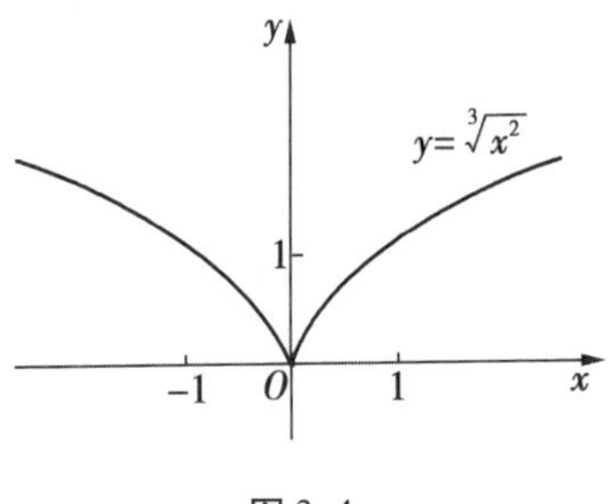

图3.4

根据例1,例2,可以总结出讨论函数单调性的步骤:

(1)确定函数$f(x)$的定义域;

(2)求函数$f(x)$的导数,以导数等于零和导数不存在的点作为分点,将函数的定义域分为若干个部分区间;

(3)确定$f'(x)$在各部分区间内的符号,从而判定函数在该区间上的单调性.

例3 确定函数$f(x)=(2x-5)\sqrt[3]{x^2}$的单调区间.

解 该函数的定义域为$(-\infty, +\infty)$,其导数为

$$f'(x) = \frac{10}{3}x^{\frac{2}{3}} - \frac{10}{3}x^{-\frac{1}{3}} = \frac{10}{3}\,\frac{x-1}{\sqrt[3]{x}}.$$

由$f'(x)=0$,解得$x=1$;并且当$x=0$时,$f'(x)$不存在.这两个点将$(-\infty, +\infty)$分成三个部分区间:$(-\infty,0]$,$[0,1]$,$[1,+\infty)$.

因为在$(-\infty,0)$和$(1,+\infty)$内$f'(x)>0$,所以$f(x)$在$(-\infty,0]$,$[1,+\infty)$上单调增加;因为$(0,1)$内$f'(x)<0$,所以$f(x)$在$[0,1]$上单调减少.

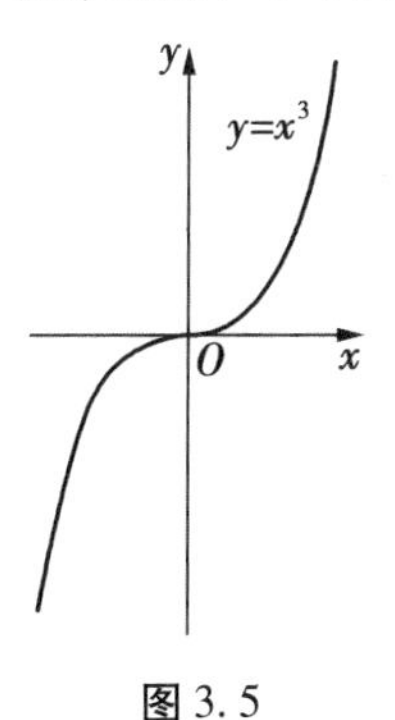

图3.5

例4 讨论函数$y=x^3$的单调性.

解 该函数的定义域为$(-\infty, +\infty)$,其导数为

$$y' = 3x^2.$$

除了$x=0$使$y'=0$外,在其余各点处均有$y'>0$.因此函数$y=x^3$在区间$(-\infty,0]$及$[0,+\infty)$上都是单调增加的,从而在整个定义域内都是单调增加的,如图3.5所示.

一般地,如果$f'(x)$在某区间内的有限个点处为零,在其余各点处均为正(或负)时,那么$f(x)$在整个区间上是单调增加(或单调减少)的.

利用函数的单调性可以证明不等式.

例 5 证明：当 $0<x<\frac{\pi}{2}$ 时，$\tan x>x$.

证 设 $f(x)=\tan x-x$，显然 $f(x)$ 在 $\left[0,\frac{\pi}{2}\right)$ 上连续；在 $\left(0,\frac{\pi}{2}\right)$ 内可导，且

$$f'(x)=\sec^2 x-1=\tan^2 x>0,$$

所以 $f(x)$ 在 $\left[0,\frac{\pi}{2}\right)$ 上单调增加. 因此，当 $0<x<\frac{\pi}{2}$ 时，$f(x)>f(0)=0$，即

$$\tan x>x.$$

3.3.2 函数的极值

设函数 $f(x)$ 在 x_0 的某个邻域 $U(x_0)$ 内有定义，如果对于去心邻域 $\mathring{U}(x_0)$ 内的任一点 x，有

$$f(x)<f(x_0)\ (\text{或}\ f(x)>f(x_0)),$$

那么就称 $f(x_0)$ 是函数 $f(x)$ 的一个**极大值**（或**极小值**）.

函数的极大值和极小值统称为函数的**极值**，使函数取得极值的点称为**极值点**.

函数的极值是一个局部概念. 如果 $f(x_0)$ 是函数 $f(x)$ 的一个极大值，那么就 x_0 的附近的一个局部范围来说，$f(x_0)$ 是 $f(x)$ 的一个最大值；而就 $f(x)$ 的整个定义域来说，$f(x_0)$ 不一定是最大值. 极小值的情况也类似.

在图 3.6 中，$f(x_1)$，$f(x_3)$ 是函数 $f(x)$ 的极大值，$f(x_2)$，$f(x_4)$ 是 $f(x)$ 的极小值，其中极小值 $f(x_4)$ 大于极大值 $f(x_1)$.

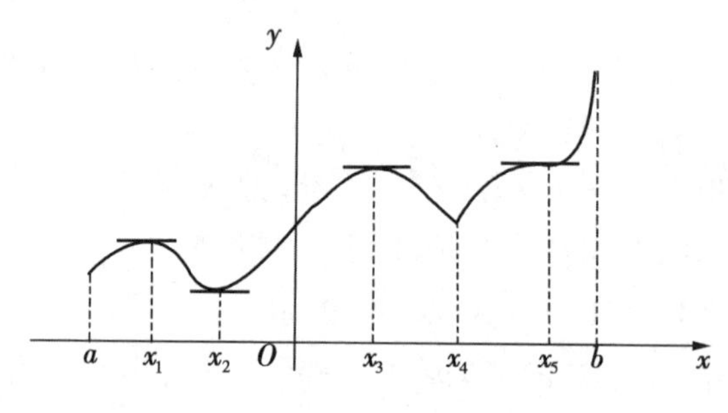

图 3.6

从图 3.6 还可以看到，在函数取得极值处，曲线的切线都是水平的（当切线存在时）或者没有切线（如曲线在 $x=x_4$ 处）.

定理 2（极值的必要条件） 如果函数 $f(x)$ 在点 x_0 可导，并且点 x_0 是它的极值点，则 $f'(x_0)=0$.

换言之，可导函数的极值点一定是驻点. 反过来，函数的驻点不一定是极值点. 例如，图

3.6 所示函数$f(x)$，显然$f'(x_5)=0$，但点x_5显然不是它的极值点. 此外，函数在不可导点上也可能取得极值. 例如图3.6所示的点x_4，显然函数在这点不可导，但取得极小值.

从上面的讨论可知，函数$f(x)$的极值点只可能为驻点与不可导点. 那么，如何判断这些点确为函数的极值点？如图3.6所示，函数$f(x)$在点x_1处取得极大值，在点x_1左侧函数单调增加，右侧单调减少；函数$f(x)$在点x_2处取得极小值，在点x_2左侧函数单调减少，右侧单调增加. 由函数单调性与导数符号的关系，可得如下定理.

定理3（极值的第一充分条件）　设函数$f(x)$在点x_0处连续，且在x_0的某去心邻域内可导.

（1）如果在该去心邻域内，当$x<x_0$时，$f'(x)>0$；当$x>x_0$时，$f'(x)<0$，则$f(x)$在点x_0处取得极大值；

（2）如果在该去心邻域内，当$x<x_0$时，$f'(x)<0$；当$x>x_0$时，$f'(x)>0$，则$f(x)$在点x_0处取得极小值；

（3）如果在x_0的两侧$f'(x)$的符号保持不变，则$f(x)$在x_0处不取极值.

例6　求函数$f(x)=x^3-3x^2-9x+5$的极值.

解　$f(x)$在定义域$(-\infty,+\infty)$上连续.

$$f'(x)=3x^2-6x-9=3(x+1)(x-3),$$

令$f'(x)=0$，求得驻点$x_1=-1,x_2=3$.

由于当$x<-1$时，$f'(x)>0$；当$-1<x<3$时，$f'(x)<0$；当$x>3$时，$f'(x)>0$，因此函数$f(x)$在$x=-1$处取得极大值$f(-1)=10$，在$x=3$处取得极小值$f(3)=-22$.

例7　求函数$f(x)=\sqrt[3]{(2x-x^2)^2}$的极值.

解　$f(x)$的定义域是$(-\infty,+\infty)$.

$$f'(x)=\frac{2}{3}\frac{2-2x}{\sqrt[3]{2x-x^2}}=\frac{-4(x-1)}{3\sqrt[3]{2x-x^2}}.$$

令$f'(x)=0$，求得驻点$x=1$. 此外，使$f'(x)$不存在的点为$x=0,x=2$.

由于当$x<0$时，$f'(x)<0$；当$0<x<1$时，$f'(x)>0$；当$1<x<2$时，$f'(x)<0$；当$x>2$时，$f'(x)>0$. 因此函数$f(x)$在$x=0$处取得极小值$f(0)=0$，在$x=1$处取得极大值$f(1)=1$，在$x=2$处取得极小值$f(2)=0$.

当函数$f(x)$在驻点处的二阶导数存在且不为零时，可以用下述定理来判定$f(x)$在驻点处取得极大值还是极小值.

定理4（极值的第二充分条件）　设函数$f(x)$在点x_0处具有二阶导数且$f'(x_0)=0$.

（1）如果$f''(x_0)<0$，则函数$f(x)$在x_0处取得极大值；

（2）如果$f''(x_0)>0$，则函数$f(x)$在x_0处取得极小值.

证　（1）由于$f''(x_0)<0$，按二阶导数定义及$f'(x_0)=0$，得

$$f''(x_0)=\lim_{x\to x_0}\frac{f'(x)-f'(x_0)}{x-x_0}=\lim_{x\to x_0}\frac{f'(x)}{x-x_0}<0.$$

根据函数极限的局部保号性可知,存在 x_0 的某个去心邻域,对该去心邻域内的任意点 x,有

$$\frac{f'(x)}{x-x_0}<0.$$

于是在该去心邻域内,当 $x<x_0$ 时,$f'(x)>0$;当 $x>x_0$ 时,$f'(x)<0$. 根据定理 2,$f(x)$ 在 x_0 处取得极大值.

类似可证(2).

由定理 3 可知,如果函数 $f(x)$ 在点 x_0 处的二阶导数 $f''(x_0)\neq 0$,那么驻点 x_0 必定是极值点,并且可以由 $f''(x_0)$ 的符号来判定 $f(x_0)$ 是极大值还是极小值. 但是要注意,如果 $f''(x_0)=0$,则由定理 3 不能判定函数 $f(x)$ 在 x_0 处是否有极值,此时,$f(x)$ 在 x_0 处可能有极大值,也可能有极小值,也可能没有极值. 例如,$f_1(x)=-x^4$, $f_2(x)=x^4$, $f_3(x)=x^3$ 这三个函数在 $x=0$ 处就分别属于这三种情况.

例 8 求函数 $f(x)=3x^4-8x^3+6x^2+1$ 的极值.

解 求导:

$$f'(x)=12x^3-24x^2+12x=12x(x-1)^2;$$
$$f''(x)=12(3x-1)(x-1).$$

令 $f'(x)=0$,求得驻点 $x_1=0, x_2=1$.

因为 $f''(0)=12>0$,所以 $f(x)$ 在 $x=0$ 处取得极小值 $f(0)=1$.

因为 $f''(1)=0$,故无法用定理 3 进行判定,而要用定理 2 来判定:

当 $0<x<1$ 时,$f'(x)>0$;当 $x>1$ 时,$f'(x)>0$,故 $x=1$ 不是极值点.

3.3.3 函数的最大值和最小值

在实际应用中,常会碰到求最大值和最小值的问题. 如用料最省,容量最大,花钱最少,效益最高等. 这类问题在数学上往往可以归结为求某一函数的最大值或最小值问题.

以下讨论函数 $f(x)$ 在闭区间 $[a,b]$ 上的最大值和最小值的求法:

设函数 $f(x)$ 在闭区间 $[a,b]$ 上连续,则 $f(x)$ 在 $[a,b]$ 上必能取到最大值和最小值. 如果最大值(或最小值)在 (a,b) 内的某点 x_0 处取得,那么这个最大值(或最小值)$f(x_0)$ 必定也是 $f(x)$ 的一个极大值(或极小值),于是 x_0 必定是 $f(x)$ 的驻点或不可导点. 另外,$f(x)$ 的最大值(或最小值)也可能在闭区间的端点 a 或 b 取得. 因此,求连续函数 $f(x)$ 在 $[a,b]$ 上的最大值和最小值可按下面的步骤进行:

(1)求出函数 $f(x)$ 在 (a,b) 内的所有驻点和不可导点;

(2)计算函数 $f(x)$ 在这些点的值和端点 a,b 的值;

(3)比较以上各函数值的大小,其中最大者就是函数的最大值,最小者就是函数的最小值.

例9 求函数$f(x)=2x^3+3x^2$在$[-2,1]$上的最大值和最小值.

解 函数$f(x)=2x^3+3x^2$在$[-2,1]$上连续.

$$f'(x)=6x^2+6x=6x(x+1).$$

令$f'(x)=0$,求得驻点$x_1=0,x_2=-1$. 没有不可导点.

因为

$$f(0)=0,f(-1)=1,f(-2)=-4,f(1)=5,$$

所以比较可得函数在$[-2,1]$上的最大值$f(1)=5$,最小值$f(-2)=-4$.

例10 求函数$f(x)=|2x^3-9x^2+12x|$在$\left[-\frac{1}{4},\frac{5}{2}\right]$上的最大值和最小值.

解 去绝对值

$$f(x)=\begin{cases}-x(2x^2-9x+12), & -\frac{1}{4}\leqslant x\leqslant 0\\ x(2x^2-9x+12), & 0<x\leqslant\frac{5}{2}\end{cases}$$

求导:

$$f'(x)=\begin{cases}-6x^2+18x-12=-6(x-1)(x-2), & -\frac{1}{4}\leqslant x<0\\ 6x^2-18x+12=6(x-1)(x-2), & 0<x\leqslant\frac{5}{2}\end{cases}$$

所以$f(x)$的驻点为$x_1=1,x_2=2$. 由于

$$f'_+(0)=\lim_{x\to 0^+}\frac{f(x)-f(0)}{x-0}=12,$$

$$f'_-(0)=\lim_{x\to 0^-}\frac{f(x)-f(0)}{x-0}=-12,$$

故$x=0$为$f(x)$的不可导点. 因为

$$f\left(-\frac{1}{4}\right)=\frac{115}{32},f(0)=0,f(1)=5,f(2)=4,f\left(\frac{5}{2}\right)=5,$$

所以函数的最小值$f(0)=0$,最大值$f(1)=f\left(\frac{5}{2}\right)=5$.

下面讨论几个求最大值、最小值的应用问题. 在解决应用问题时,首先要根据问题的具体意义建立一个目标函数,并确定函数的定义域. 然后应用上面的方法,求出目标函数在定义域内的最大值或最小值.

例11 铁路线上AB段的距离为100 km. 工厂C距A处为20 km,AC垂直于AB,如图3.7所示. 为了运输需要,要在AB线上选定一点D向工厂修筑一条公路. 已知铁路每千米货运运费与公路上每千米货运的费用之比为3∶5. 为了使货物从供应站B运到工厂C的运费最省,问D点应选在何处?

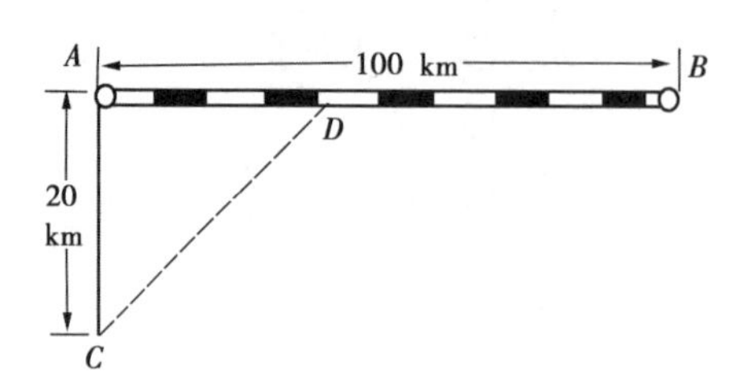

图 3.7

解 设 $AD=x$ km，那么 $DB=100-x$，$CD=\sqrt{20^2+x^2}=\sqrt{400+x^2}$.

又设铁路上每千米运费为 $3k$，则公路上每千米的费用为 $5k$（k 为常数，$k>0$）. 设从 B 点经由 D 点到 C 点所需的总运费为 y，则

$$y=5k\cdot CD+3k\cdot DB.$$

即 $$y=5k\sqrt{400+x^2}+3k(100-x)\ (0\leqslant x\leqslant 100).$$

这样问题就转化为：当 x 在闭区间$[0,100]$上取何值时，函数 y 的值最小.

求导：

$$y'=k\left(\frac{5x}{\sqrt{400+x^2}}-3\right).$$

令 $y'=0$，解得 $x=\pm 15$（-15 不合要求，舍去）.

由于 $y(0)=400k$，$y(15)=380k$，$y(100)=500k\sqrt{1+\frac{1}{5^2}}$，其中以 $y(15)=380k$ 为最小，因此，当 $AD=x=15$ km 时，可使总运费最省.

在例 6 的条件中，加一个要求：D 点不能选在铁路两头，即不能选 A 点，B 点. 上述问题就转化为求开区间$(0,100)$内函数 y 的最小值. 虽然结果一样，但不能用上述方法求解，那么应该如何求解？

求函数最大值（或最小值）时经常碰到如下情形：函数 $f(x)$ 在一个区间可导且只有一个驻点 x_0，并且这个驻点是 $f(x)$ 的极值点. 这时，函数的图形在该区间内将只有一个“峰”或“谷”. 于是当 $f(x_0)$ 是极大值时，$f(x_0)$ 就是 $f(x)$ 在该区间上的最大值，如图 3.8(a)所示；当 $f(x_0)$ 是极小值时，$f(x_0)$ 就是 $f(x)$ 在该区间上的最小值，如图 3.8(b)所示.

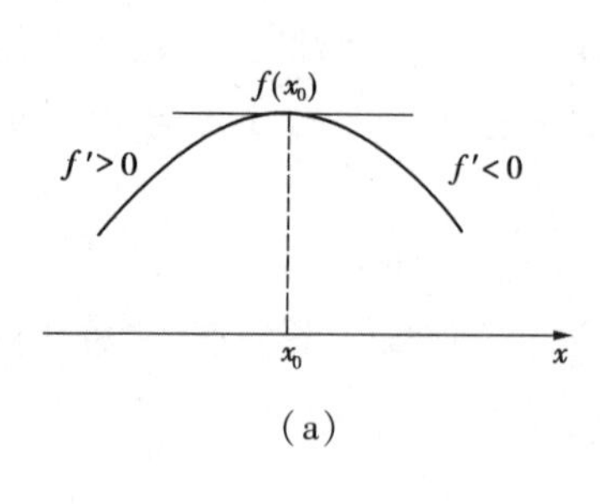

(a)

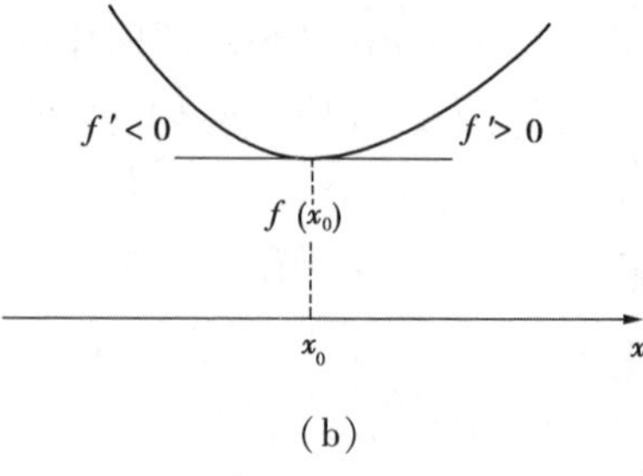

(b)

图 3.8

以上提出的问题(求开区间(0,100)内函数 y 的最小值)就可以解决了. 正确解法:

$x=15$ 为函数 $y=5k\sqrt{400+x^2}+3k(110-x)$ 在开区间(0,100)内的唯一驻点. 由于

$$y''=k\frac{2\ 000}{(400+x^2)^{\frac{3}{2}}},\ y''(15)>0.$$

所以 $x=15$ 为函数在开区间(0,100)内的唯一极小值点,即为最小值点,最小值 $y(15)=380k$.

例 12 已知 n 个实测数据 $x_1,x_2,\cdots,x_n$,如何选取 x,使误差平方和

$$f(x)=(x-x_1)^2+(x-x_2)^2+\cdots+(x-x_n)^2$$

为最小?

解 求导:

$$f'(x)=2[nx-(x_1+x_2+\cdots+x_n)],$$

令 $f'(x)=0$,得唯一驻点 $x_0=\dfrac{x_1+x_2+\cdots+x_n}{n}$.

由于 $y''(x_0)=2n>0$,故 $x_0=\dfrac{x_1+x_2+\cdots+x_n}{n}$ 是唯一的极小值点,即为最小值点. 所以取 $x=\dfrac{x_1+x_2+\cdots+x_n}{n}$,误差平方和最小.

在很多实际问题中,上述求最大值和最小值的方法还可进一步简化. 如果根据问题的性质,可以断定可导函数 $f(x)$ 确有最大值(或最小值),而且该最大值(或最小值)一定在定义区间的内部取得. 这时,如果函数 $f(x)$ 在定义区间的内部只有唯一驻点 x_0,那么可以断定 $f(x_0)$ 必为所求的最大值(或最小值).

例 13 将边长为 a 的正方形铁皮于各角截去相同的小正方形,然后折起各边,做成体积最大的无盖箱体. 问所截去的小正方形之边长应该是多少?

解 设小正方形的边长为 x,则正方形箱底的边长为 $a-2x$,如图 3.9 所示,于是无盖箱体的体积为

$$V=(a-2x)^2\cdot x\left(0<x<\frac{a}{2}\right).$$

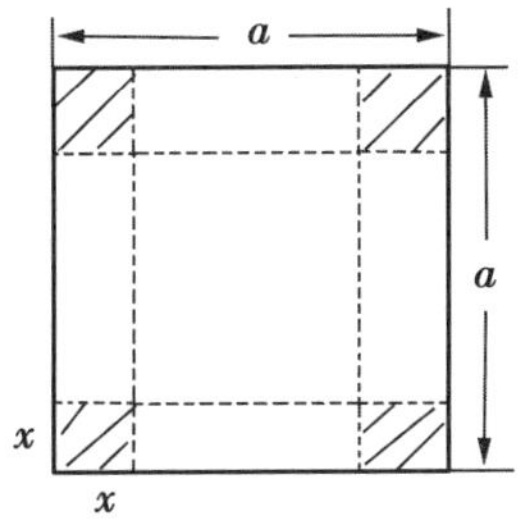

a
a
x
x

图 3.9

求导：

$$V' = (a-2x)^2 - 4x(a-2x) = (a-2x)(a-6x).$$

令 $V'=0$，得定义域内唯一驻点 $x=\frac{a}{6}$.

根据实际意义，无盖箱体的最大体积是客观存在的，且必在区间 $\left(0,\frac{a}{2}\right)$ 内部取得，所以当 $x=\frac{a}{6}$ 时体积最大. 即当所截去的小正方形之边长为 $\frac{a}{6}$ 时，无盖箱体的体积最大.

习题 3.3

1. 讨论函数 $f(x)=\arctan x - x$ 的单调性.

2. 证明函数 $f(x)=\frac{x^2-1}{x}$ 在不包含 $x=0$ 的任何区间上都是单调增加的.

3. 确定下列函数的单调区间：

(1) $y=x+\sin x$；

(2) $y=2x^2-\ln x$；

(3) $y=2x^3-6x^2-18x+7$；

(4) $y=2x+\frac{8}{x}(x>0)$；

(5) $y=x^2e^x$；

(6) $y=\ln(x+\sqrt{4+x^2})$；

(7) $y=\frac{x}{x^2-6x-16}$；

(8) $y=x+|\sin 2x|$.

4. 证明下列不等式：

(1) 当 $x>0$ 时，$1+\frac{1}{2}x>\sqrt{1+x}$；

(2) 当 $x>0$ 时，$e^x>1+x+\frac{x^2}{2}$；

(3) 当 $0<x<\frac{\pi}{2}$ 时，$\sin x+\tan x>2x$；

(4) 当 $x>0$ 时，$x>\ln(1+x)>x-\frac{x^2}{2}$.

5. 试证方程 $\sin x=x$ 只有一个实根.

6. 求下列函数的极值.

(1) $y=x^2-2x+5$；

(2) $y=2x^3-3x^2$；

(3) $y=2x^3-6x^2-18x$；

(4) $y=x-\ln(1+x)$；

(5) $y=x-\ln(1+x^2)$；

(6) $y=2x^2-x^4+6$；

(7) $y=x+\sqrt{1-x}$；

(8) $y=e^x\sin x$；

(9) $y=x^{\frac{1}{x}}$;　　(10) $y=x^2e^{-x}$;

(11) $y=\dfrac{x^2-3x+2}{x^2+3x+2}$;　　(12) $y=e^x+e^{-x}$;

(13) $y=2-(x+1)^{\frac{2}{3}}$;　　(14) $y=5-2(x-1)^{\frac{1}{3}}$;

(15) $y=2\sin 2x+\sin 4x$;　　(16) $y=x+\cos x$.

7. 试问当 a 为何值时,函数 $f(x)=a\sin x+\dfrac{1}{3}\sin 3x$ 在 $x=\dfrac{\pi}{3}$ 处具有极值? 它是极大值还是极小值? 并求此极值.

8. 求下列函数在所给区间上的最大值、最小值:

(1) $y=2x^3-3x^2-80,\ -1\leqslant x\leqslant 4$;

(2) $y=x^4-8x^2,\ -1\leqslant x\leqslant 3$;

(3) $y=x+\sqrt{1-x},\ -5\leqslant x\leqslant 1$;

(4) $y=(x-1)\cdot\sqrt[3]{x^2},\ -1\leqslant x\leqslant\dfrac{1}{2}$.

9. 下列函数在指定区间上是否存在最大值和最小值? 如有,求出它的值,并说明是最大值还是最小值:

(1) $y=x^2-\dfrac{54}{x},x\in(-\infty,0)$;

(2) $y=\dfrac{x}{(x+1)^2},x\in(-\infty,-1)$;

(3) $y=\dfrac{x}{x^2+1},x\in(0,+\infty)$.

10. 求点 $(0,a)$ 到曲线 $x^2=4y$ 的最近距离.

11. 一个无盖的圆形大桶,规定体积为 V,要使其表面积为最小,问圆柱的底半径及高应是多少?

12. 在某化学反应过程中,反应速度 v 与反应物的浓度 x 有以下关系:

$$v=kx(a-x)$$

其中,a 是反应开始时物质的浓度,k 是反应速度常数. 问当 x 取何值时,反应速度最快?

13. 从圆上截下中心角为 α 的扇形卷成一圆锥形. 问当 α 是何值时,所得圆锥体的体积为最大?

14. 货车以 x km/h 的常速行驶 130 km,按交通法规,$50\leqslant x\leqslant 100$. 假设汽油的价格是 2.00元/L,而汽车耗油的速率为 $\left(2+\dfrac{x^2}{360}\right)$ L/h,司机的工资是 14.00 元/h,试问:最经济的车速是多少? 这次行车的总费用是多少?

3.4 曲线的凹凸性与函数图形的描绘

3.4.1 曲线的凹凸性与拐点

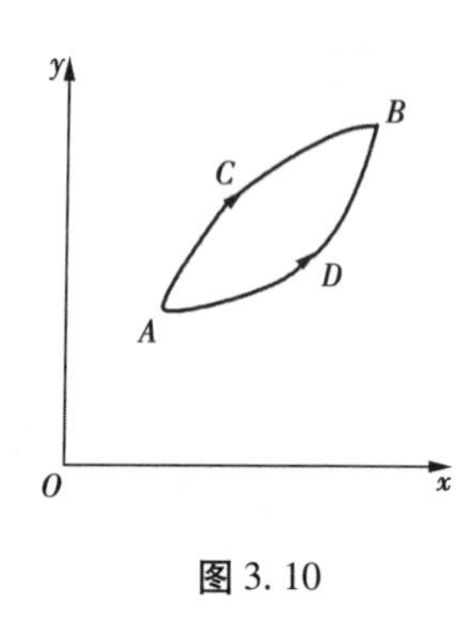

图 3.10

通过对函数单调性的研究,可以知道函数曲线是上升还是下降.但是,曲线在上升或者下降的过程中还有一个弯曲方向的问题.例如,图 3.10 中有两条曲线弧$\overset{\frown}{ACB}$和$\overset{\frown}{ADB}$,虽然它们都是上升的,但图形却有显著的不同,因为它们的弯曲方向不一样.曲线的弯曲方向在几何上是用曲线的凹凸性来描述的.

定义 1 设函数$f(x)$在区间I上可导.如果曲线弧$\overset{\frown}{AB}$:$y=f(x)$,$x\in I$位于其每点处切线的上方,则称曲线弧$\overset{\frown}{AB}$是凹的,如图 3.11(a)所示;如果曲线弧$\overset{\frown}{AB}$位于其每点处切线的下方,则称曲线弧$\overset{\frown}{AB}$是凸的,如图3.11(b)所示.

从图 3.11 可以看出,如果曲线$y=f(x)$是凹(凸)的,则其上各点处的切线斜率随x的增加而增加(减少),所以$f'(x)$是x的单调增加(单调减少)函数.如果$f(x)$二阶可导,那么用二阶导数的符号就能确定一阶导数的单调性,从而有以下定理:

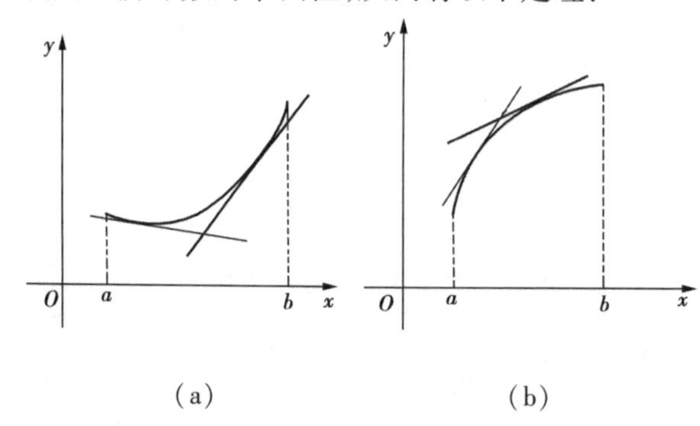

图 3.11

定理 1 设$f(x)$在$[a,b]$上连续,在(a,b)内具有二阶导数.

(1)如果在(a,b)内$f''(x)>0$,则曲线$y=f(x)$在$[a,b]$上是凹的;

(2)如果在(a,b)内$f''(x)<0$,则曲线$y=f(x)$在$[a,b]$上是凸的.

曲线凹凸性判定法的证明

例 1 讨论曲线$y=x^3$的凹凸性.

解 函数$y=x^3$的定义域为$(-\infty,+\infty)$.

$$y'=3x^2,\ y''=6x.$$

当$x<0$时,$y''<0$,所以曲线在$(-\infty,0]$上是凸的;当$x>0$时,$y''>0$,所以曲线在

$[0,+\infty)$上是凹的.

例2 讨论曲线 $y=\sqrt[3]{x}$ 的凹凸性.

解 函数 $y=\sqrt[3]{x}$ 的定义域为$(-\infty,+\infty)$. 当 $x\neq 0$ 时,

$$y'=\frac{1}{3\sqrt[3]{x^2}},\ y''=-\frac{2}{9x\sqrt[3]{x^2}}.$$

当 $x=0$ 时,y',y''都不存在.

当 $x<0$ 时,$y''>0$,所以曲线在$(-\infty,0]$上是凹的;当 $x>0$ 时,$y''<0$,所以曲线在$[0,+\infty)$上是凸的.

定义2 如果连续曲线 $y=f(x)$ 在点$(x_0,f(x_0))$两侧的凹凸性不同,则称点$(x_0,f(x_0))$为曲线的**拐点**.

由定理1可知,在拐点的两侧$f''(x)$必然异号. 故而在拐点处$f''(x)=0$或$f''(x)$不存在.

例3 求曲线 $y=\ln(1+x^2)$的凹凸区间及拐点.

解 函数 $y=\ln(1+x^2)$的定义域为$(-\infty,+\infty)$.

$$y'=\frac{2x}{1+x^2},\ y''=\frac{2(1-x^2)}{(1+x^2)^2}.$$

令 $y''=0$,解得 $x_1=-1$,$x_2=1$.

$x_1=-1$,$x_2=1$ 将函数的定义域$(-\infty,+\infty)$分成三个部分区间:

$$(-\infty,-1],[-1,1],[1,+\infty).$$

在$(-\infty,-1)$内,$y''<0$;在$(-1,1)$内,$y''>0$;在$(1,+\infty)$内,$y''<0$. 因此曲线的凹区间为$[-1,1]$;曲线的凸区间为$(-\infty,-1]$,$[1,+\infty)$.

当 $x=-1$ 时,$y=\ln 2$,点$(-1,\ln 2)$是这曲线的一个拐点;当 $x=1$ 时,$y=\ln 2$,点$(1,\ln 2)$也是这曲线的拐点.

3.4.2 曲线的渐近线

定义3 当曲线 C 上的动点 P 沿着曲线 C 无限延伸时,如果动点 P 到某直线 l 的距离趋近于0,则称直线 l 为曲线 C 的**渐近线**,如图3.12所示.

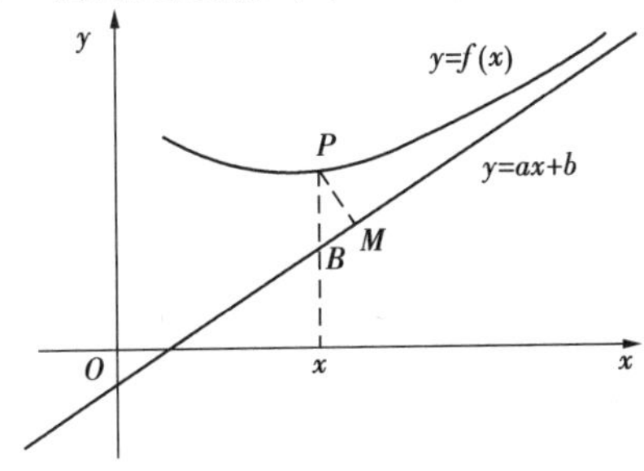

图3.12

曲线的渐近线有两种:垂直渐近线和斜渐近线(包括水平渐近线).

1)**垂直渐近线**

如果 $\lim\limits_{x\to x_0^+} f(x)=\infty$ 或 $\lim\limits_{x\to x_0^-} f(x)=\infty$,则直线 $x=x_0$ 是曲线 $y=f(x)$ 的垂直渐近线.

例如,对于曲线 $y=\dfrac{1}{x(x+1)}$,由于

$$\lim_{x\to 0}\frac{1}{x(x+1)}=\infty,\ \lim_{x\to -1}\frac{1}{x(x+1)}=\infty,$$

所以,直线 $x=0$ 与 $x=-1$ 都是曲线的垂直渐近线.

2)**斜渐近线**

如图 3.12 所示,设直线 $y=ax+b$ 是曲线 $y=f(x)$ 的斜渐近线,下面讨论怎样确定常数 a 和 b.

由点到直线的距离公式,曲线 $y=f(x)$ 上点 $(x,f(x))$ 到直线 $y=ax+b$ 的距离

$$|PM|=\frac{|f(x)-ax-b|}{\sqrt{1+a^2}}.$$

因为直线 $y=ax+b$ 是曲线 $y=f(x)$ 的斜渐近线,故

$$\lim_{\substack{x\to+\infty\\(x\to-\infty)}}\frac{|f(x)-ax-b|}{\sqrt{1+a^2}}=0,$$

即

$$\lim_{\substack{x\to+\infty\\(x\to-\infty)}}(f(x)-ax)=b.$$

故

$$\lim_{\substack{x\to+\infty\\(x\to-\infty)}}\frac{f(x)-ax}{x}=\lim_{\substack{x\to+\infty\\(x\to-\infty)}}\frac{b}{x}=0,$$

从而

$$\lim_{\substack{x\to+\infty\\(x\to-\infty)}}\frac{f(x)}{x}=a.$$

结论 如果 $\lim\limits_{\substack{x\to+\infty\\(x\to-\infty)}}\dfrac{f(x)}{x}=a$ 存在,且 $\lim\limits_{\substack{x\to+\infty\\(x\to-\infty)}}(f(x)-ax)=b$,则直线 $y=ax+b$ 是曲线 $y=f(x)$ 的渐近线.

特别地,当 $a=0$ 时(此时 $\lim\limits_{\substack{x\to+\infty\\(x\to-\infty)}}f(x)=b$),直线 $y=b$ 是曲线 $y=f(x)$ 的水平渐近线.

例 4 求曲线 $y=\dfrac{(x-3)^2}{4(x-1)}$ 的渐近线.

解 因为 $\lim\limits_{x\to1}\dfrac{(x-3)^2}{4(x-1)}=\infty$,故 $x=1$ 是曲线的垂直渐近线. 又因为

$$a=\lim_{x\to\infty}\frac{f(x)}{x}=\lim_{x\to\infty}\frac{(x-3)^2}{4x(x-1)}=\frac{1}{4},$$

$$b=\lim_{x\to\infty}(f(x)-kx)=\lim_{x\to\infty}\left[\frac{(x-3)^2}{4(x-1)}-\frac{x}{4}\right]=-\frac{5}{4},$$

所以直线 $y=\frac{1}{4}x-\frac{5}{4}$ 是曲线的斜渐近线.

3.4.3 函数图形的描绘

函数图形是函数的直观表示. 借助于函数图形可以直观地反映函数的变化规律和性状，有助于对函数进行深入研究.

利用导数描绘函数图形的一般步骤如下：

(1)确定函数 $y=f(x)$ 的定义域，考察函数有无奇偶性与周期性.

(2)求 $f'(x)$ 和 $f''(x)$.

(3)求出 $f'(x)$，$f''(x)$ 在定义域的全部零点，并求出 $f(x)$ 的间断点以及 $f'(x)$，$f''(x)$ 不存在的点. 用这些点将函数的定义域划分为若干个部分区间.

(4)确定在这些部分区间内 $f'(x)$ 和 $f''(x)$ 的符号，并由此确定函数图形的升降、凹凸和拐点，以及函数的极值点.

(5)确定函数图形的渐近线.

(6)算出第(3)步所得各分点处的函数值，确定出图形上的相应点. 为了将图形描绘得准确些，有时还需要补充一些点. 然后结合第(4)和第(5)步中的结果，连接这些点画出函数 $y=f(x)$ 的图形.

例5 描绘函数 $f(x)=\frac{1}{\sqrt{2\pi}}e^{-\frac{x^2}{2}}$ 的图形.

解 (1)所给函数的定义域为 $(-\infty,+\infty)$，由于

$$f(-x)=\frac{1}{\sqrt{2\pi}}e^{-\frac{(-x)^2}{2}}=\frac{1}{\sqrt{2\pi}}e^{-\frac{x^2}{2}}=f(x),$$

所以函数 $f(x)$ 是偶函数，它的图形关于 y 轴对称. 因此可以只讨论 $[0,+\infty)$ 上该函数的图形.

(2)求导：

$$f'(x)=\frac{1}{\sqrt{2\pi}}e^{-\frac{x^2}{2}}\cdot(-x)=-\frac{1}{\sqrt{2\pi}}xe^{-\frac{x^2}{2}},$$

$$f''(x)=-\frac{1}{\sqrt{2\pi}}\left[e^{-\frac{x^2}{2}}+xe^{-\frac{x^2}{2}}\cdot(-x)\right]=\frac{1}{\sqrt{2\pi}}e^{-\frac{x^2}{2}}(x^2-1).$$

(3)在 $[0,+\infty)$ 上，方程 $f'(x)=0$ 的根为 $x=0$；方程 $f''(x)=0$ 的根为 $x=1$. 用点 $x=1$ 将 $[0,+\infty)$ 划分成两个区间：$[0,1]$，$[1,+\infty)$.

(4)对单调性、凹凸性、极值和拐点列表讨论.

x	0	(0,1)	1	(1, +∞)
y'	0	−	−	−
y''	−	−	0	+
y	极大点	↘	拐点	↘

(这里,符号"↘"表示函数的图形单调下降而且是凸的. 其余类同.)

(5)由于 $\lim\limits_{x\to+\infty} f(x)=0$,所以图形有一条水平渐近线 $y=0$.

(6)计算 $x=0,1$ 处的函数值:

$$f(0)=\frac{1}{\sqrt{2\pi}},\ f(1)=\frac{1}{\sqrt{2\pi e}},$$

从而得到函数 $y=\frac{1}{\sqrt{2\pi}}e^{-\frac{x^2}{2}}$ 图形上的两个点:$M_1\left(0,\frac{1}{\sqrt{2\pi}}\right)$ 和 $M_2\left(1,\frac{1}{\sqrt{2\pi e}}\right)$. 又由 $f(2)=\frac{1}{\sqrt{2\pi}\ e^2}$ 得 $M_3\left(2,\frac{1}{\sqrt{2\pi}\ e^2}\right)$. 结合(4),(5)的讨论,画出函数 $y=\frac{1}{\sqrt{2\pi}}e^{-\frac{x^2}{2}}$ 在 $[0,+\infty)$ 上的图形. 最后利用图形的对称性,便可得到函数在 $(-\infty,+\infty)$ 内的整个图形,如图 3.13 所示.

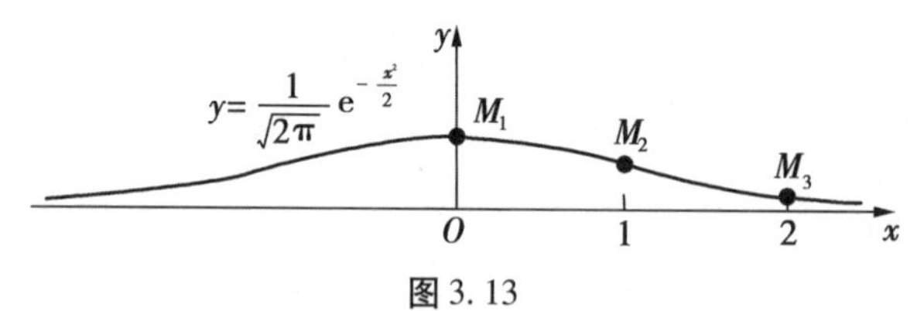

图 3.13

例 6 描绘函数 $y=\frac{(x-3)^2}{4(x-1)}$ 的图形.

解 (1)所给函数的定义域为 $(-\infty,1)\cup(1,+\infty)$.

(2)求导:

$$y'=\frac{(x+1)(x-3)}{4(x-1)^2},\ y''=\frac{2}{(x-1)^3}.$$

(3)令 $y'=0$ 得 $x_1=-1, x_2=3$. 这两个点将定义域划分为

$$(-\infty,-1],[-1,1),(1,3],[3,+\infty).$$

(4)对单调性、凹凸性、极值和拐点列表讨论.

x	(−∞, −1)	−1	(−1,1)	(1,3)	3	(3, +∞)
y'	+	0	−	−	0	+
y''	−	−	−	+	+	+
y	↗	极大值	↘	↘	极小值	↗

(5)由例3知有垂直渐近线 $x=1$ 及斜渐近线 $y=\frac{1}{4}x-\frac{5}{4}$.

(6)根据上述讨论,连接相关点可描绘出函数的图形,如图3.14所示.

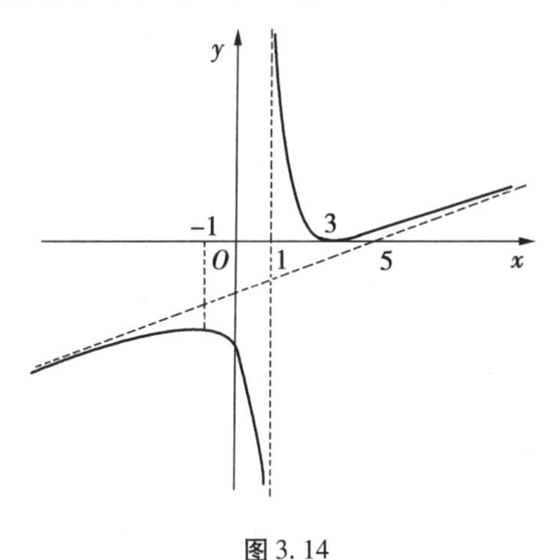

图3.14

习题3.4

1. 求下列曲线的凹凸区间和拐点:

(1) $y=3x-2x^2$;　　(2) $y=1+\frac{1}{x}\ (x>0)$;

(3) $y=x^3-6x^2+3x$;　　(4) $y=xe^{-x}$;

(5) $y=(x+1)^4+e^x$.

2. 已知曲线 $y=x^3+ax^2-9x+4x$ 在 $x=1$ 处有拐点,试确定系数 a,并求曲线的拐点和凹凸区间.

3. 问 a,b 为何值时,点(1,3)为曲线 $y=ax^3+bx^2$ 的拐点?

4. 求下列曲线的渐近线:

(1) $y=\frac{1}{x^2-x+1}$;　　(2) $y=\frac{x}{(x-1)^2(x+1)}$;

(3) $y=\frac{x^4}{(1+x)^3}$.

5. 描绘下列函数的图形:

(1) $y=2x^3-3x^2$;　　(2) $y=x^4-6x^2+8x$;

(3) $y=\frac{x}{1+x^2}$;　　(4) $y=x^2+\frac{1}{x}$.

3.5 曲 率

3.5.1 定义

曲线的“弯曲程度”是曲线的一种重要性态，在数学上用曲率来表示.

考察曲线的切线变化情况，就会发现，由于曲线的“弯曲性”，切线将随着切点的移动而旋转. 切线转过的角度能够反映曲线的弯曲程度，另外，曲线的弯曲程度还与弧段的长度有关.

引入描述曲线弯曲程度的曲率概念如下：

在曲线 C 上选定一点 M_0 作为度量弧长的起点. 对曲线上的任意点 M，用 $|s|$ 表示曲线弧 $\widehat{M_0M}$ 的长度(规定当点 M 在 M_0 右侧时 $s>0$). 显然，弧 s 是 x 的单调增加函数，如图 3.15 所示.

设在点 M 处切线的倾角为 α，曲线上另外一点 M' 对应于弧 $s+\Delta s$，在点 M' 处切线的倾角为 $\alpha+\Delta\alpha$，那么，弧段 $\widehat{MM'}$ 的长度为 $|\Delta s|$，当动点从 M 移动到 M' 时切线转过的角度为 $|\Delta\alpha|$.

用比值 $\dfrac{|\Delta\alpha|}{|\Delta s|}$ 来表达弧段 $\widehat{MM'}$ 的平均弯曲程度，叫作弧段 $\widehat{MM'}$ 的**平均曲率**，并记作 $\overline{K}$，即

$$\overline{K}=\left|\frac{\Delta\alpha}{\Delta s}\right|.$$

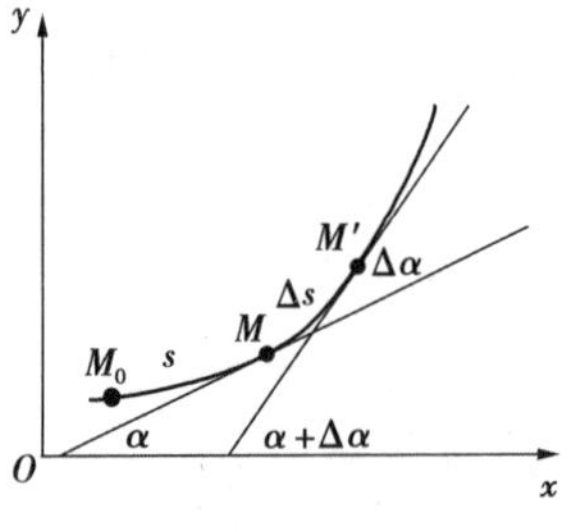

图 3.15

一般说来，曲线在各个点处弯曲程度不一样，$|\Delta s|$ 越小，用 $\overline{K}$ 来描述曲线在点 M 处的弯曲程度越精确. 当 $\Delta s\to 0$ (即 $M'\to M$) 时，上述平均曲率的极限叫作曲线 C 在点 M 处的**曲率**，记作 K，即

$$K=\lim_{\Delta s\to 0}\left|\frac{\Delta\alpha}{\Delta s}\right|=\left|\frac{\mathrm{d}\alpha}{\mathrm{d}s}\right| \tag{1}$$

3.5.2 曲率的计算公式

1)求 $\mathrm{d}\alpha$

设曲线方程为 $y=f(x)$,且 $f(x)$ 具有二阶导数. 因为 $\tan\alpha=y'$,所以

$$\sec^2\alpha\frac{\mathrm{d}\alpha}{\mathrm{d}x}=y'',$$

$$\frac{\mathrm{d}\alpha}{\mathrm{d}x}=\frac{y''}{1+\tan^2\alpha}=\frac{y''}{1+y'^2},$$

于是

$$\mathrm{d}\alpha=\frac{y''}{1+y'^2}\mathrm{d}x.$$

2)求 $\mathrm{d}s$.

考虑小弧段 $\overset{\frown}{MM'}$,当 M' 与 M 充分靠近时,可用弦 $\overline{MM'}$ 的长近似代替 $\overset{\frown}{MM'}$ 的弧长 Δs,并有

$$\lim_{M'\to M}\frac{\overset{\frown}{MM'}}{\overline{MM'}}=1.$$

因此

$$\frac{\Delta s}{\Delta x}=\frac{\overset{\frown}{MM'}}{\Delta x}=\frac{\overset{\frown}{MM'}}{|\overline{MM'}|}\cdot\frac{|\overline{MM'}|}{\Delta x}$$

$$=\pm\frac{\overset{\frown}{MM'}}{|\overline{MM'}|}\cdot\sqrt{\frac{(\Delta x)^2+(\Delta y)^2}{\Delta x^2}}=\pm\frac{\overset{\frown}{MM'}}{|\overline{MM'}|}\cdot\sqrt{1+\left(\frac{\Delta y}{\Delta x}\right)^2}.$$

当 $M'\to M$,即 $\Delta x\to 0$ 时取极限,就得到

$$\frac{\mathrm{d}s}{\mathrm{d}x}=\pm\sqrt{1+\left(\frac{\mathrm{d}y}{\mathrm{d}x}\right)^2}.$$

由于弧函数 $s(x)$ 是 x 的单调增加函数,故

$$\frac{\mathrm{d}s}{\mathrm{d}x}=\sqrt{1+\left(\frac{\mathrm{d}y}{\mathrm{d}x}\right)^2},$$

即

$$\mathrm{d}s=\sqrt{1+y'^2}\,\mathrm{d}x\quad(\mathrm{d}s\text{ 称为**弧微分**})$$

于是曲率 K 的计算公式为

$$K=\frac{|y''|}{(1+y'^2)^{\frac{3}{2}}}.\tag{2}$$

例1 求直线的曲率.

解 设直线方程为 $y=mx+b$(m 为直线的斜率),则

$$y'=m,\ y''=0,$$

所以 $K=0$,即直线的“弯曲程度”为0.

例2 求半径为 a 的圆的曲率.

解 设圆的方程为 $x^2+y^2=a^2$,用隐函数求导法,求得

$$y'=-\frac{x}{y},\ y''=-\frac{1+y'^2}{y}.$$

因此

$$K=\frac{\left|\frac{1+y'^2}{y}\right|}{(1+y'^2)^{\frac{3}{2}}}=\left|\frac{1}{y\sqrt{1+y'^2}}\right|$$

$$=\frac{1}{\left|y\sqrt{1+\left(\frac{x}{y}\right)^2}\right|}=\frac{1}{\sqrt{x^2+y^2}}=\frac{1}{a}.$$

这说明圆周上任一点的曲率相等,其值等于圆半径的倒数.半径越小,曲率就越大;半径越大,曲率就越小.

例3 计算双曲线 $xy=1$ 在点(1,1)处的曲率.

解 由 $y=\frac{1}{x}$,求导得

$$y'=-\frac{1}{x^2},y''=\frac{2}{x^3},$$

因此

$$y'|_{x=1}=-1,y''|_{x=1}=2.$$

将它们代入公式(2),便得曲线 $xy=1$ 在点(1,1)处的曲率为

$$K=\frac{2}{[1+(-1)^2]^{\frac{3}{2}}}=\frac{1}{\sqrt{2}}=\frac{\sqrt{2}}{2}.$$

设曲线由参数方程

$$\begin{cases}x=\varphi(t)\\y=\psi(t)\end{cases}$$

给出,则可利用由参数方程所确定的函数的导数公式求出 y'_x 及 y''_x,代入公式(2)便得

$$K=\frac{|\varphi'(t)\psi''(t)-\varphi''(t)\psi'(t)|}{[\varphi'^2(t)+\psi'^2(t)]^{\frac{3}{2}}}.\tag{3}$$

例4 求曲线 $x=a\cos^3t,y=a\sin^3t$ 在 $t=t_0$ 相应点处的曲率.

解

$$\frac{dy}{dx}=\frac{\frac{dy}{dt}}{\frac{dx}{dt}}=\frac{3a\sin^2t\cos t}{-3a\cos^2t\sin t}=-\tan t,$$

$$\frac{d^2y}{dx^2}=\frac{\frac{d(-\tan t)}{dt}}{\frac{dx}{dt}}=\frac{-\sec^2t}{-3a\cos^2t\sin t}=\frac{1}{3a\sin t\cos^4t}.$$

故曲线在 $t=t_0$ 相应点处的曲率为

$$K=\left.\frac{|y''|}{(1+y'^2)^{\frac{3}{2}}}\right|_{t=t_0}=\left.\frac{\left|\dfrac{1}{3a\sin t\cos^4 t}\right|}{[1+(-\tan t)^2]^{\frac{3}{2}}}\right|_{t=t_0}=\frac{2}{|3a\sin(2t_0)|}.$$

设曲线 $y=f(x)$ 在点 $M(x,y)$ 处的曲率为 $K(K\neq 0)$. 在点 $M(x,y)$ 处的曲线的法线上,在凹的一侧取一点 D,使 $|DM|=\frac{1}{K}=\rho$. 以 D 为圆心,ρ 为半径作圆,如图 3.16 所示. 这个圆叫作曲线在点 M 处的**曲率圆**,曲率圆的圆心 D 叫作曲线在点 M 处的**曲率中心**,曲率圆的半径 ρ 叫作曲线在点 M 处的**曲率半径**.

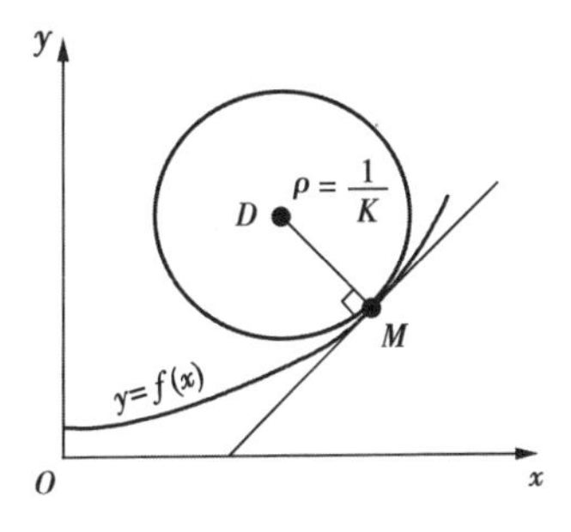

曲率圆应用举例

图 3.16

按上述定义可知,曲率圆与曲线在点 M 有相同的切线和曲率,且在点 M 邻近有相同的凹凸方向. 因此在实际问题中,常常用曲率圆在点 M 邻近的一段圆弧来近似代替曲线弧,以使问题简化.

习题 3.5

1. 求椭圆 $4x^2+y^2=4$ 在点$(0,2)$处的曲率.
2. 求曲线 $y=\ln\sec x$ 在点(x,y)处的曲率及曲率半径.
3. 求抛物线 $y=x^2-4x+3$ 在其顶点处的曲率及曲率半径.
4. 对数曲线 $y=\ln x$ 上哪一点处的曲率半径最小? 求出该点处的曲率半径.
5. 导出极坐标方程形式下的曲线的曲率计算公式,并求曲线 $\rho=ae^{n\theta}(a>0,n>0)$ 在点(ρ,θ)处的曲率.

3.6 导数在经济学中的应用

在经济活动中,经常需要考虑一项指标的变化给其他指标带来的影响,如产量的变化对成本、收益、利润的影响,价格的变化对需求量、销售量的影响等.

3.6.1 边际分析

在经济分析中,通常用“平均”和“边际”两个概念描述函数 y 关于自变量 x 的变化情况.“平均”概念就是函数 $y=f(x)$ 在以 x_0 和 $x_0+\Delta x$ 为端点的区间上的平均变化率,即$\frac{\Delta y}{\Delta x}$;“边际”概念就是 x 的某个值的“边缘上”函数 y 的变化率,即函数 y 的瞬时变化率$\lim\limits_{\Delta x\to 0}\frac{\Delta y}{\Delta x}$,也就是函数 $y=f(x)$ 在点 x_0 处的导数.

一般地,设函数 $y=f(x)$ 可导,则导数 $f'(x)$ 叫**边际函数**. 成本函数 $C=C(Q)$ 的导数 $C'(Q)$ 叫作**边际成本**,收入函数 $R=R(Q)$ 的导数 $R'(Q)$ 叫作**边际收益**,利润函数 $L=L(Q)$ 的导数 $L'(Q)$ 叫作**边际利润**.

例 1 某产品生产 x 个单位的总成本 C 为 x 的函数

$$C=C(x)=2\ 000+0.026x^2(\text{元}).$$

求:(1)生产 1 000 件产品时的总成本和平均单位成本;

(2)生产 1 000 件产品的边际成本.

解 (1)生产 1 000 件产品时的总成本为

$$C(1\ 000)=2\ 000+0.026\times 1\ 000^2=28\ 000(\text{元}).$$

平均单位成本为

$$\frac{C(1\ 000)}{1\ 000}=\frac{28\ 000}{1\ 000}=28(\text{元/件}).$$

(2)对总成本函数求导,得

$$C'(x)=0.052x.$$

因此,生产 1 000 件产品时的边际成本为

$$C'(1\ 000)=0.052\times 1\ 000=52(\text{元/件}).$$

例 2 设某商品的需求函数 $Q=200-10P$,Q 为需求量,单位为件,P 为价格,单位为元/件. 求这种商品的边际收益函数及销售量 $Q=150$ 的边际收益.

解 将需求函数化为

$$P=20-\frac{Q}{10},$$

则收益函数为 $$R(Q)=PQ=20Q-\frac{Q^2}{10},$$

边际收益函数为 $$R'(Q)=20-\frac{Q}{5},$$

因此边际收益 $$R'(150)=-10.$$

例 3 某企业每月生产的总成本 C(千元)是产量 $x(t)$ 的函数

$$C(x)=x^2-10x+20.$$

如果每吨产品销售价格为 2 万元,求每月生产 8 t、10 t、20 t 时的边际利润.

解 因为利润函数为

$$L(x)=R(x)-C(x)=20x-(x^2-10x+20)=-x^2+30x-20,$$

所以边际利润为

$$L'(x)=-2x+30,$$

于是

$$L'(8)=-2\times 8+30=14(\text{千元/t});$$

$$L'(10)=-2\times 10+30=10(\text{千元/t});$$

$$L'(15)=-2\times 15+30=0(\text{千元/t});$$

$$L'(20)=-2\times 20+30=-10(\text{千元/t}).$$

3.6.2 弹性分析

在经济学中,函数 $y=f(x)$ 的增量

$$\Delta y=f(x+\Delta x)-f(x)$$

称为函数在点 x 处的**绝对改变量**,导数

$$f'(x)=\lim_{\Delta x\to 0}\frac{\Delta y}{\Delta x}$$

称为函数在 x 处的**绝对变化率**. 在经济活动分析中,有时要比较两种商品的需求量对价格反应的灵敏度,仅有绝对变化率是不够的.

设函数 $y=f(x)$ 可导,函数 $f(x)$ 在点 x 处的增量为 $\Delta y=f(x+\Delta x)-f(x)$,自变量的增量为 Δx,则比值

$$\frac{\Delta y}{y}\text{与}\frac{\Delta x}{x}$$

分别称为在点 x 处函数 y 的相对改变量及自变量 x 的相对改变量. 当 $\Delta x\to 0$ 时,两个相对改变量之比的极限

$$\lim_{\Delta x\to 0}\frac{\dfrac{\Delta y}{y}}{\dfrac{\Delta x}{x}}=\lim_{\Delta x\to 0}\frac{\dfrac{f(x+\Delta x)-f(x)}{f(x)}}{\dfrac{\Delta x}{x}}$$

$$=\frac{x}{f(x)}\lim_{\Delta x\to 0}\frac{f(x+\Delta x)-f(x)}{\Delta x}=\frac{x}{f(x)}f'(x)$$

表示在点 x 处函数 y 的相对变化率,称为函数 $y=f(x)$ 在点 x 处的**弹性**,记作 η,即

$$\eta=\frac{x}{f(x)}f'(x).$$

函数 $y=f(x)$ 在 x 处的弹性 η 可解释为:当自变量变化 1% 时,函数变化 $|\eta|\%$.

经济学中,将需求量对价格的相对变化率称为需求的**价格弹性**.

例 4 某部门对市场上某种商品的需求量 Q 与价格 P 之间的关系进行研究后,建立了下面的函数关系:

$$Q=P(8-3P)\left(0<P<\frac{8}{3}\right).$$

试求在 $P=\frac{14}{9},\frac{16}{9},2$(元)的价格水平下,需求的价格弹性.

解 因为

$$Q'(P)=(8P-3P^2)'=8-6P,$$

所以需求的价格弹性为

$$\eta=\frac{P}{Q(P)}Q'(P)=\frac{P}{P(8-3P)}\cdot(8-6P)=\frac{8-6P}{8-3P}.$$

于是

$$\eta\Big|_{P=\frac{14}{9}}=\frac{8-6\times\frac{14}{9}}{8-3\times\frac{14}{9}}=-0.4,$$

$$\eta\Big|_{P=\frac{16}{9}}=\frac{8-6\times\frac{16}{9}}{8-3\times\frac{16}{9}}=-1,$$

$$\eta\Big|_{P=2}=\frac{8-6\times2}{8-3\times2}=-2.$$

例中,$\eta\big|_{P=\frac{14}{9}}=-0.4$ 表明:在$\frac{14}{9}$元价格水平下,价格增加1%时,该种商品的需求量将下降0.4%,即需求的相对变化的绝对值小于价格的相对变化.这时称需求是低弹性的.

$\eta\big|_{P=\frac{16}{9}}=-1$ 表明:在$\frac{16}{9}$元的价格水平下,价格增加1%时,该种商品的需求量将下降1%,即需求量的相对变化的绝对值等于价格的相对变化.这时称需求是单位弹性的.

$\eta\big|_{P=2}=-2$ 表明:在2元的价格水平下,价格增加1%时,该种商品的需求量将下降2%,即需求量的相对变化的绝对值大于价格的相对变化.这时称需求是高弹性的.

习题 3.6

1. 已知生产某产品 x 单位的总成本函数为 $C(x)=100+3x-0.001x^2$(单位:万元),求生产500单位产品时的边际成本.

2. 设某商品的需求函数为 $Q=100e^{-0.5P}$,求该商品在价格 $P=5$ 时的需求价格弹性.

本章小结

一、3 个中值定理

(1)罗尔中值定理.

(2)拉格朗日中值定理.

(3)柯西中值定理.

二、3 个中值定理的应用

(1)利用罗尔中值定理证明和方程的根有关的问题.

(2)利用拉格朗日中值定理证明不等式问题和恒等式问题.

(3)利用柯西中值定理证明两个函数的导数之间的关系的问题.

三、导数的应用

(1)利用洛必达法则求函数极限.

(2)利用一阶导数的符号判断函数的单调性以及利用单调性证明不等式.

(3)利用导数求函数的极值与最值.

(4)利用二阶导数的符号求曲线的凹凸区间以及拐点.

(5)利用单调性、极值、凹凸区间、拐点、函数的渐近线(水平、铅直、斜)描绘函数图形.

(6)利用导数求曲率和曲率半径.

(7)利用导数作一些简单的经济分析(边际分析、弹性分析).

总习题 3

总习题 3 答案解析

一、填空题

1. 函数 $y=\dfrac{x}{1+x^2}$ 的单调增加区间为________.

2. 设函数 $g(x)$ 有一阶连续导数,且 $g(0)=g'(0)=1$,则 $\lim\limits_{x\to0}\dfrac{g(x)-1}{\ln g(x)}=$________.

3. 若点 $(1,0)$ 是曲线 $y=ax^3+bx^2+2$ 的拐点,则 $a=$________,$b=$________.

4. 曲线 $y=e^{-x^2}$ 的凸区间为________________.

5. 设 $f(0)=1, f'(0)=-1$,则 $\lim\limits_{x\to1}\dfrac{f(\ln x)-1}{1-x}=$________.

6. 曲线 $y=\dfrac{x^2}{2x+1}$ 的斜渐近线方程为________________.

二、单项选择题

1. 当 $x\to0$ 时,若 $e^x-(ax^2+bx+1)$ 是比 x^2 高阶的无穷小,则 a,b 值为(　　).

A. $\dfrac{1}{2},1$　　B. $1,1$　　C. $-\dfrac{1}{2},1$　　D. $-1,1$

2. 若在区间(a,b)内有$f'(x)<0,f''(x)<0$,则曲线$y=f(x)$在此区间内是(　　).

A. 下降且是凸的　B. 下降且是凹的　C. 上升且是凸的　D. 上升且是凹的

3. 函数$y=\arcsin x-x$的单调增加区间为(　　).

A. $(-\infty,+\infty)$　B. $(0,1)$　C. $[-1,1]$　D. $(-1,0)$

4. 以下命题正确的有(　　).

A. 若对任意$x\in(a,b)$,都有$f'(x)=0$,则$f(x)$在(a,b)内恒为常数

B. 若x_0为$f(x)$的极值点,则必有$f'(x_0)=0$

C. 函数$f(x)$在(a,b)内的极大值必定大于极小值

D. 若$f'(x_0)=0$,则x_0为$f(x)$的极值点

5. 设$f(x)$与$g(x)$在$x=x_0$处均有极大值,则函数$F(x)=f(x)g(x)$在$x=x_0$处(　　).

A. 必有极大值　B. 必有极小值

C. 没有极值　D. 是否有极值不能确定

6. 函数$f(x)=\ln x-\dfrac{x}{e}+k(k>0)$在$(0,+\infty)$内的零点个数为(　　).

A. 3　B. 2　C. 1　D. 0

7. 设在$[0,1]$上$f''(x)>0$,则$f'(0),f'(1),f(1)-f(0)$或$f(0)-f(1)$的大小顺序是(　　).

A. $f'(1)>f'(0)>f(1)-f(0)$　B. $f'(1)>f(1)-f(0)>f'(0)$

C. $f(1)-f(0)>f'(1)>f'(0)$　D. $f'(1)>f(0)-f(1)>f'(0)$

8. 设函数$y=f(x)$具有二阶导数,且$f'(x)>0,f''(x)>0$,Δx为自变量x在点x_0处的增量,Δy与dy分别为$f(x)$在点x_0处对应的增量与微分,若$\Delta x>0$,则(　　).

A. $0<dy<\Delta y$　B. $0<\Delta y<dy$　C. $\Delta y<dy<0$　D. $dy<\Delta y<0$

三、解答题

1. 求下列极限:

(1) $\lim\limits_{x\to 0}\dfrac{e^x-1-x}{x^2}$;　(2) $\lim\limits_{x\to 0}\left(\dfrac{1}{x}-\dfrac{1}{\sin x}\right)$;

(3) $\lim\limits_{x\to+\infty}\left(\dfrac{2}{\pi}\arctan x\right)^{2x}$;　(4) $\lim\limits_{x\to 0}\dfrac{e^x+e^{-x}-2}{x^2}$;

(5) $\lim\limits_{x\to\infty}\left[\dfrac{2^{\frac{1}{x}}+3^{\frac{1}{x}}+\cdots+100^{\frac{1}{x}}+1}{100}\right]^{100x}$;　(6) $\lim\limits_{x\to 0}\dfrac{[\sin x-\sin(\sin x)]\sin x}{x^4}$.

2. 证明下列不等式:

(1) 当$0<x_1<x_2<\dfrac{\pi}{2}$时,$\dfrac{x_1}{x_2}<\dfrac{\sin x_1}{\sin x_2}$;

(2) $|\sin a-\sin b|\leqslant|a-b|$;

(3) 当$x>0$时,$\ln(1+x)>\dfrac{\arctan x}{1+x}$;

(4)设 $\mathrm{e}<a<b<\mathrm{e}^2$,则 $\ln^2 b-\ln^2 a>\dfrac{4}{\mathrm{e}^2}(b-a)$.

3. 证明方程 $x^5+x-1=0$ 有且仅有一个正根.

4. 如图3.17所示,三角形的底边长为 a,高为 h,求其最大内接矩形的面积.

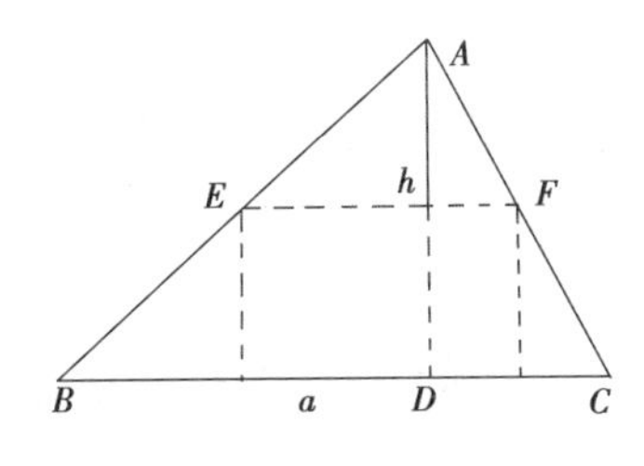

图3.17

5. 讨论方程的根:

(1)$x^3-5x-2=0$,在 $(0,+\infty)$ 内;

(2)$a_0+a_1x+\cdots+a_nx^n=0$,在 $(0,1)$ 内,其中 $a_0+\dfrac{a_1}{2}+\cdots+\dfrac{a_n}{n+1}=0$.

6. 设 $f(x)$ 在 $[0,a]$ 上连续,在 $(0,a)$ 内可导,且 $f(a)=0$,证明存在一点 $\xi\in(0,a)$,使得

$$f(\xi)+\xi f'(\xi)=0.$$

7. 设 $0<a<b$,函数 $f(x)$ 在 $[a,b]$ 上连续,在 (a,b) 内可导,证明存在一点 $\xi\in(a,b)$,使得

$$f(b)-f(a)=\mathrm{e}^{-\xi}f'(\xi)(\mathrm{e}^b-\mathrm{e}^a).$$

8. 已知函数 $f(x)$ 在 $[0,1]$ 上连续,在 $(0,1)$ 内可导,且 $f(0)=0$,$f(1)=1$. 证明:

(1)存在 $\xi\in(0,1)$,使得 $f(\xi)=1-\xi$;

(2)存在两个不同的点 $\eta,\zeta\in(0,1)$,使得 $f'(\eta)f'(\zeta)=1$.

9. 曲线弧 $y=\sin x(0<x<\pi)$ 上哪一点处的曲率半径最小?求出该点处的曲率半径.

第3章拓展阅读

拓展阅读(1) 关于导数的1个应用

拓展阅读(2) 注重直觉思维能力的培养

第 4 章　不定积分

第 4 章学习导读

求不定积分是求导的逆运算，即寻求一个可导函数，使它的导数等于已知函数. 本章介绍不定积分的基本概念、性质及求不定积分的基本方法.

4.1　不定积分的概念和性质

原函数与不定积分的概念

4.1.1　不定积分的概念

1）原函数

定义 1　设函数 $f(x)$ 在区间 I 上有定义，如果存在函数 $F(x)$，使对于任意的 $x\in I$，都有

$$F'(x)=f(x),$$

则称 $F(x)$ 为 $f(x)$ 在 I 上的一个**原函数**.

例如，因为 $(\sin x)'=\cos x$，所以 $\sin x$ 就是 $\cos x$ 一个原函数. 又由于 $(\sin x+1)'=(\sin x+2)'=\cos x$ 也成立，因此 $\sin x+1$ 与 $\sin x+2$ 也是 $\cos x$ 的原函数. 一般地，$\sin x+C$（C 为任意常数）都是 $\cos x$ 的原函数.

由此可见，若一个函数存在原函数，则它必有无穷多个原函数. 进一步有如下定理：

定理 1　如果 $F(x)$ 是 $f(x)$ 在区间 I 上的一个原函数，则 $F(x)+C$（C 为任意常数）就表示函数 $f(x)$ 在区间 I 上的所有原函数.

事实上，如果 $F(x)$ 是 $f(x)$ 的一个原函数，则 $[F(x)+C]'=f(x)$（C 为任意常数），所以 $F(x)+C$ 也是 $f(x)$ 的原函数.

另一方面，如果 $F(x)$ 和 $G(x)$ 都是 $f(x)$ 的原函数，即 $F'(x)=G'(x)=f(x)$，则由拉格朗日中值定理的推论可知，$F(x)$ 与 $G(x)$ 仅差一个常数，即存在常数 C 使得 $G(x)=F(x)+C$.

2）不定积分

定义 2　称函数 $f(x)$ 的带有任意常数的原函数为 $f(x)$ 的**不定积分**，记为

$$\int f(x)\,\mathrm{d}x.$$

其中，符号 $\int$ 称为**积分号**，x 称为**积分变量**，$f(x)$ 称为**被积函数**，$f(x)\,\mathrm{d}x$ 称为**被积表达式**.

由以上定义及前面的讨论可知，如果 $F(x)$ 是 $f(x)$ 的一个原函数，则 $F(x)+C$ 就是 $f(x)$

的不定积分,即

$$\int f(x)\,\mathrm{d}x = F(x) + C.$$

这里 C 称为**积分常数**.

例1 求不定积分 $\int \frac{1}{x}\,\mathrm{d}x$.

解 因为 $(\ln|x|)' = \frac{1}{x}$,所以有

$$\int \frac{1}{x}\,\mathrm{d}x = \ln|x| + C.$$

例2 设曲线通过点(1,3),且其上任一点处的切线斜率等于这点横坐标的两倍,求曲线方程.

解 设所求曲线方程为 $y=f(x)$,由题设

$$\frac{\mathrm{d}y}{\mathrm{d}x} = 2x,$$

所以有

$$y = \int 2x\,\mathrm{d}x = x^2 + C.$$

因曲线通过点(1,3),故 $3 = 1^2 + C$,得 $C=2$,从而所求的曲线方程为

$$y = x^2 + 2.$$

函数 $f(x)$ 的原函数的图形称为 $f(x)$ 的**积分曲线**. 例如,上例所求曲线即是函数 $2x$ 通过点(1,3)的积分曲线.

例3 设某产品的边际成本为 $2x+3$,固定成本为2,求总成本函数 $C(x)$.

解 因为 $(x^2+3x)' = 2x+3$,所以 x^2+3x 是 $2x+3$ 的一个原函数,从而

$$C(x) = \int (2x+3)\,\mathrm{d}x = x^2 + 3x + C.$$

由 $C(0)=2$,可得 $C=2$,因此所求的总成本函数为

$$C(x) = x^2 + 3x + 2.$$

在上面的例子中,所遇到的被积函数的原函数都存在. 那么,一个函数具备什么条件,能保证它的原函数一定存在? 在此不加证明地介绍如下结论:

定理2 如果 $f(x)$ 在区间 I 上连续,则存在函数 $F(x)$,使对于任意的 $x \in I$,都有

$$F'(x) = f(x).$$

简言之,连续函数一定有原函数.

4.1.2 不定积分性质

根据不定积分的定义和求导法则,可得到下列性质:

性质 1 微分运算与积分运算的关系：

(1) $\left[\int f(x)\mathrm{d}x\right]' = f(x)$ 或 $\mathrm{d}\left[\int f(x)\mathrm{d}x\right] = f(x)\mathrm{d}x$.

(2) $\int F'(x)\mathrm{d}x = F(x) + C$ 或 $\int \mathrm{d}F(x) = F(x) + C$.

性质 2 被积函数中不为零的常数因子可以移到积分号外，即

$$\int kf(x)\mathrm{d}x = k\int f(x)\mathrm{d}x \quad (k \neq 0).$$

性质 3 两个函数和的积分等于函数积分的和，即

$$\int [f(x) + g(x)]\mathrm{d}x = \int f(x)\mathrm{d}x + \int g(x)\mathrm{d}x.$$

这一性质可以推广到有限多个函数的和的情形，即

$$\int [f_1(x) + f_2(x) + \cdots + f_n(x)]\mathrm{d}x = \int f_1(x)\mathrm{d}x + \int f_2(x)\mathrm{d}x + \cdots + \int f_n(x)\mathrm{d}x.$$

4.1.3 基本积分公式

由积分运算与微分运算的关系，根据基本导数公式可得如下的基本积分公式：

(1) $\int k\mathrm{d}x = kx + C \quad (k$ 为常数$)$；

(2) $\int x^{\alpha}\mathrm{d}x = \dfrac{1}{\alpha + 1}x^{\alpha+1} + C(\alpha \neq -1)$；

(3) $\int \dfrac{1}{x}\mathrm{d}x = \ln|x| + C$；

(4) $\int a^{x}\mathrm{d}x = \dfrac{a^{x}}{\ln a} + C$；

(5) $\int \mathrm{e}^{x}\mathrm{d}x = \mathrm{e}^{x} + C$；

(6) $\int \sin x\mathrm{d}x = -\cos x + C$；

(7) $\int \cos x\mathrm{d}x = \sin x + C$；

(8) $\int \sec^{2}x\mathrm{d}x = \tan x + C$；

(9) $\int \csc^{2}x\mathrm{d}x = -\cot x + C$；

(10) $\int \sec x\tan x\mathrm{d}x = \sec x + C$；

(11) $\int \csc x\cot x\mathrm{d}x = -\csc x + C$；

(12) $\int \frac{1}{\sqrt{1-x^2}}\mathrm{d}x = \arcsin x + C$;

(13) $\int \frac{1}{1+x^2}\mathrm{d}x = \arctan x + C$.

以上积分公式可通过对等式右端的函数求导进行验证. 利用不定积分的性质以及上面的积分公式,可以计算一些函数的不定积分.

例4　求 $\int (x^3 - 5x^2 + 2x + 3)\mathrm{d}x$.

解

$$\int (x^3 - 5x^2 + 2x + 3)\mathrm{d}x = \int x^3\mathrm{d}x - 5\int x^2\mathrm{d}x + 2\int x\mathrm{d}x + \int 3\mathrm{d}x$$

$$= \frac{1}{4}x^4 - \frac{5}{3}x^3 + x^2 + 3x + C.$$

例5　求 $\int (3\mathrm{e}^x - 2\cos x)\mathrm{d}x$.

解

$$\int (3\mathrm{e}^x - 2\cos x)\mathrm{d}x = 3\int \mathrm{e}^x\mathrm{d}x - 2\int \cos x\mathrm{d}x$$

$$= 3\mathrm{e}^x - 2\sin x + C.$$

例6　求 $\int \frac{x^4}{1+x^2}\mathrm{d}x$.

解

$$\int \frac{x^4}{1+x^2}\mathrm{d}x = \int \frac{x^4-1+1}{1+x^2}\mathrm{d}x = \int \left(x^2 - 1 + \frac{1}{1+x^2}\right)\mathrm{d}x$$

$$= \int x^2\mathrm{d}x - \int \mathrm{d}x + \int \frac{1}{1+x^2}\mathrm{d}x = \frac{1}{3}x^3 - x + \arctan x + C.$$

例7　求 $\int \frac{\cos 2x}{\sin x + \cos x}\mathrm{d}x$.

解　因为 $\cos 2x = \cos^2 x - \sin^2 x = (\cos x - \sin x)(\cos x + \sin x)$, 所以

$$\int \frac{\cos 2x}{\sin x + \cos x}\mathrm{d}x = \int (\cos x - \sin x)\mathrm{d}x$$

$$= \int \cos x\mathrm{d}x - \int \sin x\mathrm{d}x$$

$$= \sin x + \cos x + C.$$

例8　求 $\int \tan^2 x\mathrm{d}x$.

解　$\int \tan^2 x\mathrm{d}x = \int (\sec^2 x - 1)\mathrm{d}x = \tan x - x + C$.

例9　某种产品的产量 q 与生产时间 t 的关系为 $q = q(t)$,则 q 关于 t 的导数$q'(t)$称为此种产品产量的变化率. 若已知 $q'(t) = 5 - \frac{t}{10\ 000}$,试求此产品的产量与时间的关系.

解 因为 $q'(t)=5-\frac{t}{10\ 000}$,所以

$$q(t)=\int q'(t)\mathrm{d}t=\int\left(5-\frac{t}{10\ 000}\right)\mathrm{d}t=5t-\frac{t^2}{20\ 000}+C.$$

因为当生产时间为零时,产品产量也为零,所以 $q(0)=C=0$. 因此产量与生产时间的关系为

$$q(t)=5t-\frac{t^2}{20\ 000}.$$

习题 4.1

1. 设已知函数 $F(x)$ 是函数 $f(x)$ 的一个原函数,试求函数 $2xf(x^2)$ 的一个原函数.

2. 一曲线过点 $(\mathrm{e},2)$,且这曲线上任意一点的切线的斜率等于该点横坐标的倒数,求该曲线的方程.

3. 求下列不定积分:

(1) $\int x\sqrt{x}\mathrm{d}x$;

(2) $\int(\sqrt{x}-1)^2\mathrm{d}x$;

(3) $\int\left(2\mathrm{e}^x+\frac{2}{x}\right)\mathrm{d}x$;

(4) $\int\frac{1-\mathrm{e}^{2x}}{1+\mathrm{e}^x}\mathrm{d}x$;

(5) $\int\cos^2\frac{x}{2}\mathrm{d}x$;

(6) $\int\frac{\sin 2x}{\sin x}\mathrm{d}x$;

(7) $\int 3^x\mathrm{e}^x\mathrm{d}x$;

(8) $\int\frac{1}{1+\cos 2x}\mathrm{d}x$;

(9) $\int\left(1-\frac{1}{x^2}\right)\sqrt{x\sqrt{x}}\mathrm{d}x$;

(10) $\int(\sqrt{x}+1)(x+1)\mathrm{d}x$;

(11) $\int\frac{x^2}{1+x^2}\mathrm{d}x$;

(12) $\int\left(\frac{2}{\sqrt{1-x^2}}-\frac{1}{1+x^2}\right)\mathrm{d}x$;

(13) $\int\frac{x^2+x^3\mathrm{e}^x+1}{x^3}\mathrm{d}x$;

(14) $\int\frac{x^4-1}{1-x^2}\mathrm{d}x$;

(15) $\int\frac{1}{x^2(1+x^2)}\mathrm{d}x$;

(16) $\int\frac{1+2x^2}{x^2(1+x^2)}\mathrm{d}x$;

(17) $\int\frac{2\cdot 3^x+3\cdot 2^x}{4^x}\mathrm{d}x$;

(18) $\int\cot^2 x\mathrm{d}x$;

(19) $\int\csc x(\cot x-\csc x)\mathrm{d}x$;

(20) $\int\frac{\cos 2x}{\sin^2 x\cos^2 x}\mathrm{d}x$;

(21) $\int\frac{\cos^2 x+1}{\cos 2x+1}\mathrm{d}x$.

4.2 换元积分法

利用基本积分公式与积分的性质所能计算的不定积分是十分有限的. 本节将复合函数的微分法反过来用,得到一种基本的积分方法——换元积分法.

4.2.1 第一类换元积分法

换元积分法

设所求的不定积分为 $\int g(x)\mathrm{d}x$, 它可以写成

$$\int g(x)\mathrm{d}x = \int f[\varphi(x)]\varphi'(x)\mathrm{d}x \text{ 或} \int f[\varphi(x)]\mathrm{d}\varphi(x)$$

的形式,作代换 $u=\varphi(x)$,则上面的不定积分就化为 $\int f(u)\mathrm{d}u$. 如果 $f(u)$ 的一个原函数为 $F(u)$,则

$$\int f[\varphi(x)]\varphi'(x)\mathrm{d}x = \int f(u)\mathrm{d}u = F(u) + C.$$

于是

$$\int g(x)\mathrm{d}x = \int f[\varphi(x)]\varphi'(x)\mathrm{d}x = F[\varphi(x)] + C \tag{1}$$

利用复合函数的求导公式,容易验证公式(1)的正确性. 事实上,由

$$\frac{\mathrm{d}F[\varphi(x)]}{\mathrm{d}x} = \frac{\mathrm{d}F}{\mathrm{d}u}\cdot\frac{\mathrm{d}u}{\mathrm{d}x} = f(u)\cdot\varphi'(x) = f[\varphi(x)]\varphi'(x) = g(x)$$

可知式(1)成立. 利用公式(1)计算不定积分的方法称为**第一类换元积分法**, 习惯上也称为**凑微分法**.

例1 求 $\int \cos 3x\mathrm{d}x$.

解 设 $u=3x$,则 $\mathrm{d}x=\frac{1}{3}\mathrm{d}u$,所以

$$\int \cos 3x\mathrm{d}x = \int \cos u\cdot\frac{1}{3}\mathrm{d}u = \frac{1}{3}\int \cos u\mathrm{d}u$$
$$= \frac{1}{3}\sin u + C = \frac{1}{3}\sin 3x + C.$$

例2 求 $\int \frac{\ln x}{x}\mathrm{d}x$.

解 令 $u=\ln x$,则$\frac{1}{x}\mathrm{d}x=\mathrm{d}u$,所以

$$\int \frac{\ln x}{x}\mathrm{d}x = \int u\mathrm{d}u = \frac{1}{2}u^2 + C = \frac{1}{2}(\ln x)^2 + C.$$

比较熟练后,可不写出变量代换过程,直接凑微分进行计算.如本例求解过程可简化如下:

$$\int \frac{\ln x}{x}\mathrm{d}x = \int \ln x\mathrm{d}\ln x = \frac{1}{2}(\ln x)^2 + C.$$

例 3 求 $\int (3x-2)^5\mathrm{d}x$.

解 $\int (3x-2)^5\mathrm{d}x = \frac{1}{3}\int (3x-2)^5\mathrm{d}(3x-2)$

$$= \frac{1}{18}(3x-2)^6 + C.$$

例 4 求 $\int \frac{\mathrm{d}x}{a^2+x^2}$ $(a>0)$.

解 $\int \frac{\mathrm{d}x}{a^2+x^2} = \frac{1}{a^2}\int \frac{1}{1+\left(\frac{x}{a}\right)^2}\mathrm{d}x$

$$= \frac{1}{a}\int \frac{1}{1+\left(\frac{x}{a}\right)^2}\mathrm{d}\left(\frac{x}{a}\right) = \frac{1}{a}\arctan\frac{x}{a} + C.$$

例 5 求 $\int \frac{1}{\sqrt{a^2-x^2}}\mathrm{d}x$ $(a>0)$.

解 $\int \frac{1}{\sqrt{a^2-x^2}}\mathrm{d}x = \int \frac{\mathrm{d}x}{a\sqrt{1-\left(\frac{x}{a}\right)^2}}$

$$= \int \frac{1}{\sqrt{1-\left(\frac{x}{a}\right)^2}}\mathrm{d}\left(\frac{x}{a}\right) = \arcsin\frac{x}{a} + C.$$

例 6 求 $\int \tan x\mathrm{d}x$.

解 $\int \tan x\mathrm{d}x = \int \frac{\sin x}{\cos x}\mathrm{d}x$

$$= -\int \frac{1}{\cos x}\mathrm{d}\cos x = -\ln|\cos x| + C.$$

类似可求得

$$\int \cot x\mathrm{d}x = \ln|\sin x| + C.$$

例 7 求 $\int \sin^2 x\mathrm{d}x$.

解 $\int \sin^2 x\mathrm{d}x = \int \frac{1-\cos 2x}{2}\mathrm{d}x$

$$= \frac{1}{2}\int dx - \frac{1}{4}\int \cos 2x d(2x) = \frac{1}{2}x - \frac{1}{4}\sin 2x + C.$$

例8 求 $\int \sin^3 x dx$.

解 $\int \sin^3 x dx = \int \sin^2 x \cdot \sin x dx$

$$= \int (\cos^2 x - 1) d \cos x = \frac{1}{3}\cos^3 x - \cos x + C.$$

例9 求 $\int \frac{dx}{a^2 - x^2} \quad (a > 0)$.

解 因为

$$\frac{1}{a^2 - x^2} = \frac{1}{2a}\left(\frac{1}{a+x} + \frac{1}{a-x}\right),$$

所以

$$\int \frac{dx}{a^2 - x^2} = \frac{1}{2a}\int\left(\frac{1}{a+x} + \frac{1}{a-x}\right)dx = \frac{1}{2a}\left(\int \frac{dx}{a+x} + \int \frac{dx}{a-x}\right)$$

$$= \frac{1}{2a}\left[\int \frac{1}{a+x} d(a+x) - \int \frac{1}{a-x} d(a-x)\right]$$

$$= \frac{1}{2a}(\ln|a+x| - \ln|a-x|) + C$$

$$= \frac{1}{2a}\ln\left|\frac{a+x}{a-x}\right| + C.$$

例10 求 $\int \sec x dx$.

解 $\int \sec x dx = \int \frac{1}{\cos x} dx$

$$= \int \frac{\cos x}{\cos^2 x} dx = \int \frac{d \sin x}{1 - \sin^2 x}$$

$$= \frac{1}{2}\ln\left|\frac{1 + \sin x}{1 - \sin x}\right| + C = \frac{1}{2}\ln\left|\frac{(1 + \sin x)^2}{1 - \sin^2 x}\right| + C$$

$$= \frac{1}{2}\ln\left|\frac{(1 + \sin x)^2}{\cos^2 x}\right| + C = \ln\left|\frac{1 + \sin x}{\cos x}\right| + C$$

$$= \ln|\sec x + \tan x| + C.$$

类似可求得 $$\int \csc x dx = \ln|\csc x - \cot x| + C.$$

从以上例子可看出,积分运算与微分运算相比具有更大的灵活性.一般地,如果所遇到的不定积分能化为下列形式之一时,可考虑用换元积分法进行计算.

(1) $\int f(ax+b) dx = \frac{1}{a}\int f(ax+b) d(ax+b) \quad (a \neq 0)$;

(2) $\int x f(ax^2+b)\,\mathrm{d}x = \dfrac{1}{2a}\int f(ax^2+b)\,\mathrm{d}(ax^2+b) \quad (a \neq 0)$;

(3) $\int \dfrac{1}{\sqrt{x}} f(\sqrt{x})\,\mathrm{d}x = 2\int f(\sqrt{x})\,\mathrm{d}(\sqrt{x})$;

(4) $\int \dfrac{1}{x} f(\ln x)\,\mathrm{d}x = \int f(\ln x)\,\mathrm{d}\ln x$;

(5) $\int \mathrm{e}^x f(\mathrm{e}^x)\,\mathrm{d}x = \int f(\mathrm{e}^x)\,\mathrm{d}\mathrm{e}^x$;

(6) $\int \cos x f(\sin x)\,\mathrm{d}x = \int f(\sin x)\,\mathrm{d}\sin x$;

(7) $\int \sin x f(\cos x)\,\mathrm{d}x = -\int f(\cos x)\,\mathrm{d}\cos x$;

(8) $\int \dfrac{1}{\sqrt{1-x^2}} f(\arcsin x)\,\mathrm{d}x = \int f(\arcsin x)\,\mathrm{d}\arcsin x$;

(9) $\int \dfrac{1}{1+x^2} f(\arctan x)\,\mathrm{d}x = \int f(\arctan x)\,\mathrm{d}\arctan x$.

这里只要不定积分 $\int f(u)\,\mathrm{d}u$ 容易求得,所给的不定积分也就得到了.

对于被积函数中含有根式的某些不定积分,也可以利用换元积分法进行求解,但不同的是,求解这类问题的主要原则是通过引进新变量,将被积函数中的根号去掉,即作另一种形式的变量代换 $x=\varphi(t)$.

4.2.2 第二类换元积分法

设所求的不定积分为 $\int f(x)\,\mathrm{d}x$, 适当地选择变量代换 $x=\varphi(t)$,将积分 $\int f(x)\,\mathrm{d}x$ 化为 $\int f[\varphi(t)]\varphi'(t)\,\mathrm{d}t$, 即

$$\int f(x)\,\mathrm{d}x = \int f[\varphi(t)]\varphi'(t)\,\mathrm{d}t.$$

如果 $f[\varphi(t)]\varphi'(t)$ 的一个原函数为 $\Phi(t)$,则将 $t=\varphi^{-1}(x)$ 代入,得到 $f(x)$ 的原函数 $\Phi[\varphi^{-1}(x)]$. 这种换元法一般可写为:

$$\int f(x)\,\mathrm{d}x = \int f[\varphi(t)]\varphi'(t)\,\mathrm{d}t = \Phi(t) + C = \Phi[\varphi^{-1}(x)] + C. \tag{2}$$

这里要求 $x=\varphi(t)$ 单调可导,且 $\varphi'(t)\neq 0$.

事实上,由复合函数的求导公式,有

$$\frac{\mathrm{d}\Phi[\varphi^{-1}(x)]}{\mathrm{d}x} = \frac{\mathrm{d}\Phi(t)}{\mathrm{d}t}\cdot\frac{\mathrm{d}t}{\mathrm{d}x} = f[\varphi(t)]\varphi'(t)\cdot\frac{1}{\varphi'(t)} = f(x)$$

所以式(2)成立. 利用公式(2)计算不定积分的方法称为**第二类换元积分法**.

如果被积函数中含有 x 的二次根式,可以考虑利用三角恒等关系,通过三角代换来去掉根式.

例 11 求 $\int \sqrt{a^2 - x^2}\,\mathrm{d}x (a > 0)$.

解 为了去掉被积函数中的根号,考虑 $\sin^2 x + \cos^2 x = 1$.

设 $x = a\sin t, \left(-\frac{\pi}{2} \leqslant t \leqslant \frac{\pi}{2}\right)$,则

$$\sqrt{a^2 - x^2} = a\sqrt{1 - \sin^2 t} = a\cos t, \mathrm{d}x = a\cos t\mathrm{d}t,$$

所以

$$\begin{aligned}\int \sqrt{a^2 - x^2}\,\mathrm{d}x &= a^2\int \cos^2 t\,\mathrm{d}t \\ &= \frac{a^2}{2}\int (1 + \cos 2t)\mathrm{d}t = \frac{a^2}{2}\left(t + \frac{1}{2}\sin 2t\right) + C \\ &= \frac{a^2}{2}(t + \sin t\cos t) + C.\end{aligned}$$

由于 $\sin t = \frac{x}{a}$,所以 $\cos t = \frac{\sqrt{a^2 - x^2}}{a}, t = \arcsin\frac{x}{a}$,因此有

$$\begin{aligned}\int \sqrt{a^2 - x^2}\,\mathrm{d}x &= \frac{a^2}{2}\left(\arcsin\frac{x}{a} + \frac{x}{a}\cdot\frac{\sqrt{a^2 - x^2}}{a}\right) + C \\ &= \frac{a^2}{2}\arcsin\frac{x}{a} + \frac{1}{2}x\sqrt{a^2 - x^2} + C.\end{aligned}$$

例 12 求 $\int \frac{\mathrm{d}x}{\sqrt{x^2 + a^2}} (a > 0)$.

解 利用公式:$1 + \tan^2 t = \sec^2 t$ 化去根号.

设 $x = a\tan t\left(-\frac{\pi}{2} < t < \frac{\pi}{2}\right)$,那么 $\sqrt{x^2 + a^2} = \sqrt{a^2 + a^2\tan^2 t} = a\sqrt{1 + \tan^2 t} = a\sec t, \mathrm{d}x = a\sec^2 t\mathrm{d}t$,于是

$$\int \frac{\mathrm{d}x}{\sqrt{x^2 + a^2}} = \int \frac{a\sec^2 t}{a\sec t}\mathrm{d}t = \int \sec t\mathrm{d}t.$$

利用例 10 的结果得

$$\begin{aligned}\int \frac{\mathrm{d}x}{\sqrt{x^2 + a^2}} &= \ln|\sec t + \tan t| + C \\ &= \ln\left|\frac{\sqrt{x^2 + a^2}}{a} + \frac{x}{a}\right| + C = \ln(x + \sqrt{x^2 + a^2}) + C_1,\end{aligned}$$

其中 $C_1 = C - \ln a$.

例 13 求 $\int \frac{\mathrm{d}x}{\sqrt{x^2-a^2}}(a>0)$.

解 利用公式 $\sec^2 t-1=\tan^2 t$ 来化去根号. 注意到被积函数的定义域是 $(a,+\infty)$ 和 $(-\infty,-a)$ 两个区间,在两个区间内分别求不定积分.

当 $x>a$ 时,设 $x=a\sec t\left(0<t<\frac{\pi}{2}\right)$,那么

$$\sqrt{x^2-a^2}=\sqrt{a^2\sec^2 t-a^2}=a\sqrt{\sec^2 t-1}=a\tan t,\mathrm{d}x=a\sec t\tan t\mathrm{d}t,$$

于是

$$\begin{aligned}\int \frac{\mathrm{d}x}{\sqrt{x^2-a^2}}&=\int \frac{a\sec t\tan t}{a\tan t}\mathrm{d}t\\&=\int \sec t\mathrm{d}t=\ln(\sec t+\tan t)+C\\&=\ln\left(\frac{x}{a}+\frac{\sqrt{x^2-a^2}}{a}\right)+C=\ln\left(x+\sqrt{x^2-a^2}\right)+C_1.\end{aligned}$$

其中 $C_1=C-\ln a$.

当 $x<-a$ 时,令 $x=-u$,那么 $u>a$,由以上结果,有

$$\begin{aligned}\int \frac{\mathrm{d}x}{\sqrt{x^2-a^2}}&=-\int \frac{\mathrm{d}u}{\sqrt{u^2-a^2}}=-\ln\left(u+\sqrt{u^2-a^2}\right)+C\\&=-\ln\left(-x+\sqrt{x^2-a^2}\right)+C=\ln\frac{-x-\sqrt{x^2-a^2}}{a^2}+C\\&=\ln\left(-x-\sqrt{x^2-a^2}\right)+C_1.\end{aligned}$$

其中 $C_1=C-2\ln a$.

将 $x>a$ 及 $x<-a$ 的结果合起来,可写作

$$\int \frac{\mathrm{d}x}{\sqrt{x^2-a^2}}=\ln\left|x+\sqrt{x^2-a^2}\right|+C.$$

从以上三个例子可以看到，如果被积函数中含有因式 $\sqrt{a^2-x^2}$,则可设 $x=a\sin t$;如果被积函数中含有因式 $\sqrt{a^2+x^2}$,则可设 $x=a\tan t$;如果被积函数中含有因式 $\sqrt{x^2-a^2}$,则可作变换 $x=a\sec t$. 具体解题时要分析被积函数的具体情况,灵活采用各种变换与方法.

例 14 求 $\int \frac{\sqrt{a^2-x^2}}{x^4}\mathrm{d}x(a>0)$.

解 可通过三角代换来计算. 这里采用倒代换,即设 $x=\frac{1}{t}$,则 $\mathrm{d}x=-\frac{1}{t^2}\mathrm{d}t$,于是

$$\int \frac{\sqrt{a^2-x^2}}{x^4}\mathrm{d}x=\int \frac{\sqrt{a^2-\frac{1}{t^2}}}{\frac{1}{t^4}}\left(-\frac{1}{t^2}\mathrm{d}t\right)=-\int (a^2t^2-1)^{\frac{1}{2}}|t|\mathrm{d}t.$$

当 $x>0$ 时,有

$$\int \frac{\sqrt{a^2-x^2}}{x^4}\,dx = -\frac{1}{2a^2}\int (a^2t^2-1)^{\frac{1}{2}}d(a^2t^2-1)$$

$$= -\frac{(a^2t^2-1)^{\frac{3}{2}}}{3a^2}+C = -\frac{(a^2-x^2)^{\frac{3}{2}}}{3a^2x^3}+C.$$

当 $x<0$ 时,有相同结果.

例 15 求 $\int \frac{dx}{x(x^8+1)}$.

解 设 $x=\frac{1}{t}$,则 $dx=-\frac{1}{t^2}dt$,于是

$$\int \frac{dx}{x(x^8+1)} = \int \frac{-\frac{1}{t^2}}{\frac{1}{t}\left(\frac{1}{t^8}+1\right)}\,dt$$

$$= -\int \frac{t^7}{1+t^8}dt = -\frac{1}{8}\int \frac{1}{1+t^8}d(1+t^8)$$

$$= -\frac{1}{8}\ln(1+t^8)+C = -\frac{1}{8}\ln\left(1+\frac{1}{x^8}\right)+C.$$

例 16 求 $\int \frac{1}{2(1+\sqrt{x})}\,dx$.

解 为了去掉被积函数中的根号,令 $\sqrt{x}=t$,即 $x=t^2$,则 $dx=2tdt$,所以

$$\int \frac{1}{2(1+\sqrt{x})}\,dx = \int \frac{2t}{2(1+t)}\,dt$$

$$= \int\left(1-\frac{1}{1+t}\right)dt = \int dt - \int \frac{dt}{1+t}$$

$$= t-\ln|1+t|+C = \sqrt{x}-\ln(1+\sqrt{x})+C.$$

例 17 求 $\int \frac{1}{x}\sqrt{\frac{1+x}{x}}\,dx$.

解 令 $\sqrt{\frac{1+x}{x}}=t$,即 $x=\frac{1}{t^2-1}$,则 $dx=-\frac{2tdt}{(t^2-1)^2}$,所以

$$\int \frac{1}{x}\sqrt{\frac{1+x}{x}}\,dx = \int (t^2-1)t\frac{-2tdt}{(t^2-1)^2} = -2\int \frac{t^2}{t^2-1}\,dt$$

$$= -2\int\left(1+\frac{1}{t^2-1}\right)dt = -2t-\ln\left|\frac{t-1}{t+1}\right|+C$$

$$= -2t+2\ln(t+1)-\ln|t^2-1|+C$$

$$= -2\sqrt{\frac{1+x}{x}} + 2\ln\left(\sqrt{\frac{1+x}{x}}+1\right) + \ln|x| + C.$$

在本节的例题中,有几个积分以后经常会遇到,可当作公式使用(其中常数$a>0$):

(1) $\int \sec x\mathrm{d}x = \ln|\sec x + \tan x| + C$;

(2) $\int \csc x\mathrm{d}x = \ln|\csc x - \cot x| + C$;

(3) $\int \frac{\mathrm{d}x}{a^2+x^2} = \frac{1}{a}\arctan\frac{x}{a} + C$;

(4) $\int \frac{\mathrm{d}x}{a^2-x^2} = \frac{1}{2a}\ln\left|\frac{x+a}{x-a}\right| + C$;

(5) $\int \frac{\mathrm{d}x}{\sqrt{a^2-x^2}} = \arcsin\frac{x}{a} + C$;

(6) $\int \frac{\mathrm{d}x}{\sqrt{x^2\pm a^2}} = \ln\left|x+\sqrt{x^2\pm a^2}\right| + C$.

习题 4.2

1. 求下列不定积分:

(1) $\int \sqrt{3x+2}\,\mathrm{d}x$;

(2) $\int x\sqrt{4-x^2}\,\mathrm{d}x$;

(3) $\int \frac{\ln^2 x}{x}\mathrm{d}x$;

(4) $\int \frac{1}{3+2x}\mathrm{d}x$;

(5) $\int \frac{\mathrm{e}^x}{\mathrm{e}^x+1}\mathrm{d}x$;

(6) $\int \frac{1}{\sqrt{x}(1+x)}\mathrm{d}x$;

(7) $\int \frac{\mathrm{d}x}{\sqrt{4-x^2}}$;

(8) $\int \frac{x^2}{x^2+3}\mathrm{d}x$;

(9) $\int \frac{1}{\mathrm{e}^x+\mathrm{e}^{-x}}\mathrm{d}x$;

(10) $\int \frac{\sin x}{4+\cos^2 x}\mathrm{d}x$;

(11) $\int x\sqrt{x+1}\,\mathrm{d}x$;

(12) $\int \frac{\sqrt{x^2-a^2}}{x}\mathrm{d}x$;

(13) $\int \frac{\sin\sqrt{x}}{\sqrt{x}}\mathrm{d}x$;

(14) $\int \frac{\mathrm{d}x}{\sin x\cos x}$;

(15) $\int \frac{\mathrm{d}x}{2x^2-1}$;

(16) $\int \cos^3 x\mathrm{d}x$;

(17) $\int \tan^3 x\sec x\mathrm{d}x$;

(18) $\int \frac{\mathrm{d}x}{(x+1)(x-2)}$;

(19) $\int \sin^2(\omega t+\varphi)\mathrm{d}t$;

(20) $\int \sin 2x\cos 3x\mathrm{d}x$;

(21) $\int \sin 5x\sin 7x\mathrm{d}x$;

(22) $\int \frac{10^{2\arccos x}}{\sqrt{1-x^2}}\mathrm{d}x$;

(23) $\int \frac{\arctan\sqrt{x}}{\sqrt{x}(1+x)}\mathrm{d}x$;

(24) $\int \frac{\mathrm{d}x}{(\arcsin x)^2\sqrt{1-x^2}}$;

(25) $\int \frac{1+\ln x}{(x\ln x)^2}\mathrm{d}x$;

(26) $\int \frac{\ln\tan x}{\cos x\sin x}\mathrm{d}x$;

(27) $\int \frac{\mathrm{d}x}{x\sqrt{x^2-1}}$;

(28) $\int \frac{\sqrt{x^2-9}}{x}\mathrm{d}x$;

(29) $\int \frac{1}{1+\sin x}\mathrm{d}x$;

(30) $\int \frac{\sin x\cos x}{1+\cos^2 x}\mathrm{d}x$;

(31) $\int \cos^5 x\mathrm{d}x$;

(32) $\int \frac{1+\sin x}{1-\sin x}\mathrm{d}x$.

2. 求下列不定积分:

(1) $\int \frac{\mathrm{d}x}{1+\sqrt{2x}}$;

(2) $\int \frac{x^2\mathrm{d}x}{\sqrt{3-x}}$;

(3) $\int \frac{\mathrm{d}x}{1+\sqrt{\mathrm{e}^x}}$;

(4) $\int \frac{x^2\mathrm{d}x}{\sqrt{a^2-x^2}}$;

(5) $\int \frac{\mathrm{d}x}{1+\sqrt{1-x^2}}$;

(6) $\int \frac{\mathrm{d}x}{x+\sqrt{1-x^2}}$;

(7) $\int \frac{x^5\mathrm{d}x}{1+\sqrt{1-x^2}}$;

(8) $\int \frac{x^2\mathrm{d}x}{\sqrt{x^2-2}}$;

(9) $\int \sqrt{\frac{a+x}{a-x}}\mathrm{d}x$;

(10) $\int \frac{\mathrm{d}x}{x^2\sqrt{x^2+1}}$;

(11) $\int \frac{\mathrm{d}x}{x^2\sqrt{x^2-9}}$;

(12) $\int \frac{x^3\mathrm{d}x}{(1+x^2)^{\frac{3}{2}}}$.

4.3 分部积分法

本节将在函数乘积的求导公式的基础上讨论求不定积分的另一种基本方法——分部积分法.

分部积分法

设函数 $u(x)$, $v(x)$ 具有连续导数,由

$$(uv)'=u'v+uv',$$

即

$$uv'=(uv)'-u'v,$$

两边积分,得

$$\int uv'\mathrm{d}x = uv - \int u'v\mathrm{d}x,$$

即

$$\int u\mathrm{d}v = uv - \int v\mathrm{d}u. \tag{1}$$

公式(1)称为**分部积分公式**. 利用这个公式,可以将较难求的 $\int u\mathrm{d}v$ 转化为较易求的 $\int v\mathrm{d}u$ 来计算.

例 1 求 $\int \ln x\mathrm{d}x$.

解 取 $u=\ln x, \mathrm{d}v=\mathrm{d}x$,则 $\mathrm{d}u=\frac{1}{x}\mathrm{d}x, v=x$,所以

$$\int \ln x\mathrm{d}x = x\ln x - \int x\frac{1}{x}\mathrm{d}x = x\ln x - x + C.$$

例 2 求 $\int x\sin x\mathrm{d}x$.

解 取 $u=x, \mathrm{d}v=\sin x\mathrm{d}x$,则 $\mathrm{d}u=\mathrm{d}x, v=-\cos x$,所以

$$\int x\sin x\mathrm{d}x = -x\cos x + \int \cos x\mathrm{d}x = -x\cos x + \sin x + C.$$

在初步掌握了分部积分法以后,解题时可不必明确地设出 u 和 $\mathrm{d}v$,而直接应用公式. 以上两例都是仅用了一次分部积分公式,在一些较复杂的积分问题中,有可能要多次应用分部积分公式.

例 3 求 $\int x^2\mathrm{e}^x\mathrm{d}x$.

解

$$\begin{aligned}\int x^2\mathrm{e}^x\mathrm{d}x &= \int x^2\mathrm{d}\mathrm{e}^x = x^2\mathrm{e}^x - \int \mathrm{e}^x\mathrm{d}(x^2)\\ &= x^2\mathrm{e}^x - 2\int x\mathrm{e}^x\mathrm{d}x = x^2\mathrm{e}^x - 2\int x\mathrm{d}\mathrm{e}^x\\ &= x^2\mathrm{e}^x - 2x\mathrm{e}^x + 2\int \mathrm{e}^x\mathrm{d}x = x^2\mathrm{e}^x - 2x\mathrm{e}^x + 2\mathrm{e}^x + C.\end{aligned}$$

例 4 求 $\int x\ln^2 x\mathrm{d}x$.

解

$$\begin{aligned}\int x\ln^2 x\mathrm{d}x &= \int \ln^2 x\mathrm{d}\left(\frac{x^2}{2}\right)\\ &= \frac{1}{2}x^2\ln^2 x - \int \frac{x^2}{2}\mathrm{d}(\ln^2 x)\\ &= \frac{1}{2}x^2\ln^2 x - \int x\ln x\mathrm{d}x\end{aligned}$$

$$= \frac{1}{2}x^2\ln^2 x - \int \ln x \mathrm{d}\left(\frac{x^2}{2}\right)$$

$$= \frac{1}{2}x^2\ln^2 x - \frac{1}{2}x^2\ln x + \int \frac{1}{2}x\mathrm{d}x$$

$$= \frac{1}{2}x^2\ln^2 x - \frac{1}{2}x^2\ln x + \frac{1}{4}x^2 + C.$$

利用分部积分公式求不定积分的关键是如何适当地选择分部积分公式中的函数 $u(x)$ 和 $v(x)$. 下面列出利用分部积分法的几种常见积分形式以及 u, $\mathrm{d}v$ 的选择方法:

(1) $\int x^m \ln x\mathrm{d}x$, $\int x^m \arcsin x\mathrm{d}x$, $\int x^m \arctan x\mathrm{d}x$ 等形式(m 为自然数),一般设 $\mathrm{d}v = x^m\mathrm{d}x$,而被积表达式的其余部分设为 $u(x)$;

(2) $\int x^n \sin x\mathrm{d}x$, $\int x^n \cos x\mathrm{d}x$, $\int x^n \mathrm{e}^x\mathrm{d}x$ 等形式(n 为正整数),一般设 $u(x) = x^n$,被积表达式的其余部分设为 $\mathrm{d}v$.

除了上面两种类型,在利用分部积分法求不定积分的过程中,以下两种情形也是经常出现的.

例 5 求 $\int \mathrm{e}^x \sin x\mathrm{d}x$.

解
$$\int \mathrm{e}^x \sin x\mathrm{d}x = \int \sin x\mathrm{d}\mathrm{e}^x$$

$$= \mathrm{e}^x\sin x - \int \mathrm{e}^x\cos x\mathrm{d}x$$

$$= \mathrm{e}^x\sin x - \int \cos x\mathrm{d}\mathrm{e}^x$$

$$= \mathrm{e}^x\sin x - \mathrm{e}^x\cos x - \int \mathrm{e}^x\sin x\mathrm{d}x$$

上式右端第三项恰是所求的积分,移项得

$$2\int \mathrm{e}^x\sin x\mathrm{d}x = \mathrm{e}^x(\sin x - \cos x) + C_1,$$

所以

$$\int \mathrm{e}^x\sin x\mathrm{d}x = \frac{1}{2}\mathrm{e}^x(\sin x - \cos x) + C.$$

例 6 求 $\int \sqrt{x^2 + a^2}\,\mathrm{d}x$.

解
$$\int \sqrt{x^2 + a^2}\,\mathrm{d}x = x\sqrt{x^2 + a^2} - \int x\mathrm{d}\sqrt{x^2 + a^2}$$

$$= x\sqrt{x^2 + a^2} - \int x\frac{2x}{2\sqrt{x^2 + a^2}}\mathrm{d}x$$

$$= x\sqrt{x^2 + a^2} - \int \frac{x^2 + a^2 - a^2}{\sqrt{x^2 + a^2}}\mathrm{d}x$$

$$= x\sqrt{x^2+a^2} - \int \sqrt{x^2+a^2}\,\mathrm{d}x + a^2\int \frac{\mathrm{d}x}{\sqrt{x^2+a^2}}$$

$$= x\sqrt{x^2+a^2} - \int \sqrt{x^2+a^2}\,\mathrm{d}x + a^2\ln|x+\sqrt{x^2+a^2}|.$$

移项得

$$\int \sqrt{x^2+a^2}\,\mathrm{d}x = \frac{x}{2}\sqrt{x^2+a^2} + \frac{a^2}{2}\ln|x+\sqrt{x^2+a^2}| + C.$$

例 7 求 $\int \arctan\sqrt{x}\,\mathrm{d}x$.

解 为了去掉根号,先用换元法. 设 $t=\sqrt{x}$,则 $x=t^2$, $\mathrm{d}x=2t\mathrm{d}t$,所以

$$\begin{aligned}\int \arctan\sqrt{x}\,\mathrm{d}x &= 2\int t\arctan t\mathrm{d}t = \int \arctan t\mathrm{d}(t^2)\\ &= t^2\arctan t - \int \frac{t^2}{1+t^2}\mathrm{d}t\\ &= t^2\arctan t - \int\left(1-\frac{1}{1+t^2}\right)\mathrm{d}t\\ &= t^2\arctan t - t + \arctan t + C\\ &= x\arctan\sqrt{x} - \sqrt{x} + \arctan\sqrt{x} + C.\end{aligned}$$

习题 4.3

1. 求下列不定积分:

(1) $\int x\cos x\mathrm{d}x$;　　(2) $\int x\ln x\mathrm{d}x$;

(3) $\int \ln(1+x^2)\mathrm{d}x$;　　(4) $\int x^2\mathrm{e}^{-x}\mathrm{d}x$;

(5) $\int x\arctan x\mathrm{d}x$;　　(6) $\int \cos\sqrt{x}\,\mathrm{d}x$;

(7) $\int \mathrm{e}^{\sqrt{x}}\mathrm{d}x$;　　(8) $\int \mathrm{e}^{-x}\cos x\mathrm{d}x$;

(9) $\int \ln^2 x\mathrm{d}x$;　　(10) $\int x^2\cos^2\frac{x}{2}\mathrm{d}x$;

(11) $\int \cos(\ln x)\mathrm{d}x$;　　(12) $\int (\arcsin x)^2\mathrm{d}x$.

2. 如果函数 $f(x)$ 的一个原函数是 $\frac{\sin x}{x}$,试求 $\int xf'(x)\mathrm{d}x$.

4.4 有理函数的积分

4.4.1 有理函数的积分

设 $P_n(x)$ 和 $Q_m(x)$ 分别是 n 次和 m 次多项式，则称 $R(x)=\dfrac{P_n(x)}{Q_m(x)}$ 为**有理函数**或**有理分式**. 当 $n<m$ 时，称这有理函数为**真分式**；而当 $n\geqslant m$ 时，称这有理函数为**假分式**.

利用多项式的除法，总可以将一个假分式化为一个多项式与一个真分式之和. 例如

$$\frac{x^5+1}{x^3+x+1}=x^2-1-\frac{x^2-x-2}{x^3+x+1}$$

多项式的不定积分容易计算，因此只需讨论有理真分式的不定积分问题.

对于真分式，可以将其分解为最简分式之和. 所谓**最简分式**是指形如

$$\frac{A}{(x-a)^k},\frac{Bx+C}{(x^2+px+q)^l}(p^2-4q<0)$$

的分式，其中 k,l 为正整数.

分式 $\dfrac{A}{(x-a)^k}$ 的不定积分容易计算，下面举例说明 $\displaystyle\int\frac{Bx+C}{x^2+px+q}\mathrm{d}x(p^2-4q<0)$ 的计算方法.

例1 求 $\displaystyle\int\frac{1}{x^2+2x+3}\,\mathrm{d}x$.

解
$$\begin{aligned}\int\frac{1}{x^2+2x+3}\,\mathrm{d}x&=\int\frac{1}{(x+1)^2+2}\,\mathrm{d}x\\&=\int\frac{1}{(x+1)^2+(\sqrt{2})^2}\,\mathrm{d}(x+1)=\frac{1}{\sqrt{2}}\arctan\frac{x+1}{\sqrt{2}}+C.\end{aligned}$$

例2 求 $\displaystyle\int\frac{x}{x^2+x+1}\,\mathrm{d}x$.

解 将分子一部分凑成分母的导数.

$$\begin{aligned}\int\frac{x}{x^2+x+1}\,\mathrm{d}x&=\int\frac{\frac{1}{2}(2x+1)-\frac{1}{2}}{x^2+x+1}\,\mathrm{d}x\\&=\frac{1}{2}\int\frac{\mathrm{d}(x^2+x+1)}{x^2+x+1}-\frac{1}{2}\int\frac{\mathrm{d}\left(x+\frac{1}{2}\right)}{\left(x+\frac{1}{2}\right)^2+\left(\frac{\sqrt{3}}{2}\right)^2}\end{aligned}$$

$$= \frac{1}{2}\ln|x^2 + x + 1| - \frac{1}{2} \cdot \frac{2}{\sqrt{3}} \arctan \frac{2\left(x + \frac{1}{2}\right)}{\sqrt{3}} + C$$

$$= \frac{1}{2}\ln|x^2 + x + 1| - \frac{1}{\sqrt{3}} \arctan \frac{2x + 1}{\sqrt{3}} + C.$$

如何将真分式分解为最简分式？有下述结论：

设 $\frac{P(x)}{Q(x)}$ 为真分式,如果分母可分解为

$$Q(x) = (x-a)^k Q_1(x),$$

其中 $Q_1(x)$ 不含因式 $(x-a)$,则 $\frac{P(x)}{Q(x)}$ 的分解式中应包含

$$\frac{A_1}{x-a} + \frac{A_2}{(x-a)^2} + \cdots + \frac{A_k}{(x-a)^k}.$$

其中 $A_1, A_2, \cdots, A_k$ 为待定系数. 如果分母可分解为

$$Q(x) = (x+px+q)^l Q_2(x)(p^2 - 4q < 0),$$

其中 $Q_2(x)$ 不含因式 (x^2+px+q),则 $\frac{P(x)}{Q(x)}$ 的分解式中应包含

$$\frac{B_1 x + C_1}{x^2+px+q} + \frac{B_2 x + C_2}{(x^2+px+q)^2} + \cdots + \frac{B_l x + C_l}{(x^2+px+q)^l}.$$

其中 $B_1, B_2, \cdots, B_l, C_1, C_2, \cdots, C_l$ 为待定系数.

例 3 求 $\int \frac{x+5}{2x^2 - x - 1} \mathrm{d}x$.

解 因为

$$2x^2 - x - 1 = (2x+1)(x-1),$$

故可设

$$\frac{x+5}{2x^2 - x - 1} = \frac{A}{2x+1} + \frac{B}{x-1},$$

其中 A, B 是待定的常数. 两端去分母后,得

$$x + 5 = A(x-1) + B(2x+1),$$

即

$$x + 5 = (A + 2B)x + B - A.$$

比较上式两端 x 的系数及常数项,得方程组：

$$\begin{cases} A + 2B = 1 \\ B - A = 5 \end{cases}$$

解得 $A = -3, B = 2$,因此

$$\frac{x+5}{(2x+1)(x-1)} = \frac{-3}{2x+1} + \frac{2}{x-1},$$

$$\int \frac{x+5}{2x^2-x-1}\,dx = -3\int \frac{dx}{2x+1} + 2\int \frac{dx}{x-1}$$

$$= -\frac{3}{2}\ln|2x+1| + 2\ln|x-1| + C.$$

例中也可通过赋予 x 的特殊值求得 A,B:令 $x=-\frac{1}{2}$,得 $A=-3$;令 $x=1$,得 $B=2$.

例4 求 $\int \frac{x\,dx}{x^3-x^2+x-1}$.

解 分母可分解为

$$x^3-x^2+x-1=(x-1)(x^2+1),$$

故可设

$$\frac{x}{(x-1)(x^2+1)}=\frac{A}{x-1}+\frac{Bx+C}{x^2+1}.$$

两端去分母后,得

$$x=A(x^2+1)+(Bx+C)(x-1),$$

即

$$x=(A+B)x^2+(C-B)x+(A-C).$$

故

$$\begin{cases} A+B=0 \\ C-B=1 \\ A-C=0 \end{cases}$$

解得 $A=\frac{1}{2}$,$B=-\frac{1}{2}$,$C=\frac{1}{2}$,因此

$$\int \frac{x\,dx}{x^3-x^2+x-1} = \frac{1}{2}\int \frac{dx}{x-1} - \frac{1}{2}\int \frac{x-1}{x^2+1}\,dx$$

$$= \frac{1}{2}\ln|x-1| - \frac{1}{4}\int \frac{d(x^2+1)}{x^2+1} + \frac{1}{2}\int \frac{1}{x^2+1}\,dx$$

$$= \frac{1}{2}\ln|x-1| - \frac{1}{4}\ln(1+x^2) + \frac{1}{2}\arctan x + C.$$

例5 求 $\int \frac{x^2+2x+10}{(x^2+2)(x+1)^2}\,dx$.

解 设

$$\frac{x^2+2x+10}{(x^2+2)(x+1)^2}=\frac{A}{x+1}+\frac{B}{(x+1)^2}+\frac{Cx+D}{x^2+2},$$

两端去分母后,得

$$x^2+2x+10=(A+C)x^3+(A+B+C+2D)x^2+(2A+C+2D)x+2A+2B+D.$$

故

$$\begin{cases}A+C=0\\A+B+2C+D=1\\2A+C+2D=2\\2A+2B+D=10\end{cases}$$

解得 $A=2,B=3,C=-2,D=0$,所以

$$\begin{aligned}\int\frac{x^2+2x+10}{(x^2+2)(x+1)^2}\mathrm{d}x&=\int\frac{2}{x+1}\mathrm{d}x+\int\frac{3}{(x+1)^2}\mathrm{d}x-\int\frac{2x}{x^2+2}\mathrm{d}x\\&=2\ln|x+1|-\frac{3}{x+1}-\int\frac{\mathrm{d}(x^2+2)}{x^2+2}\\&=2\ln|x+1|-\frac{3}{x+1}-\ln(x^2+2)+C.\end{aligned}$$

可化为有理函数的积分举例

4.4.2 三角函数有理式的积分

三角函数有理式是由三角函数和常数经过有限次四则运算构成的函数,例如

$$\frac{1}{3+4\cos x},\frac{1+\sin x}{(1+\cos x)\sin x},$$

其积分通常记为 $\int R(\sin x,\cos x)\mathrm{d}x$.

对积分 $\int R(\sin x,\cos x)\mathrm{d}x$, 可通过变换 $\tan\frac{x}{2}=u$ 化为关于 u 的有理函数的积分. 因为

$$\sin x=2\sin\frac{x}{2}\cos\frac{x}{2}=\frac{2\tan\frac{x}{2}}{\sec^2\frac{x}{2}}=\frac{2u}{1+u^2},$$

$$\cos x=\cos^2\frac{x}{2}-\sin^2\frac{x}{2}=\cos^2\frac{x}{2}\left(1-\tan^2\frac{x}{2}\right)=\frac{1-u^2}{1+u^2}.$$

又 $x=2\arctan u,\mathrm{d}x=\frac{2}{1+u^2}\mathrm{d}u$,所以

$$\int R(\sin x,\cos x)\mathrm{d}x=\int R\left(\frac{2u}{1+u^2},\frac{1-u^2}{1+u^2}\right)\frac{2}{1+u^2}\mathrm{d}u.$$

这是关于 u 的有理函数的积分.

例6 求 $\int\frac{\mathrm{d}x}{3+5\cos x}$.

解 令 $\tan\frac{x}{2}=u$,则

$$\int \frac{\mathrm{d}x}{3+5\cos x} = \int \frac{1}{3+5\times\frac{1-u^2}{1+u^2}} \frac{2}{1+u^2}\mathrm{d}u$$

$$= \int \frac{\mathrm{d}u}{4-u^2} = \frac{1}{4}\int\left(\frac{1}{u+2} - \frac{1}{u-2}\right)\mathrm{d}u$$

$$= \frac{1}{4}(\ln|u+2| - \ln|u-2|) + C$$

$$= \frac{1}{4}\ln\left|\frac{2+\tan\frac{x}{2}}{\tan\frac{x}{2}-2}\right| + C.$$

虽然变量代换 $u=\tan\frac{x}{2}$ 可将三角函数有理式的积分转化为有理函数的积分,但某些三角函数有理式的不定积分用其他方法可能更为简便.

例 7 求 $\int \frac{\sin x}{\sin x + \cos x}\mathrm{d}x$.

解 $\int \frac{\sin x}{\sin x+\cos x}\mathrm{d}x = \frac{1}{2}\int \frac{\sin x + \cos x - \cos x + \sin x}{\sin x + \cos x}\mathrm{d}x$

$$= \frac{1}{[illegible]} [illegible] - \frac{\cos x - \sin x}{\sin x + \cos x}\Big)\mathrm{d}x$$

$$[illegible] |\sin x + \cos x|) + C.$$

书刊检验
合格证

到此为止,已经讨[illegible]种基本方法及求某些类型函数不定积分的方法.什么叫作"求"一个积分[illegible]已,所谓"求"一个积分,其实是说要用初等函数将这个积分表示出来.在[illegible],不是所有的初等函数的积分都可以求出来的.例如下列不定积分

$$\int \mathrm{e}^{x^2}\mathrm{d}x, \int \frac{\sin x}{x}\mathrm{d}x, \int \frac{\mathrm{d}x}{\ln x}$$

虽然存在,但它们都是求不出来的,即不能用初等函数来表示.

习题 4.4

求下列不定积分:

1. $\int \frac{2x+3}{x^2+3x-10}\mathrm{d}x$;
2. $\int \frac{3}{x^3+1}\mathrm{d}x$;
3. $\int \frac{x^5+x^4-8}{x^3-x}\mathrm{d}x$;
4. $\int \frac{x^2+1}{(x+1)^2(x-1)}\mathrm{d}x$;

5. $\int \frac{1}{x(x^2+1)}\mathrm{d}x$;　　6. $\int \frac{1}{x^4+1}\mathrm{d}x$;

7. $\int \frac{1}{\sin^2 x+3}\mathrm{d}x$;　　8. $\int \frac{1}{3+\cos x}\mathrm{d}x$;

9. $\int \frac{1}{1+\sin x+\cos x}\mathrm{d}x$;　　10. $\int \frac{1}{2\sin x-\cos x+5}\mathrm{d}x$.

本章小结

一、基本概念

(1)原函数的定义.

(2)不定积分的定义,不定积分是求导的逆运算,最后的结果是函数 $+C$ 的表达形式.

二、不定积分的性质

(1) $\left[\int f(x)\mathrm{d}x\right]' = f(x)$ 或 $\mathrm{d}\int f(x)\mathrm{d}x = f(x)\mathrm{d}x$.

(2) $\int F'(x)\mathrm{d}x = F(x)+C$ 或 $\int \mathrm{d}F(x) = F(x)+C$.

(3) $\int [f(x)\pm\varphi(x)\pm\cdots\pm g(x)]\mathrm{d}x = \int f(x)\mathrm{d}x \pm \int \varphi(x)\mathrm{d}x \pm\cdots\pm \int g(x)\mathrm{d}x$.

(4) $\int kf(x)\mathrm{d}x = k\int f(x)\mathrm{d}x$($k$ 为常数且 $\neq 0$).

三、基本积分公式(要求熟练记忆)

(1) $\int k\mathrm{d}x = kx+C$ (k 是常数);　　(2) $\int x^\mu \mathrm{d}x = \frac{1}{\mu+1}x^{\mu+1}+C(\mu\neq -1)$;

(3) $\int \frac{1}{x}\mathrm{d}x = \ln|x|+C$;　　(4) $\int \mathrm{e}^x\mathrm{d}x = \mathrm{e}^x+C$;

(5) $\int a^x\mathrm{d}x = \frac{a^x}{\ln a}+C$;　　(6) $\int \cos x\mathrm{d}x = \sin x+C$;

(7) $\int \sin x\mathrm{d}x = -\cos x+C$;　　(8) $\int \frac{1}{\cos^2 x}\mathrm{d}x = \int \sec^2 x\mathrm{d}x = \tan x+C$;

(9) $\int \frac{1}{\sin^2 x}\mathrm{d}x = \int \csc^2 x\mathrm{d}x = -\cot x+C$;　　(10) $\int \frac{1}{1+x^2}\mathrm{d}x = \arctan x+C$;

(11) $\int \frac{1}{\sqrt{1-x^2}}\mathrm{d}x = \arcsin x+C$;　　(12) $\int \sec x\tan x\mathrm{d}x = \sec x+C$;

(13) $\int \csc x\cot x\mathrm{d}x = -\csc x+C$;　　(14) $\int \tan x\mathrm{d}x = -\ln|\cos x|+C$;

(15) $\int \cot x\mathrm{d}x = \ln|\sin x|+C$;　　(16) $\int \sec x\mathrm{d}x = \ln|\sec x+\tan x|+C$;

(17) $\int \csc x\mathrm{d}x = \ln|\csc x - \cot x| + C$;

(18) $\int \frac{1}{a^2+x^2}\mathrm{d}x = \frac{1}{a}\arctan\frac{x}{a} + C$;

(19) $\int \frac{1}{x^2-a^2}\mathrm{d}x = \frac{1}{2a}\ln\left|\frac{x-a}{x+a}\right| + C$;

(20) $\int \frac{1}{\sqrt{a^2-x^2}}\mathrm{d}x = \arcsin\frac{x}{a} + C$;

(21) $\int \frac{\mathrm{d}x}{\sqrt{x^2+a^2}} = \ln|x+\sqrt{x^2+a^2}| + C$;

(22) $\int \frac{\mathrm{d}x}{\sqrt{x^2-a^2}} = \ln|x+\sqrt{x^2-a^2}| + C$.

四、积分方法

(1)直接积分法.

(2)换元积分法.

①第一换元法(凑微分法):

$$\int f[\varphi(x)]\varphi'(x)\mathrm{d}x = \int f[\varphi(x)]\mathrm{d}\varphi(x) = \int f(u)\mathrm{d}u = F(u) + C = F[\varphi(x)] + C$$

这种先“凑”微分式,再作变量代换令 $\varphi(x)=u$,最后再回代令 $u=\varphi(x)$ 的方法,叫作第一换元法,也称凑微分法.

②第二换元法:

$$\int f(x)\mathrm{d}x = \int f[\varphi(t)]\varphi'(t)\mathrm{d}t = F(t) + C = F[\varphi^{-1}(x)] + C$$

这种先令 $x=\varphi(t)$ 作变量代换,把 t 作为新积分变量进行积分,最后再令 $t=\varphi^{-1}(x)$ 进行回代的方法,叫作第二换元法.

(3)分部积分法.

$$\int u\mathrm{d}v = uv - \int v\mathrm{d}u.$$

运用好分部积分法的关键是恰当地选择好 u 和 $\mathrm{d}v$,一般考虑如下三点:

①v 要容易求得(可用凑微分求出).

② $\int v\mathrm{d}u$ 要比 $\int u\mathrm{d}v$ 容易积出.

③u 的选择口诀:“反、对、幂、指、三”.

总习题4

总习题4答案解析

一、填空题

1. 函数 $f'(x)$ 的不定积分是________.

2. $\int x^3(1-x^4)^{15}\mathrm{d}x$ = ________.

3. 若函数 $F(x)$ 与 $G(x)$ 是同一个连续函数的原函数,则 $F(x)$ 与 $G(x)$ 之间的关系式为________.

4. 设 $f'(\ln x)=x^2(x>1)$,则 $f(x)=$________.

5. 已知 $f(x)$ 的一个原函数为 $\cos x$,$g(x)$ 的一个原函数为 x^2,则复合函数 $f[g(x)]$ 的一个原函数为________.

二、单项选择题

1. 下列等式正确的是(　　).

A. $\mathrm{d}\int f(x)\mathrm{d}x=f(x)+C$　　B. $\mathrm{d}\int f(x)\mathrm{d}x=f(x)\mathrm{d}x$

C. $\frac{\mathrm{d}}{\mathrm{d}x}\int f(x)\mathrm{d}x=f(x)+C$　　D. $\frac{\mathrm{d}}{\mathrm{d}x}\int f(x)\mathrm{d}x=f(x)\mathrm{d}x$

2. 在区间 I 上,如果 $f'(x)=g'(x)$,则一定有(　　).

A. $[\int f(x)\mathrm{d}x]'=[\int g(x)\mathrm{d}x]'$　　B. $f(x)=g(x)+C$

C. $\mathrm{d}\int f(x)\mathrm{d}x=\mathrm{d}\int g(x)\mathrm{d}x$　　D. $f(x)=g(x)$

3. $\int xf(x^2)f'(x^2)\mathrm{d}x=$(　　).

A. $\frac{1}{2}f^2(x)+C$　　B. $\frac{1}{2}f^2(x^2)+C$

C. $\frac{1}{4}f^2(x)+C$　　D. $\frac{1}{4}f^2(x^2)+C$

4. 若 $\int f(x)\mathrm{d}x=x+C$,则 $\int f(1-x)\mathrm{d}x=$(　　).

A. $1-x+C$　　B. $-x+C$　　C. $x+C$　　D. $\frac{1}{2}(1-x)^2+C$

三、解答题

求下列不定积分:

(1) $\int\cos^3x\,\mathrm{d}x$;　　(2) $\int\frac{1}{(1+\sqrt[3]{x})\sqrt{x}}\mathrm{d}x$;

(3) $\int\frac{1}{\sqrt{x(1-x)}}\mathrm{d}x$;　　(4) $\int\frac{1}{x(1+x^{10})}\mathrm{d}x$;

(5) $\int x(\mathrm{e}^x+\arctan x)\mathrm{d}x$;　　(6) $\int\frac{\arcsin x}{\sqrt{1+x}}\mathrm{d}x$;

(7) $\int\frac{1}{x^2-x-2}\mathrm{d}x$.

第4章拓展阅读

拓展阅读(1) 微积分的历史

拓展阅读(2) 不定积分中的思政元素

第 5 章　定积分及其应用

第 5 章学习导读

定积分是积分学的一个基本内容. 本章从分析和解决几个实际问题入手引入定积分的概念,然后讨论它的性质与计算方法,最后介绍定积分的简单应用.

5.1　定积分的概念与性质

5.1.1　引例

例 1　曲边梯形的面积.

由直线 $x=a,x=b,y=0$ 及连续曲线 $y=f(x)(f(x)\geqslant 0)$ 所围成的图形称为**曲边梯形**. 由于曲边梯形的面积不能用初等数学的方法计算,为了求得它的值,可以考虑下面的方法.

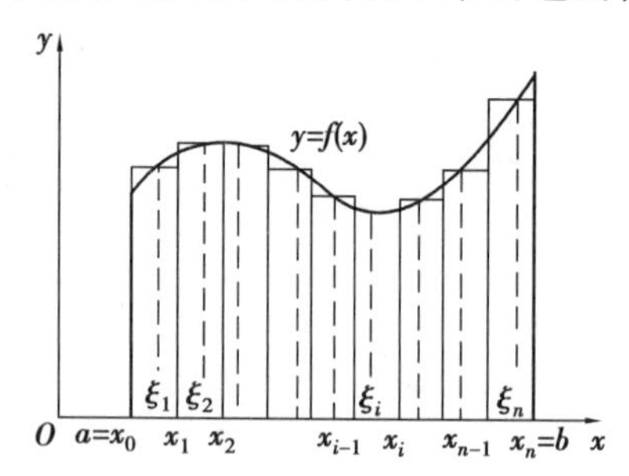

图 5.1

将区间$[a,b]$划分为若干个小区间,在每一个小区间上的曲边梯形近似地看成矩形,矩形的高取为小区间上某点的函数值,于是每个小曲边梯形的面积近似地等于该区间上的小矩形的面积,所有这些小矩形面积之和就是曲边梯形面积的近似值. 直观上,将$[a,b]$划分得越细,近似程度就越好. 若将$[a,b]$无限细分,并使每个小区间的长度趋于零,这时所有小矩形面积之和的极限就可定义为该曲边梯形的面积,如图 5.1 所示. 现将这一过程详述如下:

(1)分割. 将区间$[a,b]$分成 n 个小区间

$$[x_0,x_1],[x_1,x_2],\cdots,[x_{n-1},x_n]$$

其中 $x_0=a,x_n=b$,小区间$[x_{i-1},x_i]$的长度记为 $\Delta x_i=x_i-x_{i-1}(i=1,2,\cdots,n)$. 过各分点作 x 轴的垂线,则整个曲边梯形被分成 n 个小曲边梯形.

(2)近似. 在小区间$[x_{i-1},x_i]$上任意取一点 ξ_i,作以$[x_{i-1},x_i]$为底边、高为$f(\xi_i)$的小矩

形,其面积$f(\xi_i)\Delta x_i$可作为第i个小曲边梯形面积ΔA_i的近似值,即

$$\Delta A_i \approx f(\xi_i)\Delta x_i (i=1,2,\cdots,n).$$

(3)求和. 将n个小矩形面积的和作为曲边梯形面积A的近似值,即

$$A = \sum_{i=1}^{n} \Delta A_i \approx \sum_{i=1}^{n} f(\xi_i)\Delta x_i.$$

(4)取极限. 当$[a,b]$分割得越来越细,且$\lambda = \max\limits_{1\leqslant i\leqslant n}\{\Delta x_i\}\to 0$时,上述和式的极限就是曲边梯形的面积$A$,即

$$A = \lim_{\lambda\to 0}\sum_{i=1}^{n} f(\xi_i)\Delta x_i.$$

例2 变速直线运动的路程.

设物体作变速直线运动,速度v是时间t的函数$v(t)$,求该物体从时刻$t=a$到时刻$t=b$这段时间内所经过的路程S.

由于是变速运动,物体运动的路程不能像匀速运动那样用公式$S=vt$直接得到. 采用求曲边梯形面积的方法,求物体在时间间隔$[a,b]$内所经过的路程.

(1)分割. 将时间区间$[a,b]$分成n个小时段

$$[t_0,t_1],[t_1,t_2],\cdots,[t_{n-1},t_n].$$

其中$t_0=a,t_n=b$,小区间$[t_{i-1},t_i]$的长度记为$\Delta t_i = t_i - t_{i-1}(i=1,2,\cdots,n)$.

(2)近似. 在小时间段$[t_{i-1},t_i]$上任取一时刻ξ_i,则从t_{i-1}到t_i这一小时段内物体经过的路程ΔS_i近似地等于$v(\xi_i)\Delta t_i$,即

$$\Delta S_i \approx v(\xi_i)\Delta t_i (i=1,2,\cdots,n).$$

(3)求和. 这n段部分路程的近似值之和就是物体在时间间隔$[a,b]$内所经过的路程的近似值,即

$$S = \sum_{i=1}^{n} \Delta S_i \approx \sum_{i=1}^{n} v(\xi_i)\Delta t_i.$$

(4)取极限. 记$\lambda = \max\limits_{1\leqslant i\leqslant n}\{\Delta t_i\}$,则当$\lambda\to 0$时,上述和式的极限就是物体在时间间隔$[a,b]$内所经过的路程,即

$$S = \lim_{\lambda\to 0}\sum_{i=1}^{n} v(\xi_i)\Delta t_i.$$

以上两个问题的实际背景虽然不同,但从数学的角度来看,其解决问题的思想与方法完全一样,都归结为求一种特殊和式的极限. 这种和式的极限可以抽象为一般的数学概念——定积分.

5.1.2 定积分的概念

定积分的概念

定义1 设函数$f(x)$在区间$[a,b]$上有界. 用点

$$a=x_0<x_1<\cdots<x_{n-1}<x_n=b$$

将区间$[a,b]$任意分成n个小区间$[x_{i-1},x_i]$$(i=1,2,\cdots,n)$,记$\Delta x_i=x_i-x_{i-1}$为小区间$[x_{i-1},x_i]$的长度,在每个小区间$[x_{i-1},x_i]$上任取一点$\xi_i$,作和式

$$\sum_{i=1}^{n}f(\xi_i)\Delta x_i.$$

记$\lambda=\max\limits_{1\leqslant i\leqslant n}\{\Delta x_i\}$,如果极限$\lim\limits_{\lambda\to 0}\sum\limits_{i=1}^{n}f(\xi_i)\Delta x_i$总存在,则称此极限值为函数$f(x)$在区间$[a,b]$上的**定积分**,记为$\int_a^b f(x)\,\mathrm{d}x$,即

$$\int_a^b f(x)\,\mathrm{d}x=\lim_{\lambda\to 0}\sum_{i=1}^{n}f(\xi_i)\Delta x_i.$$

其中$f(x)$称为**被积函数**,x称为**积分变量**,a与b分别称为**积分下限**与**积分上限**,$[a,b]$称为**积分区间**.

当定积分存在时,也称函数$f(x)$在区间$[a,b]$上**可积**.

有了定积分的定义后,前面讨论的两个问题可分别叙述为:

由直线$x=a,x=b,y=0$及连续曲线$y=f(x)$$(f(x)\geqslant 0)$所围的曲边梯形的面积$A$等于函数$f(x)$在区间$[a,b]$上的定积分,即

$$A=\int_a^b f(x)\,\mathrm{d}x.$$

物体以变速$v=v(t)$作直线运动,从时刻$t=a$到时刻$t=b$这段时间内所经过的路程S等于函数$v(t)$在区间$[a,b]$上的定积分,即

$$S=\int_a^b v(t)\,\mathrm{d}t.$$

对于定积分的概念,作以下几点说明:

(1)函数$f(x)$在区间$[a,b]$上的定积分是一个极限值,因此它是一个定数.它只与被积函数$f(x)$和积分区间$[a,b]$有关,而与积分变量的字母选取无关.即

$$\int_a^b f(x)\,\mathrm{d}x=\int_a^b f(t)\,\mathrm{d}t.$$

(2)在定积分定义中,总假设$a<b$,如果$a>b$,规定

$$\int_a^b f(x)\,\mathrm{d}x=-\int_b^a f(x)\,\mathrm{d}x.$$

如果$a=b$,规定$\int_a^b f(x)\,\mathrm{d}x=0$.

(3)可以证明,如果$f(x)$在$[a,b]$上连续或只有有限个第一类间断点,则$f(x)$在$[a,b]$上可积.

下面讨论定积分的几何意义.

前面已经指出，在$[a,b]$上$f(x)\geqslant 0$时，定积分$\int_a^b f(x)\mathrm{d}x$在几何上表示由曲线$y=f(x)$，两条直线$x=a$，$x=b$与x轴所围成的曲边梯形的面积；在$[a,b]$上$f(x)\leqslant 0$时，由曲线$y=f(x)$，两条直线$x=a$，$x=b$与x轴所围成的曲边梯形位于x轴的下方，定积分$\int_a^b f(x)\mathrm{d}x$在几何上表示上述曲边梯形面积的负值；当$f(x)$在$[a,b]$上有正有负时，函数$f(x)$的图形某些部分在x轴上方，而其他部分在x轴下方，此时，定积分$\int_a^b f(x)\mathrm{d}x$表示这些面积的代数和，如图5.2所示.

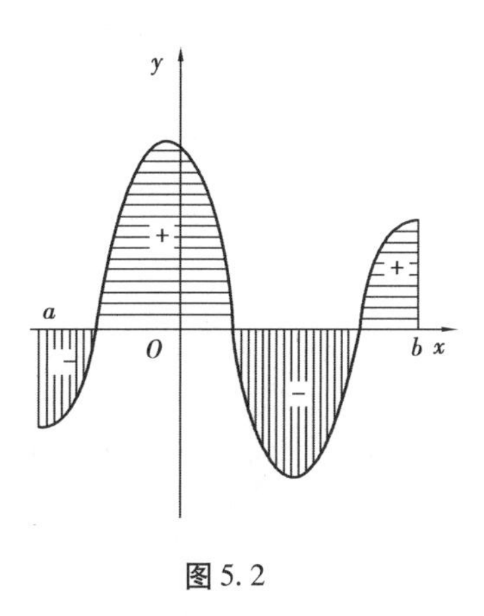

图5.2

例3 利用定义计算定积分$\int_0^1 x^2\mathrm{d}x$.

解 被积函数$f(x)=x^2$在积分区间$[0,1]$上连续，所以可积. 因为积分与区间$[0,1]$的分割方法及点ξ_i的取法无关，为便于计算，将区间$[0,1]$分成n等份，分点取为$x_i=\frac{i}{n}(i=1,2,\cdots,n-1)$. 这样，每个小区间$[x_{i-1},x_i]$的长度$\Delta x_i=\frac{1}{n}(i=1,2,\cdots,n)$，取$\xi_i=x_i(i=1,2,\cdots,n)$. 故得和式

$$\begin{aligned}\sum_{i=1}^{n}f(\xi_i)\Delta x_i &= \sum_{i=1}^{n}\xi_i^2\Delta x_i = \sum_{i=1}^{n}x_i^2\Delta x_i\\ &= \sum_{i=1}^{n}\left(\frac{i}{n}\right)^2\frac{1}{n} = \frac{1}{n^3}\sum_{i=1}^{n}i^2\\ &= \frac{1}{n^3}\cdot\frac{1}{6}n(n+1)(2n+1) = \frac{1}{6}\left(1+\frac{1}{n}\right)\left(2+\frac{1}{n}\right).\end{aligned}$$

令$\lambda\to 0$即$n\to\infty$，取极限得所要计算的积分

$$\int_0^1 x^2\mathrm{d}x = \lim_{\lambda\to 0}\sum_{i=1}^{n}\xi_i^2\Delta x_i = \lim_{n\to\infty}\frac{1}{6}\left(1+\frac{1}{n}\right)\left(2+\frac{1}{n}\right) = \frac{1}{3}.$$

5.1.3 函数的平均值

设有n个数值$y_1,y_2,\cdots,y_n$，则

$$\bar{y}=\frac{y_1+y_2+\cdots+y_n}{n}$$

为这n个数值的算术平均值. 在实际问题中，经常需要考虑一个连续函数$f(x)$在区间$[a,b]$上的平均值. 例如，求平均速度、平均功率、在一昼夜间的平均温度等. 下面就来讨论如何计算连续函数$f(x)$在区间$[a,b]$上的平均值.

将区间$[a,b]$分成n等份，设分点为

$$a=x_0<x_1<x_2<\cdots<x_n=b,$$

每个小区间的长度为$\Delta x=\dfrac{b-a}{n}$. 设在这些分点处$f(x)$的函数值依次为$y_0,y_1,y_2,\cdots,y_n$. 可以用$y_0,y_1,y_2,\cdots,y_{n-1}$的平均值

$$\frac{y_0+y_1+y_2+\cdots+y_{n-1}}{n}$$

来近似表达函数$f(x)$在区间$[a,b]$上的平均值. 显然，n越大近似程度越好，因此称极限

$$\bar{y}=\lim_{n\to\infty}\frac{y_0+y_1+y_2+\cdots+y_{n-1}}{n}$$

为函数$f(x)$在区间$[a,b]$上的**平均值**. 而

$$\begin{aligned}\lim_{n\to\infty}\frac{y_0+y_1+y_2+\cdots+y_{n-1}}{n}&=\lim_{n\to\infty}\frac{y_0+y_1+y_2+\cdots+y_{n-1}}{b-a}\cdot\frac{b-a}{n}\\&=\lim_{n\to\infty}\frac{y_0+y_1+y_2+\cdots+y_{n-1}}{b-a}\Delta x=\frac{1}{b-a}\lim_{\Delta x\to 0}\sum_{i=1}^{n}y_{i-1}\Delta x\\&=\frac{1}{b-a}\lim_{\Delta x\to 0}\sum_{i=1}^{n}f(x_{i-1})\Delta x.\end{aligned}$$

所以，函数$f(x)$在区间$[a,b]$上的平均值

$$\bar{y}=\frac{1}{b-a}\int_a^b f(x)\,\mathrm{d}x.$$

5.1.4 定积分的性质

设下面性质中各函数在所讨论的区间上均可积.

性质1 被积函数的常数因子可以提到积分号前面，即

$$\int_a^b kf(x)\,\mathrm{d}x=k\int_a^b f(x)\,\mathrm{d}x\,(k\text{ 为常数}).$$

性质2 两个函数的代数和的定积分等于这两个函数的定积分的代数和，即

$$\int_a^b[f(x)\pm g(x)]\,\mathrm{d}x=\int_a^b f(x)\,\mathrm{d}x\pm\int_a^b g(x)\,\mathrm{d}x.$$

这一结论可以推广到任意有限多个函数代数和的情况.

下面仅对性质2给予证明，性质1证法类似.

证 根据定积分的定义及极限的基本性质，有

$$\begin{aligned}\int_a^b[f(x)\pm g(x)]\,\mathrm{d}x&=\lim_{\lambda\to 0}\sum_{i=1}^{n}[f(\xi_i)\pm g(\xi_i)]\Delta x_i\\&=\lim_{\lambda\to 0}\left[\sum_{i=1}^{n}f(\xi_i)\Delta x_i\pm\sum_{i=1}^{n}g(\xi_i)\Delta x_i\right]\end{aligned}$$

$$= \lim_{\lambda \to 0} \sum_{i=1}^{n} f(\xi_i) \Delta x_i \pm \lim_{\lambda \to 0} \sum_{i=1}^{n} g(\xi_i) \Delta x_i$$

$$= \int_a^b f(x)\,\mathrm{d}x \pm \int_a^b g(x)\,\mathrm{d}x.$$

性质 3 设 $a<c<b$,则

$$\int_a^b f(x)\,\mathrm{d}x = \int_a^c f(x)\,\mathrm{d}x + \int_c^b f(x)\,\mathrm{d}x.$$

由定积分的几何意义容易看出这个结论. 这个性质表明定积分对积分区间具有可加性. 进一步,不论 a,b,c 相对位置如何,总有等式

$$\int_a^b f(x)\,\mathrm{d}x = \int_a^c f(x)\,\mathrm{d}x + \int_c^b f(x)\,\mathrm{d}x.$$

性质 4 如果在区间$[a,b]$上$f(x)=1$,则

$$\int_a^b 1\mathrm{d}x = \int_a^b \mathrm{d}x = b-a.$$

性质 5 如果在区间$[a,b]$上$f(x)\geqslant 0$,则

$$\int_a^b f(x)\,\mathrm{d}x \geqslant 0.$$

推论 1 如果在区间$[a,b]$上$f(x)\leqslant g(x)$,则

$$\int_a^b f(x)\,\mathrm{d}x \leqslant \int_a^b g(x)\,\mathrm{d}x.$$

证 因为 $g(x)-f(x)\geqslant 0$,由性质 5 得

$$\int_a^b [g(x)-f(x)]\,\mathrm{d}x \geqslant 0,$$

再利用性质 2,便得要证的不等式.

推论 2 $\left|\int_a^b f(x)\,\mathrm{d}x\right| \leqslant \int_a^b |f(x)|\,\mathrm{d}x \ (a<b).$

证 因为

$$-|f(x)| \leqslant f(x) \leqslant |f(x)|,$$

所以由推论 1 可得

$$-\int_a^b |f(x)|\,\mathrm{d}x \leqslant \int_a^b f(x)\,\mathrm{d}x \leqslant \int_a^b |f(x)|\,\mathrm{d}x,$$

即

$$\left|\int_a^b f(x)\,\mathrm{d}x\right| \leqslant \int_a^b |f(x)|\,\mathrm{d}x.$$

性质 6 设 M 及 m 分别是函数 $f(x)$ 在区间$[a,b]$上的最大值及最小值,则

$$m(b-a) \leqslant \int_a^b f(x)\,\mathrm{d}x \leqslant M(b-a).$$

证 因为 $m\leqslant f(x)\leqslant M$,所以由性质 5 可得

$$\int_a^b m\mathrm{d}x \leqslant \int_a^b f(x)\,\mathrm{d}x \leqslant \int_a^b M\mathrm{d}x,$$

再由性质 1 及性质 4,即得所要证的不等式.

性质 7(积分中值定理) 如果函数 $f(x)$ 在区间 $[a,b]$ 上连续,则在 $[a,b]$ 上至少有一点 ξ,使得

$$\int_a^b f(x)\,\mathrm{d}x = f(\xi)(b-a).$$

这一性质的几何意义是:在区间 $[a,b]$ 上至少存在一点 ξ,使得以区间 $[a,b]$ 为底边,以曲线 $y=f(x)$ 为曲边的曲边梯形的面积等于某个以区间 $[a,b]$ 为底边而高为 $f(\xi)$ 的矩形的面积,如图 5.3 所示.

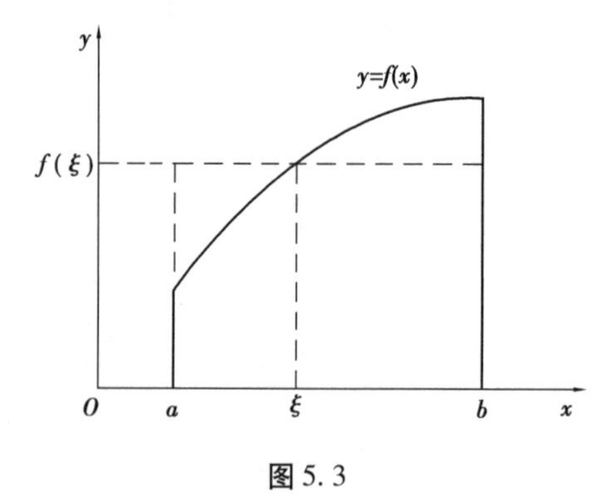

图 5.3

证 由于函数 $f(x)$ 在区间 $[a,b]$ 上连续,所以由最值定理,$f(x)$ 在区间 $[a,b]$ 上可取得最大值 M 及最小值 m. 由性质 6 有

$$m(b-a) \leqslant \int_a^b f(x)\,\mathrm{d}x \leqslant M(b-a),$$

两边同除以 $b-a$,得

$$m \leqslant \frac{1}{b-a}\int_a^b f(x)\,\mathrm{d}x \leqslant M.$$

这表明,数 $\frac{1}{b-a}\int_a^b f(x)\,\mathrm{d}x$ 介于函数 $f(x)$ 的最小值 m 及最大值 M 之间. 根据介值定理,在 $[a,b]$ 内至少存在一点 ξ,使得函数 $f(x)$ 在点 ξ 的值与这个确定的数值相等,即有

$$\frac{1}{b-a}\int_a^b f(x)\,\mathrm{d}x = f(\xi).$$

两端各乘以 $b-a$,即得所要证的等式.

例 4 试估计定积分 $\int_{\frac{1}{\sqrt{3}}}^{\sqrt{3}} x\arctan x\mathrm{d}x$ 值的范围.

解 易验证 $f(x)=x\arctan x$ 在 $\left[\frac{1}{\sqrt{3}},\sqrt{3}\right]$ 上单调增加,故其最小值为 $m=f\left(\frac{1}{\sqrt{3}}\right)=\frac{\sqrt{3}}{18}\pi$,其

最大值为 $M=f(\sqrt{3})=\frac{\sqrt{3}}{3}\pi$.

于是由

$$\frac{\sqrt{3}}{18}\pi\leqslant x\ \arctan\ x\leqslant\frac{\sqrt{3}}{3}\pi$$

得
$$\frac{\sqrt{3}}{18}\pi\left(\sqrt{3}-\frac{1}{\sqrt{3}}\right)\leqslant\int_{\frac{1}{\sqrt{3}}}^{\sqrt{3}}x\ \arctan\ x\mathrm{d}x\leqslant\frac{\sqrt{3}}{3}\pi\left(\sqrt{3}-\frac{1}{\sqrt{3}}\right),$$

即
$$\frac{1}{9}\pi\leqslant\int_{\frac{1}{\sqrt{3}}}^{\sqrt{3}}x\ \arctan\ x\mathrm{d}x\leqslant\frac{2}{3}\pi.$$

习题 5.1

1. 试用定积分表示由曲线 $y=\ln x$,直线 $x=1$,$x=2$ 及 x 轴所围成的图形面积 A.

2. 利用定积分的几何意义求定积分:

(1) $\int_0^1 2x\mathrm{d}x$;　　(2) $\int_0^a\sqrt{a^2-x^2}\mathrm{d}x\ (a>0)$.

3. 利用定积分的性质,比较下列各题中两个积分值的大小:

(1) $\int_0^1 x^2\mathrm{d}x$ 与 $\int_0^1 x^3\mathrm{d}x$;　　(2) $\int_1^2 x^2\mathrm{d}x$ 与 $\int_1^2 x^3\mathrm{d}x$;

(3) $\int_0^{\frac{\pi}{2}}\sin x\mathrm{d}x$ 与 $\int_0^{\frac{\pi}{2}}\sin^2 x\mathrm{d}x$;　　(4) $\int_3^4\ln x\mathrm{d}x$ 与 $\int_3^4\ln^2 x\mathrm{d}x$.

4. 估计下列各积分值的范围:

(1) $\int_0^1\sqrt{1+x^4}\,\mathrm{d}x$;　　(2) $\int_1^2\frac{x}{1+x^2}\mathrm{d}x$;

(3) $\int_{\frac{\pi}{4}}^{\frac{5}{4}\pi}(1+\sin^2 x)\mathrm{d}x$;　　(4) $\int_0^{-2}x\mathrm{e}^x\mathrm{d}x$.

5.2 微积分基本定理

如果从定义出发,即使被积函数比较简单,计算定积分也不是一件容易的事. 为此,对变速直线运动中的位置函数 $s(t)$ 及速度函数 $v(t)$ 之间的联系做进一步研究,来寻找解决问题的线索.

设物体沿直线运动,速度为 $v(t)$,求物体从时刻 $t=a$ 到 $t=b$ 所经过的路程 S.

由定积分的定义及 5.1 中的例 2,物体所经过的路程为

$$S=\int_a^b v(t)\mathrm{d}t.$$

另一方面,这段路程又可表示为位置函数 $S(t)$ 在区间 $[a,b]$ 上的增量

$$S=S(b)-S(a).$$

由此得到

$$\int_a^b v(t)\,\mathrm{d}t = S(b)-S(a).$$

因为 $S'(t)=v(t)$,即 $S(t)$ 是 $v(t)$ 的一个原函数,因此由上式可知,函数 $v(t)$ 在区间 $[a,b]$ 上的定积分等于它的一个原函数 $S(t)$ 在积分区间 $[a,b]$ 上的增量 $S(b)-S(a)$.

上述从变速直线运动的路程这个特殊问题中得出来的关系,在一定条件下具有普遍性.事实上将证明,如果 $f(x)$ 在 $[a,b]$ 上连续,则 $f(x)$ 在区间 $[a,b]$ 上的定积分就等于 $f(x)$ 的一个原函数 $F(x)$ 在 $[a,b]$ 上的增量 $F(b)-F(a)$.

5.2.1 积分上限函数及其导数

积分上限函数及其导数

设函数 $f(t)$ 在区间 $[a,b]$ 上可积,x 为 $[a,b]$ 上的一点,则 $f(t)$ 在区间 $[a,x]$ 上也可积.对于每一个取定的 x 值,定积分 $\int_a^x f(t)\,\mathrm{d}t$ 都有一个对应的值,这样就定义了 $[a,b]$ 上一个函数,记为

$$\Phi(x)=\int_a^x f(t)\,\mathrm{d}t, x\in[a,b].$$

它是积分上限 x 的函数,称为**积分上限函数**.

下面讨论 $\Phi(x)$ 的可导性及其与 $f(x)$ 之间的关系.

定理 1 若 $f(x)$ 在区间 $[a,b]$ 上连续,则函数

$$\Phi(x)=\int_a^x f(t)\,\mathrm{d}t$$

在 $[a,b]$ 上可导且 $\Phi'(x)=f(x)$,即 $\Phi(x)$ 是 $f(x)$ 在 $[a,b]$ 上的一个原函数.

证 只需证

$$\lim_{\Delta x\to 0}\frac{\Phi(x+\Delta x)-\Phi(x)}{\Delta x}=f(x), x\in[a,b].$$

因为当 $x+\Delta x\in[a,b]$ 时,

$$\begin{aligned}\Phi(x+\Delta x)-\Phi(x)&=\int_a^{x+\Delta x}f(t)\,\mathrm{d}t-\int_a^x f(t)\,\mathrm{d}t\\&=\int_x^{x+\Delta x}f(t)\,\mathrm{d}t=f(\xi)\Delta x.\end{aligned}$$

其中,最后一个等式是根据积分中值定理得出的,式中 ξ 在 x 与 $x+\Delta x$ 之间,如图 5.4 所示.于是得到

$$\frac{\Phi(x+\Delta x)-\Phi(x)}{\Delta x}=f(\xi).$$

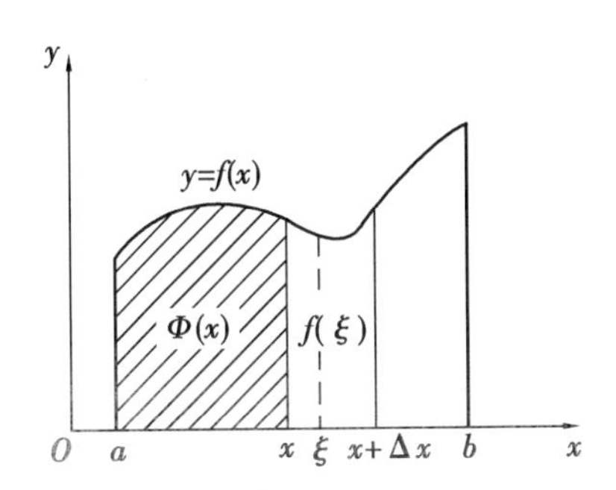

图 5.4

令 $\Delta x \to 0$，则 $x+\Delta x \to x$，从而 $\xi \to x$，由 $f(x)$ 的连续性，便得

$$\lim_{\Delta x \to 0} \frac{\Phi(x+\Delta x)-\Phi(x)}{\Delta x} = \lim_{\Delta x \to 0} f(\xi) = \lim_{\xi \to x} f(\xi) = f(x),$$

这就证明了 $\Phi(x)$ 在 $[a,b]$ 上可导且 $\Phi'(x)=f(x)$.

例 1 求 $\dfrac{\mathrm{d}}{\mathrm{d}x}\displaystyle\int_0^x \cos^2 t\mathrm{d}t$.

解 由定理 1 即得

$$\frac{\mathrm{d}}{\mathrm{d}x}\int_0^x \cos^2 t\mathrm{d}t = \cos^2 x.$$

例 2 求 $\dfrac{\mathrm{d}}{\mathrm{d}x}\displaystyle\int_{x^2}^1 (t^2+1)\mathrm{d}t$.

解 首先将变下限的积分化为变上限的积分，即

$$\int_{x^2}^1 (t^2+1)\mathrm{d}t = -\int_1^{x^2}(t^2+1)\mathrm{d}t.$$

这里 $-\displaystyle\int_1^{x^2}(t^2+1)\mathrm{d}t$ 是 x^2 的函数，因而是 x 的复合函数. 令 $x^2=u$，则

$$\varphi(u) = -\int_1^u (t^2+1)\mathrm{d}t,\ u = x^2.$$

根据复合函数的求导法则，有

$$\begin{aligned}\frac{\mathrm{d}}{\mathrm{d}x}\int_{x^2}^1 (t^2+1)\mathrm{d}t &= \frac{\mathrm{d}}{\mathrm{d}x}\left[-\int_1^{x^2}(t^2+1)\mathrm{d}t\right] = \frac{\mathrm{d}}{\mathrm{d}u}\left[-\int_1^u (t^2+1)\mathrm{d}t\right]\cdot\frac{\mathrm{d}u}{\mathrm{d}x}\\ &= \varphi'(u)\cdot 2x = -(u^2+1)\cdot 2x\\ &= -(x^4+1)\cdot 2x = -2x(x^4+1).\end{aligned}$$

例 3 求极限 $\lim\limits_{x\to 0}\dfrac{\displaystyle\int_0^x \cos^2 t\mathrm{d}t}{x}$.

解 这是一个 $\dfrac{0}{0}$ 型的未定式，利用洛必达法则来计算.

$$\lim_{x\to 0}\frac{\int_0^x \cos^2 t\mathrm{d}t}{x}=\lim_{x\to 0}\frac{\frac{\mathrm{d}}{\mathrm{d}x}\int_0^x \cos^2 t\mathrm{d}t}{1}=\lim_{x\to 0}\cos^2 x=1.$$

5.2.2 微积分基本定理

定理 2 如果函数 $F(x)$ 是连续函数 $f(x)$ 在区间 $[a,b]$ 上的一个原函数,则

$$\int_a^b f(x)\mathrm{d}x = F(b) - F(a) \tag{1}$$

证 已知 $F(x)$ 是 $f(x)$ 的一个原函数,又根据定理 1 知

$$\Phi(x) = \int_a^x f(t)\mathrm{d}t$$

也是 $f(x)$ 的一个原函数. 这两个原函数之间至多相差一个常数 C,因此有

$$F(x) = \Phi(x) + C,\text{即 } F(x) = \int_a^x f(t)\mathrm{d}t + C.$$

令 $x=a$,由 $\int_a^a f(t)\mathrm{d}t = 0$,有

$$F(a) = \int_a^a f(t)\mathrm{d}t + C = C,$$

从而

$$F(x) = \int_a^x f(t)\mathrm{d}t + F(a).$$

特别当 $x=b$ 时,得到

$$F(b) = \int_a^b f(t)\mathrm{d}t + F(a),$$

即

$$\int_a^b f(t)\mathrm{d}t = F(b) - F(a).$$

由于习惯上积分变量用 x 表示,因此上式可写为

$$\int_a^b f(x)\mathrm{d}x = F(b) - F(a).$$

定理 2 通常称为**微积分基本定理**,公式(1)又称为**牛顿-莱布尼兹公式**. 这一定理揭示了定积分与不定积分的联系,而牛顿-莱布尼兹公式则为定积分的计算提供了有效的计算方法.

为方便起见,常将 $F(b)-F(a)$ 记为 $F(x)\big|_a^b$ 或 $[F(x)]_a^b$.

例 4 计算 $\int_0^1 x^2\mathrm{d}x$.

解

$$\int_0^1 x^2\mathrm{d}x = \frac{1}{3}x^3\Big|_0^1 = \frac{1}{3}.$$

例 5 计算 $\int_1^2 (2x-5)\mathrm{d}x$.

解

$$\begin{aligned}\int_1^2 (2x-5)\,dx &= \left[x^2-5x\right]_1^2 \\ &= 2^2-10-(1^2-5)=-2.\end{aligned}$$

例6 计算 $\int_{-1}^{3}|x-2|\,dx$.

解 先将被积函数中的绝对值符号去掉,因为

$$|x-2|=\begin{cases}x-2, & x>2\\ 2-x, & x\leqslant 2\end{cases}$$

所以

$$\begin{aligned}\int_{-1}^{3}|x-2|\,dx &= \int_{-1}^{2}(2-x)\,dx+\int_{2}^{3}(x-2)\,dx \\ &= \left[2x-\frac{1}{2}x^2\right]_{-1}^{2}+\left[\frac{1}{2}x^2-2x\right]_{2}^{3}=\frac{9}{2}+\frac{1}{2}=5.\end{aligned}$$

由例6可以看出,当被积函数有绝对值符号时,应利用定积分的区间可加性将积分区间分为若干子区间,然后分别在各子区间求定积分,从而求得原定积分的值.

习题5.2

1. 计算下列定积分:

(1) $\int_1^2 (x^2+x-2)\,dx$;　　(2) $\int_0^1 (2^x+x^2)\,dx$;

(3) $\int_{-1}^{2}|x|\,dx$;　　(4) $\int_0^{\pi}\sqrt{\sin x-\sin^3 x}\,dx$;

(5) $\int_0^1 \frac{dx}{\sqrt{4-x^2}}$;　　(6) $\int_0^{\frac{\pi}{4}}\tan^2\theta\,d\theta$;

(7) $\int_0^{\pi}(1-\sin^2\theta)\,d\theta$;　　(8) $\int_0^2 f(x)\,dx$,其中 $f(x)=\begin{cases}x+1, & x\leqslant 1\\ \frac{1}{2}x^2, & x>1\end{cases}$.

2. 求下列各式对 x 的导数:

(1) $\int_1^x \frac{\sin t}{t}\,dt$;　　(2) $\int_0^{x^2}\sqrt{1+t^2}\,dt$;

(3) $\int_x^{x^2} e^{-t^2}\,dt$.

3. 求函数 $y=\int_0^x (t^3-1)\,\mathrm{d}t$ 的极值.

4. 求极限 $\lim\limits_{x\to 0}\dfrac{\left(\int_0^x \mathrm{e}^{t^2}\mathrm{d}t\right)^2}{\int_0^x t\mathrm{e}^{2t^2}\mathrm{d}t}$.

5. 求由曲线 $y=\dfrac{x^2}{4}, x\in[0,3]$ 及直线 $x=0, y=\dfrac{9}{4}$ 围成的平面图形的面积.

5.3 定积分的换元积分法与分部积分法

第 4 章讨论了用换元积分法和分部积分法求已知函数原函数的问题,为了简化定积分的计算过程,下面引入定积分的换元积分法与分部积分法.

定积分的换元法举例

5.3.1 换元积分法

定理 设函数 $f(x)$ 在区间 $[a,b]$ 上连续,作变换 $x=\varphi(t)$,如果

(1) $\varphi(\alpha)=a, \varphi(\beta)=b$;

(2) $\varphi(t)$ 在区间 $[\alpha,\beta]$(或 $[\beta,\alpha]$)上单调且有连续导数,则有

$$\int_a^b f(x)\,\mathrm{d}x=\int_\alpha^\beta f[\varphi(t)]\varphi'(t)\,\mathrm{d}t. \tag{1}$$

证 因为 $f(x)$ 在 $[a,b]$ 上连续,所以 $f(x)$ 在区间 $[a,b]$ 上可积,设 $F(x)$ 是 $f(x)$ 的一个原函数,由牛顿—莱布尼茨公式,有

$$\int_a^b f(x)\,\mathrm{d}x=F(b)-F(a).$$

另一方面,由于

$$(F[\varphi(t)])'=F'[\varphi(t)]\varphi'(t)=f[\varphi(t)]\varphi'(t),$$

所以函数 $F[\varphi(t)]$ 是函数 $f[\varphi(t)]\varphi'(t)$ 的一个原函数. 因此有

$$\int_\alpha^\beta f[\varphi(t)]\varphi'(t)\,\mathrm{d}t=F[\varphi(t)]\Big|_\alpha^\beta=F[\varphi(\beta)]-F[\varphi(\alpha)]=F(b)-F(a),$$

于是有

$$\int_a^b f(x)\,\mathrm{d}x=\int_\alpha^\beta f[\varphi(t)]\varphi'(t)\,\mathrm{d}t.$$

公式(1)称为定积分的**换元公式**. 应用它求定积分时,在作变量代换的同时,相应的积分限也作了改变,这样就省去了变量的回代过程,计算也就比较简单. 另外还应注意到式(1)的应用是双向的,即

$$\int_\alpha^\beta f[\varphi(t)]\varphi'(t)\,\mathrm{d}t=\int_a^b f(x)\,\mathrm{d}x.$$

例1 求定积分$\int_0^2 2xe^{x^2}dx$.

解 取$u=x^2$,则$du=2xdx$,当$x=0$时,$u=0$;当$x=2$时,$u=4$,于是

$$\int_0^2 2xe^{x^2}dx = \int_0^4 e^u du = e^u \Big|_0^4 = e^4 - 1.$$

也可用下面的解法:

$$\int_0^2 2xe^{x^2}dx = \int_0^2 e^{x^2}d(x^2) = e^{x^2}\Big|_0^2 = e^4 - 1.$$

这一解法没有引入新的积分变量,计算时原积分的上下限不要改变.这实际上是用"凑微分"求函数的积分,相对于前面的解法要简明一些.

例2 计算$\int_0^4 \frac{1}{1+\sqrt{x}}dx$.

解 设$\sqrt{x}=t$,则$dx=2tdt$,且当$x=0$时,$t=0$;当$x=4$时,$t=2$.所以

$$\int_0^4 \frac{1}{1+\sqrt{x}}dx = \int_0^2 \frac{2t}{1+t}dt = 2\int_0^2\left(1-\frac{1}{1+t}\right)dt$$
$$= 2[t-\ln(1+t)]_0^2 = 4-2\ln 3.$$

例3 计算$\int_0^a \sqrt{a^2-x^2}\,dx(a>0)$.

解 设$x=a\sin t$,则$dx=a\cos t dt$,且当$x=0$时,$t=0$;当$x=a$时,$t=\frac{\pi}{2}$.所以

$$\int_0^a \sqrt{a^2-x^2}dx = a^2\int_0^{\frac{\pi}{2}}\cos^2 t\,dt$$
$$= \frac{a^2}{2}\int_0^{\frac{\pi}{2}}(1+\cos 2t)dt$$
$$= \frac{a^2}{2}\left[t+\frac{1}{2}\sin 2t\right]_0^{\frac{\pi}{2}} = \frac{1}{4}\pi a^2.$$

例4 设函数$f(x)$在区间$[-a,a]$上连续,则

(1)当$f(x)$为奇函数时,$\int_{-a}^a f(x)dx = 0$;

(2)当$f(x)$为偶函数时,$\int_{-a}^a f(x)dx = 2\int_0^a f(x)dx$.

证 (1)由定积分的可加性,有

$$\int_{-a}^a f(x)dx = \int_{-a}^0 f(x)dx + \int_0^a f(x)dx.$$

对于定积分$\int_{-a}^0 f(x)dx$,令$x=-t$,则$dx=-dt$,且当$x=-a$时,$t=a$;当$x=0$时,$t=0$.

于是

$$\int_{-a}^{0} f(x)\,dx = -\int_{a}^{0} f(-t)\,dt = \int_{0}^{a} f(-x)\,dx.$$

当$f(x)$为奇函数时，$f(-x) = -f(x)$，故

$$\int_{-a}^{0} f(x)\,dx = -\int_{0}^{a} f(x)\,dx,$$

所以

$$\int_{-a}^{a} f(x)\,dx = -\int_{0}^{a} f(x)\,dx + \int_{0}^{a} f(x)\,dx = 0.$$

类似可证明(2).

利用本例的结论，往往可简化对称区间上定积分的计算.

例5 求定积分$\int_{-1}^{1}(x^2 + 3x + \sin x\cos^2 x)\,dx$.

解 因为$3x$与$\sin x\cos^2 x$都是对称区间$[-1,1]$上的奇函数，所以

$$\int_{-1}^{1} 3x\,dx = 0, \int_{-1}^{1} \sin x\cos^2 x\,dx = 0.$$

因此

$$\int_{-1}^{1}(x^2 + 3x + \sin x\cos^2 x)\,dx = \int_{-1}^{1} x^2\,dx$$

$$= 2\int_{0}^{1} x^2\,dx = \frac{2}{3}x^3\Big|_0^1 = \frac{2}{3}.$$

5.3.2 分部积分法

设函数$u(x)$与$v(x)$在区间$[a,b]$上有连续的导数$u'(x)$，$v'(x)$，则有

$$(uv)' = u'v + uv'.$$

两边从a到b求定积分，有

$$\int_a^b (uv)'\,dx = \int_a^b u'v\,dx + \int_a^b uv'\,dx,$$

即

$$[uv]_a^b = \int_a^b v\,du + \int_a^b u\,dv.$$

移项得

$$\int_a^b u\,dv = [uv]_a^b - \int_a^b v\,du. \tag{2}$$

式(2)称为定积分的**分部积分公式**.

例6 计算$\int_1^2 x\ln x\,dx$.

解

$$\int_1^2 x\ln x\,dx = \int_1^2 \ln x\,d\left(\frac{x^2}{2}\right) = \frac{1}{2}x^2\ln x\Big|_1^2 - \int_1^2 \frac{1}{2}x^2\cdot\frac{1}{x}\,dx$$

$$= 2\ln 2 - \frac{1}{4}x^2\Big|_1^2 = 2\ln 2 - \frac{3}{4}.$$

例7 计算 $\int_0^{\pi} x\sin 2x\mathrm{d}x$.

解
$$\int_0^{\pi} x\sin 2x\mathrm{d}x = -\frac{1}{2}\int_0^{\pi} x\mathrm{d}\cos 2x$$
$$= -\frac{1}{2}x\cos 2x\Big|_0^{\pi} + \frac{1}{2}\int_0^{\pi}\cos 2x\mathrm{d}x$$
$$= -\frac{\pi}{2} + \frac{1}{4}\sin 2x\Big|_0^{\pi} = -\frac{\pi}{2}.$$

例8 计算 $\int_0^2 x^2\mathrm{e}^{2x}\mathrm{d}x$.

解 $$\int_0^2 x^2\mathrm{e}^{2x}\mathrm{d}x = \frac{1}{2}\int_0^2 x^2\mathrm{d}\mathrm{e}^{2x} = \frac{1}{2}x^2\mathrm{e}^{2x}\Big|_0^2 - \frac{1}{2}\int_0^2\mathrm{e}^{2x}\mathrm{d}(x^2)$$
$$= 2\mathrm{e}^4 - \int_0^2 x\mathrm{e}^{2x}\mathrm{d}x = 2\mathrm{e}^4 - \frac{1}{2}\int_0^2 x\mathrm{d}\mathrm{e}^{2x}$$
$$= 2\mathrm{e}^4 - \frac{1}{2}x\mathrm{e}^{2x}\Big|_0^2 + \frac{1}{2}\int_0^2\mathrm{e}^{2x}\mathrm{d}x = 2\mathrm{e}^4 - \mathrm{e}^4 + \frac{1}{4}\mathrm{e}^{2x}\Big|_0^2$$
$$= \mathrm{e}^4 + \frac{1}{4}(\mathrm{e}^4 - 1) = \frac{5}{4}\mathrm{e}^4 - \frac{1}{4}.$$

例9 计算 $\int_0^4 \mathrm{e}^{\sqrt{x}}\mathrm{d}x$.

解 先用定积分的换元法,再用定积分的分部积分法.

设 $\sqrt{x}=t$,则 $\mathrm{d}x=2t\mathrm{d}t$,且当 $x=0$ 时,$t=0$;当 $x=4$ 时,$t=2$,所以
$$\int_0^4\mathrm{e}^{\sqrt{x}}\mathrm{d}x = \int_0^2 2t\mathrm{e}^t\mathrm{d}t = 2\int_0^2 t\mathrm{d}\mathrm{e}^t$$
$$= 2t\mathrm{e}^t\Big|_0^2 - 2\int_0^2\mathrm{e}^t\mathrm{d}t = 4\mathrm{e}^2 - 2\mathrm{e}^t\Big|_0^2$$
$$= 4\mathrm{e}^2 - 2(\mathrm{e}^2 - 1) = 2\mathrm{e}^2 + 2.$$

例10 计算 $I_n = \int_0^{\frac{\pi}{2}}\sin^n x\mathrm{d}x = \int_0^{\frac{\pi}{2}}\cos^n\mathrm{d}x$.($n$ 为自然数)

解 先证明等式成立.

令 $x=\frac{\pi}{2}-t$,则 $\mathrm{d}x=-\mathrm{d}t$,$\sin x=\sin\left(\frac{\pi}{2}-t\right)=\cos t$. 又当 $x=0$ 时,$t=\frac{\pi}{2}$;$x=\frac{\pi}{2}$时,$t=0$.

于是
$$\int_0^{\frac{\pi}{2}}\sin^n x\mathrm{d}x = \int_{\frac{\pi}{2}}^0\cos^n t\mathrm{d}(-t) = \int_0^{\frac{\pi}{2}}\cos^n t\mathrm{d}t,$$
即
$$\int_0^{\frac{\pi}{2}}\sin^n x\mathrm{d}x = \int_0^{\frac{\pi}{2}}\cos^n\mathrm{d}x.$$

下面计算 $I_n=\int_0^{\frac{\pi}{2}}\sin^n x\mathrm{d}x$. 由定积分的分部积分公式得

$$\begin{aligned}I_n&=\int_0^{\frac{\pi}{2}}\sin^n x\mathrm{d}x=\int_0^{\frac{\pi}{2}}\sin^{n-1}x\mathrm{d}(-\cos x)\\&=\sin^{n-1}x(-\cos x)\Big|_0^{\frac{\pi}{2}}+\int_0^{\frac{\pi}{2}}\cos x\mathrm{d}(\sin^{n-1}x)\\&=\int_0^{\frac{\pi}{2}}(n-1)\sin^{n-2}x\cos^2 x\mathrm{d}x\\&=(n-1)\int_0^{\frac{\pi}{2}}\sin^{n-2}x(1-\sin^2 x)\mathrm{d}x\\&=(n-1)\int_0^{\frac{\pi}{2}}\sin^{n-2}x\mathrm{d}x-(n-1)\int_0^{\frac{\pi}{2}}\sin^n x\mathrm{d}x.\end{aligned}$$

移项整理,得

$$\int_0^{\frac{\pi}{2}}\sin^n x\mathrm{d}x=\frac{n-1}{n}\int_0^{\frac{\pi}{2}}\sin^{n-2}x\mathrm{d}x$$

即为递推公式 $I_n=\frac{n-1}{n}I_{n-2}$. 又

$$I_0=\int_0^{\frac{\pi}{2}}\mathrm{d}x=\frac{\pi}{2},\ I_1=\int_0^{\frac{\pi}{2}}\sin x\mathrm{d}x=-\cos x\Big|_0^{\frac{\pi}{2}}=1.$$

根据递推公式可以推出

$$I_n=\int_0^{\frac{\pi}{2}}\sin^n x\mathrm{d}x=\begin{cases}\frac{n-1}{n}\cdot\frac{n-3}{n-2}\cdots\frac{3}{4}\cdot\frac{1}{2}\cdot\frac{\pi}{2}, & n=2k\\ \frac{n-1}{n}\cdot\frac{n-3}{n-2}\cdots\frac{4}{5}\cdot\frac{2}{3}\cdot 1, & n=2k-1\end{cases}$$

例如

$$\int_0^{\frac{\pi}{2}}\sin^8 x\mathrm{d}x=\frac{7}{8}\cdot\frac{5}{6}\cdot\frac{3}{4}\cdot\frac{1}{2}\cdot\frac{\pi}{2}=\frac{35\pi}{256}.$$

习题 5.3

1. 计算下列定积分:

(1) $\int_0^1 x\sqrt{1-x^2}\,\mathrm{d}x$; (2) $\int_{-3}^3\sqrt{9-x^2}\,\mathrm{d}x$;

(3) $\int_0^{\frac{\pi}{2}}\sin x\cos^2 x\mathrm{d}x$; (4) $\int_1^{\mathrm{e}}\frac{1+\ln x}{x}\mathrm{d}x$;

(5) $\int_1^{e^2} \frac{1}{x\sqrt{1+\ln x}} dx$;　　(6) $\int_1^{64} \frac{dx}{\sqrt{x}+\sqrt[3]{x}}$;

(7) $\int_0^1 xe^{-x} dx$;　　(8) $\int_0^{e-1} \ln(x+1) dx$;

(9) $\int_0^{\pi} x^2 \cos 2x dx$;　　(10) $\int_0^{\frac{\pi}{2}} e^x \sin x dx$;

(11) $\int_0^1 x \arctan x dx$;　　(12) $\int_{\frac{1}{2}}^1 e^{\sqrt{2x-1}} dx$.

2. 已知$f''(x)$在$[0,2]$上连续,且$f(0)=1$, $f(2)=3$, $f'(2)=5$,试求$\int_0^2 xf''(x)dx$.

3. 设$f(x)$是连续函数,证明:

(1)当$f(x)$是偶函数时,$\Phi(x)=\int_0^x f(t)dt$是奇函数;

(2)当$f(x)$是奇函数时,$\Phi(x)=\int_0^x f(t)dt$是偶函数.

4. 设$f(x)$是一个以T为周期的连续周期函数. 试证明对于任意常数a,有

$$\int_a^{a+T} f(x)dx = \int_0^T f(x)dx.$$

广义积分的定义

5.4 广义积分

定积分是在被积函数有界、积分区间有限的基础上定义的. 但在一些实际问题中,常遇到积分区间为无穷区间,或者被积函数为无界函数的积分,这两类积分统称为广义积分.

5.4.1 无穷区间上的广义积分

定义1 设函数$f(x)$在区间$[a,+\infty)$上连续,定义

$$\lim_{b\to+\infty}\int_a^b f(x)dx$$

为函数$f(x)$在区间$[a,+\infty)$上的**广义积分**,记作$\int_a^{+\infty} f(x)dx$,即

$$\int_a^{+\infty} f(x)dx = \lim_{b\to+\infty}\int_a^b f(x)dx. \tag{1}$$

如果$\lim_{b\to+\infty}\int_a^b f(x)dx$存在,则称广义积分$\int_a^{+\infty} f(x)dx$**收敛**,否则称广义积分$\int_a^{+\infty} f(x)dx$**发散**.

同样地,定义函数$f(x)$在区间$(-\infty,b]$上的广义积分

$$\int_{-\infty}^{b} f(x)\,\mathrm{d}x = \lim_{a\to-\infty}\int_{a}^{b} f(x)\,\mathrm{d}x. \tag{2}$$

设函数$f(x)$在区间$(-\infty,+\infty)$上连续,定义$f(x)$在区间$(-\infty,+\infty)$上的广义积分

$$\int_{-\infty}^{+\infty} f(x)\,\mathrm{d}x = \int_{-\infty}^{0} f(x)\,\mathrm{d}x + \int_{0}^{+\infty} f(x)\,\mathrm{d}x \tag{3}$$

当$\int_{-\infty}^{0} f(x)\,\mathrm{d}x$和$\int_{0}^{+\infty} f(x)\,\mathrm{d}x$都收敛时,称广义积分$\int_{-\infty}^{+\infty} f(x)\,\mathrm{d}x$ **收敛**,否则称广义积分$\int_{-\infty}^{+\infty} f(x)\,\mathrm{d}x$ **发散**.

无穷区间上的广义积分又称为**无穷积分**.

例1 计算$\int_{0}^{+\infty} \mathrm{e}^{-x}\mathrm{d}x$.

解 $\int_{0}^{+\infty} \mathrm{e}^{-x}\mathrm{d}x = \lim\limits_{b\to+\infty}\int_{0}^{b} \mathrm{e}^{-x}\mathrm{d}x = \lim\limits_{b\to+\infty}\left[-\mathrm{e}^{-x}\right]_{0}^{b} = \lim\limits_{b\to+\infty}(1-\mathrm{e}^{-b}) = 1$.

例2 计算$\int_{-\infty}^{+\infty} \dfrac{\mathrm{d}x}{1+x^2}$.

解 由式(3)得

$$\begin{aligned}
\int_{-\infty}^{+\infty} \frac{\mathrm{d}x}{1+x^2} &= \int_{-\infty}^{0} \frac{\mathrm{d}x}{1+x^2} + \int_{0}^{+\infty} \frac{\mathrm{d}x}{1+x^2} \\
&= \lim_{a\to-\infty}\int_{a}^{0} \frac{\mathrm{d}x}{1+x^2} + \lim_{b\to+\infty}\int_{0}^{b} \frac{\mathrm{d}x}{1+x^2} \\
&= \lim_{a\to-\infty}\left[\arctan x\right]_{a}^{0} + \lim_{b\to+\infty}\left[\arctan x\right]_{0}^{b} \\
&= -\lim_{a\to-\infty}\arctan a + \lim_{b\to+\infty}\arctan b = -\left(-\frac{\pi}{2}\right) + \frac{\pi}{2} = \pi.
\end{aligned}$$

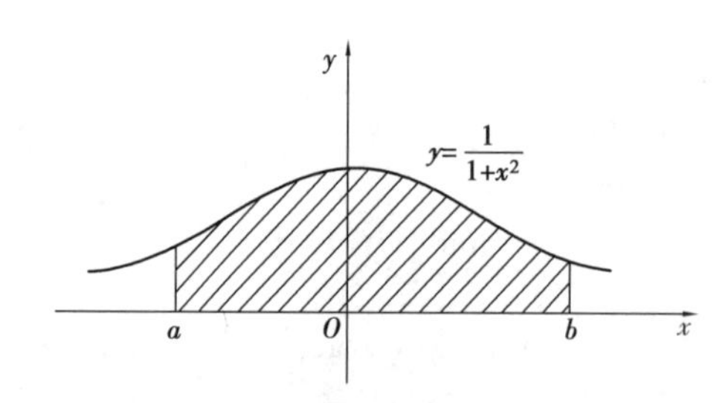

图5.5

这个广义积分的几何意义是:当$a\to-\infty$,$b\to+\infty$时,虽然图5.5中阴影部分向左、右无限延伸,但其面积却有极限值π.简单地说,它是位于曲线$y=\dfrac{1}{1+x^2}$的下方、x轴上方的图形的面积.

设 $F(x)$ 是 $f(x)$ 在 $[a,+\infty)$ 上的一个原函数，如果记 $F(+\infty)=\lim\limits_{x\to+\infty}F(x)$，$[F(x)]_a^{+\infty}=F(+\infty)-F(a)$，当 $F(+\infty)$ 存在时，

$$\int_a^{+\infty}f(x)\mathrm{d}x=[F(x)]_a^{+\infty};$$

当 $F(+\infty)$ 不存在时，广义积分 $\int_a^{+\infty}f(x)\mathrm{d}x$ 发散. 其他情形类似.

例3 证明：广义积分 $\int_a^{+\infty}\frac{\mathrm{d}x}{x^p}\ (a>0)$ 当 $p>1$ 时收敛，当 $p\leqslant 1$ 时发散.

证 当 $p\neq 1$ 时

$$\int_a^{+\infty}\frac{\mathrm{d}x}{x^p}=\left[\frac{1}{1-p}x^{1-p}\right]_a^{+\infty}=\begin{cases}+\infty, & p<1\\ \dfrac{a^{1-p}}{p-1}, & p>1\end{cases}$$

当 $p=1$ 时

$$\int_a^{+\infty}\frac{\mathrm{d}x}{x^p}=\int_a^{+\infty}\frac{\mathrm{d}x}{x}=[\ln x]_a^{+\infty}=+\infty.$$

因此，当 $p>1$ 时广义积分收敛，其值为 $\frac{a^{1-p}}{p-1}$；当 $p\leqslant 1$ 时，广义积分发散.

5.4.2 无界函数的广义积分

如果函数 $f(x)$ 在点 x_0 的任一邻域内无界，则称点 x_0 为 $f(x)$ 的瑕点（或奇点）.

定义2 设函数 $f(x)$ 在区间 $(a,b]$ 上连续，点 a 为 $f(x)$ 的瑕点，定义

$$\lim_{\varepsilon\to 0^+}\int_{a+\varepsilon}^{b}f(x)\mathrm{d}x\ (\varepsilon>0)$$

为无界函数 $f(x)$ 在区间 $(a,b]$ 上的**广义积分**，仍记作 $\int_a^b f(x)\mathrm{d}x$，即

$$\int_a^b f(x)\mathrm{d}x=\lim_{\varepsilon\to 0^+}\int_{a+\varepsilon}^{b}f(x)\mathrm{d}x. \tag{4}$$

如果 $\lim\limits_{\varepsilon\to 0^+}\int_{a+\varepsilon}^{b}f(x)\mathrm{d}x$ 存在，则称广义积分 $\int_a^b f(x)\mathrm{d}x$ **收敛**. 否则称广义积分 $\int_a^b f(x)\mathrm{d}x$ **发散**.

同样地，设函数 $f(x)$ 在区间 $[a,b)$ 上连续，点 b 为 $f(x)$ 的瑕点，则定义广义积分

$$\int_a^b f(x)\mathrm{d}x=\lim_{\varepsilon\to 0^+}\int_a^{b-\varepsilon}f(x)\mathrm{d}x \tag{5}$$

设函数 $f(x)$ 在区间 $[a,b]$ 上除点 $c\,(a<c<b)$ 外连续，点 c 为 $f(x)$ 的瑕点，则定义广义积分

$$\int_a^b f(x)\mathrm{d}x=\int_a^c f(x)\mathrm{d}x+\int_c^b f(x)\mathrm{d}x. \tag{6}$$

当两个广义积分$\int_a^c f(x)\,\mathrm{d}x$和$\int_c^b f(x)\,\mathrm{d}x$都收敛，则称广义积分$\int_a^b f(x)\,\mathrm{d}x$**收敛**，否则称广义积分$\int_a^b f(x)\,\mathrm{d}x$ **发散**.

上述定义的广义积分统称为**无界函数的广义积分**，又称为瑕积分.

例 4 计算广义积分$\int_0^1 \frac{\mathrm{d}x}{\sqrt{1-x^2}}$.

解 因为$\lim\limits_{x\to1^-}\frac{1}{\sqrt{1-x^2}}=+\infty$，所以点 1 是瑕点. 于是

$$\int_0^1 \frac{\mathrm{d}x}{\sqrt{1-x^2}}=\lim_{\varepsilon\to0^+}\int_0^{1-\varepsilon}\frac{\mathrm{d}x}{\sqrt{1-x^2}}=\lim_{\varepsilon\to0^+}[\arcsin x]_0^{1-\varepsilon}$$

$$=\lim_{\varepsilon\to0^+}\arcsin(1-\varepsilon)=\frac{\pi}{2}.$$

例 5 证明广义积分$\int_0^1 \frac{\mathrm{d}x}{x^p}$当$0<p<1$时收敛，当$p\geqslant1$时发散.

证 当$p>0$且$p\neq1$时，有

$$\int_0^1 \frac{\mathrm{d}x}{x^p}=\lim_{\varepsilon\to0^+}\int_\varepsilon^1\frac{\mathrm{d}x}{x^p}=\lim_{\varepsilon\to0^+}\left[\frac{x^{1-p}}{1-p}\right]_\varepsilon^1$$

$$=\lim_{\varepsilon\to0^+}\left(\frac{1}{1-p}-\frac{\varepsilon^{1-p}}{1-p}\right)=\begin{cases}\frac{1}{1-p}, & 0<p<1\\ +\infty, & p>1\end{cases}.$$

当$p=1$时，有

$$\int_0^1\frac{\mathrm{d}x}{x}=\lim_{\varepsilon\to0^+}\int_\varepsilon^1\frac{\mathrm{d}x}{x}=\lim_{\varepsilon\to0^+}[\ln x]_\varepsilon^1=\lim_{\varepsilon\to0^+}(-\ln\varepsilon)=+\infty.$$

当$0<p<1$时，广义积分$\int_0^1\frac{\mathrm{d}x}{x^p}$收敛；当$p\geqslant1$时，$\int_0^1\frac{\mathrm{d}x}{x^p}$发散.

最后要说明的是，与定积分类似，广义积分也有换元法.

例 6 计算广义积分$\int_0^{+\infty}\frac{\mathrm{d}x}{\sqrt{x(x+1)^3}}$.

解 积分下限$x=0$为瑕点，令$\sqrt{x}=t$，则$x=t^2$，且当$x\to0^+$时，$t\to0$；当$x\to+\infty$时，$t\to+\infty$. 于是

$$\int_0^{+\infty}\frac{\mathrm{d}x}{\sqrt{x(x+1)^3}}=\int_0^{+\infty}\frac{2t\mathrm{d}t}{t(t^2+1)^{\frac{3}{2}}}=2\int_0^{+\infty}\frac{\mathrm{d}t}{(t^2+1)^{\frac{3}{2}}}.$$

再令$t=\tan u$，则$u=\arctan t$，且当$t=0$时，$u=0$；当$t\to+\infty$时，$u\to\frac{\pi}{2}$. 于是

$$\int_0^{+\infty}\frac{\mathrm{d}x}{\sqrt{x(x+1)^3}}=2\int_0^{\frac{\pi}{2}}\frac{\sec^2u}{\sec^3u}\mathrm{d}u=2\int_0^{\frac{\pi}{2}}\cos u\mathrm{d}u=2.$$

习题 5.4

1. 判别下列广义积分的收敛性;如果收敛,计算广义积分的值:

(1) $\int_{1}^{+\infty}\frac{\mathrm{d}x}{x^3}$;　　(2) $\int_{1}^{+\infty}\frac{\mathrm{d}x}{\sqrt[3]{x}}$;

(3) $\int_{0}^{+\infty}\mathrm{e}^{-4x}\mathrm{d}x$;　　(4) $\int_{0}^{-\infty}\mathrm{e}^{-x}\sin x\mathrm{d}x$;

(5) $\int_{-\infty}^{+\infty}\frac{\mathrm{d}x}{x^2+4x+5}$;　　(6) $\int_{0}^{1}\frac{x}{\sqrt{1-x^2}}\mathrm{d}x$;

(7) $\int_{0}^{2}\frac{\mathrm{d}x}{(1-x)^3}$;　　(8) $\int_{1}^{2}\frac{x}{\sqrt{x-1}}\mathrm{d}x$;

(9) $\int_{1}^{+\infty}\frac{\arctan x}{x^3}\mathrm{d}x$;　　(10) $\int_{1}^{\mathrm{e}}\frac{\mathrm{d}x}{x\sqrt{1-(\ln x)^2}}$.

2. 当 k 为何值时,广义积分 $\int_{2}^{+\infty}\frac{\mathrm{d}x}{x(\ln x)^k}$ 收敛?当 k 为何值时,这广义积分发散?当 k 为何值时,这广义积分取得最小值?

5.5 定积分的应用

5.5.1 定积分的元素法

能够用定积分来计算的量 Q,如曲边梯形的面积和变速直线运动的路程等,都有两个共同的特性:

(1) Q 连续分布在某个区间 $[a,b]$ 上;

(2) Q 对区间 $[a,b]$ 具有**可加性**:如果将区间 $[a,b]$ 分成若干个部分区间,则 Q 相应地分成若干个部分量,且 Q 等于所有部分量之和.

如果用定积分的定义来推导 Q 的积分表达式,则要经过分割、近似、求和、取极限四个步骤,过于复杂. 因此引入定积分的元素法.

要想得到 Q 的积分表达式,关键要得到积分中的被积表达式. 假设 Q 已经表达为定积分 $Q=\int_{a}^{b}f(x)\mathrm{d}x$,令

$$Q(x)=\int_{a}^{x}f(x)\mathrm{d}x(a\leqslant x\leqslant b).$$

当 $f(x)$ 在 $[a,b]$ 上连续时,则 $\mathrm{d}Q(x)=f(x)\mathrm{d}x$,即 Q 的积分式中的被积表达式是 $Q(x)$ 的微分,此时 $\mathrm{d}Q(x)=f(x)\mathrm{d}x$ 称为 Q 的**(积分)元素**. 因此,求得 Q 的元素,再求其在 $[a,b]$

上的积分便得到所求量 Q，这一方法称为定积分的**元素法**.

结合微分的性质，用元素法求量 Q 的步骤如下：

(1)在$[a,b]$中任取一个小区间$[x,x+\mathrm{d}x]$，将所求量 Q 在这小区间上相应的部分量 ΔQ 近似地表示为$f(x)\mathrm{d}x$(通常采取以直代曲，以匀代变的方法)；

(2)检验$f(x)\mathrm{d}x$ 是否满足：$f(x)$在$[a,b]$上连续，并且

$$\Delta Q(x)-f(x)\mathrm{d}x=o(\mathrm{d}x)(\mathrm{d}x\to 0); \tag{1}$$

(3)当式(1)成立时，有 $\mathrm{d}Q(x)=f(x)\mathrm{d}x$，积分就得

$$Q=\int_a^b f(x)\mathrm{d}x.$$

定积分在几何学上的应用举例

5.5.2 定积分在几何学上的应用

1)平面图形的面积

根据定积分的几何意义，由连续曲线 $y=f(x)(f(x)\geqslant 0)$，直线 $x=a,x=b$ 及 x 轴所围成的曲边梯形的面积

$$S=\int_a^b f(x)\mathrm{d}x.$$

现考虑由连续曲线 $y=\varphi_1(x),y=\varphi_2(x)(\varphi_1(x)\leqslant\varphi_2(x))$，直线 $x=a,x=b(a<b)$所围成的平面图形的面积 S 如图 5.6 所示.

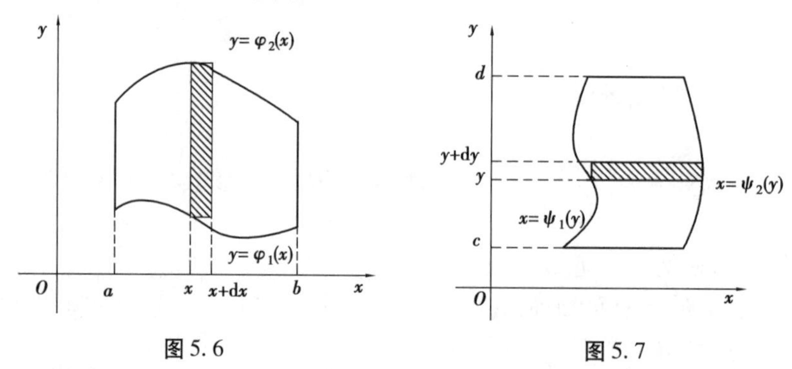

图 5.6　　图 5.7

在$[a,b]$中任取一个小区间$[x,x+\mathrm{d}x]$，面积 S 在这小区间上相应的部分量 ΔS 可近似看作长为 $\varphi_2(x)-\varphi_1(x)$、宽为 $\mathrm{d}x$ 的矩形的面积，即

$$\Delta S\approx[\varphi_2(x)-\varphi_1(x)]\mathrm{d}x.$$

因为 $\varphi_2(x)-\varphi_1(x)$连续，故在$[x,x+\mathrm{d}x]$上有最大值 M 和最小值 m，所以

$$m\mathrm{d}x\leqslant[\varphi_2(x)-\varphi_1(x)]\mathrm{d}x\leqslant M\mathrm{d}x \text{ 和 } m\mathrm{d}x\leqslant\Delta S\leqslant M\mathrm{d}x$$

从而

$$|\Delta S-[\varphi_2(x)-\varphi_1(x)]\mathrm{d}x|\leqslant(M-m)\mathrm{d}x.$$

再由 $\varphi_2(x)-\varphi_1(x)$连续知，当 $\mathrm{d}x\to 0$ 时，$M-m\to 0$，所以

$$\Delta S-[\varphi_2(x)-\varphi_1(x)]\mathrm{d}x=o(\mathrm{d}x)(\mathrm{d}x\to 0).$$

因此面积元素

$$dS=[\varphi_2(x)-\varphi_1(x)]dx,$$

积分就得

$$S=\int_a^b[\varphi_2(x)-\varphi_1(x)]dx. \tag{2}$$

同理可得,由连续曲线 $x=\psi_1(y)$, $x=\psi_2(y)$ ($\psi_1(y)\leqslant\psi_2(y)$) 及直线 $y=c$, $y=d$ 所围成的平面图形(图5.7)的面积为

$$S=\int_c^d[\psi_2(y)-\psi_1(y)]dy \tag{3}$$

例1 求由两条抛物线 $y=-x^2+1$ 与 $y=x^2-x$ 所围成的平面图形的面积.

解 解方程组 $\begin{cases}y=-x^2+1\\y=x^2-x\end{cases}$ 得交点为 $\left(-\frac{1}{2},\frac{3}{4}\right)$ 及 $(1,0)$. 所围区域(图5.8)为

$$D=\left\{(x,y)\mid x^2-x\leqslant y\leqslant -x^2+1,\ -\frac{1}{2}\leqslant x\leqslant 1\right\}.$$

故所求面积

$$\begin{aligned}S&=\int_{-\frac{1}{2}}^{1}[(-x^2+1)-(x^2-x)]dx\\&=\int_{-\frac{1}{2}}^{1}(-2x^2+x+1)dx\\&=\left[-\frac{2}{3}x^x+\frac{1}{2}x^2+x\right]_{-\frac{1}{2}}^{1}=\frac{9}{8}.\end{aligned}$$

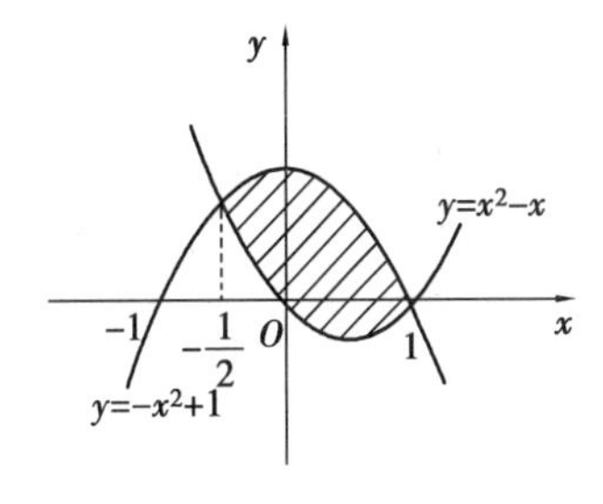

图5.8

例2 求抛物线 $y^2=2x$ 与直线 $y=x-4$ 所围成的平面图形的面积.

解 解方程组 $\begin{cases}y^2=2x\\y=x-4\end{cases}$ 得交点为 $(2,-2)$ 及 $(8,4)$. 所围区域(图5.9)为

$$D=\left\{(x,y)\,\middle|\,\frac{y^2}{2}\leqslant x\leqslant y+4,\ -2\leqslant y\leqslant 4\right\}.$$

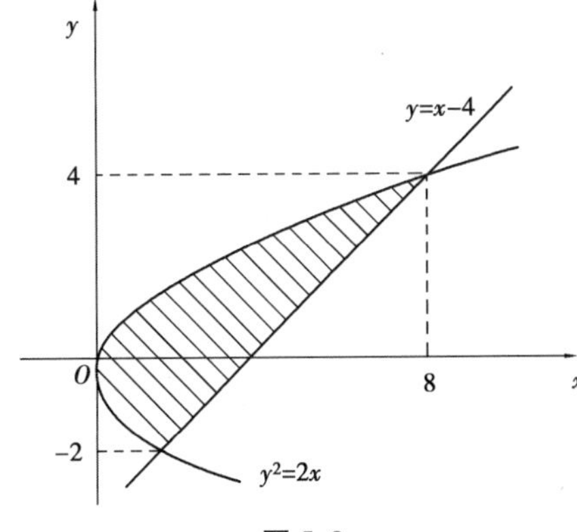

图5.9

故所求面积 $$S=\int_{-2}^{4}\left[(y+4)-\frac{y^2}{2}\right]dy=\left[\frac{y^2}{2}+4y-\frac{y^3}{6}\right]_{-2}^{4}=18.$$

若利用公式(2)计算，则需要将图形分成两部分

$$D_1=\{(x,y)\mid -\sqrt{2x}\leqslant y\leqslant\sqrt{2x},0\leqslant x\leqslant 2\};$$

$$D_2=\{(x,y)\mid x-4\leqslant y\leqslant\sqrt{2x},2\leqslant x\leqslant 8\}.$$

故 $$S_1=\int_0^2(\sqrt{2x}-(-\sqrt{2x}))dx=\int_0^2\sqrt{2x}d(2x)=\frac{2}{3}\left[(2x)^{\frac{3}{2}}\right]_0^2=\frac{16}{3};$$

$$S_2=\int_2^8[\sqrt{2x}-(x-4)]dx=\left[\frac{2}{3}(2x)^{\frac{3}{2}}-\frac{x^2}{2}+4x\right]_2^8=\frac{38}{3}.$$

所求面积

$$S=S_1+S_2=\frac{16}{3}+\frac{38}{3}=18.$$

某些平面图形，利用极坐标计算它们的面积较为简便.

设平面图形由曲线 $r=r(\theta)$ 及射线 $\theta=\alpha,\theta=\beta$ 围成（简称**曲边扇形**），如图5.10所示. 这里 $r(\theta)$ 在 $[\alpha,\beta]$ 上连续且非负. 求平面图形的面积.

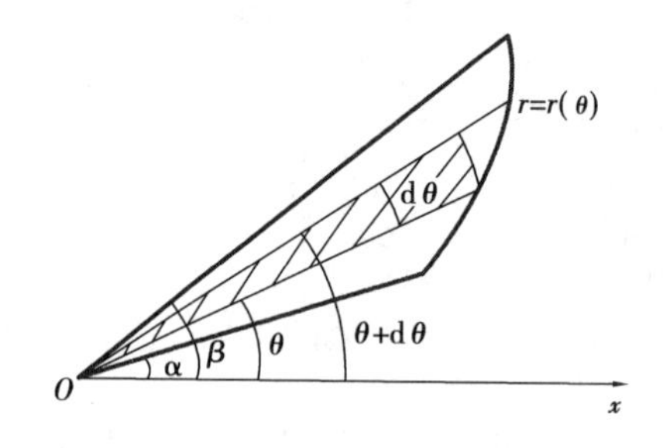

图 5.10

在区间 $[\alpha,\beta]$ 上任取一小区间 $[\theta,\theta+d\theta]$，在此小区间上，小曲边扇形的面积 ΔS 可以用半径为 $r=r(\theta)$、中心角为 $d\theta$ 的扇形的面积来近似，即 $\Delta S\approx\frac{1}{2}[r(\theta)]^2d\theta$. 类似直角坐标的情形，可证 $\Delta S-\frac{1}{2}[r(\theta)]^2d\theta=o(d\theta)\,(d\theta\to 0)$. 从而得曲边扇形的面积元素

$$dS=\frac{1}{2}[r(\theta)]^2d\theta,$$

积分便得所求曲边扇形的面积

$$S=\frac{1}{2}\int_{\alpha}^{\beta}[r(\theta)]^2d\theta. \tag{4}$$

例 3 计算阿基米德螺线

$$r=a\theta\,(a>0)$$

上相应于 θ 从 0 变到 2π 的一段弧与极轴所围成的图形（图 5.11）的面积.

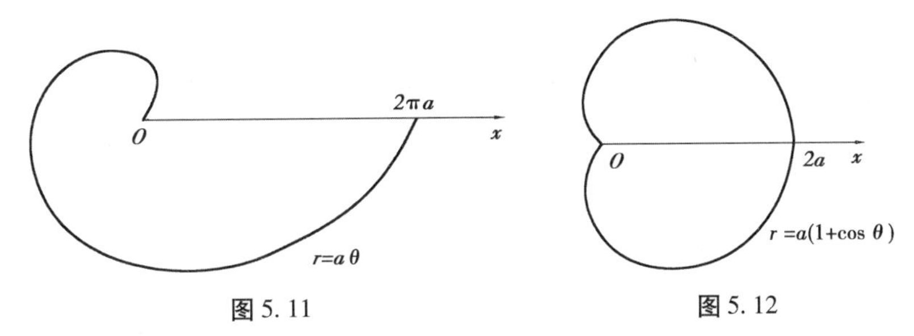

图5.11　　　图5.12

解　由公式(4)得所求面积

$$S=\frac{1}{2}\int_0^{2\pi}(a\theta)^2\mathrm{d}\theta = \frac{a^2}{2}\left[\frac{\theta^3}{3}\right]_0^{2\pi} = \frac{4}{3}a^2\pi^3.$$

例4　求心形线

$$r=a(1+\cos\theta)(a>0)$$

围成的图形的面积.

解　此曲线对称于极轴(x轴),位于x轴上方的面积是θ从0到π时曲线弧与x轴所围成,如图5.12所示.于是所求面积

$$A=2\cdot\frac{1}{2}\int_0^{\pi}[a(1+\cos\theta)]^2\mathrm{d}\theta = a^2\int_0^{\pi}(1+2\cos\theta+\cos^2\theta)\mathrm{d}\theta$$

$$=a^2\int_0^{\pi}(\frac{3}{2}+2\cos\theta+\frac{1}{2}\cos 2\theta)\mathrm{d}\theta$$

$$=a^2\left[\frac{3}{2}\theta+2\sin\theta+\frac{1}{4}\sin 2\theta\right]_0^{\pi} = \frac{3}{2}\pi a^2.$$

2)已知平行截面面积的立体的体积

如果已知一个立体中垂直于一定轴的各个截面的面积,那么这个立体的体积也可以用定积分来计算.

如图5.13所示,取定轴为x轴,并设该立体在过点$x=a$,$x=b$且垂直于x轴的两个平面之间.以$A(x)$表示过点x且垂直于x轴的截面的面积.假定$A(x)$为x的已知的连续函数.计算此立体的体积.

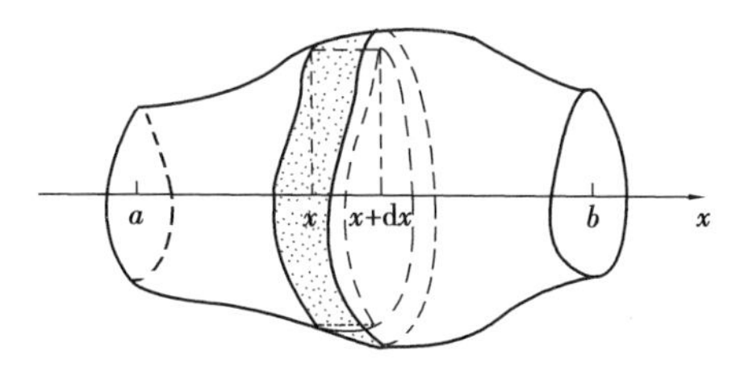

图5.13

立体中,相应于$[a,b]$上任一小区间$[x,x+\mathrm{d}x]$的薄片的体积近似等于底面积为$A(x)$、高为$\mathrm{d}x$的柱体的体积,即$\Delta V\approx A(x)\mathrm{d}x$.由于$A(x)$连续,故在$[x,x+\mathrm{d}x]$上有最大值$M$和最

小值 m,则

$$m\mathrm{d}x \leqslant A(x)\mathrm{d}x \leqslant M\mathrm{d}x \text{ 和 } m\mathrm{d}x \leqslant \Delta V \leqslant M\mathrm{d}x,$$

从而

$$|\Delta V - A(x)\mathrm{d}x| \leqslant (M-m)\mathrm{d}x.$$

再由 $A(x)$ 连续知,当 $\mathrm{d}x \to 0$ 时 $M-m \to 0$,所以

$$\Delta V - A(x)\mathrm{d}x = o(\mathrm{d}x)\ (\mathrm{d}x \to 0),$$

因此体积元素

$$\mathrm{d}V = A(x)\mathrm{d}x.$$

所求立体的体积

$$V = \int_a^b A(x)\mathrm{d}x. \tag{5}$$

现在考虑**旋转体**. 所谓旋转体,就是由一平面图形绕该平面内一条定直线旋转一周而成的立体.

设旋转体是由曲线 $y=f(x)$,直线 $x=a$,$x=b$ 和 x 轴所围成的曲边梯形绕 x 轴旋转一周而成的立体,如图 5.14 所示.

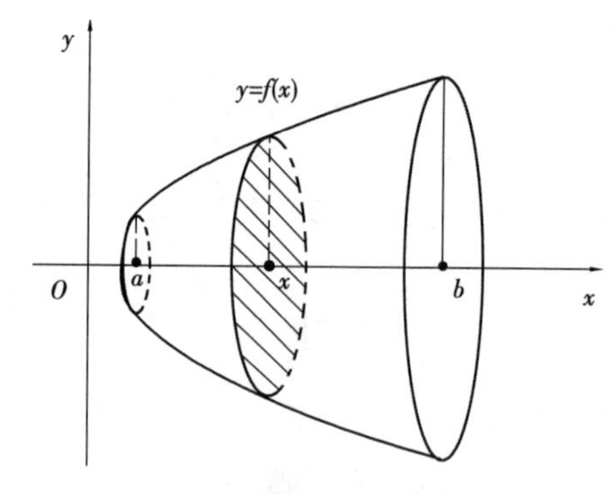

图 5.14

此时,垂直于 x 轴的平面截立体之截面显然为一圆,圆心在 x 轴上点 x 处,半径 $r=y=f(x)$,截面面积为

$$A(x) = \pi y^2 = \pi[f(x)]^2.$$

于是,所求旋转体体积为

$$V = \pi\int_a^b [f(x)]^2\mathrm{d}x \tag{6}$$

类似可得,由曲线 $x=\varphi(y)$,直线 $y=c$,$y=d\ (c<d)$ 与 y 轴所围成的曲边梯形绕 y 轴旋转一周而成的旋转体的体积为

$$V = \pi\int_c^d [\varphi(y)]^2\mathrm{d}y$$

例 5 计算椭圆 $\dfrac{x^2}{a^2}+\dfrac{y^2}{b^2}=1$ 所围图形绕 x 轴旋转而成的旋转体的体积,如图5.15所示.

解 旋转体实际上是由上半椭圆

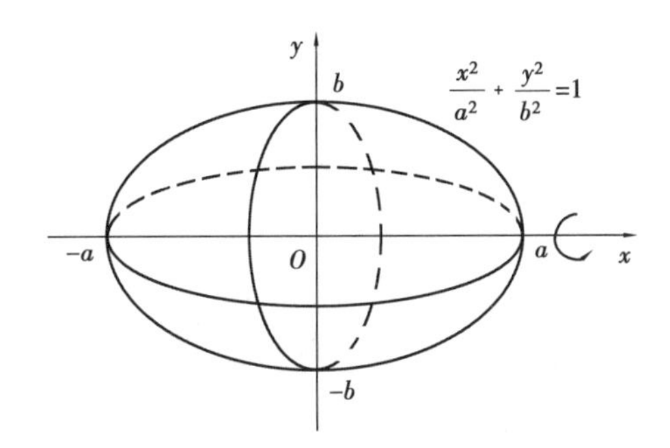

图5.15

$$y=\frac{b}{a}\sqrt{a^2-x^2}$$

及 x 轴所围曲边梯形绕 x 轴旋转一周而成. 所以,所求体积

$$V=\pi\int_{-a}^{a}\left(\frac{b}{a}\sqrt{a^2-x^2}\right)^2\mathrm{d}x=\frac{2\pi b^2}{a^2}\int_0^a(a^2-x^2)\mathrm{d}x$$

$$=\frac{2\pi b^2}{a^2}\left[a^2x-\frac{x^3}{3}\right]_0^a=\frac{4}{3}\pi ab^2.$$

5.5.3 定积分在物理学上的应用

1)变力所作的功

如果常力 F 作用于某物体,使该物体沿力的方向作直线运动,设其移动的距离为 s,则力 F 所做的功 W 为

$$W=F\cdot s.$$

如果物体在运动过程中所受到的力是变化的,这就会遇到变力对物体做功的问题. 下面通过具体例子说明如何计算变力所做的功.

例6 从地面垂直向上发射质量为 m 的火箭,问初速至少为多大时,火箭始能超出地球的引力范围.

解 设地球的半径为 R,质量为 M. 根据万有引力定理,当火箭距地面的高度为 x 时,火箭受地球的引力为

$$F(x)=k\frac{Mm}{(R+x)^2}.$$

其中 k 为引力常数. 为确定常数 k,令 $x=0$(地面),则 $F=mg$,其中 g 为重力加速度,即

$$mg=k\frac{Mm}{R^2}\text{ 或 }k=\frac{R^2g}{M},$$

从而

$$F(x)=\frac{R^2mg}{(R+x)^2}.$$

当火箭从 x 升高到 $x+\mathrm{d}x$ 时，地球引力对它所做的功 $\Delta W\approx\frac{R^2mg}{(R+x)^2}\mathrm{d}x$，故功元素

$$\mathrm{d}W=\frac{R^2mg}{(R+x)^2}\mathrm{d}x.$$

于是，当火箭距地面的高度为 h 时，地球引力所做的功

$$\begin{aligned}W&=\int_0^h\frac{R^2mg}{(R+x)^2}\mathrm{d}x=R^2mg\int_0^h\frac{1}{(R+x)^2}\mathrm{d}x\\&=R^2mg\left(\frac{1}{R}-\frac{1}{R+h}\right).\end{aligned}$$

当 $h\to+\infty$ 时，$W\to Rmg$. 若火箭离开地面的初速为 v_0，它具有动能 $\frac{1}{2}mv_0^2$，根据能量转换定律，为了使火箭超出地球引力范围，必须 $\frac{1}{2}mv_0^2\geqslant Rmg$，即 $v_0\geqslant\sqrt{2Rg}$，地球半径 $R=6\ 370\times10^5$ cm，$g=980$ cm/s^2. 通过计算得 $v_0\geqslant11.2\times10^5$(cm/s). 也就是说，为了使火箭超出地球引力范围，它的初速必须大于11.2 km/s.

例7 有一个圆柱形贮水桶，高为5 m，底圆半径为3 m，桶内盛满了水. 试问要将桶内的水全部吸出需要做多少功?

解 作 x 轴如图5.16所示，取深度 x 为积分变量，它的变化区间为[0,5]. 相应于[0,5]上的任一小区间 $[x,x+\mathrm{d}x]$ 的一薄层水的高度为 $\mathrm{d}x$. 水的密度为1 000 kg/m^3，这薄层水的重力为 $9\ 800\pi\cdot3^2\mathrm{d}x$ N. 这薄层水被吸出桶外需做的功 $\Delta W\approx88\ 200\pi\cdot x\cdot\mathrm{d}x$，故功元素为

$$\mathrm{d}W=88\ 200\pi\cdot x\cdot\mathrm{d}x,$$

于是所求的功为

$$W=\int_0^5 88\ 200\pi\cdot x\cdot\mathrm{d}x=88\ 200\pi\left[\frac{x^2}{2}\right]_0^5=88\ 200\pi\cdot\frac{25}{2}\approx3\ 462(\mathrm{kJ}).$$

2)液体的静压力

从物理学知道，在液体深为 h 处的压强为 $p=\rho gh$，ρ 是液体的密度. 如果有一面积为 A 的平板水平地放置在液体深为 h 的地方，那么平板一侧所受的静压力为

$$P=p\cdot A.$$

如果这个平板垂直放置在液体中，由于不同深处的压强 p 不相等，所以平板所受液体的静压力就不能用上述方法计算.

例8 一等腰梯形的闸门，上下底宽分别为10 m和6 m，高为20 m，且上底位于水面，计算闸门一侧所受的水压力.

解 选择坐标系如图5.17所示，梯形两腰的方程为

$$y=\frac{1}{10}x,y=10-\frac{1}{10}x.$$

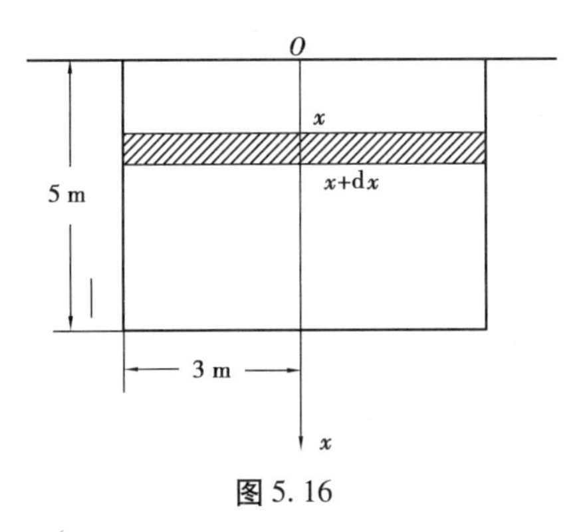

图5.16

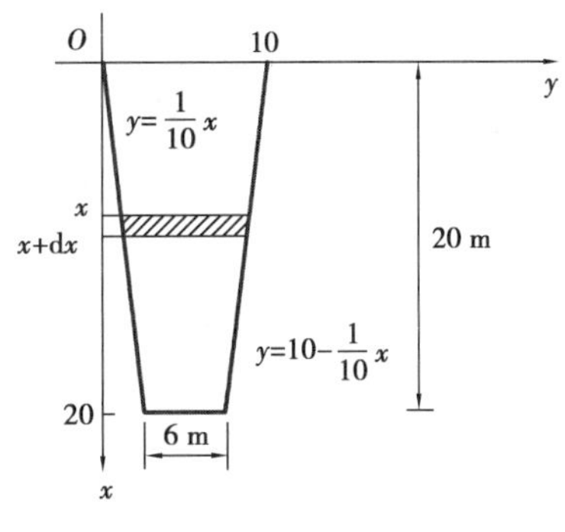

图5.17

相应于[0,20]上的任一小区间[$x,x+\mathrm{d}x$]的小等腰梯形的面积近似于$\left(10-\frac{x}{5}\right)\mathrm{d}x$，其上各点的压强近似于9 800$x$(水的密度为1 000 kg/m^3)，于是所受水压力

$$\Delta P\approx 9\ 800x\left(10-\frac{x}{5}\right)\mathrm{d}x,$$

压力元素为

$$\mathrm{d}P=9\ 800x\left(10-\frac{x}{5}\right)\mathrm{d}x,$$

故闸门一侧受到的水压力

$$P=\int_0^{20}9\ 800x\left(10-\frac{x}{5}\right)\mathrm{d}x=1.44\times10^7(\mathrm{N}).$$

3）引力

从物理学知道，质量分别为m_1,m_2，相距r的两质点间的引力大小为

$$F=k\frac{m_1m_2}{r^2}.$$

其中G为引力系数.如果要计算一根细棒对一个质点的引力，由于细棒上各点与该质点的距离是变化的，就不能用上述公式来计算.

例9 设有一长度为l，质量为M的均匀细棒，另有一质量为m的质点和细棒在一条直线上，质点到细棒近端的距离为a.试计算细棒对质点的引力.

解 选取坐标系如图5.18所示，以x为积分变量，它的变化区间为[$0,l$].任取一小区间[$x,x+\mathrm{d}x$]，细棒小段的质量为$\frac{M}{l}\mathrm{d}x$.于是这一小段细棒对质点的引力

$$\Delta F\approx k\frac{m\cdot\frac{M}{l}\mathrm{d}x}{(x+a)^2},$$

故引力元素

$$\mathrm{d}F=k\frac{m\cdot\frac{M}{l}}{(x+a)^2}\mathrm{d}x,$$

所以细棒对质点的引力

$$F=\int_0^l k\frac{m\cdot\dfrac{M}{l}}{(x+a)^2}\mathrm{d}x=\frac{kmM}{l}\int_0^l\frac{1}{(x+a)^2}\mathrm{d}x=\frac{kmM}{a(l+a)}.$$

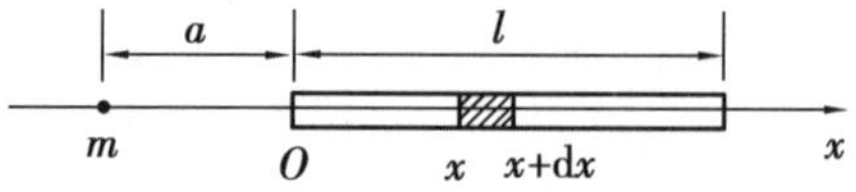

图 5.18

5.5.4 定积分在经济学上的应用

1)已知边际函数求总量函数

设固定成本为 C_0,边际成本为 $C'(Q)$,边际收益为 $R'(Q)$,其中 Q 为产量 = 需求量 = 销量,则总成本函数

$$C(Q)=\int_0^Q C'(t)\mathrm{d}t+C_0,$$

总收益函数

$$R(Q)=\int_0^Q R'(t)\mathrm{d}t,$$

总利润函数

$$L(Q)=\int_0^Q[R'(t)-C'(t)]\mathrm{d}t-C_0.$$

例 10 若一企业生产某产品的边际成本是产量 x 的函数

$$C'(x)=2\mathrm{e}^{0.2x}.$$

固定成本 $C_0=90$,求总成本函数.

解

$$\begin{aligned}C(x)&=\int_0^x C'(t)\mathrm{d}t+C_0\\&=\int_0^x 2\mathrm{e}^{0.2t}\mathrm{d}t+90=\frac{2}{0.2}(\mathrm{e}^{0.2x}-1)+90.\end{aligned}$$

于是,所求总成本函数为

$$C(x)=10\mathrm{e}^{0.2x}+80.$$

例 11 设生产某产品 x 单位时的边际收入为

$$R'(x)=10-2x(\text{元/单位})$$

求生产 40 单位时的总收入及平均收入,并求再增加生产 10 单位时所增加的总收入.

解 利用积分上限函数的表示式,可直接求出

$$R(40) = \int_0^{40}(100 - 2x)\mathrm{d}x = [100x - x^2]_0^{40} = 2\ 400(\text{元}).$$

平均收入是

$$\frac{R(40)}{40} = \frac{2\ 400}{40} = 60(\text{元}).$$

在生产40个单位后再生产10个单位所增加的总收入可由增量公式求得:

$$\Delta R = R(50) - R(40) = \int_{40}^{50} R'(q)\mathrm{d}q = [100q - q^2]_{40}^{50} = 100(\text{元}).$$

例12 已知某产品的边际收入 $R'(x) = 25 - 2x$,边际成本 $C'(x) = 13 - 4x$,固定成本 $C_0 = 10$,求当 $x = 5$ 时的毛利和纯利(毛利是包含固定成本的利润,而纯利即不包含固定成本的利润).

解 由边际利润的表达式,有

$$L'(x) = R'(x) - C'(x) = (25 - 2x) - (13 - 4x) = 12 + 2x,$$

从而可求得当 $x = 5$ 时的毛利为

$$\int_0^5 L'(t)\mathrm{d}t = \int_0^5 (12 + 2t)\mathrm{d}t = [12t + t^2]_0^5 = 85;$$

当 $x = 5$ 时的纯利为

$$L(5) = \int_0^5 L'(t)\mathrm{d}t - C_0 = 85 - 10 = 75.$$

2)资金现值与投资问题

假设本金为 A_0 元,年利率为 r,存款期限为 t 年,t 年后的本利和称为 t 年后的期末价值.

如按单利计息,t 年后的期末价值为 $A_0(1 + tr)$;

如按复利计息,t 年后的期末价值为 $A_0(1 + r)^t$;

如按连续复利计息,即将一年分为 m 次计算复利,且 $m\to\infty$,则 t 年后的期末价值为

$$\lim_{m\to\infty} A_0\left(1 + \frac{r}{m}\right)^{mt} = \lim_{m\to\infty} A_0\left[\left(1 + \frac{r}{m}\right)^{\frac{m}{r}}\right]^{rt} = A_0\mathrm{e}^{rt}.$$

如果 t 年后的期末价值为 a,其现值即贴现价值 A_0 为多少?

设年利率为 r,如按一年计算复利一次,$a = A_0(1 + r)^t$,故 a 的贴现价值 $A_0 = a(1 + r)^{-t}$;

如按连续复利计息,则 $A_0 = a\mathrm{e}^{-rt}$.

如果收入或支出不是一次实现的,而是在每个时间周期内连续、均匀地收入或支出一个固定的数额 a,则称此类收入或支出为**均匀收支流**,a 称为收入或支出的流量. 如果收入或支出的流量不是常数 a,而是 t 的函数 $a(t)$,这时称为**非均匀收支流**.

设 r 表示一周期利率(若周期为年,r 就是年利率)并按连续复利计息. 这个收入(或支出)共延续了 T 个周期:

(1)如果按连续复利计息,在时间间隔 $[0,T]$ 中总收入(或支出)的贴现价值为 N,则

$$N=\int_0^T a(t)\mathrm{e}^{-rt}\mathrm{d}t.$$

如果 $a(t)=a$,则

$$N=\int_0^T a\mathrm{e}^{-rt}\mathrm{d}t=\frac{a}{r}(1-\mathrm{e}^{-rT}).$$

如有一笔投资 I 而得到一均匀的收入流 a,则这笔投资产生的纯收入的贴现价值 P 为

$$P=N-I=\frac{a}{r}(1-\mathrm{e}^{-Tr})-I.$$

当 $N=I$,表示投资回收了. 故投资回收期有以下公式:

$$T=\frac{1}{r}\ln\frac{a}{a-2r}.$$

(2)如果按复利计息(非连续复利),则 T 期总收入的贴现价值

$$N=a(1+r)^{-1}+a(1+r)^{-2}+\cdots+a(1+r)^{-T}=\frac{a[(1+r)^T-1]}{r(1+r)^T}.$$

例 13 设有一辆轿车,售价 14 万元. 现某人分期支付购买,准备 20 年付清,按年利率 5% 的连续复利计息,问每年应支付多少元?

解 设每年付款数相同为 a 万元,$T=20$,全部付款的总现值(总贴现值)$M=14$(万元),$r=0.05$,于是,由

$$14=\int_0^{20} a\mathrm{e}^{-0.05t}\mathrm{d}t$$

得 $a\approx 1.100\,6$ 万元,即每年付款 11 006 元.

例 14 有一个大型投资项目,投资成本为 $A=10\,000$(万元),投资年利率为 5%,每年的均匀收入率 $a=2\,000$(万元),求该投资为无限期时的纯收入的贴现值(或称为投资的资本价值).

解 由题设条件可知,收入率 $a=2\,000$(万元),年利率 $r=5\%$,故无限期投资的总收入的贴现值为

$$y=\int_0^{+\infty} a\mathrm{e}^{-rt}\mathrm{d}t=\int_0^{+\infty}2\,000\mathrm{e}^{-0.05t}\mathrm{d}t=\lim_{b\to+\infty}\int_0^b 2\,000\mathrm{e}^{-0.05t}\mathrm{d}t$$

$$=\lim_{b\to+\infty}\frac{2\,000}{0.05}[1-\mathrm{e}^{-0.05b}]=2\,000\times\frac{1}{0.05}=40\,000(\text{万元}),$$

从而投资为无限期的纯收入贴现值为

$$R=y-A=40\,000-10\,000=30\,000(\text{万元})=3(\text{亿元}).$$

即投资为无限期的纯收入的贴现值为 3 亿元.

习题 5.5

1. 求由下列各曲线所围图形的面积：

(1) $y=\sqrt{x}, y=x$；　　(2) $y=e^x, x=0, y=e$；

(3) $y=3-x^2, y=2x$；　　(4) $y=\frac{1}{x}, y=x, x=2$；

(5) $y=e^x, y=e^{-x}, x=1$；　　(6) $y=x^2, y=x, y=2x$.

2. 求由抛物线 $y=-x^2+4x-3$ 及其在点 $(0,-3)$ 和 $(3,0)$ 处的切线所围成图形的面积.

3. 求由下列各曲线所围成图形的面积.

(1) $r=2a\cos\theta(a>0)$；

(2) $x=a\cos^3 t, y=a\sin^3 t(a>0)$.

4. 求下列各题中的曲线所围成平面图形绕指定轴旋转形成旋转体的体积.

(1) $y=x^3, y=0, x=2$ 绕 x 轴、y 轴；

(2) $y=x^2, x=y^2$ 绕 y 轴.

5. 求曲线 $xy=a(a>0)$ 与直线 $x=a, x=2a$ 及 x 轴所围成的图形，绕 x 轴旋转一周产生的旋转体的体积. 又若这图形绕 y 轴旋转，则体积为多少？

6. 半径为 2 m 的圆柱形水池中充满了水，现在要从池中吸出，使水面下降 5 m，问需要做多少功？

7. 边长为 a 和 b 的矩形薄板，与液面成 $\alpha(0°<\alpha<90°)$ 角斜沉于液体中. 设 $a>b$，长边平行于液面，上沿位于深 h 处，液体的比重为 v，试求薄板一侧所受的静压力.

8. 设有一长度为 m，质量为 M 的均匀直棒，在它的中垂线上距离为 a 单位处有一质量为 m 的质点，求该棒对质点的引力.

9. 某产品需求量 q 是价格 p 的函数，最大需求量 1 000. 已知边际需求为

$$q'(p)=\frac{20}{p+1},$$

试求需求与价格的函数关系.

10. 已知边际成本 $C'(q)=25+30q-9q^2$，固定成本为55，试求总成本 $C(q)$ 及平均成本.

11. 已知边际收入 $C'(q)=3-0.2q$，q 为销售量. 求总收入函数 $R(q)$，并确定最高收入的大小.

12. 已知某产品生产 q 单位时，总收益 R 的变化率（边际收益）为

$$R'(q)=200-\frac{q}{100}.$$

(1) 求生产了 50 单位时的总收益；

(2) 如果已经生产了 100 单位，求再生产 100 单位时的总收益.

本章小结

一、牛顿-莱布尼茨公式

(1)变上限函数求导公式:如果函数$f(x)$在区间$[a,b]$上连续,则函数$\Phi(x)=\int_a^x f(x)\mathrm{d}x$在$[a,b]$上具有导数,并且它的导数为

$$\Phi'(x)=\frac{\mathrm{d}}{\mathrm{d}x}\int_a^x f(t)\mathrm{d}t=f(x)(a\leqslant x\leqslant b)$$

(2)N-L 公式:如果函数$F(x)$是连续函数$f(x)$在区间$[a,b]$上的一个原函数,则

$$\int_a^b f(x)\mathrm{d}x=F(b)-F(a).$$

此公式称为牛顿-莱布尼茨公式,也称为微积分基本公式.

二、定积分的性质

两点规定:

(1)当$a=b$时,$\int_a^b f(x)\mathrm{d}x=0.$

(2)当$a>b$时,$\int_a^b f(x)\mathrm{d}x=-\int_b^a f(x)\mathrm{d}x.$

性质1 函数的和(差)的定积分等于它们的定积分的和(差) 即

$$\int_a^b[f(x)\pm g(x)]\mathrm{d}x=\int_a^b f(x)\mathrm{d}x\pm\int_a^b g(x)\mathrm{d}x$$

性质2 被积函数的常数因子可以提到积分号外面 即

$$\int_a^b kf(x)\mathrm{d}x=k\int_a^b f(x)\mathrm{d}x$$

性质3 如果将积分区间分成两部分,则在整个区间上的定积分等于这两部分区间上定积分之和, 即

$$\int_a^b f(x)\mathrm{d}x=\int_a^c f(x)\mathrm{d}x+\int_c^b f(x)\mathrm{d}x$$

性质4 如果在区间$[a,b]$上$f(x)\equiv 1$,则$\int_a^b 1\mathrm{d}x=\int_a^b \mathrm{d}x=b-a.$

性质5 如果在区间$[a,b]$上$f(x)\geqslant 0$,则$\int_a^b f(x)\mathrm{d}x\geqslant 0(a<b).$

推论1 如果在区间$[a,b]$上$f(x)\leqslant g(x)$,则$\int_a^b f(x)\mathrm{d}x\leqslant\int_a^b g(x)\mathrm{d}x(a<b).$

推论2 $\left|\int_a^b f(x)\mathrm{d}x\right|\leqslant\int_a^b|f(x)|\mathrm{d}x(a<b).$

性质6 设M及m分别是函数$f(x)$在区间$[a,b]$上的最大值及最小值,则

$$m(b-a)\leqslant\int_a^b f(x)\mathrm{d}x\leqslant M(b-a)(a<b).$$

性质7(定积分中值定理) 如果函数$f(x)$在闭区间$[a,b]$上连续,则在积分区间$[a,b]$上至少存在一个点ξ,使下式成立:

$$\int_a^b f(x)\mathrm{d}x = f(\xi)(b-a).$$

这个公式叫作积分中值公式.

三、定积分的积分方法

(1)换元积分法:换元必换限,配元不换限.

(2)分部积分法:设函数$u(x)$、$v(x)$在区间$[a,b]$上具有连续导数,则有

$$\int_a^b u\mathrm{d}v = [uv]_a^b - \int_a^b v\mathrm{d}u.$$

四、广义积分

(1)无穷区间上的广义积分:

$$\int_a^{+\infty} f(x)\mathrm{d}x = \lim_{b\to+\infty}\int_a^b f(x)\mathrm{d}x$$

$$\int_{-\infty}^b f(x)\mathrm{d}x = \lim_{a\to-\infty}\int_a^b f(x)\mathrm{d}x$$

$$\int_{-\infty}^{+\infty} f(x)\mathrm{d}x = \int_{-\infty}^0 f(x)\mathrm{d}x + \int_0^{+\infty} f(x)\mathrm{d}x = \lim_{a\to-\infty}\int_a^0 f(x)\mathrm{d}x + \lim_{b\to+\infty}\int_0^b f(x)\mathrm{d}x$$

(2)无界函数的广义积分:

设函数$f(x)$在区间$(a,b]$上连续,而在点a的右邻域内无界,则$\int_a^b f(x)\mathrm{d}x = \lim_{t\to a^+}\int_t^b f(x)\mathrm{d}x$;

设函数$f(x)$在区间$[a,b)$上连续,而在点b的左邻域内无界,则$\int_a^b f(x)\mathrm{d}x = \lim_{t\to b^-}\int_a^t f(x)\mathrm{d}x$;

设函数$f(x)$在区间$[a,b]$上除点$c(a<c<b)$外连续,而在点c的邻域内无界,则定义

$$\int_a^b f(x)\mathrm{d}x = \int_a^c f(x)\mathrm{d}x + \int_c^b f(x)\mathrm{d}x.$$

五、定积分的应用

(1)用定积分求一个分布在某区间上的整体量Q的步骤.

①先用微分分析法求出它的微分表达式$\mathrm{d}Q$. 一般微分的几何形状有条、段、环、带、扇、片、壳等.

②然后用定积分来表示整体量Q,并计算.

(2)定积分的应用.

定积分可应用于求平面图形的面积、旋转体的体积、变力做功和液体压力,或在已知某经济函数的变化率或边际函数时,求总量或总量函数在一定范围内的增量.

1)求平面图形面积公式

①由曲线$y=f(x)$,$y=g(x)$及直线$x=a$,$x=b$所围成的平面图形面积为

$$A = \int_a^b |f(x)-g(x)|\mathrm{d}x.$$

②由曲线 $r=r(\theta)$ 及射线 $\theta=\alpha,\theta=\beta$ 所围成的平面图形面积为

$$A=\frac{1}{2}\int_{\alpha}^{\beta}[r(\theta)]^2\mathrm{d}\theta.$$

2)求体积

①由曲线 $y=f(x)$，及直线 $x=a,x=b$ 和 x 轴所围成的曲边梯形绕 x 轴旋转一周而成的旋转体体积为

$$V=\pi\int_a^b[f(x)]^2\mathrm{d}x.$$

②定轴为 x 轴，立体处于过点 $x=a,x=b$ 且垂直于 x 轴的两个平面之间，过点 x 且垂直于 x 轴的截面面积为 $A(x)$，体积为

$$V=\int_a^b A(x)\mathrm{d}x.$$

3)求总量函数

设固定成本为 C_0，边际成本为 $C'(x)$，边际收益为 $R'(x)$，其中 x 为产量，则

总成本函数为 $$C(x)=\int_0^x C'(t)\mathrm{d}t+C_0,$$

总收益函数为 $$R(x)=\int_0^x R'(t)\mathrm{d}t,$$

总利润函数为 $$L(x)=\int_0^x[R'(t)-C'(t)]\mathrm{d}t-C_0.$$

总习题 5

总习题 5 答案解析

一、填空题

1. 设函数 $f(x)$ 在 $[a,b]$ 上连续，则 $\int_a^b f(x)\mathrm{d}x-\int_a^b f(t)\mathrm{d}t=$________.

2. 设函数 $f(x)$ 在 $[a,b]$ 上可导，且 $f(a)=A,f(b)=B$，则 $\int_a^b f(x)f'(x)\mathrm{d}x=$________.

3. 设在 $[a,+\infty)$ 上 $f(x)\geqslant 0$，对任意 $t>a$，$f(x)$ 在 $[a,t]$ 上可积，且 $F(t)=\int_a^t f(x)\mathrm{d}x$ 有界，则无穷积分 $\int_a^{+\infty}f(x)\mathrm{d}x$ 一定________.

4. 设 $y=f(x)$ 由 $\int_0^y \mathrm{e}^t\mathrm{d}t+\int_0^x\cos t\mathrm{d}t=0$ 确定，则 $f'(x)=$________.

5. 当 $x=$________时，函数 $I(x)=\int_0^x t\mathrm{e}^{-t^2}\mathrm{d}t$ 有极值.

6. 位于曲线 $y=\frac{1}{1+x^2}$ 下方，x 轴上方的无界图形的面积为________.

7. 曲线 $y=\cos x\left(0\leqslant x\leqslant\frac{\pi}{2}\right)$ 与 x 轴、y 轴所围图形的面积为________.

8. $\int_{-\infty}^{1} \frac{1}{x^2+2x+5}\mathrm{d}x =$ ________.

二、单项选择题

1. 设$f(x)$是连续的偶函数,$a>0$,则$\int_{-a}^{a} f(x)\mathrm{d}x =$ (　　).

A. 0　　B. $\int_{0}^{a} f(x)\mathrm{d}x$　　C. $\int_{-a}^{0} f(x)\mathrm{d}x$　　D. $2\int_{-a}^{0} f(x)\mathrm{d}x$

2. 设$\phi(x) = \int_{a}^{x^3} f(t)\mathrm{d}t$,则$\phi'(x) =$ (　　).

A. $f(x)$　　B. $3x^2f(x^3)$　　C. $3x^2f(x)$　　D. $f(x^3)$

3. 由对称性,积分(　　)为零.

A. $\int_{-1}^{1} x\ln\frac{2+x}{2-x}\mathrm{d}x$　　B. $\int_{-\infty}^{+\infty} \frac{x}{\sqrt{1+x^2}}\mathrm{d}x$

C. $\int_{-1}^{1} \frac{1}{x^2}\mathrm{d}x$　　D. $\int_{-\frac{\pi}{2}}^{\frac{\pi}{2}} \sin^{99}x\mathrm{d}x$

4. 若$\int_{0}^{k}(2x-3x^2)\mathrm{d}x = 0$,则$k =$ (　　).

A. 0 或 1　　B. 1　　C. -1　　D. 0

5. 设$f(x)$连续,则下列各式正确的是(　　).

A. $\frac{\mathrm{d}}{\mathrm{d}x}\int_{a}^{b} f(x)\mathrm{d}x = f(x)$　　B. $\frac{\mathrm{d}}{\mathrm{d}x}\int_{b}^{a} f(x)\mathrm{d}x = f(x)$

C. $\frac{\mathrm{d}}{\mathrm{d}x}\int_{a}^{x} f(x)\mathrm{d}x = f(x)$　　D. $\frac{\mathrm{d}}{\mathrm{d}x}\int_{x}^{b} f(x)\mathrm{d}x = f(x)$

6. 无穷积分(　　)收敛.

A. $\int_{2}^{+\infty} \frac{1}{x}\mathrm{d}x$　　B. $\int_{2}^{+\infty} \frac{1}{x\ln x}\mathrm{d}x$

C. $\int_{2}^{+\infty} \frac{1}{x(\ln x)^2}\mathrm{d}x$　　D. $\int_{2}^{+\infty} \frac{\ln x}{x}\mathrm{d}x$

7. 设二阶可导函数$f(x)$满足$f(-1)=f(1)=1$,$f(0)=-1$ 且$f''(x)>0$,则(　　).

A. $\int_{-1}^{1} f(x)\mathrm{d}x > 0$　　B. $\int_{-1}^{1} f(x)\mathrm{d}x < 0$

C. $\int_{-1}^{0} f(x)\mathrm{d}x > \int_{0}^{1} f(x)\mathrm{d}x$　　D. $\int_{-1}^{0} f(x)\mathrm{d}x < \int_{0}^{1} f(x)\mathrm{d}x$

8. 设函数$f(x) = \int_{0}^{x^2} \ln(2+t)\mathrm{d}t$,则$f'(x)$的零点个数为(　　).

A. 0　　B. 1　　C. 2　　D. 3

三、解答题

1. 求下列极限:

(1) $\lim\limits_{n\to\infty}\dfrac{1^p+2^p+\cdots+n^p}{n^{p+1}}(p>0)$; (2) $\lim\limits_{x\to+\infty}\dfrac{\int_0^x(\arctan t)^2\mathrm{d}t}{\sqrt{x^2+1}}$.

2. 计算下列积分:

(1) $\int_1^2\dfrac{1+x^2\mathrm{e}^{x^2}}{x}\mathrm{d}x$; (2) $\int_0^2\mathrm{e}^{\sqrt{x}}\mathrm{d}x$;

(3) $\int_0^{\frac{\pi}{2}}\sqrt{\cos x-\cos^3x}\,\mathrm{d}x$; (4) $\int_{\sqrt{2}}^2\dfrac{\mathrm{d}x}{x\sqrt{x^2-1}}$;

(5) $\int_1^{\mathrm{e}}\dfrac{\mathrm{d}x}{x\sqrt{1+\ln x}}$; (6) $\int_0^3\dfrac{\mathrm{d}x}{\sqrt[3]{3x-1}}$.

3. 求由曲线 $y=\ln x$, y 轴与直线 $y=\ln a$, $y=\ln b(b>a>0)$ 围成的平面图形的面积.

4. 已知平面图形由摆线 $x=t-\sin t$, $y=1-\cos t$ 的一拱 $(0\leqslant t\leqslant 2\pi)$ 与 x 轴围成,求

(1)图形的面积;

(2)图形绕 x 轴旋转所成旋转体的体积.

5. 设

$$f(x)=\begin{cases}2x+\dfrac{3}{2}x^2, & -1\leqslant x<0\\ \dfrac{x\mathrm{e}^x}{(\mathrm{e}^x+1)^2}, & 0\leqslant x\leqslant 1\end{cases}$$

求函数 $F(x)=\int_{-1}^x f(t)\mathrm{d}t$ 的表达式.

6. 过坐标原点作曲线 $y=\ln x$ 的切线,该切线与曲线 $y=\ln x$ 及 x 轴围成平面图形 D.

(1)求 D 的面积 A;

(2)求绕直线 $x=\mathrm{e}$ 旋转一周所得旋转体的体积 V.

第 5 章拓展阅读

拓展阅读(1) 牛顿与莱布尼茨简介

拓展阅读(2) 定积分中的思政元素

第 6 章　多元函数微积分

第 6 章学习导读

前面讨论的函数只含一个自变量,称为一元函数. 本章将介绍具有多个自变量的函数即多元函数的微积分. 从一元函数到二元函数会产生一些新的问题,而二元函数的有关理论和方法则不难推广到二元以上的多元函数中去,故讨论中以二元函数为主.

6.1　空间直角坐标系及多元函数的概念

6.1.1　空间直角坐标系

1) 空间直角坐标系

在空间任意取一定点 O,过点 O 作三条两两互相垂直的数轴,它们都以 O 为原点,且具有相同的长度单位. 这三条数轴分别称为 x **轴**、y **轴**和 z **轴**,统称为**坐标轴**. 这样的三条坐标轴就构成一个**空间直角坐标系**,点 O 称为**坐标原点**.

习惯上常将 x 轴和 y 轴置于水平面上,将 z 轴置于铅垂线上,并按**右手法则**规定三条坐标轴的正方向:用右手握住 z 轴,大拇指指向 z 轴的正向,其余四指从 x 轴正向以$\frac{\pi}{2}$的角度转向 y 轴正向,如图 6.1 所示.

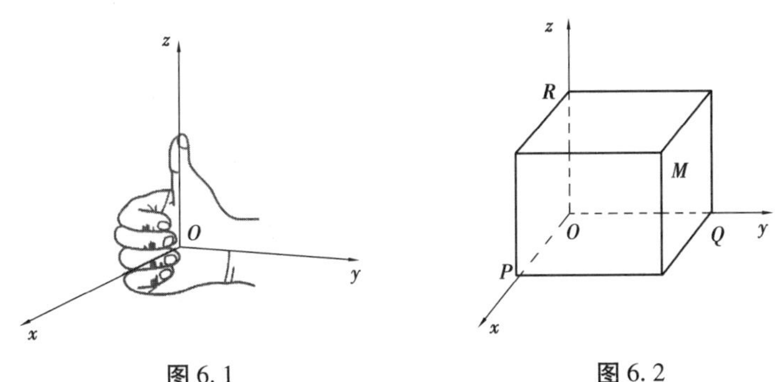

图 6.1　　　　图 6.2

对于空间中的任意一点 M,过点 M 分别作与 x 轴、y 轴和 z 轴垂直的平面,且与这些轴的交点依次为 P,Q,R,如图 6.2 所示. 设这三点在对应轴上的坐标依次为 x,y,z,则点 M 唯一地确定了一个三元有序数组(x,y,z). 反之,设(x,y,z)为一已知的三元有序数组,将这些数依次作为 x 轴、y 轴和 z 轴上点的坐标,则确定三点 P,Q,R,过这三点作其所在轴的垂直平面,得唯一交点 M,故有序数组(x,y,z)唯一地确定了空间一点 M. 这样,空间任意一点 M 就和一个三元有序数组(x,y,z)建立了一一对应关系. 三元有序数组(x,y,z)称为**点 M 的坐标**,记为 $M(x,y,z)$.

例如,坐标原点 O 的坐标为$(0,0,0)$,点 P 的坐标为$(x,0,0)$,点 Q 的坐标为$(0,y,0)$,点 R 的坐标为$(0,0,z)$.

三条坐标轴中任意两条都能确定一个平面,这些平面统称为**坐标平面**,分别称为 **xOy 平面**、**yOz 平面**和 **zOx 平面**. 三个坐标平面将空间分成八个部分,每个部分称为一个**卦限**. 在 xOy 平面上方有四个卦限,含有 x 轴、y 轴和 z 轴正半轴的那个卦限称为第一卦限,其他依次称第二、第三、第四卦限,按逆时针方向确定;在 xOy 平面下方有四个卦限,第一卦限下方的为第五卦限,其他依次为第六、第七、第八卦限,按逆时针方向确定,如图 6.3 所示.

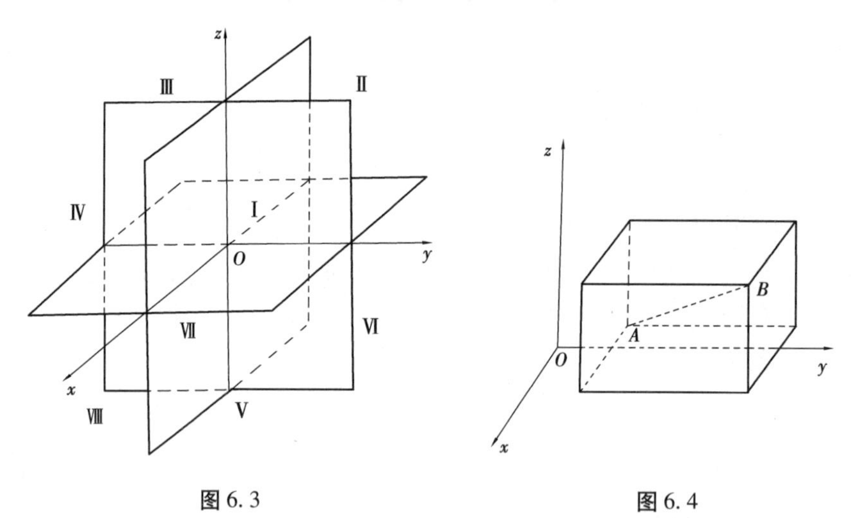

图 6.3　　　　图 6.4

设 $A(x_1,y_1,z_1)$,$B(x_2,y_2,z_2)$为空间中任意两点,过 A,B 两点各作三个平面分别垂直于三个坐标轴,得一以线段 AB 为对角线的长方体,如图 6.4 所示. 长方体各棱与坐标轴平行,其长度分别为$|x_2-x_1|$,$|y_2-y_1|$,$|z_2-z_1|$. 因此,由勾股定理知点 A 与点 B 之间的距离

$$|AB|=\sqrt{(x_2-x_1)^2+(y_2-y_1)^2+(z_2-z_1)^2}.$$

特别地,点 $M(x,y,z)$与原点 O 的距离

$$|OM|=\sqrt{x^2+y^2+z^2}.$$

2)空间曲面与方程

与平面解析几何中建立曲线与方程的对应关系一样,可以建立空间曲面与三元方程 $F(x,y,z)=0$ 的对应关系.

定义 1　如果方程 $F(x,y,z)=0$ 与曲面 S 存在关系:曲面 S 上的点的坐标(x,y,z)都满足方程 $F(x,y,z)=0$,且不在曲面 S 上的点的坐标(x,y,z)都不满足方程 $F(x,y,z)=0$,则方程 $F(x,y,z)=0$ 称为**曲面 S 的方程**,而曲面 S 称为**方程$F(x,y,z)=0$的图形**.

例1 求球心为点 $M_0(x_0,y_0,z_0)$、半径为 R 的球面的方程.

解 所求曲面是到定点 $M_0(x_0,y_0,z_0)$ 的距离等于 R 的动点 $M(x,y,z)$ 的集合,故 $|MM_0|=R$. 由距离公式有

$$\sqrt{(x-x_0)^2+(y-y_0)^2+(z-z_0)^2}=R,$$

两边平方得所求方程

$$(x-x_0)^2+(y-y_0)^2+(z-z_0)^2=R^2.$$

当 M_0 与坐标原点 O 重合时,球面(图6.5)方程为

$$x^2+y^2+z^2=R^2.$$

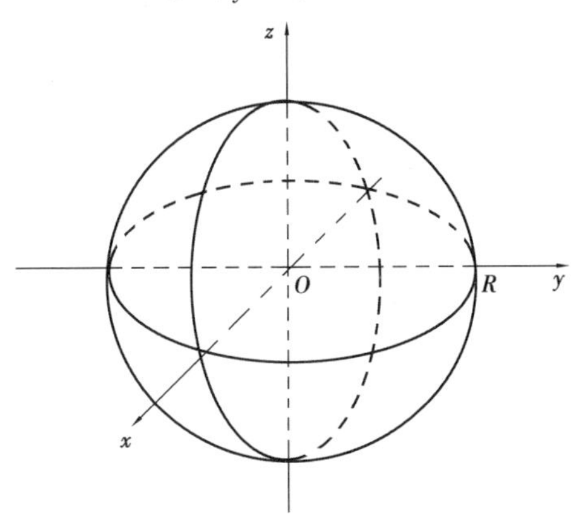

图6.5

例2 一平面平分并垂直于点 $M_1(1,-1,2)$ 和 $M_2(0,-2,-1)$ 间的线段,求平面方程.

解 所求平面就是与点 M_1 和 M_2 等距离点的集合. 设 $M(x,y,z)$ 为所求平面上的任意一点,则有 $|MM_1|=|MM_2|$,由距离公式

$$\sqrt{(x-1)^2+(y+1)^2+(z-2)^2}=\sqrt{(x-0)^2+(y+2)^2+(z+1)^2}$$

两边平方,然后化简得所求平面方程

$$2x+2y+6z-1=0.$$

可以证明,空间中任意一平面的方程为三元一次方程

$$Ax+By+Cz+D=0.$$

其中 A,B,C,D 均为常数,且 A,B,C 不全为0.

例3 研究曲面 $x^2+y^2=R^2$ 的形状.

解 方程 $x^2+y^2=R^2$ 在 xOy 平面上表示以原点为圆心,以 R 为半径的圆. 方程不含 z,意味着 z 可取任意值,只要 x 与 y 满足 $x^2+y^2=R^2$ 即可. 所以,这个方程表示的曲面是由平行于 z 轴的直线沿 xOy 平面上的圆 $x^2+y^2=R^2$ 移动而形成的**圆柱面**,如图6.6所示. xOy 平面上圆 $x^2+y^2=R^2$ 称为它的**准线**,平行于 z 轴的直线称为它的**母线**.

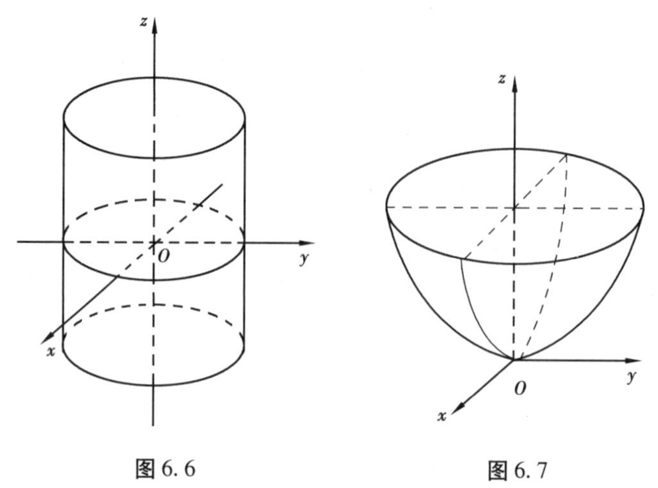

图 6.6　　图 6.7

例 4　研究曲面 $x^2+y^2=z$ 的形状.

解　用平面 $z=c$ 去截曲面 $x^2+y^2=z$,得空间曲线

$$\begin{cases}x^2+y^2=c\\z=c\end{cases}$$

当 $c>0$ 时,表示平面 $z=c$ 上以点 $(0,0,c)$ 为圆心,以 $\sqrt{c}$ 为半径的圆;

当 $c=0$ 时,得交点 $(0,0,0)$,表示平面 $z=0$ 与曲面只交于一点;

当 $c<0$ 时,平面与曲面无交点.

用平面 $x=a$ 和 $y=b$ 去截曲面,分别得到

$$\begin{cases}a^2+y^2=z\\x=a\end{cases}\text{和}\begin{cases}x^2+b^2=z\\y=b\end{cases}$$

均为抛物线.

称曲面 $x^2+y^2=z$ 为**旋转抛物面**,如图 6.7 所示.

6.1.2　平面点集

为了介绍二元函数的概念,有必要介绍有关平面点集的一些知识. 所谓**平面点集**,就是平面上具有某种性质 P 的点的集合.

1) 邻域

设 $P_0(x_0,y_0)$ 为 xOy 平面上一点,δ 是某一正数,平面上与点 P_0 的距离小于 δ 的点 $P(x,y)$ 的全体

$$\left\{(x,y)\mid\sqrt{(x-x_0)^2+(y-y_0)^2}<\delta\right\}$$

称为**点 P_0 的 δ 邻域**,记为 $U(P_0,\delta)$. 而

$$\{(x,y)\mid 0<\sqrt{(x-x_0)^2+(y-y_0)^2}<\delta\}$$

称为**点 P_0 的去心 δ 邻域**,记为$\mathring{U}(P_0,\delta)$.

几何上,$U(P_0,\delta)$就是平面上以点 P_0 为圆心、δ 为半径的圆内部.

如果不需要强调邻域的半径 δ,则用 $U(P_0)$表示 P_0 的某个邻域,用$\mathring{U}(P_0)$表示 P_0 的某个去心邻域.

2)区域

下面在邻域的基础上介绍有关平面点集的一些基本概念.

设 E 是一平面点集,P_0 是平面上的一点.

如果存在 P_0 的某个邻域 $U(P_0)$,使得 $U(P_0)\subset E$,则称 P_0 是 E 的**内点**,如图 6.8 中的 P_1;如果 E 的每个点都为它的内点,则称 E 为**开集**.

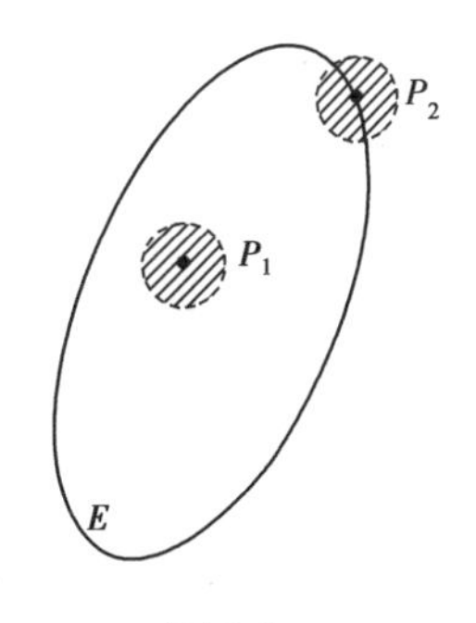

图 6.8

如果 P_0 的任意一个邻域 $U(P_0)$内既含有属于 E 的点,又含有不属于 E 的点,则称 P_0 是 E 的**边界点**,如图 6.8 中的 P_2;E 的边界点的全体称为 E 的**边界**.

显然,E 的边界点可以属于 E,也可以不属于 E.

开集连同它的边界一起构成的点集称为**闭集**.

如果点集 E 内的任意两点可以由折线连接起来,且该折线上的点都属于 E,则称 E 为**连通集**.

连通的开集称为**开区域**(简称**区域**);开区域连同它的边界一起构成的点集称为**闭区域**.

如果点集 E 能被包含在一个以原点为圆心、半径充分大的圆内,则称 E 为**有界集**,否则称为**无界集**.

例如,点集$\{(x,y)\mid x^2+y^2<2\}$是有界区域,而点集$\{(x,y)\mid x+y\geqslant 0\}$是无界闭区域.

最后简要介绍 n 维空间的概念.

n **维空间**是指 n 元有序实数组$(x_1,x_2,\cdots,x_n)$的全体构成的集合,记为 $\mathbf{R}^n$. 其中每一个 n 元有序实数组$(x_1,x_2,\cdots,x_n)$称为空间的**点**,数 $x_1,x_2,\cdots,x_n$ 称为这个点的**坐标**.

n 维空间的点 $M_1(x_1,x_2,\cdots,x_n)$与 $M_2(y_1,y_2,\cdots,y_n)$的**距离**定义为

$$\rho(M_1,M_2)=\sqrt{(x_1-y_1)^2+(x_2-y_2)^2+\cdots+(x_n-y_n)^2}.$$

在 n 维空间 $\mathbf{R}^n$ 中引入两点距离的定义后,前面讨论过的有关平面点集的一系列概念可以推广到 n 维空间中.

6.1.3 多元函数的概念

类似于一元函数的定义,有如下定义:

定义 2 设 D 是一个非空的平面点集,如果按照某一确定的对应法则 f,D 中每一点$(x,$

y)都有唯一的一个实数 z 与之对应,则称 f 是定义在 D 上的**二元函数**,记为

$$z=f(x,y),(x,y)\in D.$$

其中 D 称为函数的**定义域**,x,y 称为**自变量**,z 称为**因变量**.

D 中任一点(x,y)按对应法则 f 所对应的实数 z 称为函数 f 在点(x,y)的**函数值**,记为 $z=f(x,y)$. 所有函数值的集合

$$f(D)=\{z \mid z=f(x,y),(x,y)\in D\}$$

称为函数的**值域**.

类似可定义三元函数 $u=f(x,y,z),(x,y,z)\in D$ 以及三元以上的函数. 一般地,将定义中的平面点集 D 换成 n 维空间 $\mathbf{R}^n$ 中的点集 D,对应法则 f 就称为定义在 D 上的 **n 元函数**,记为

$$u=f(x_1,x_2,\cdots,x_n),(x_1,x_2,\cdots,x_n)\in D.$$

当 $n=2$ 或 $n=3$ 时,习惯上将点(x_1,x_2)与点(x_1,x_2,x_3)分别写成(x,y)与(x,y,z).

当 $n=1$ 时,n 元函数就是一元函数. 当 $n\geqslant 2$ 时,n 元函数统称为**多元函数**.

与一元函数类似,通常所说的多元函数定义域是指它的自然定义域,即是使表达式 $u=f(x_1,x_2,\cdots,x_n)$有意义的所有点$(x_1,x_2,\cdots,x_n)$构成的集合.

例 5 求下列函数的定义域:

求多元函数定义域举例

(1)$z=\ln(x+y)$;　　(2)$z=\ln(4-x^2-y^2)+\sqrt{x^2+y^2-1}$.

解 (1)要使表达式 $\ln(x+y)$有意义,必须有

$$x+y>0,$$

所以函数的定义域为

$$\{(x,y)\mid x+y>0\},$$

是一个无界开区域,如图 6.9 所示.

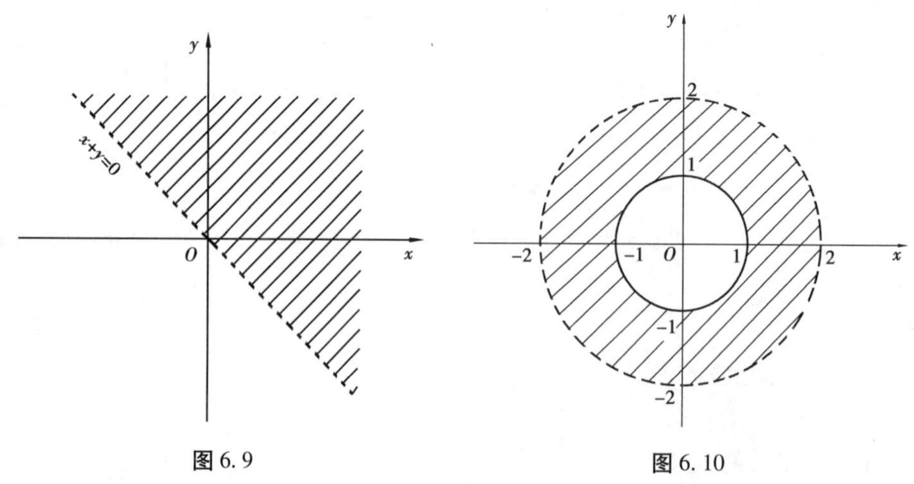

图 6.9　　图 6.10

(2)要使表达式 $\ln(4-x^2-y^2)$有意义,必须有

$$4-x^2-y^2>0,\text{即 } x^2+y^2<4;$$

要使表达式$\sqrt{x^2+y^2-1}$有意义,必须有

$$x^2+y^2-1\geqslant 0,\text{即 } x^2+y^2\geqslant 1;$$

从而定义域为

$$\{(x,y)\mid 1\leqslant x^2+y^2<4\}.$$

在 xOy 平面上表示以原点为圆心,半径分别为 1 和 2 的两同心圆所围成(包含内圆 $x^2+y^2=1$,不包含外圆 $x^2+y^2=4$)的圆环,如图 6.10 所示.

类似一元函数,称空间点集

$$\{(x,y,z)\mid z=f(x,y),(x,y)\in D\}$$

为二元函数 $z=f(x,y),(x,y)\in D$ 的**图形**. 通常,二元函数的图形是空间中的一张曲面.

例如,二元函数 $z=\sqrt{1-x^2-y^2}$ 的图形就是个球心在坐标原点、半径为 1 的上半球面,如图 6.11 所示.

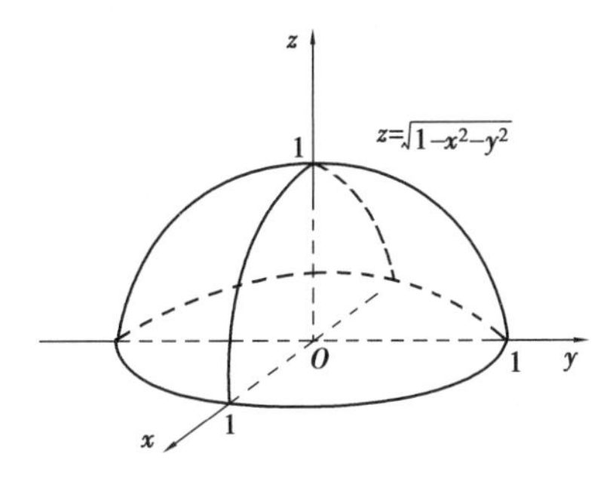

图 6.11

习题 6.1

1. 求点 $M(4,-3,5)$ 到坐标原点、各坐标轴的距离.

2. 求 x 轴上一点 M,使它到点 $P(1,3,-4)$ 的距离为 5.

3. 设点 $A(2,-1,1),B(3,0,-2)$,求线段 AB 的垂直平分面方程.

4. 证明以点 $A(1,-1,3),B(2,1,0)$ 和 $C(4,2,6)$ 为顶点的三角形是直角三角形.

5. 求下列函数的定义域,并画出定义域的图形.

(1) $z=\sqrt{x-y}$;

(2) $z=\sqrt{xy}$;

(3) $z=\sqrt{y-x^2}+\sqrt{2-x-y}$;

(4) $z=\ln(y^2-4x+8)$;

(5) $z=\dfrac{x^2+y^2}{x^2-y^2}$;

(6) $z=\arcsin\dfrac{y}{x}$;

(7) $u=\dfrac{1}{\sqrt{x}}+\dfrac{1}{\sqrt{y}}+\dfrac{1}{\sqrt{z}}$;

(8) $u=\sqrt{R^2-x^2-y^2-z^2}+\sqrt{x^2+y^2+z^2-r^2}\quad(R>r>0)$.

6. 设函数 $f(x,y)=x^3-2xy+3y^2$,求:

(1) $f(-2,3)$;　　(2) $f(x+y,x-y)$.

6.2　多元函数的极限与连续

求多元函数的极限举例

6.2.1　多元函数的极限

先讨论二元函数 $z=f(x,y)$ 当点 $P(x,y)$ 趋近于点 $P_0(x_0,y_0)$ 时的极限. 与一元函数的极限概念类似,如果当 $P(x,y)$ 以任意方式趋近于 $P_0(x_0,y_0)$ 时,对应的函数值 $f(x,y)$ 都趋近于一个确定的常数 A,则称 A 为函数 $f(x,y)$ 当 $P(x,y)$ 趋于 $P_0(x_0,y_0)$ 时的极限. 其严格定义如下:

定义 1　设函数 $z=f(x,y)$ 的定义域为 D, A 为某一常数. 如果对任意给定的正数 ε,总存在正数 δ,使得对 D 内的所有满足

$$0<\sqrt{(x-x_0)^2+(y-y_0)^2}<\delta$$

的点 $P(x,y)$,对应的函数值满足

$$|f(x,y)-A|<\varepsilon,$$

则称 A 为函数 $f(x,y)$ 当 (x,y) 趋于 (x_0,y_0) 时的**极限**. 记为

$$\lim_{(x,y)\to(x_0,y_0)} f(x,y)=A.$$

定义中 $P_0(x_0,y_0)$ 可以是 $f(x,y)$ 定义域的内点,也可以是边界点. 唯一要求是,任何时候点 $P(x,y)$ 都要留在 $f(x,y)$ 的定义域内.

二元函数极限的定义在形式上与一元函数极限的定义没有多大的区别,但二元函数的极限较一元函数要复杂得多,因为它要求点 $P(x,y)$ 以任何方式或沿任何路径趋于点 $P_0(x_0,y_0)$ 时,函数值 $f(x,y)$ 都趋于同一个常数 A. 因此,如果 $P(x,y)$ 沿两条不同的路径趋于点 $P_0(x_0,y_0)$ 时, $f(x,y)$ 趋于不同的值,则可以断定函数的极限不存在.

例 1　讨论二元函数

$$f(x,y)=\begin{cases}1, & xy\neq 0\\ 0, & xy=0\end{cases}$$

当 (x,y) 趋于 $(0,0)$ 时的极限.

解　使点 (x,y) 沿着不同的路径趋于点 $(0,0)$.

令 $y=x$,即当 (x,y) 沿直线 $y=x$ 趋于 $(0,0)$ 时,有

$$\lim_{\substack{(x,y)\to(0,0)\\ y=x}} f(x,y)=\lim_{x\to 0}1=1.$$

又令 $y=0$，即当 (x,y) 沿直线 $y=0$ 趋于 $(0,0)$ 时，有

$$\lim_{\substack{(x,y)\to(0,0)\\ y=0}} f(x,y)=\lim_{x\to 0}0=0.$$

可见，沿不同的路径 $f(x,y)$ 趋于不同的值，因此所讨论的极限不存在.

以上关于二元函数的极限概念可相应地推广到 n 元函数上去.

多元函数极限具有与一元函数极限相类似的性质，一元函数关于极限的运算法则对多元函数仍适用.

6.2.2 多元函数的连续性

有了多元函数的极限概念，就可以定义多元函数的连续性.

定义2 设二元函数 $z=f(x,y)$ 在点 (x_0,y_0) 有定义，如果

$$\lim_{(x,y)\to(x_0,y_0)} f(x,y)=f(x_0,y_0),$$

则称函数 $f(x,y)$ 在点 (x_0,y_0) 处**连续**，并称点 (x_0,y_0) 为函数 $f(x,y)$ 的**连续点**.

如果函数 $f(x,y)$ 在区域 D 的每一点处都连续，则称函数 $f(x,y)$ 在 D 内连续，或者称 $f(x,y)$ 是 D 内的**连续函数**.

以上关于二元函数的连续性概念，可相应推广到 n 元函数上去.

对于多元函数的连续性，有以下结论：

(1)一元基本初等函数看成二元函数或二元以上的多元函数时，它们在各自的定义域内都是连续的.

例如，$f(x,y)=\sin x$ 和 $g(x,y)=\mathrm{e}^x$ 都是 $\mathbf{R}^2$ 上的连续函数.

(2)与一元函数完全类似，多元连续函数的和、差、积、商(分母不为零处)以及复合函数都是连续函数.

(3)一切多元初等函数在其定义区域内都是连续的.

这里的定义区域是指包含在定义域内的区域或闭区域. 而**多元初等函数**是指可用一个式子表示的函数，这个式子是由常数及不同自变量的一元基本初等函数经过有限次四则运算和复合运算得到的. 例如 $\sin(x+y)$，$\ln(1+x^2+y^2)$ 等.

(4)由多元初等函数的连续性可知，如果点 P_0 在多元初等函数 $f(P)$ 的定义区域内，则

$$\lim_{P\to P_0} f(P)=f(P_0).$$

例2 求极限 $\lim\limits_{(x,y)\to(0,0)}\dfrac{\cos(xy)}{1+x-2y}$.

解 二元初等函数 $f(x,y)=\dfrac{\cos(xy)}{1+x-2y}$ 的定义域 $D=\{(x,y)\mid 1+x-2y\neq 0\}$，点 $(0,0)$ 是其内的一点，因此

$$\lim_{(x,y)\to(0,0)}\frac{\cos(xy)}{1+x-2y}=f(0,0)=1.$$

例 3 求极限 $\lim\limits_{(x,y)\to(0,0)}\dfrac{\sqrt{xy+1}-1}{xy}$.

解
$$\lim_{(x,y)\to(0,0)}\frac{\sqrt{xy+1}-1}{xy}=\lim_{(x,y)\to(0,0)}\frac{xy+1-1}{xy(\sqrt{xy+1}+1)}=\lim_{(x,y)\to(0,0)}\frac{1}{\sqrt{xy+1}+1}=\frac{1}{2}.$$

例 4 求极限 $\lim\limits_{(x,y)\to(0,0)}xy\sin\dfrac{1}{x^2+y^2}$.

解 因为

$$\lim_{(x,y)\to(0,0)}xy=0,\left|\sin\frac{1}{x^2+y^2}\right|\leqslant 1,$$

所以

$$\lim_{(x,y)\to(0,0)}xy\sin\frac{1}{x^2+y^2}=0.$$

有界闭区域上的二元连续函数也有闭区间上的一元连续函数的类似性质.例如,有界闭区域上的二元连续函数必定有界,且取得最大值和最小值.

习题 6.2

1. 求下列函数的极限:

(1) $\lim\limits_{(x,y)\to(2,0)}\dfrac{x^2+xy+y^2}{x+y}$;

(2) $\lim\limits_{(x,y)\to(0,0)}\dfrac{x^2+y^2}{\sqrt{1+x^2+y^2}-1}$;

(3) $\lim\limits_{(x,y)\to(1,0)}\dfrac{\ln(x+e^y)}{x^2+y^2}$;

(4) $\lim\limits_{(x,y)\to(0,0)}\dfrac{\sqrt{1+xy}-1}{\sqrt{x^2+y^2}}$;

(5) $\lim\limits_{(x,y)\to(0,0)}\dfrac{(2+x)\sin(x^2+y^2)}{x^2+y^2}$;

(6) $\lim\limits_{(x,y)\to(0,0)}\sqrt{x^2+y^2}\sin\dfrac{1}{x^2+y^2}$;

(7) $\lim\limits_{(x,y)\to(2,0)}\dfrac{\tan(xy)}{y}$;

(8) $\lim\limits_{(x,y)\to(0,0)}\dfrac{xy}{\sqrt{2-e^{xy}}-1}$.

2. 讨论函数

$$f(x,y)=\begin{cases}\dfrac{xy}{2-\sqrt{4+xy}}, & xy\neq 0\\ 4, & xy=0\end{cases}$$

在点(0,0),(1,0)及(1,2)处的连续性.

3. 讨论下列极限是否存在:

(1) $\lim\limits_{(x,y)\to(0,0)}\frac{x+y}{x-y}$;　　(2) $\lim\limits_{(x,y)\to(0,0)}\frac{x^2y^2}{x^2y^2+(x-y)^2}$.

6.3 偏导数与全微分

6.3.1 偏导数

一元函数 $y=f(x)$ 的导数就是函数的变化率,描述了当自变量变化时,函数的变化情况. 对于二元函数 $z=f(x,y)$,当 x,y 同时变化时,函数的变化情况较为复杂. 为此,先讨论二元函数关于其中一个自变量的变化率.

定义1 设函数 $z=f(x,y)$ 在点 (x_0,y_0) 的某个邻域内有定义,如果将 y 固定在 y_0 时,一元函数 $f(x,y_0)$ 在点 x_0 处可导,即极限

$$\lim_{\Delta x\to 0}\frac{f(x_0+\Delta x,y_0)-f(x_0,y_0)}{\Delta x}$$

存在,则称此极限为函数 $z=f(x,y)$ 在点 (x_0,y_0) 处**对 x 的偏导数**,记为

$$\left.\frac{\partial z}{\partial x}\right|_{\substack{x=x_0\\y=y_0}},\ \left.\frac{\partial f}{\partial x}\right|_{\substack{x=x_0\\y=y_0}},\ f_x(x_0,y_0)\text{或}f'_1(x_0,y_0).$$

类似地,将一元函数 $f(x_0,y)$ 在点 y_0 处的导数定义为函数 $z=f(x,y)$ 在点 (x_0,y_0) 处**对 y 的偏导数**,记为

$$\left.\frac{\partial z}{\partial y}\right|_{\substack{x=x_0\\y=y_0}},\ \left.\frac{\partial f}{\partial y}\right|_{\substack{x=x_0\\y=y_0}},\ f_y(x_0,y_0)\text{或}f'_2(x_0,y_0),$$

即

$$\left.\frac{\partial z}{\partial y}\right|_{\substack{x=x_0\\y=y_0}}=\lim_{\Delta y\to 0}\frac{f(x_0,y_0+\Delta y)-f(x_0,y_0)}{\Delta y}.$$

如果函数 $z=f(x,y)$ 在区域 D 内每一点 (x,y) 处对 x(或对 y)的偏导数都存在,这个偏导数就是 x,y 的函数,称为函数 $z=f(x,y)$ **对 x(或对 y)的偏导函数**,记为

$$\frac{\partial z}{\partial x},\ \frac{\partial f}{\partial x},\ f_x,\ f'_1\left(\text{或}\ \frac{\partial z}{\partial y},\ \frac{\partial f}{\partial y},\ f_y,\ f'_2\right).$$

一般地,在不致混淆的情况下,偏导函数简称为偏导数. 偏导数的概念可推广到二元以上的多元函数的情况.

根据定义,求函数对某一自变量的偏导数时,只要将其余自变量都看成常数,然后求这"一元"函数对这一自变量的导数. 因此,一元函数求导的基本法则对求多元函数的偏导数仍然适用.

例1 求 $z=2x^2+3xy-6y^2$ 在点 $(1,0)$ 处的偏导数.

解法1　将 y 看成常数,对 x 求导得

$$\frac{\partial z}{\partial x}=4x+3y;$$

将 x 看成常数,对 y 求导得

$$\frac{\partial z}{\partial y}=3x-12y,$$

将(1,0)代入,就得

$$\left.\frac{\partial z}{\partial x}\right|_{\substack{x=1\\y=0}}=4,\left.\frac{\partial z}{\partial y}\right|_{\substack{x=1\\y=0}}=3.$$

解法2　设 $f(x,y)=2x^2+3xy-6y^2$,则

$$f(x,0)=2x^2,\quad f(1,y)=2+3y-6y^2.$$

所以

$$\left.\frac{\partial z}{\partial x}\right|_{\substack{x=1\\y=0}}=\frac{\mathrm{d}}{\mathrm{d}x}f(x,0)\Big|_{x=1}=4x\Big|_{x=1}=4;$$

$$\left.\frac{\partial z}{\partial y}\right|_{\substack{x=1\\y=0}}=\frac{\mathrm{d}}{\mathrm{d}y}f(1,y)\Big|_{y=0}=3-12y\Big|_{y=0}=3.$$

例2　设 $z=x^y(x>0,x\neq1,y\in\mathbf{R})$,求证:$\frac{x}{y}\frac{\partial z}{\partial x}+\frac{1}{\ln x}\frac{\partial z}{\partial y}=2z.$

证　因为

$$\frac{\partial z}{\partial x}=yx^{y-1},\ \frac{\partial z}{\partial y}=x^y\ln x,$$

所以

$$\frac{x}{y}\frac{\partial z}{\partial x}+\frac{1}{\ln x}\frac{\partial z}{\partial y}=\frac{x}{y}yx^{y-1}+\frac{1}{\ln x}x^y\ln x=x^y+x^y=2z.$$

例3　设 $f(x,y)=\frac{xy}{\sqrt{x^2+y^2}}$,求 $f_x(x,y)$.

解　将 y 看成常数,得

$$f_x(x,y)=\frac{y\sqrt{x^2+y^2}-xy\frac{x}{\sqrt{x^2+y^2}}}{(\sqrt{x^2+y^2})^2}=\frac{y^3}{(x^2+y^2)^{\frac{3}{2}}}.$$

对于二元函数 $z=f(x,y)$,如果有 $f(x,y)=f(y,x)$ 成立,则称函数**关于自变量 x,y 是对称的**.如果 $z=f(x,y)$ 关于自变量 x,y 是对称的,只要在求得的偏导数 $\frac{\partial z}{\partial x}$ 中将 x 与 y 互换就能得到 $\frac{\partial z}{\partial y}$.例如,例3中的函数关于自变量 x,y 是对称的,故有

$$f_y(x,y)=\frac{x^3}{(x^2+y^2)^{\frac{3}{2}}}.$$

这种关于自变量的对称性的概念和结果可推广到二元以上的多元函数的情况.

例4 设$r=\sqrt{x^2+y^2+z^2}$,求证:$x\frac{\partial r}{\partial x}+y\frac{\partial r}{\partial y}+z\frac{\partial r}{\partial z}=r$.

证 将y和z看成常数,得

$$\frac{\partial r}{\partial x}=\frac{x}{\sqrt{x^2+y^2+z^2}}=\frac{x}{r}.$$

由于函数关于自变量是对称的,则

$$\frac{\partial r}{\partial y}=\frac{y}{r},\ \frac{\partial r}{\partial z}=\frac{z}{r}.$$

故
$$x\frac{\partial r}{\partial x}+y\frac{\partial r}{\partial y}+z\frac{\partial r}{\partial z}=\frac{x^2+y^2+z^2}{r}=r.$$

二元函数$z=f(x,y)$在点(x_0,y_0)处的偏导数有下述几何意义:

二元函数$z=f(x,y)$的图形是空间内的一张曲面,设$M_0(x_0,y_0,z_0)$是曲面上的一点,其中$z_0=f(x_0,y_0)$. 过M_0作平面$y=y_0$,截此曲面得一曲线,此曲线在平面$y=y_0$上的方程为$z=f(x,y_0)$,则偏导数$f_x(x_0,y_0)$,即导数$\frac{\mathrm{d}}{\mathrm{d}x}f(x,y_0)\Big|_{x=x_0}$就是这曲线在点$M_0$的切线$M_0T_x$对$x$轴的斜率. 同理,偏导数$f_y(x_0,y_0)$的几何意义是曲面$z=f(x,y)$被平面$x=x_0$所截得的曲线在点$M_0$处的切线$M_0T_y$对$y$轴的斜率,如图6.12所示.

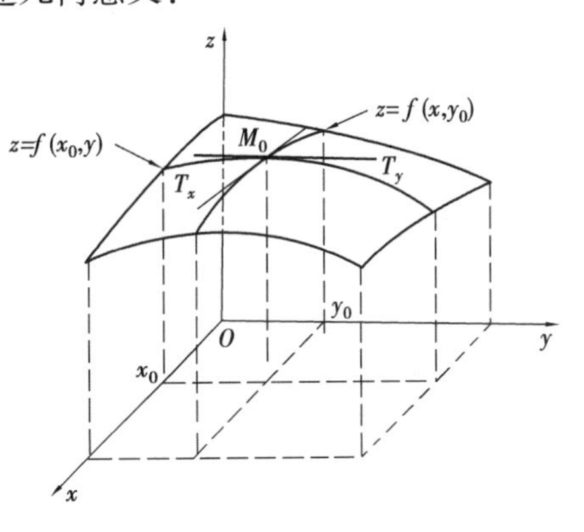

图6.12

如果一元函数$f(x)$在点x_0处可导,则$f(x)$在点x_0处一定连续. 但是,如果二元函数$z=f(x,y)$在点(x_0,y_0)处的两个偏导数都存在,只能说明函数在点(x_0,y_0)处沿着平行于坐标轴的方向是连续的,并不能保证函数在点(x_0,y_0)处连续.

例如,函数

$$f(x,y)=\begin{cases}1, & xy\neq 0\\ 0, & xy=0\end{cases}$$

在点$(0,0)$对x的偏导数

$$f_x(0,0)=\lim_{\Delta x\to 0}\frac{f(0+\Delta x,0)-f(0,0)}{\Delta x}=\lim_{\Delta x\to 0}0=0,$$

在点$(0,0)$对y的偏导数

$$f_y(0,0)=\lim_{\Delta y\to 0}\frac{f(0,0+\Delta y)-f(0,0)}{\Delta y}=\lim_{\Delta y\to 0}0=0,$$

但由6.2例1知此函数在点$(0,0)$不连续.

6.3.2 高阶偏导数

二元函数 $z=f(x,y)$ 的两个偏导函数 $f_x(x,y)$，$f_y(x,y)$ 仍是 x,y 的二元函数，因此，可以继续讨论它们对 x 和 y 的偏导数. 将 $f_x(x,y)$ 和 $f_y(x,y)$ 的偏导数称为 $f(x,y)$ 的**二阶偏导数**.

函数 $f(x,y)$ 对 x 的二阶偏导数定义为 $\frac{\partial}{\partial x}\left(\frac{\partial z}{\partial x}\right)$，记为 $\frac{\partial^2 z}{\partial x^2}$，$f_{xx}(x,y)$ 或 f''_{11}.

类似可定义其他三个二阶偏导数：

$$\frac{\partial}{\partial y}\left(\frac{\partial z}{\partial x}\right)\text{，记为 }\frac{\partial^2 z}{\partial x\partial y},\ f_{xy}(x,y)\text{ 或 }f''_{12};$$

$$\frac{\partial}{\partial x}\left(\frac{\partial z}{\partial y}\right)\text{，记为 }\frac{\partial^2 z}{\partial y\partial x},\ f_{yx}(x,y)\text{ 或 }f''_{21};$$

$$\frac{\partial}{\partial y}\left(\frac{\partial z}{\partial y}\right)\text{，记为 }\frac{\partial^2 z}{\partial y^2},\ f_{yy}(x,y)\text{ 或 }f''_{22}.$$

其中 $f_{xy}(x,y)$，$f_{yx}(x,y)$ 称为 $f(x,y)$ 的**二阶混合偏导数**.

类似地，可定义三阶、四阶、…、n 阶偏导数. 将二阶及二阶以上偏导数统称为**高阶偏导数**.

例 5 求函数 $z=x\ln(xy)$ 的二阶偏导数.

解 $\frac{\partial z}{\partial x}=\ln(xy)+x\cdot\frac{1}{xy}\cdot y=\ln(xy)+1$，　$\frac{\partial z}{\partial y}=x\cdot\frac{1}{xy}\cdot x=\frac{x}{y}$，

$\frac{\partial^2 z}{\partial x^2}=\frac{\partial}{\partial x}\Big(\ln(xy)+1\Big)=\frac{1}{xy}\cdot y=\frac{1}{x}$，　$\frac{\partial^2 z}{\partial x\partial y}=\frac{\partial}{\partial y}\Big(\ln(xy)+1\Big)=\frac{1}{y}$，

$\frac{\partial^2 z}{\partial y\partial x}=\frac{\partial}{\partial x}(\frac{x}{y})=\frac{1}{y}$，　$\frac{\partial^2 z}{\partial y^2}=\frac{\partial}{\partial y}(\frac{x}{y})=-\frac{x}{y^2}$.

例 6 求函数 $z=x^4+2xy^2+y^3$ 的二阶偏导数.

解 $\frac{\partial z}{\partial x}=4x^3+2y^2$，　$\frac{\partial z}{\partial y}=4xy+3y^2$，

$\frac{\partial^2 z}{\partial x^2}=\frac{\partial}{\partial x}(4x^3+2y^2)=12x^2$，　$\frac{\partial^2 z}{\partial x\partial y}=\frac{\partial}{\partial y}(4x^3+2y^2)=4y$，

$\frac{\partial^2 z}{\partial y\partial x}=\frac{\partial}{\partial x}(4xy+3y^2)=4y$，　$\frac{\partial^2 z}{\partial y^2}=\frac{\partial}{\partial y}(4xy+3y^2)=4x+6y$.

在上面的两个例子中，都有

$$\frac{\partial^2 z}{\partial x\partial y}=\frac{\partial^2 z}{\partial y\partial x}.$$

也就是说，混合偏导数与求导的先后次序无关. 一般地，有如下定理：

定理1 如果函数 $z=f(x,y)$ 的两个二阶混合偏导数 $\frac{\partial^2 z}{\partial x\partial y}$ 与 $\frac{\partial^2 z}{\partial y\partial x}$ 在区域 D 内连续，则在 D 内这两个混合偏导数必相等.

求偏导与全微分举例

6.3.3 全微分

一元函数 $y=f(x)$ 如果可微，则函数增量 Δy 可用自变量增量 Δx 的线性函数来近似. 在实际问题中，有时需要研究二元函数中两个变量都取得增量时因变量所获得的增量，即**全增量** $\Delta z=f(x+\Delta x,y+\Delta y)-f(x,y)$. 与一元函数一样，希望用自变量的增量 Δx 和 Δy 的线性函数来近似它.

定义2 设函数 $z=f(x,y)$ 在点 (x,y) 的某个邻域内有定义，给 x 一个增量 Δx 和 y 一个增量 Δy，使得 $(x+\Delta x,y+\Delta y)$ 也在该邻域内，如果函数在点 (x,y) 相应的增量

$$\Delta z=f(x+\Delta x,y+\Delta y)-f(x,y) \tag{1}$$

可表示为

$$\Delta z=A\Delta x+B\Delta y+o(\rho). \tag{2}$$

其中 A,B 为与 $\Delta x,\Delta y$ 无关的常数，$\rho=\sqrt{(\Delta x)^2+(\Delta y)^2}$，则称函数 $z=f(x,y)$ 在点 (x,y) 处**可微**，而 $A\Delta x+B\Delta y$ 称为函数 $z=f(x,y)$ 在点 (x,y) 处的**全微分**，记为 $\mathrm{d}z$，即

$$\mathrm{d}z=A\Delta x+B\Delta y.$$

如果函数在区域 D 内每一点处都可微，则称函数为 D 内的**可微函数**.

由上述定义可知，若函数 $f(x,y)$ 在点 (x,y) 处可微，则函数 $f(x,y)$ 在点 (x,y) 处连续.

因为若函数 $f(x,y)$ 在点 (x,y) 处可微，则由式(2)

$$\lim_{(\Delta x,\Delta y)\to(0,0)}\Delta z=\lim_{(\Delta x,\Delta y)\to(0,0)}(A\Delta x+B\Delta y+o(\rho))=0,$$

从而

$$\lim_{(\Delta x,\Delta y)\to(0,0)}f(x+\Delta x,y+\Delta y)=\lim_{(\Delta x,\Delta y)\to(0,0)}[f(x,y)+\Delta z]=f(x,y),$$

所以 $f(x,y)$ 在点 (x,y) 处连续.

下面讨论函数 $z=f(x,y)$ 可微分的条件.

定理2(可微的必要条件) 如果函数 $z=f(x,y)$ 在点 (x,y) 处可微，则函数在点 (x,y) 处的两个偏导数 $f_x(x,y)$，$f_y(x,y)$ 存在，并且

$$\mathrm{d}z=f_x(x,y)\Delta x+f_y(x,y)\Delta y \tag{3}$$

证 因为函数 $z=f(x,y)$ 在点 (x,y) 处可微，所以式(2)成立. 令 $\Delta y=0$，这时 $\rho=|\Delta x|$，所以式(2)变为

$$f(x+\Delta x,y)-f(x,y)=A\Delta x+o(|\Delta x|).$$

上式两边同除以 Δx，再令 $\Delta x\to 0$，得

$$\lim_{\Delta x\to 0}\frac{f(x+\Delta x,y)-f(x,y)}{\Delta x}=A,$$

因而偏导数$f_x(x,y)$存在且等于A.

同理可证$f_y(x,y)=B$. 所以式(3)成立. 证毕.

一元函数在一点可微与可导是等价的,但对于二元函数,两个偏导数都存在时,虽然可形式地写出$f_x(x,y)\Delta x+f_y(x,y)\Delta y$,它却不一定是函数的全微分.

例如,函数

$$f(x,y)=\begin{cases}1, & xy\neq 0\\0, & xy=0\end{cases}$$

在点(0,0)处有$f_x(0,0)=0$及$f_y(0,0)=0$,但函数在点(0,0)处不连续,因而是不可微的.

由以上讨论可知,偏导数存在是可微的必要条件而不是充分条件. 但当两个偏导数存在且连续时,函数就是可微的.

定理3(可微的充分条件) 如果函数$z=f(x,y)$的两个偏导数在点(x,y)处连续,则函数在点(x,y)处可微.

类似于一元函数的情形,通常将$\Delta x,\Delta y$分别记为dx,dy,并分别称为自变量x,y的微分. 这样函数$z=f(x,y)$的全微分可写成

$$dz=f_x(x,y)dx+f_y(x,y)dy \text{ 或 } dz=\frac{\partial z}{\partial x}dx+\frac{\partial z}{\partial y}dy.$$

以上关于二元函数全微分的定义和结论可以推广到三元及三元以上的多元函数. 例如,如果三元函数$u=f(x,y,z)$可微,则

$$du=\frac{\partial u}{\partial x}dx+\frac{\partial u}{\partial y}dy+\frac{\partial u}{\partial z}dz.$$

例7 求函数$z=x^2+4xy^2+y^2$的全微分.

解 因为

$$\frac{\partial z}{\partial x}=2x+4y^2,\ \frac{\partial z}{\partial y}=8xy+2y,$$

所以

$$dz=(2x+4y^2)dx+(8xy+2y)dy.$$

例8 求函数$z=\dfrac{y}{x}$在点(1,2)处的全微分.

解 因为

$$\frac{\partial z}{\partial x}=-\frac{y}{x^2},\ \frac{\partial z}{\partial y}=\frac{1}{x};\ \left.\frac{\partial z}{\partial x}\right|_{\substack{x=1\\y=2}}=-2,\ \left.\frac{\partial z}{\partial y}\right|_{\substack{x=1\\y=2}}=1,$$

所以

$$dz\Big|_{\substack{x=1\\y=2}}=-2dx+dy.$$

6.3.4 偏导数在经济分析中的应用——交叉弹性

在一元函数微分学中,引入边际和弹性的概念来分别表示经济函数在一点的变化率与相对变化率.这些概念也可以推广到多元函数微分学中去,并被赋予更丰富的经济含义.例如,某种品牌的电视机营销人员在开拓市场时,除了关心本品牌电视机的价格取向外,更关心其他品牌同类电视机的价格情况,以决定自己的营销策略,即该品牌电视机的销售量 Q_A 是它的价格 P_A 及其他品牌电视机价格 P_B 的函数 $Q_A=f(P_A,P_B)$.

通过分析其边际$\frac{\partial Q_A}{\partial P_A}$及$\frac{\partial Q_A}{\partial P_B}$可知道,$Q_A$ 随着 P_A 及 P_B 的变化而变化的规律.进一步分析其弹性$\frac{\frac{\partial Q_A}{\partial P_A}}{\frac{Q_A}{P_A}}$及$\frac{\frac{\partial Q_A}{\partial P_B}}{\frac{Q_A}{P_B}}$,可知这种变化的灵敏度.

前者称为 Q_A 对 P_A 的弹性;后者称为 Q_A 对 P_B 的弹性,亦称为 Q_A 对 P_B 的交叉弹性.这里主要研究交叉弹性$\frac{\partial Q_A}{\partial P_B}\cdot\frac{P_B}{Q_A}$及其经济意义.先看以下两个例子:

例9 随着养鸡工业化程度的提高,鸡肉价格(用"P_B"表示)会不断下降.现估计明年鸡肉价格将下降5%,且猪肉需求量(用"Q_A"表示)对鸡肉价格的交叉弹性为0.85,问明年猪肉的需求量将如何变化?

解 由于鸡肉与猪肉互为替代品,故鸡肉价格的下降将导致猪肉需求量的下降.

依题意,猪肉需求量对鸡肉价格的交叉弹性为 $\eta_{P_B}=0.85$,而鸡肉价格将下降$\frac{\Delta P_B}{P_B}=5\%$,于是猪肉的需求量将下降:

$$\frac{\Delta P_B Q_A}{Q_A}=\eta_{P_B}\cdot\frac{\Delta P_B}{P_B}=4.25\%.$$

例10 某种数码相机的销售量 Q_A,除与它自身的价格 P_A 有关外,还与彩色喷墨打印机的价格 P_B 有关,具体为 $Q_A=120+\frac{250}{P_A}-10P_B-P_B^2$.求 $P_A=50,P_B=5$ 时,(1)Q_A 对 P_A 的弹性;(2)Q_A 对 P_A 的交叉弹性.

解 (1)Q_A 对 P_A 的弹性为

$$\frac{EQ_A}{EP_A}=\frac{\partial Q_A}{\partial P_A}\cdot\frac{P_A}{Q_A}=-\frac{250}{P_A^2}\cdot\frac{P_A}{120+\frac{250}{P_A}-10P_B-P_B^2}$$

$$=-\frac{250}{120P_A+250-P_A(10P_B+P_B^2)}.$$

当 $P_A=50,P_B=5$ 时,

$$\frac{EQ_A}{EP_A}=-\frac{250}{120\cdot 50+250-50(50+25)}=-\frac{1}{10}.$$

(2)Q_A 对 P_A 的交叉弹性为

$$\frac{EQ_A}{EP_B}=\frac{\partial Q_A}{\partial P_B}\cdot\frac{P_B}{Q_A}=-(10+2P_B)\cdot\frac{P_B}{120+\frac{250}{P_A}-10P_B-P_B^2}.$$

当 $P_A=50,P_B=5$ 时,

$$\frac{EQ_A}{EP_B}=-20\cdot\frac{5}{120+5-50-25}=-2.$$

由以上两例可知,不同交叉弹性的值能反映两种商品间的相关性,具体就是:当交叉弹性大于零时,两商品互为替代品;当交叉弹性小于零时,两商品为互补品;当交叉弹性等于零时,两商品为相互独立的商品.

一般地,对函数 $z=f(x,y)$ 给出如下定义:

定义 3 设函数 $z=f(x,y)$ 在 (x,y) 处偏导数存在,函数对 x 的相对改变量

$$\frac{\Delta_x z}{z}=\frac{f(x+\Delta x,y)-f(x,y)}{f(x,y)}$$

与自变量 x 的相对改变量 $\frac{\Delta x}{x}$ 之比

$$\frac{\frac{\Delta_x z}{z}}{\frac{\Delta x}{x}}=\frac{\partial z}{\partial x}\cdot\frac{x}{z}$$

称为函数 $z=f(x,y)$ 对 x 从 x 到 $x+\Delta x$ 两点间的**弹性**. 当 $\Delta x\to 0$ 时,$\frac{\frac{\Delta_x z}{z}}{\frac{\Delta x}{x}}$ 的极限称为**函数 $z=f(x,y)$ 在 (x,y) 处对 x 的弹性**,记作 η_x 或 $\frac{Ez}{Ex}$,即

$$\eta_x=\frac{Ez}{Ex}=\lim_{\Delta x\to 0}\frac{\frac{\Delta_x z}{z}}{\frac{\Delta x}{x}}=\frac{\partial z}{\partial x}\cdot\frac{x}{z}.$$

类似可定义**函数 $z=f(x,y)$ 在 (x,y) 处对 y 的弹性**,记作 η_y 或 $\frac{Ez}{Ey}$,即

$$\eta_y=\frac{Ez}{Ey}=\lim_{\Delta y\to 0}\frac{\frac{\Delta_y z}{z}}{\frac{\Delta y}{y}}=\frac{\partial z}{\partial y}\cdot\frac{y}{z}.$$

特别地,如果 $z=f(x,y)$ 中 z 表示需求量,x 表示价格,y 表示消费者收入,则 η_x 表示需求对价格的弹性,η_y 表示需求对收入的弹性.

习题 6.3

1. 求下列函数的偏导数:

(1) $z=x^2-3xy-4y^2-x+2y+1$;

(2) $z=\sin(xy)+\cos^2(xy)$;

(3) $z=\dfrac{x^2}{y^2}-\dfrac{x}{y}$;

(4) $z=\ln\tan\dfrac{x}{y}$;

(5) $u=\ln(1+x+y^2+z^2)$;

(6) $u=e^{x(y+z^2)}$.

2. 设 $f(x,y)=x^2y^2-2y$,求 $f_x(2,3)$,$f_y(0,1)$.

3. 求下列函数的二阶偏导数:

(1) $z=x^3y^2-3xy^3-xy$;

(2) $z=xe^x\sin y$.

4. 设 $f(x,y,z)=xy^2+yz^2+zx^2$,求 $f_{xx}(0,0,1)$,$f_{xz}(1,0,2)$,$f_{yz}(0,-1,0)$.

5. 设 $z=y\ln(xy)$,求 $\dfrac{\partial^3 z}{\partial x^2\partial y}$ 与 $\dfrac{\partial^3 z}{\partial x\partial y^2}$.

6. 求下列函数的全微分:

(1) $z=x^2y+y^2$;

(2) $z=e^{xy}$;

(3) $z=\arctan\dfrac{x+y}{x-y}$;

(4) $u=x+\sin\dfrac{y}{2}+\arctan\dfrac{z}{y}$.

(5) $z=x^2y^3$,$x=2$,$y=-1$,$\Delta x=0.02$,$\Delta y=0.01$;

(6) $z=\ln(1+x^2+y^2)$,$x=1$,$y=2$;

(7) $u=x^{yz}$.

7. X 公司和 Y 公司是机床行业的两个竞争对手. 这两家公司的主要产品的供给函数分别为 $P_X=1\,000-5Q_X$;$P_Y=1\,600-4Q_Y$. X 公司和 Y 公司现在的销售量分别是 100 个单位和 250 个单位.

(1) X 公司和 Y 公司当前的价格弹性是多少?

(2) 假定 Y 降价后,使 Q_Y 增加到 300 个单位,同时导致 X 的销售量 Q_X 下降到 75 个单位,试问 X 公司产品的交叉价格弹性是多少?

6.4　多元复合函数求导法则与隐函数求导公式

多元复合函数求导法则和隐函数求导公式举例

6.4.1　多元复合函数的求导法则

设 $z=f(u,v)$ 是变量 u,v 的函数，而 u,v 又是变量 x,y 的函数：$u=u(x,y)$，$v=v(x,y)$，则 z 通过中间变量 u,v 而成为自变量 x,y 的复合函数，记为：

$$z=f[u(x,y),v(x,y)].$$

定理　设函数 $u=u(x,y)$，$v=v(x,y)$ 在点 (x,y) 的偏导数都存在，而函数 $z=f(u,v)$ 在对应点 (u,v) 可微，则复合函数 $z=f[u(x,y),v(x,y)]$ 在点 (x,y) 的两个偏导数都存在，且

$$\frac{\partial z}{\partial x}=\frac{\partial z}{\partial u}\frac{\partial u}{\partial x}+\frac{\partial z}{\partial v}\frac{\partial v}{\partial x}\tag{1}$$

$$\frac{\partial z}{\partial y}=\frac{\partial z}{\partial u}\frac{\partial u}{\partial y}+\frac{\partial z}{\partial v}\frac{\partial v}{\partial y}\tag{2}$$

证　设 y 保持不变，给 x 增量 $\Delta x(\Delta x\neq 0)$，则 u,v 对应的增量为 $\Delta u,\Delta v$，函数 $z=f(u,v)$ 相应地获得增量 Δz. 因为函数 $z=f(u,v)$ 在对应点 (u,v) 可微，所以

$$\Delta z=\frac{\partial z}{\partial u}\Delta u+\frac{\partial z}{\partial v}\Delta v+o(\rho),$$

其中 $\rho=\sqrt{(\Delta u)^2+(\Delta v)^2}$. 上式两边同除以 $\Delta x(\Delta x\neq 0)$，得

$$\frac{\Delta z}{\Delta x}=\frac{\partial z}{\partial u}\frac{\Delta u}{\Delta x}+\frac{\partial z}{\partial v}\frac{\Delta v}{\Delta x}+\frac{o(\rho)}{\Delta x}.\tag{3}$$

因为 $u=u(x,y)$，$v=v(x,y)$ 的偏导数存在，所以 $\Delta x\to 0$ 时，$\rho\to 0$，并且

$$\lim_{\Delta x\to 0}\frac{\Delta u}{\Delta x}=\frac{\partial u}{\partial x},\ \lim_{\Delta x\to 0}\frac{\Delta v}{\Delta x}=\frac{\partial v}{\partial x},$$

而

$$\begin{aligned}\lim_{\Delta x\to 0}\left|\frac{o(\rho)}{\Delta x}\right| &= \lim_{\Delta x\to 0}\left(\left|\frac{o(\rho)}{\rho}\right|\cdot\left|\frac{\rho}{\Delta x}\right|\right)\\ &= \lim_{\Delta x\to 0}\left|\frac{o(\rho)}{\rho}\right|\cdot\lim_{\Delta x\to 0}\left|\frac{\sqrt{(\Delta u)^2+(\Delta v)^2}}{\Delta x}\right|\\ &= \lim_{\Delta x\to 0}\left|\frac{o(\rho)}{\rho}\right|\cdot\lim_{\Delta x\to 0}\sqrt{\left(\frac{\Delta u}{\Delta x}\right)^2+\left(\frac{\Delta v}{\Delta x}\right)^2}\\ &= 0\cdot\sqrt{\left(\frac{\partial u}{\partial x}\right)^2+\left(\frac{\partial v}{\partial x}\right)^2}=0,\end{aligned}$$

即 $\lim\limits_{\Delta x\to 0}\dfrac{o(\rho)}{\Delta x}=0$. 于是当 $\Delta x\to 0$ 时，式(3)右边的极限存在，故左边极限也存在，两边取极限后得

$$\frac{\partial z}{\partial x}=\frac{\partial z}{\partial u}\frac{\partial u}{\partial x}+\frac{\partial z}{\partial v}\frac{\partial v}{\partial x}.$$

同理可证式(2)成立.

复合函数的求导法则不难推广到任意多个中间变量或自变量的情形. 例如,设 $z=f(u,v,w)$,而 u,v,w 都是 x,y 的函数:$u=u(x,y)$,$v=v(x,y)$,$w=w(x,y)$,则复合函数 $z=f[u(x,y),v(x,y),w(x,y)]$ 对自变量 x,y 的偏导数为:

$$\frac{\partial z}{\partial x}=\frac{\partial z}{\partial u}\frac{\partial u}{\partial x}+\frac{\partial z}{\partial v}\frac{\partial v}{\partial x}+\frac{\partial z}{\partial w}\frac{\partial w}{\partial x};$$

$$\frac{\partial z}{\partial y}=\frac{\partial z}{\partial u}\frac{\partial u}{\partial y}+\frac{\partial z}{\partial v}\frac{\partial v}{\partial y}+\frac{\partial z}{\partial w}\frac{\partial w}{\partial y}.$$

特别地,设 $z=f(u,v)$,$u=u(x)$,$v=v(x)$,则复合函数

$$z=f[u(x),v(x)]$$

是 x 的一元函数,这时 z 对 x 的导数称为**全导数**,且有

$$\frac{\mathrm{d}z}{\mathrm{d}x}=\frac{\partial z}{\partial u}\frac{\mathrm{d}u}{\mathrm{d}x}+\frac{\partial z}{\partial v}\frac{\mathrm{d}v}{\mathrm{d}x}.$$

在运用复合函数求导公式时,必须特别注意复合函数中哪些是自变量,哪些是中间变量. 一般地,复合函数对某一自变量求偏导数时,若与该变量有关的中间变量有 n 个,则复合函数求导公式的右边就是 n 项之和,其中每一项是因变量对某一个中间变量的偏导数与这个中间变量对该自变量的偏导数的乘积.

例 1 设 $z=\mathrm{e}^u\sin v$,其中 $u=xy$,$v=x+y$,求 $\frac{\partial z}{\partial x},\frac{\partial z}{\partial y}$.

解

$$\begin{aligned}\frac{\partial z}{\partial x}&=\frac{\partial z}{\partial u}\frac{\partial u}{\partial x}+\frac{\partial z}{\partial v}\frac{\partial v}{\partial x}\\&=\mathrm{e}^u\sin v\cdot y+\mathrm{e}^u\cos v\cdot 1\\&=\mathrm{e}^{xy}[y\sin(x+y)+\cos(x+y)];\end{aligned}$$

$$\begin{aligned}\frac{\partial z}{\partial y}&=\frac{\partial z}{\partial u}\frac{\partial u}{\partial y}+\frac{\partial z}{\partial v}\frac{\partial v}{\partial y}\\&=\mathrm{e}^u\sin v\cdot x+\mathrm{e}^u\cos v\cdot 1\\&=\mathrm{e}^{xy}[x\sin(x+y)+\cos(x+y)].\end{aligned}$$

例 2 设 $z=f(x^2-y^2,\mathrm{e}^{xy})$,求 $\frac{\partial z}{\partial x},\frac{\partial z}{\partial y}$.

解 令 $u=x^2-y^2$,$v=\mathrm{e}^{xy}$,从而 $z=f(u,v)$. 因此

$$\frac{\partial z}{\partial x}=\frac{\partial f}{\partial u}\frac{\partial u}{\partial x}+\frac{\partial f}{\partial v}\frac{\partial v}{\partial x}=2xf_1'+y\mathrm{e}^{xy}f_2';$$

$$\frac{\partial z}{\partial y}=\frac{\partial f}{\partial u}\frac{\partial u}{\partial y}+\frac{\partial f}{\partial v}\frac{\partial v}{\partial y}=-2yf_1'+x\mathrm{e}^{xy}f_2'.$$

例 3　设 $z=u^v$,其中 $u=2x,v=\sqrt{1+x}$,求 $\frac{\mathrm{d}z}{\mathrm{d}x}$.

解
$$\frac{\mathrm{d}z}{\mathrm{d}x}=\frac{\partial z}{\partial u}\frac{\mathrm{d}u}{\mathrm{d}x}+\frac{\partial z}{\partial v}\frac{\mathrm{d}v}{\mathrm{d}x}$$
$$=vu^{v-1}\cdot 2+u^v\ln u\cdot\frac{1}{2\sqrt{1+x}}$$
$$=2\sqrt{1+x}\,(2x)^{\sqrt{1+x}-1}+\frac{1}{2\sqrt{1+x}}(2x)^{\sqrt{1+x}}\ln(2x).$$

例 4　设 $z=f(u,v,t)$,其中 $u=g(s,t),v=h(s,t)$,求 $\frac{\partial z}{\partial s},\frac{\partial z}{\partial t}$.

解　z 通过中间变量 u,v,t 而成为自变量 s,t 的复合函数
$$z=f[g(s,t),h(s,t),t],$$
这里 t 既是中间变量又是自变量. 因此
$$\frac{\partial z}{\partial s}=f_1'\frac{\partial u}{\partial s}+f_2'\frac{\partial v}{\partial s};$$
$$\frac{\partial z}{\partial t}=f_1'\frac{\partial u}{\partial t}+f_2'\frac{\partial v}{\partial t}+f_3'.$$

对于函数 $z=f(u,v)$,当 u,v 为自变量时,函数的全微分为
$$\mathrm{d}z=\frac{\partial z}{\partial u}\mathrm{d}u+\frac{\partial z}{\partial v}\mathrm{d}v.$$

如果 u,v 是自变量 x,y 的函数 $u=u(x,y),v=v(x,y)$,则复合函数
$$z=f[u(x,y),v(x,y)]$$
的全微分为
$$\mathrm{d}z=\frac{\partial z}{\partial x}\mathrm{d}x+\frac{\partial z}{\partial y}\mathrm{d}y=\left(\frac{\partial z}{\partial u}\frac{\partial u}{\partial x}+\frac{\partial z}{\partial v}\frac{\partial v}{\partial x}\right)\mathrm{d}x+\left(\frac{\partial z}{\partial u}\frac{\partial u}{\partial y}+\frac{\partial z}{\partial v}\frac{\partial v}{\partial y}\right)\mathrm{d}y$$
$$=\frac{\partial z}{\partial u}\left(\frac{\partial u}{\partial x}\mathrm{d}x+\frac{\partial u}{\partial y}\mathrm{d}y\right)+\frac{\partial z}{\partial v}\left(\frac{\partial v}{\partial x}\mathrm{d}x+\frac{\partial v}{\partial y}\mathrm{d}y\right)=\frac{\partial z}{\partial u}\mathrm{d}u+\frac{\partial z}{\partial v}\mathrm{d}v.$$

因此,无论 z 是自变量 u,v 的函数,还是中间变量 u,v 的函数,它的全微分形式是一样的,这个性质称为**全微分形式的不变性**.

6.4.2　隐函数求导公式

在一元函数的微分学中,通过实例介绍了由方程 $F(x,y)=0$ 确定的隐函数的导数的计算方法. 在此给出隐函数存在及可微的条件,以及隐函数的求导公式.

隐函数存在定理 1　设函数 $F(x,y)$ 在点 (x_0,y_0) 的某一邻域内有连续偏导数,且 $F(x_0,y_0)=0,F_y(x_0,y_0)\neq 0$,则方程 $F(x,y)=0$ 在点 (x_0,y_0) 的某一邻域内能唯一确定一个连续

且有连续导数的函数 $y=f(x)$，它满足条件 $y_0=f(x_0)$，并有

$$\frac{\mathrm{d}y}{\mathrm{d}x}=-\frac{F_x}{F_y}. \tag{4}$$

公式(4)就是隐函数的求导公式.

这个定理在此不加证明，仅对公式(4)进行推导.

将方程 $F(x,y)=0$ 所确定的隐函数 $y=f(x)$ 代入方程，得恒等式

$$F[x,f(x)]\equiv 0.$$

上式左边可看作 x 的复合函数，两边对 x 求全导数，得

$$F_x+F_y\frac{\mathrm{d}y}{\mathrm{d}x}=0.$$

因为 F_y 连续且 $F_y(x_0,y_0)\neq 0$，所以存在点 (x_0,y_0) 的某一邻域，在此邻域内 $F_y\neq 0$，于是得

$$\frac{\mathrm{d}y}{\mathrm{d}x}=-\frac{F_x}{F_y}.$$

隐函数存在定理可推广到多元函数的情形. 例如，可以由三元函数 $F(x,y,z)$ 的性质来断定由方程 $F(x,y,z)=0$ 所确定的二元函数 $z=f(x,y)$ 的存在及性质.

隐函数存在定理2 设函数 $F(x,y,z)$ 在点 (x_0,y_0,z_0) 的某一邻域内有连续偏导数，且 $F(x_0,y_0,z_0)=0$，$F_z(x_0,y_0,z_0)\neq 0$，则方程 $F(x,y,z)=0$ 在点 (x_0,y_0,z_0) 的某一邻域内能唯一确定一个连续且有连续偏导数的函数 $z=f(x,y)$，它满足条件 $z_0=f(x_0,y_0)$，并有

$$\frac{\partial z}{\partial x}=-\frac{F_x}{F_z},\quad \frac{\partial z}{\partial y}=-\frac{F_y}{F_z}. \tag{5}$$

上述求导公式推导如下：

由于 $$F[x,y,f(x,y)]\equiv 0$$

应用复合函数的求导法则，上式两边分别对 x,y 求导，得

$$F_x+F_z\frac{\partial z}{\partial x}=0,\quad F_y+F_z\frac{\partial z}{\partial y}=0.$$

因为 F_z 连续且 $F_z(x_0,y_0,z_0)\neq 0$，所以存在点 (x_0,y_0,z_0) 的某一邻域，在此邻域内 $F_z\neq 0$，于是得

$$\frac{\partial z}{\partial x}=-\frac{F_x}{F_z},\quad \frac{\partial z}{\partial y}=-\frac{F_y}{F_z}.$$

例5 求由方程 $x=y-\sin xy$ 确定的隐函数 $y=f(x)$ 的导数.

解 设 $F(x,y)=y-\sin xy-x$，则

$$F_x=-y\cos xy-1,\ F_y=1-x\cos xy.$$

由公式(4)可得

$$\frac{\mathrm{d}y}{\mathrm{d}x}=-\frac{-y\cos xy-1}{1-x\cos xy}=\frac{1+y\cos xy}{1-x\cos xy}.$$

例 6 求由方程 $e^z+x^2y+z-5=0$ 确定的隐函数 $z=f(x,y)$ 在点 $M(-2,1,0)$ 处的偏导数.

解 设 $F(x,y,z)=e^z+x^2y+z-5$,则

$$F_x=2xy,\quad F_y=x^2,\quad F_z=1+e^z.$$

所以

$$\frac{\partial z}{\partial x}=-\frac{2xy}{1+e^z},\quad \frac{\partial z}{\partial y}=-\frac{x^2}{1+e^z}.$$

代入点 $M(-2,1,0)$,得

$$\left.\frac{\partial z}{\partial x}\right|_M=-\frac{-4}{2}=2,\quad \left.\frac{\partial z}{\partial y}\right|_M=-\frac{4}{2}=-2.$$

习题 6.4

1. 求下列复合函数的偏导数或全导数:

(1) 设 $z=u^2+v^2$,而 $u=x+y,v=x-y$,求 $\frac{\partial z}{\partial x},\frac{\partial z}{\partial y}$;

(2) 设 $z=u^2\ln v$,而 $u=\frac{x}{y},v=3x-2y$,求 $\frac{\partial z}{\partial x},\frac{\partial z}{\partial y}$;

(3) 设 $z=e^{x-2y}$,而 $x=\sin t,y=t^3$,求 $\frac{dz}{dt}$;

(4) 设 $u=\cos(x+y^2+z^3)$,而 $x=rst,y=r+s+t,z=rs+st+tr$,求 $\frac{\partial u}{\partial s}$;

(5) 设 $u=f(x,xy,xyz)$,求 $\frac{\partial u}{\partial x},\frac{\partial u}{\partial y}$.

2. 设 $z=f(x^2+y^2)$,证明:$y\frac{\partial z}{\partial x}-x\frac{\partial z}{\partial y}=0$.

3. 求下列方程所确定的隐函数的导数或偏导数:

(1) 设 $\sin y+e^x-xy^2=0$,求 $\frac{dy}{dx}$;

(2) 设 $xyz=\sin z$,求 $\frac{\partial z}{\partial x}$;

(3) 设 $z^3-3xyz=1$,求 $\frac{\partial z}{\partial x},\frac{\partial^2 z}{\partial x\partial y}$;

(4) 设 $F(x^2-y^2,y^2-z^2)=0$,求 $\frac{\partial z}{\partial x}$.

4. 设 $2\sin(x+2y-3z)=x+2y-3z$,证明:$\frac{\partial z}{\partial x}+\frac{\partial z}{\partial y}=1$.

5. 设 $z=f\left(x+y,xy,\frac{x}{y}\right)$,求 $\frac{\partial z}{\partial x},\frac{\partial z}{\partial y},\frac{\partial^2 z}{\partial x\partial y}$.

6.5 多元函数的极值

求二元函数极值举例

6.5.1 多元函数的极值

定义 设函数 $z=f(x,y)$ 在点 (x_0,y_0) 的某个邻域内有定义，如果对于该邻域内异于 (x_0,y_0) 的任何点 (x,y)，都有

$$f(x,y)<f(x_0,y_0)\ (\text{或} f(x,y)>f(x_0,y_0)),$$

则称函数 $f(x,y)$ 在点 (x_0,y_0) 取得**极大值**(或**极小值**).

极大值与极小值统称为**极值**，使函数取得极值的点 (x_0,y_0) 称为**极值点**.

例如，函数 $z=x^2+y^2$ 在点(0,0)处取得极小值0. 因为在点(0,0)处的函数值为0，而在点(0,0)的任一邻域内异于(0,0)的点的函数值都大于0. 从几何上看也是明显的，因为点(0,0)是开口向上的旋转抛物面的 $z=x^2+y^2$ 顶点.

如何寻找已知函数的极值点呢？首先要找到已知函数的可能极值点，即要研究函数取得极值的必要条件.

设函数 $f(x,y)$ 在点 (x_0,y_0) 处取得极值，固定 $y=y_0$，则 $z=f(x,y_0)$ 是一元函数，它在 $x=x_0$ 处取极值，由一元可导函数取得极值的必要条件可知 $f_x(x_0,y_0)=0$. 同理可有 $f_y(x_0,y_0)=0$.

定理1(极值的必要条件) 设函数 $f(x,y)$ 在点 (x_0,y_0) 处取得极值，且函数在该点的两个偏导数存在，则

$$f_x(x_0,y_0)=0,\quad f_y(x_0,y_0)=0.$$

与一元函数类似，将同时满足 $f_x(x_0,y_0)=0$，$f_y(x_0,y_0)=0$ 的点 (x_0,y_0) 称为函数 $f(x,y)$ 的**驻点**. 由定理1可知，偏导数存在的函数极值点一定是驻点. 但是驻点不一定是极值点，例如，点(0,0)是函数 $z=x^2-y^2$ 的驻点，但不是它的极值点.

以上二元函数极值的概念与结论可推广到三元及三元以上的多元函数. 那么，什么条件下驻点一定是极值点呢？可以证明如下定理：

定理2(极值的充分条件) 设 $z=f(x,y)$ 在点 (x_0,y_0) 的某个邻域内有连续二阶偏导数，且点 (x_0,y_0) 是函数的驻点. 记

$$A=f_{xx}(x_0,y_0),\quad B=f_{xy}(x_0,y_0),\quad C=f_{yy}(x_0,y_0)$$

则

(1)当 $AC-B^2>0$ 时，点 (x_0,y_0) 是极值点，且 $A<0$ 时，点 (x_0,y_0) 是极大值点；$A>0$ 时，点 (x_0,y_0) 是极小值点；

(2)当 $AC-B^2<0$ 时，点 (x_0,y_0) 不是极值点；

(3)当 $AC-B^2=0$ 时，点 (x_0,y_0) 可能是极值点，也可能不是极值点.

例1 求函数$f(x,y)=x^2+2xy+2y^2+4x+2y-5$的极值.

解 解方程组

$$\begin{cases} f_x(x,y)=2x+2y+4=0 \\ f_y(x,y)=2x+4y+2=0 \end{cases}$$

得$x=-3,y=1$. 点$(-3,1)$是函数的驻点.

再求二阶偏导数,得

$$f_{xx}(x,y)=2,\quad f_{xy}(x,y)=2,\quad f_{yy}(x,y)=4$$

都是常数,于是有

$$AC-B^2=2\cdot4-2^2=4>0$$

而$A=2>0$,所以函数$f(x,y)$在点$(-3,1)$处取极小值,其值为$f(-3,1)=-10$.

例2 求函数$f(x,y)=xy(1-x-y)$的极值.

解 解方程组

$$\begin{cases} f_x(x,y)=y(1-x-y)-xy=0 \\ f_y(x,y)=x(1-x-y)-xy=0 \end{cases}$$

易得驻点$(0,0),(1,0),(0,1),\left(\frac{1}{3},\frac{1}{3}\right)$.

再求二阶偏导数:

$$f_{xx}(x,y)=-2y,\ f_{xy}(x,y)=1-2x-2y,\ f_{yy}(x,y)=-2x.$$

在点$(0,0)$处

$$AC-B^2=0\cdot0-1^2=-1<0,$$

所以点$(0,0)$不是$f(x,y)$的极值点;

在点$(1,0)$处

$$AC-B^2=0\cdot(-2)-(-1)^2=-1<0,$$

所以点$(1,0)$不是$f(x,y)$的极值点;

在点$(1,0)$处

$$AC-B^2=(-2)\cdot0-(-1)^2=-1<0,$$

所以点$(1,0)$不是$f(x,y)$的极值点;

在点$\left(\frac{1}{3},\frac{1}{3}\right)$处

$$AC-B^2=\left(-\frac{2}{3}\right)\cdot\left(-\frac{2}{3}\right)-\left(-\frac{1}{3}\right)^2=\frac{1}{3}>0,$$

所以点$\left(\frac{1}{3},\frac{1}{3}\right)$是$f(x,y)$的极值点,又因为$A=-\frac{2}{3}<0$,所以$f(x,y)$在点$\left(\frac{1}{3},\frac{1}{3}\right)$处取得极大值$f\left(\frac{1}{3},\frac{1}{3}\right)=\frac{1}{27}$.

应当注意,除了驻点外,偏导数不存在的点也可能是极值点. 例如,由定义可知函数 $f(x,y)=1-\sqrt{x^2+y^2}$ 在点(0,0)处取得极大值1,但点(0,0)并不是驻点,因为 $f_x(0,0)$, $f_y(0,0)$ 都不存在.

6.5.2 多元函数的最值

与一元函数类似,可以利用函数的极值求函数的最大值和最小值.

如果函数 $z=f(x,y)$ 在有界闭区域 D 上连续,则由连续函数的最值定理可知 $f(x,y)$ 在 D 上必存在最大值和最小值. 又设 $f(x,y)$ 在 D 上存在偏导数,如果最大值和最小值在 D 的内部取得,那么这些最大值点或最小值点必然是极值点. 所以将函数 $f(x,y)$ 在 D 的内部的所有驻点处、偏导数不存在点处的函数值及在 D 的边界上的最大值和最小值相互比较,其中最大的就是 $f(x,y)$ 在 D 上的最大值,最小的就是最小值.

例3 求函数 $f(x,y)=x^2+2y^2-x$ 在闭区域 $D=\{(x,y)\mid x^2+y^2\leqslant 1\}$ 上的最大值和最小值.

解 函数在有界闭区域 D 上连续,故一定有最大值和最小值.

先求驻点. 解方程组

$$\begin{cases} f_x=2x-1=0 \\ f_y=4y=0 \end{cases}$$

得唯一驻点 $\left(\frac{1}{2},0\right)$.

再求在 D 的边界 $x^2+y^2=1$ 上的可能最值点.

在边界 $x^2+y^2=1$ 上,函数

$$f(x,y)=x^2+2y^2-x$$

成为

$$f(x,y)=(x^2+y^2)+y^2-x=2-x^2-x.$$

转化为求函数

$$g(x)=2-x^2-x$$

在[−1,1]上的可能最值点.

令 $g'(x)=0$ 得 $x=-\frac{1}{2}$,可能最值点为 $x_1=-1$, $x_2=-\frac{1}{2}$, $x_3=1$. 对应 $f(x,y)$ 在边界上的可能最值点为 $(-1,0)$, $\left(-\frac{1}{2},\frac{\sqrt{3}}{2}\right)$, $\left(-\frac{1}{2},-\frac{\sqrt{3}}{2}\right)$, $(1,0)$.

最后,比较 $f\left(\frac{1}{2},0\right)=-\frac{1}{4}$, $f(-1,0)=2$, $f\left(-\frac{1}{2},\pm\frac{\sqrt{3}}{2}\right)=\frac{9}{4}$, $f(1,0)=0$,得所求最

大值为$\frac{9}{4}$,最小值为$-\frac{1}{4}$.

在实际问题中,如果知道目标函数$f(x,y)$在定义域D内一定能取得最大值(或最小值),且在D内有唯一驻点,则可以肯定函数在该点取得最大值(或最小值).

例4 要做一个容积为V的长方体无盖容器,问如何选取长、宽、高才能使用料最省?

解 设容器的长为x,宽为y,则高为$\frac{V}{xy}$,因此容器的表面积

$$\begin{aligned} S &= xy + \frac{V}{xy}(2x + 2y) \\ &= xy + 2V\left(\frac{1}{x} + \frac{1}{y}\right)(x > 0, y > 0). \end{aligned}$$

解方程组

$$\begin{cases} S_x = y - \dfrac{2V}{x^2} = 0 \\ S_y = x - \dfrac{2v}{y^2} = 0 \end{cases}$$

得函数$S(x,y)$的唯一驻点$(\sqrt[3]{2V}, \sqrt[3]{2V})$.

根据题意可知,表面积S的最小值是存在的,所以函数的唯一驻点就是最小值点,即当容器长、宽、高分别为$\sqrt[3]{2V}$, $\sqrt[3]{2V}$, $\frac{\sqrt[3]{2V}}{2}$时用料最省.

6.5.3 条件极值

有些极值问题,对于函数自变量,除了限制在定义域内,还受其他附加条件的约束,这类极值称为**条件极值**.

求解条件极值问题的一种方法是将条件极值转化为无条件极值. 例如,例4中,如果设容器的长、宽、高分别为x,y,z,则容器的表面积$S = xy + (2x + 2y)z$,此时还有一个约束条件$xyz = V$,这是条件极值问题. 例4的解法是通过从约束条件$xyz = V$中解出$z = \frac{V}{xy}$,代入$S = xy + (2x + 2y)z$使之成为一个无条件极值问题. 但是条件极值化为无条件极值并不是都能实现的,即使能实现,有时问题并不简单. 下面介绍一种直接求条件极值的方法.

拉格朗日乘数法 求函数$z = f(x,y)$在条件$\varphi(x,y) = 0$下的极值的步骤:

(1)作拉格朗日函数

$$L(x,y) = f(x,y) + \lambda\varphi(x,y).$$

其中λ是待定常数,称为**拉格朗日乘数**.

(2)求$L(x,y)$对x与y的一阶偏导数,并令它们为0,然后与$\varphi(x,y) = 0$联立

$$\begin{cases} L_x = f_x(x,y) + \lambda\varphi_x(x,y) = 0 \\ L_y = f_y(x,y) + \lambda\varphi_y(x,y) = 0 \\ \varphi(x,y) = 0 \end{cases}$$

(3)由方程组解出 x,y,λ,所得的点(x,y)就是函数 $z=f(x,y)$ 在 $\varphi(x,y)=0$ 条件下可能的极值点.

对于三元及三元以上函数或多于一个约束条件的情形,有类似的结果.

例5 用拉格朗日乘数法求解例4.

解 设容器的长、宽、高分别为 x,y,z,所求问题化归为求目标函数

$$S = xy + 2(x+y)z \quad (x>0, y>0, z>0)$$

在条件

$$\varphi(x,y,z) = xyz - V = 0$$

下的最小值问题.

作拉格朗日函数

$$L(x,y,z) = xy + 2(x+y)z + \lambda(xyz - V),$$

令 $L_x = L_y = L_z = 0$,解方程组

$$\begin{cases} y + 2z + \lambda yz = 0 \\ x + 2z + \lambda xz = 0 \\ 2(x+y) + \lambda xy = 0 \\ xyz - V = 0 \end{cases}$$

得 $x = y = 2z = \sqrt[3]{2V}$.

根据题意,S 在条件 $\varphi(x,y,z)=0$ 下确实存在最小值. 所以当容器长、宽、高分别为 $\sqrt[3]{2V}$, $\sqrt[3]{2V}$, $\dfrac{\sqrt[3]{2V}}{2}$ 时,用料最省.

例6 经济学中有 Cobb-Douglas 生产函数模型

$$f(x,y) = Cx^{\alpha}y^{\beta}.$$

其中,x 表示投入的劳动量,y 表示投入的资本量,C 与 $\alpha,\beta(0<a,\beta<1)$ 是常数,由不同企业的具体情况决定,函数值表示产量.

现已知某生产商的 Cobb-Douglas 生产函数为

$$f(x,y) = 100x^{\frac{3}{4}}y^{\frac{1}{4}}.$$

其中,每个劳动力与每单位资本的成本分别为 150.00 元与 250.00 元,该生产商的总预算是 5 万元,问该如何分配这笔钱用于雇用劳动力及投入资本,使产量最高?

解 问题即求目标函数

$$f(x,y) = 100x^{\frac{3}{4}}y^{\frac{1}{4}} \quad (x>0, y>0)$$

在约束条件

$$150x + 250y = 50\ 000$$

下的最大值.

作拉格朗日函数

$$L(x,y)=100x^{\frac{3}{4}}y^{\frac{1}{4}}+\lambda(150x-250y-50\ 000).$$

令 $L_x=L_y=0$,解方程组

$$\begin{cases}75x^{\frac{3}{4}}y^{\frac{1}{4}}-150\lambda=0\\25x^{\frac{3}{4}}y^{\frac{1}{4}}-250\lambda=0\\150x+2\ 505=50\ 000\end{cases}$$

得 $x=250,y=50$.

这是目标函数的唯一驻点,而由问题本身可知最高产量一定存在.故生产商雇用250个劳动力及投入50个单位资本时,可使产量最高.

习题 6.5

1. 求下列函数的极值:

(1)$f(x,y)=4(x-y)-x^2-y^2$; (2)$f(x,y)=xy+x^2+y^2$;

(3)$f(x,y)=e^{2x}(x+2y+y^2)$.

2. 求下列函数在指定条件下的极值:

(1)$z=xy$,若 $2x+y=1$; (2)$z=x-2y$,若 $x^2+y^2=1$;

(3)$u=x+y+z$,若 $\frac{1}{x}+\frac{1}{y}+\frac{1}{z}=1,x>0,y>0,z>0$.

3. 要制造一个无盖的圆柱形容器,其容积为 V,要求表面积 A 最小,问容器的高度 H 和半径 R 应为多少?

4. 在椭圆上 $x^2+4y^2=4$ 求一点,使其到直线 $2x+3y-6=0$ 距离最短.

5. 已知矩形的周长为 $2P$,将它绕其一边旋转而构成一立体,求所得立体体积最大的那个矩形.

6. 求函数 $f(x,y)=e^{-xy}$ 在闭区域 $D=\{(x,y)\,|\,x^2+4y^2\leqslant 1\}$ 上的最大值和最小值.

7. 某公司可通过电台及报纸两种方式做销售某商品的广告.根据统计资料,销售收入 R(万元)与电台广告费用 x_1(万元)及报纸广告费用 x_2(万元)之间的关系有如下的经验公式:$R=15+14x_1+32x_2-8x_1x_2-2x_1^2-10x_2^2$.

(1)在广告费用不限的情况下,求最优广告策略.

(2)若提供的广告费用为1.5万元,求相应的最优广告策略.

6.6 二重积分

6.6.1 二重积分的概念

通过求曲边梯形的面积引入了定积分的概念,本节将从曲顶柱体的体积出发来讨论二元函数的积分学.

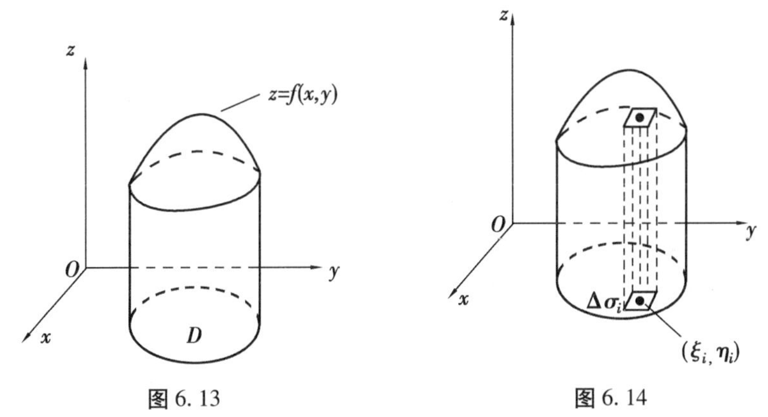

图 6.13　　　　图 6.14

设函数 $z=f(x,y)$ 在有界闭区域 D 上连续、非负,则它的图形是空间内一张连续的曲面.

现有一立体,它以曲面 $z=f(x,y)$ 为顶,以区域 D 为底,侧面是以区域 D 的边界为准线而母线平行于 z 轴的柱面. 这种立体称为**曲顶柱体**,如图 6.13 所示.

下面采用求曲边梯形面积的方法来求曲顶柱体的体积 V.

(1)分割. 用曲线将区域 D 分割成 n 个小闭区域:

$$\Delta\sigma_1,\Delta\sigma_2,\cdots,\Delta\sigma_n$$

$\Delta\sigma_i(i=1,2,\cdots,n)$ 的面积仍用 $\Delta\sigma_i$ 表示. 分别以这些小闭区域的边界曲线为准线,作母线平行于 z 轴的柱面,这些柱面将曲顶柱体分割成 n 个小曲顶柱体,记第 i 个小曲顶柱体体积为 ΔV_i.

(2)近似代替. 在小区域 $\Delta\sigma_i$ 上任取一点 (ξ_i,η_i),用高为 $f(\xi_i,\eta_i)$,底为 $\Delta\sigma_i$ 的平顶柱体(图 6.14)体积 $f(\xi_i,\eta_i)\Delta\sigma_i$ 近似第 i 个小曲顶柱体体积,即

$$\Delta V_i\approx f(\xi_i,\eta_i)\Delta\sigma_i\quad(i=1,2,\cdots,n).$$

(3)求和. 这 n 个小平顶柱体体积之和就是曲顶柱体体积的近似值

$$V=\sum_{i=1}^{n}\Delta V_i\approx\sum_{i=1}^{n}f(\xi_i,\eta_i)\Delta\sigma_i.$$

(4)取极限. 用 λ 表示这 n 个小区域直径的最大值(一个闭区域的直径是指区域上任意两点间距离的最大值),当 n 无限增大且 λ 趋于 0 时,上述和式的极限就是曲顶柱体的体积

V. 即

$$V = \lim_{\lambda \to 0} \sum_{i=1}^{n} f(\xi_i, \eta_i) \Delta\sigma_i.$$

除曲顶柱体体积外,还有许多几何、物理和其他的科学技术问题都可归结为求二元函数的上述类型和式的极限. 为此引入二重积分的定义.

定义 设函数 $z=f(x,y)$ 在有界闭区域 D 上有界. 将闭区域 D 任意分割成 n 个小区域

$$\Delta\sigma_1, \Delta\sigma_2, \cdots, \Delta\sigma_n$$

并仍用 $\Delta\sigma_i$ 表示 $\Delta\sigma_i$ 的面积. 在每个小区域 $\Delta\sigma_i$ 上任取一点 (ξ_i, η_i) $(i=1,2,\cdots,n)$,作和式

$$\sum_{i=1}^{n} f(\xi_i, \eta_i) \Delta\sigma_i,$$

用 λ 表示各个小区域直径的最大值. 如果 $\lambda \to 0$ 时,上述和式的极限总存在,则称此极限为函数 $z=f(x,y)$ 在区域 D 上的**二重积分**,记为 $\iint\limits_D f(x,y)\,\mathrm{d}\sigma$,即

$$\iint\limits_D f(x,y)\,\mathrm{d}\sigma = \lim_{\lambda \to 0} \sum_{i=1}^{n} f(\xi_i, \eta_i) \Delta\sigma_i.$$

其中 D 称为**积分区域**,$f(x,y)$ 称为**被积函数**,$f(x,y)\,\mathrm{d}\sigma$ 称为**被积表达式**,$\mathrm{d}\sigma$ 称为**面积元素**,x 与 y 称为**积分变量**.

关于二重积分的定义,作以下几点说明:

(1)二重积分只与被积函数 $f(x,y)$ 及积分区域 D 有关.

(2)定义中对积分区域 D 的划分是任意的. 如果在直角坐标系中用平行于坐标轴的直线网来划分 D,那么除了包含边界点的一些小闭区域外(求和的极限时,这些小闭区域可以略去不计),其余的小闭区域都是矩形闭区域. 设矩形闭区域 $\Delta\sigma_i$ 的边长为 Δx_j 和 Δy_k,则 $\Delta\sigma_i = \Delta x_j \cdot \Delta y_k$,因此在直角坐标系中,面积元素 $\mathrm{d}\sigma$ 也可以写作 $\mathrm{d}x\mathrm{d}y$,而将二重积分记为

$$\iint\limits_D f(x,y)\,\mathrm{d}\sigma = \iint\limits_D f(x,y)\,\mathrm{d}x\mathrm{d}y.$$

其中 $\mathrm{d}\sigma = \mathrm{d}x\mathrm{d}y$ 称为直角坐标系中的面积元素.

(3)可以证明,当被积函数 $f(x,y)$ 在有界闭区域 D 上连续时,二重积分一定存在.

(4)二重积分的几何意义:

当 $f(x,y) \geqslant 0$ 时,二重积分 $\iint\limits_D f(x,y)\,\mathrm{d}\sigma$ 就表示以积分区域 D 为底、以曲面 $z=f(x,y)$ 为顶的曲顶柱体的体积;

当 $f(x,y) \leqslant 0$ 时,柱体在 xOy 平面的下方,故 $\iint\limits_D f(x,y)\,\mathrm{d}\sigma$ 表示上述曲顶柱体体积的负值;

当 $f(x,y)$ 在 D 上有正有负时,可以取 xOy 平面上方的柱体体积为正,xOy 平面下方的柱

体体积为负，那么二重积分 $\iint\limits_D f(x,y)\mathrm{d}\sigma$ 就等于这些柱体体积的代数和.

特别地，当 $f(x,y)\equiv 1$ 时，$\iint\limits_D f(x,y)\mathrm{d}\sigma = \iint\limits_D \mathrm{d}\sigma$ 表示区域 D 的面积.

例如，上半球 $x^2+y^2+z^2\leqslant a^2, z\geqslant 0$ 的体积 V 可以用二重积分

$$\iint\limits_D \sqrt{a^2-x^2-y^2}\,\mathrm{d}\sigma$$

来表示，其中 $D=\{(x,y)\mid x^2+y^2\leqslant a^2\}$.

6.6.2 二重积分的性质

二重积分具有与定积分类似的性质，在此不加证明地叙述如下.

性质1 设 α,β 为常数，则

$$\iint\limits_D [\alpha f(x,y)+\beta g(x,y)]\mathrm{d}\sigma = \alpha\iint\limits_D f(x,y)\mathrm{d}\sigma + \beta\iint\limits_D g(x,y)\mathrm{d}\sigma .$$

性质2 如果 D 被分成两个闭区域 D_1 和 D_2，则

$$\iint\limits_D f(x,y)\mathrm{d}\sigma = \iint\limits_{D_1} f(x,y)\mathrm{d}\sigma + \iint\limits_{D_2} f(x,y)\mathrm{d}\sigma.$$

性质3 如果在 D 上，$f(x,y)\leqslant g(x,y)$，则有

$$\iint\limits_D f(x,y)\mathrm{d}\sigma \leqslant \iint\limits_D g(x,y)\mathrm{d}\sigma.$$

特别地，有

$$\left|\iint\limits_D f(x,y)\mathrm{d}\sigma\right| \leqslant \iint\limits_D |f(x,y)|\mathrm{d}\sigma.$$

性质4 设 M,m 分别是 $f(x,y)$ 在闭区域 D 上的最大值和最小值，σ 是 D 的面积，则有

$$m\sigma\leqslant \iint\limits_D f(x,y)\mathrm{d}\sigma \leqslant M\sigma .$$

性质5(中值定理) 设函数 $f(x,y)$ 在闭区域 D 上连续，σ 是 D 的面积，则在 D 上至少存在一点 (ξ,η)，使得

$$\iint\limits_D f(x,y)\mathrm{d}\sigma = f(\xi,\eta)\cdot\sigma.$$

直角坐标系下计算二重积分

6.6.3 二重积分的计算

下面从二重积分的几何意义出发，讨论将二重积分化为两次定积分来计算的方法.

1）在直角坐标系中计算二重积分

假设$f(x,y)\geqslant 0$. 根据二重积分的几何意义，$\iint\limits_D f(x,y)\,\mathrm{d}\sigma$等于以区域$D$为底、以曲面$z=f(x,y)$为顶的曲顶柱体的体积$V$. 下面用已知平行截面面积的立体体积公式来计算$V$.

设积分区域D可表示为

$$D=\{(x,y)\mid \varphi_1(x)\leqslant y\leqslant \varphi_2(x),a\leqslant x\leqslant b\},\tag{1}$$

如图6.15所示，其中函数$\varphi_1(x)$与$\varphi_2(x)$在区间$[a,b]$上连续.

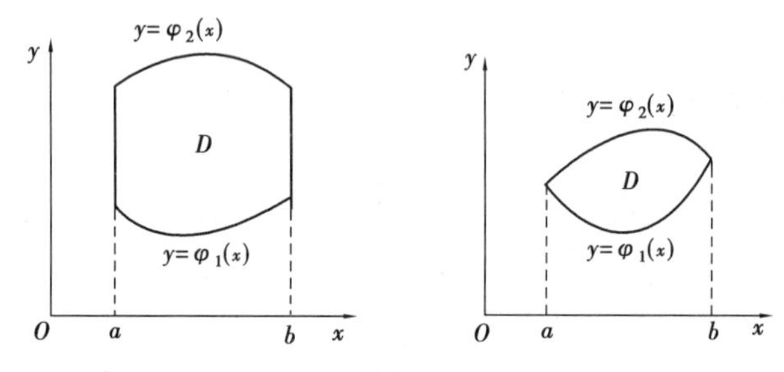

图6.15

过$[a,b]$上任一点x_0作与yOz平面平行的平面$x=x_0$. 此平面与曲顶柱体相交所得的截面是一个以区间$[\varphi_1(x_0),\varphi_2(x_0)]$为底，以$z=f(x_0,y)$为曲边的曲边梯形（图6.16的阴影部分），其面积为

$$A(x_0)=\int_{\varphi_1(x_0)}^{\varphi_2(x_0)} f(x_0,y)\,\mathrm{d}y$$

一般地，过$[a,b]$上任意一点x且平行于yOz平面的平面与曲顶柱体相交所得截面的面积为

$$A(x)=\int_{\varphi_1(x)}^{\varphi_2(x)} f(x,y)\,\mathrm{d}y.$$

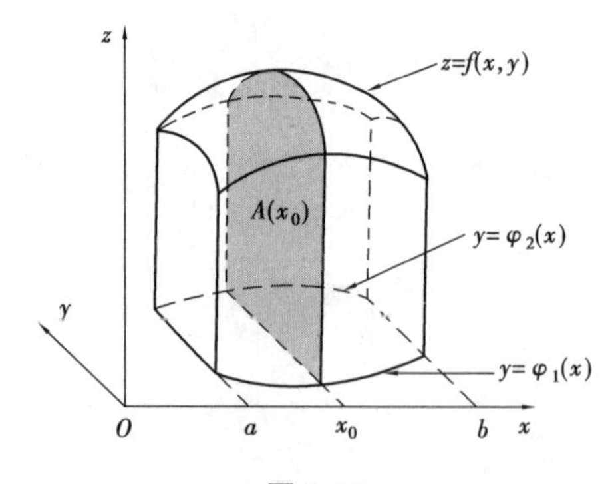

图6.16

注意上式中y为积分变量，而x在积分过程中保持不变. 于是

$$V=\int_a^b A(x)\,\mathrm{d}x=\int_a^b\left[\int_{\varphi_1(x)}^{\varphi_2(x)}f(x,y)\,\mathrm{d}y\right]\mathrm{d}x,$$

所以得二重积分的计算公式

$$\iint_D f(x,y)\,\mathrm{d}\sigma=\int_a^b\left[\int_{\varphi_1(x)}^{\varphi_2(x)}f(x,y)\,\mathrm{d}y\right]\mathrm{d}x.$$

上式右端的积分称为**先对 y 后对 x 的二次积分**. 也就是说,先将 x 看作常数,将 $f(x,y)$ 看作 y 的一元函数,并对 y 计算从 $\varphi_1(x)$ 到 $\varphi_2(x)$ 的定积分;然后将计算的结果(x 的一元函数)对 x 计算从 a 到 b 的定积分. 为方便起见,常写成下面的形式

$$\iint_D f(x,y)\,\mathrm{d}x\mathrm{d}y=\int_a^b\mathrm{d}x\int_{\varphi_1(x)}^{\varphi_2(x)}f(x,y)\,\mathrm{d}y \tag{2}$$

在上述讨论中,假定 $f(x,y)\geqslant 0$,但实际上公式的成立并不受此条件限制.

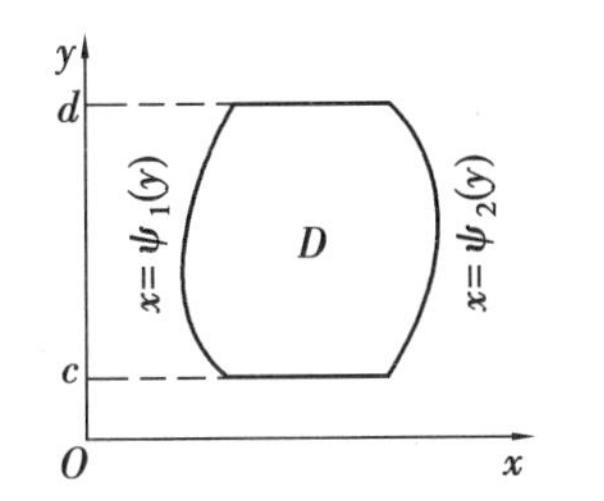

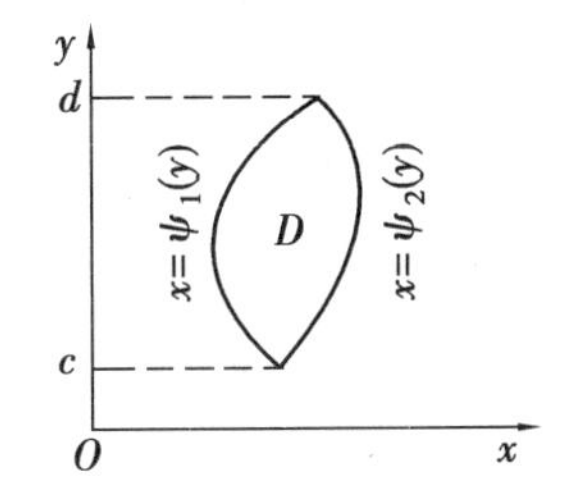

图 6.17

类似地,如果积分区域 D 可表示为

$$D=\{(x,y)\mid\psi_1(y)\leqslant x\leqslant\psi_2(y),c\leqslant y\leqslant d\} \tag{3}$$

如图 6.17 所示,其中函数 $\psi_1(y)$ 与 $\psi_2(y)$ 在区间 $[c,d]$ 上连续,则这时可以将二重积分化为**先对 x 后对 y 的二次积分**

$$\iint_D f(x,y)\,\mathrm{d}x\mathrm{d}y=\int_c^d\mathrm{d}y\int_{\psi_1(y)}^{\psi_2(y)}f(x,y)\,\mathrm{d}x. \tag{4}$$

图 6.15 所示的区域为 X **型区域**,图 6.17 所示区域为 Y **型区域**. X 型区域的特点是:穿过区域内部且平行于 y 轴的直线与区域边界相交不多于两个交点;Y 型区域的特点为:穿过区域内部且平行于 x 轴的直线与区域边界相交不多于两个交点.

如果积分区域 D 既是 X 型区域,又是 Y 型区域,如图 6.18 所示. 也就是说,D 既可以用式(1)表示,又可以用式(3)表示,则公式(2),(4)同时成立,即

$$\iint_D f(x,y)\,\mathrm{d}x\mathrm{d}y=\int_a^b\mathrm{d}x\int_{\varphi_1(x)}^{\varphi_2(x)}f(x,y)\,\mathrm{d}y=\int_c^d\mathrm{d}y\int_{\psi_1(y)}^{\psi_2(y)}f(x,y)\,\mathrm{d}x.$$

如果积分区域 D 既不是 X 型区域,又不是 Y 型区域,则可以用平行于坐标轴的直线将它分成几个部分,使每个部分是 X 型区域或 Y 型区域. 例如图 6.19 所示,将区域 D 分成三个部分,每个部分都是 X 型区域. 从而每个部分区域上的二重积分都可以应用公式(2)或(4)来计算. 再利用重积分的性质 2,即可得到整个区域 D 上的二重积分.

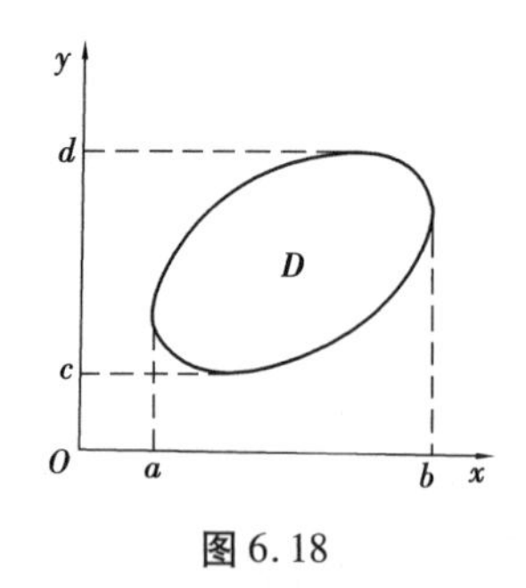

图 6.18

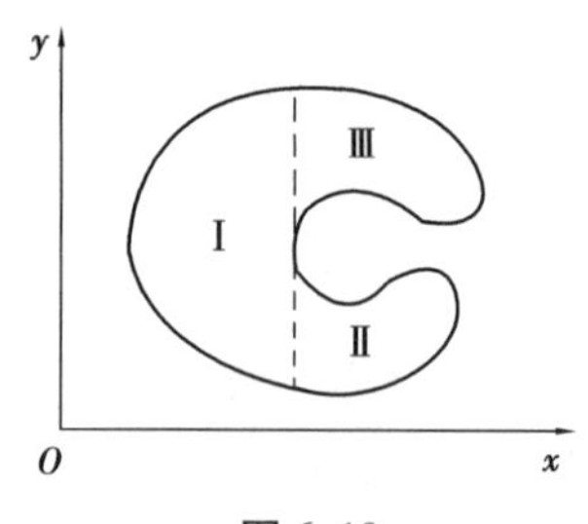

图 6.19

二重积分化为二次积分的关键之一是确定积分限,而积分限是根据积分区域来确定的.假设积分区域 D 是 X 型区域,则确定积分限的步骤如下:

(1)画出积分区域 D 的图形;

(2)将积分区域 D 投影到 x 轴上,得到区间 $[a,b]$;

(3)在区间 $[a,b]$ 上任取一点 x,积分区域上以这个 x 值为横坐标的点在一段直线上,这段直线平行于 y 轴,其上点的纵坐标从 $\varphi_1(x)$ 变到 $\varphi_2(x)$,如图 6.20 所示;

(4)将积分区域 D 表示为

$$D=\{(x,y)\mid\varphi_1(x)\leqslant y\leqslant\varphi_2(x),a\leqslant x\leqslant b\},$$

这样就得到对 y 积分的上、下限 $\varphi_2(x),\varphi_1(x)$,对 x 积分上、下限 b,a.

值得注意的是二次积分的上限不小于下限.

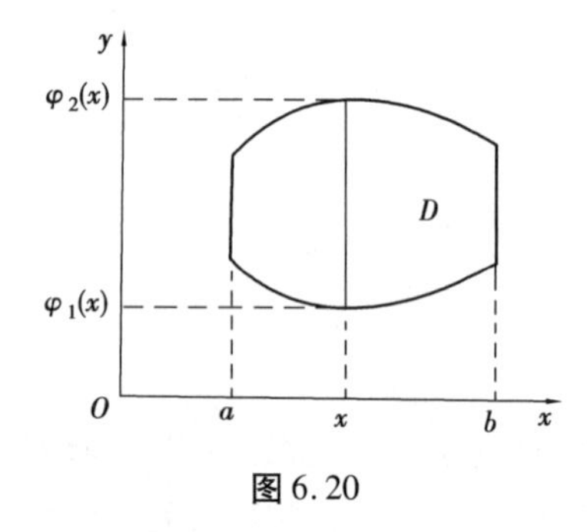

图 6.20

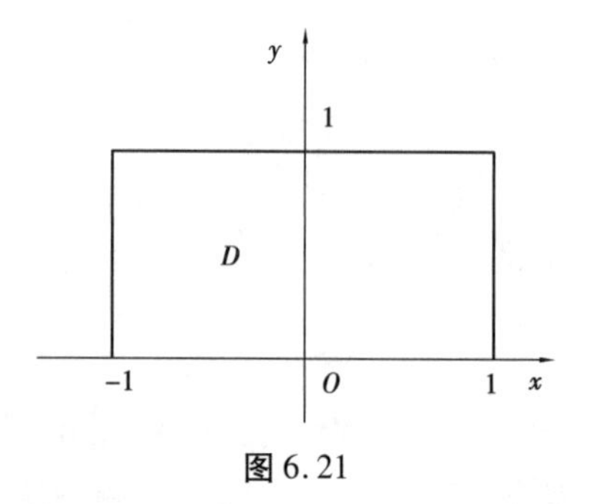

图 6.21

例 1 计算二重积分 $\iint\limits_D x^2y\mathrm{d}x\mathrm{d}y$,其中 $D=\{(x,y)\mid -1\leqslant x\leqslant 1,0\leqslant y\leqslant 1\}$.

解 区域 D 如图 6.21 所示. 可将二重积分化为先对 y 后对 x 的二次积分

$$\iint\limits_D x^2y\mathrm{d}x\mathrm{d}y=\int_{-1}^{1}\mathrm{d}x\int_0^1 x^2y\mathrm{d}y$$

$$=\int_{-1}^{1}\frac{1}{2}x^2[y^2]_0^1\mathrm{d}x=\int_{-1}^{1}\frac{1}{2}x^2\mathrm{d}x=\frac{1}{3};$$

也可将二重积分化为先对 x 后对 y 的二次积分

$$\iint\limits_D x^2y\mathrm{d}x\mathrm{d}y=\int_0^1\mathrm{d}y\int_{-1}^{1}x^2y\mathrm{d}x$$

$$= \int_0^1 \frac{1}{3}y\left[x^3\right]_{-1}^1 dy = \int_0^1 \frac{2}{3}y dy = \frac{1}{3}.$$

例2 设 D 是由直线 $y=x$ 与抛物线 $y=x^2$ 所围成的闭区域,试求

(1)闭区域 D 的面积 σ;

(2)求以曲面 $z=xy$ 为顶、以 D 为底的曲顶柱体体积 V.

解 区域 D 如图6.22所示,可以看作 X 型区域:

$$D=\{(x,y)\mid x^2\leqslant y\leqslant x,0\leqslant x\leqslant 1\}.$$

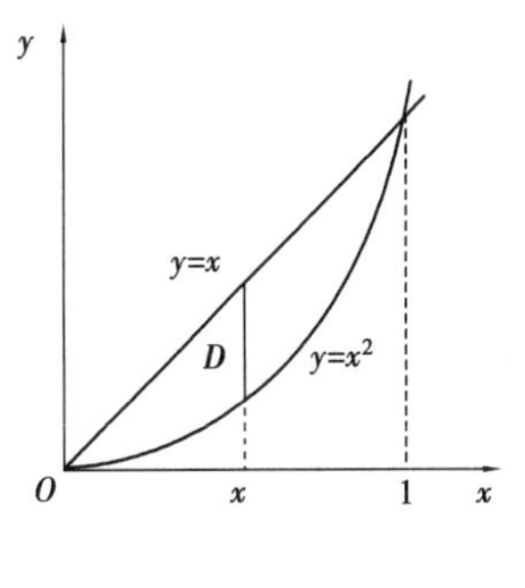

图6.22

(1) $\sigma = \iint\limits_D dxdy = \int_0^1 dx\int_{x^2}^x dy$

$$= \int_0^1 (x-x^2)dx = \frac{1}{6}.$$

(2)由二重积分的几何意义,得

$$V = \iint\limits_D xydxdy = \int_0^1 dx\int_{x^2}^x xydy$$

$$= \int_0^1 \frac{1}{2}x\left[y^2\right]_{x^2}^x dx$$

$$= \frac{1}{2}\int_0^1 (x^3-x^5)dx = \frac{1}{24}.$$

例3 计算二重积分 $\iint\limits_D (x^2+y^2)dxdy$,其中 D 是由直线 $y=x,y=1,y=2,y=1+x$ 所围成的区域.

解 区域 D 如图6.23(a)所示,若将它看作 Y 型区域,可表示为

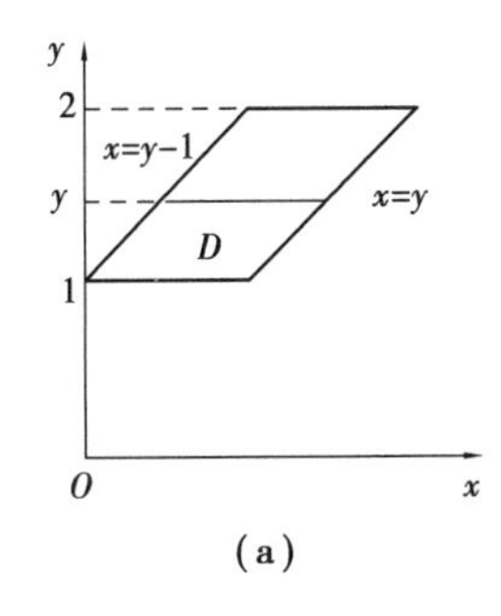

(a)

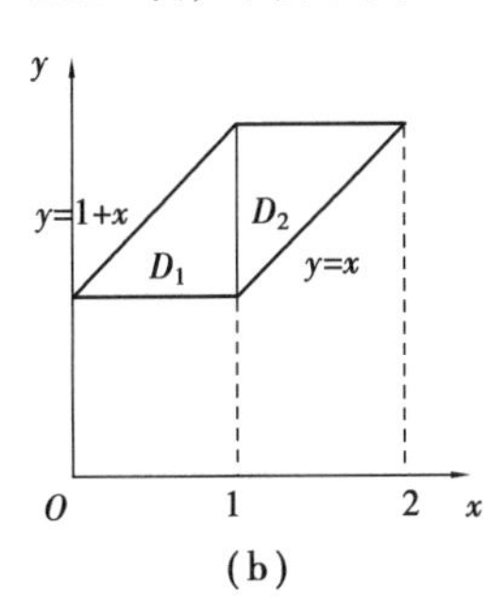

(b)

图6.23

$$D=\{(x,y)\mid y-1\leqslant x\leqslant y,1\leqslant y\leqslant 2\},$$

故 $$\iint\limits_D (x^2+y^2)dxdy = \int_1^2 dy\int_{y-1}^y (x^2+y^2)dx$$

$$= \int_1^2 \left[\frac{1}{3}x^3+y^2x\right]_{y-1}^y dy = \int_1^2 \left(2y^2-y+\frac{1}{3}\right)dy$$

$$= \left[\frac{2}{3}y^3 - \frac{1}{2}y^2 + \frac{1}{3}y\right]_1^2 = \frac{7}{2}.$$

若将区域 D 看作 X 型区域，如图 6.23(b)所示，可将 D 分成 D_1 和 D_2 两个部分：

$$D_1 = \{(x,y) \mid 1 \leqslant y \leqslant 1 + x, 0 \leqslant x \leqslant 1\};$$

$$D_2 = \{(x,y) \mid x \leqslant y \leqslant 2, 1 \leqslant x \leqslant 2\}.$$

于是

$$\iint_D (x^2 + y^2)\,dxdy = \iint_{D_1} (x^2 + y^2)\,dxdy + \iint_{D_2} (x^2 + y^2)\,dxdy$$

$$= \int_0^1 dx \int_1^{1+x} (x^2 + y^2)\,dy + \int_1^2 dx \int_x^2 (x^2 + y^2)\,dy$$

$$= \int_0^1 \left(\frac{4}{3}x^3 + x^2 + x\right)dx + \int_1^2 \left(-\frac{4}{3}x^3 + 2x^2 + \frac{8}{3}\right)dx$$

$$= \frac{7}{6} + \frac{7}{3} = \frac{7}{2}.$$

例 4 计算二重积分 $\iint_D e^{-y^2}\,dxdy$，其中 D 是以(0,0)，(1,1)，(0,1) 为顶点的三角形闭区域.

解 如图 6.24 所示，D 可以看作 Y 型区域：

$$D = \{(x,y) \mid 0 \leqslant x \leqslant y, 0 \leqslant y \leqslant 1\}.$$

故

$$\iint_D e^{-y^2}\,dxdy = \int_0^1 dy \int_0^y e^{-y^2}\,dx$$

$$= \int_0^1 e^{-y^2} \cdot y\,dy = -\frac{1}{2}\int_0^1 e^{-y^2}\,d(-y^2)$$

$$= \frac{1}{2} - \frac{1}{2e}.$$

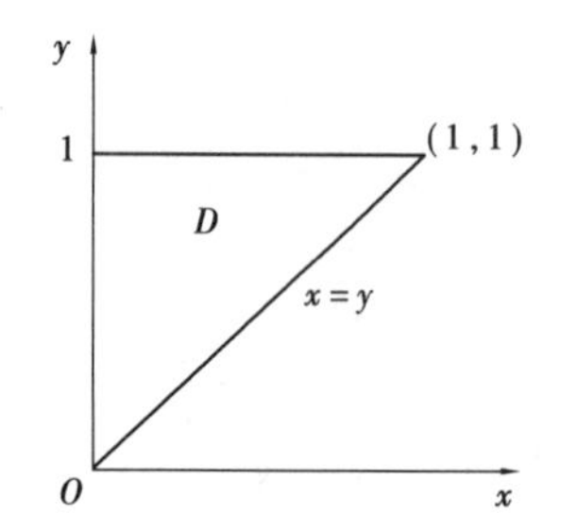

图 6.24

由于被积函数 e^{-y^2} 的原函数不能用初等函数表示，因此上述二重积分不宜采用先对 y 后对 x 积分的次序来计算.

从例 3 和例 4 可以看出，二重积分化为二次积分时，积分次序的选择是十分关键的. 如果选择的积分次序不合适，会使计算变得很复杂，甚至得不到结果.

2) 在极坐标系中计算二重积分

有些二重积分，积分区域 D 用极坐标来表示比较简单(比如圆形、扇形)，且被积函数容易用极坐标表达(比如含有 $x^2 + y^2$ 等形式)，可考虑用极坐标来计算.

设函数 $z = f(x,y)$ 在 D 上连续，由极坐标变换

$$\begin{cases} x = r\cos\theta \\ y = r\sin\theta \end{cases}, 0 \leqslant r < +\infty, 0 \leqslant \theta \leqslant 2\pi$$

函数 $f(x,y)$ 在极坐标下可以写成

$$f(x,y)=f(r\cos\theta,r\sin\theta).$$

设从极点 O 出发穿过区域 D 内部的射线与 D 的边界曲线相交不多于两点. 由于二重积分与积分区域 D 的分割方式无关,用以极点为圆心的一组同心圆($r=$常数)和一组从极点出发的射线($\theta=$常数)来分割区域 D,如图 6.25 所示. 这时小区域 $\Delta\sigma$ 的面积

$$\Delta\sigma=\frac{1}{2}(r+\Delta r)^2\Delta\theta-\frac{1}{2}r^2\Delta\theta=r\Delta r\Delta\theta+\frac{1}{2}(\Delta \mathrm{r})^2\Delta\theta.$$

去掉高阶无穷小,得

$$\Delta\sigma\approx r\Delta r\Delta\theta.$$

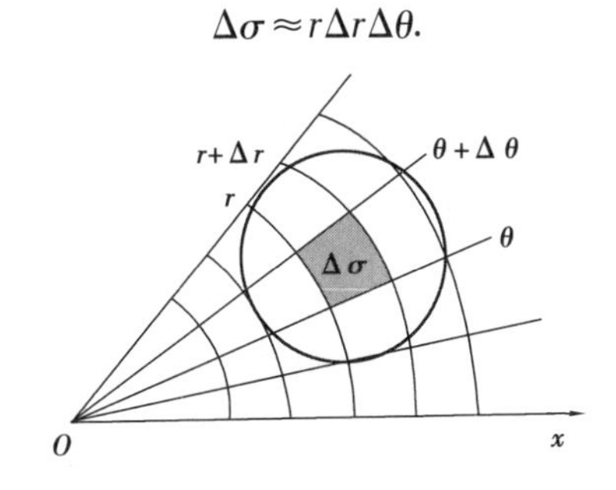

图 6.25

于是面积元素

$$\mathrm{d}\sigma=r\mathrm{d}r\mathrm{d}\theta.$$

因此

$$\iint_D f(x,y)\,\mathrm{d}\sigma=\iint_D f(r\cos\theta,r\sin\theta)\,r\mathrm{d}r\mathrm{d}\theta.$$

这就是二重积分的变量从直角坐标变换为极坐标的变换公式.

在极坐标系下,二重积分一般可化为先对 r 后对 θ 的二次积分,根据区域的特点分以下几种情况:

(1)极点 O 在区域 D 之外(如图 6.26 所示).

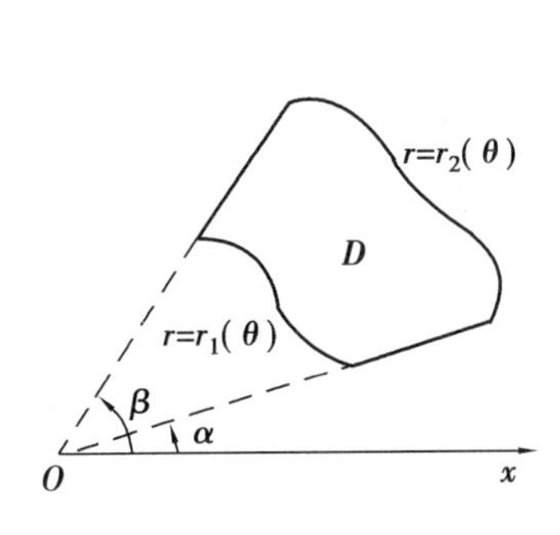

图 6.26

此时区域 D 可表示成

$$D=\{(r,\theta)\mid r_1(\theta)\leqslant r\leqslant r_2(\theta),\alpha\leqslant\theta\leqslant\beta\}.$$

在$[\alpha,\beta]$上任取一个 θ 值，对应于这个 θ 值，区域 D 上极径线段上点的 r 坐标从 $r_1(\theta)$ 变到 $r_2(\theta)$. 故

$$\iint_D f(r\cos\theta,r\sin\theta)r\mathrm{d}r\mathrm{d}\theta=\int_\alpha^\beta\mathrm{d}\theta\int_{r_1(\theta)}^{r_2(\theta)}f(r\cos\theta,r\sin\theta)r\mathrm{d}r.$$

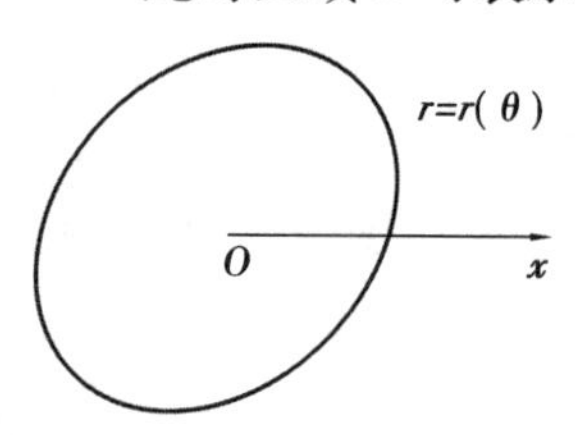

图 6.27

(2)极点 O 在区域 D 的内部(如图 6.27 所示).

此时区域 D 可表示成：

$$D=\{(r,\theta)\mid 0\leqslant r\leqslant r(\theta),0\leqslant\theta\leqslant 2\pi\},$$

故

$$\iint_D f(r\cos\theta,r\sin\theta)r\mathrm{d}r\mathrm{d}\theta=\int_0^{2\pi}\mathrm{d}\theta\int_0^{r(\theta)}f(r\cos\theta,r\sin\theta)r\mathrm{d}r.$$

(3)极点 O 在区域 D 的边界上(如图 6.28 所示).

此时区域 D 可表示成：

$$D=\{(r,\theta)\mid 0\leqslant r\leqslant r(\theta),\alpha\leqslant\theta\leqslant\beta\},$$

故

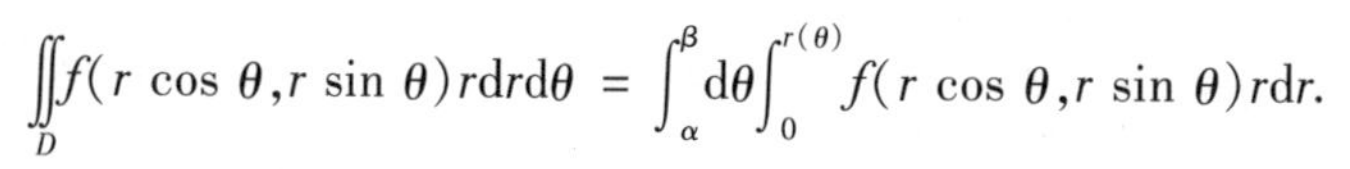

$$\iint_D f(r\cos\theta,r\sin\theta)r\mathrm{d}r\mathrm{d}\theta=\int_\alpha^\beta\mathrm{d}\theta\int_0^{r(\theta)}f(r\cos\theta,r\sin\theta)r\mathrm{d}r.$$

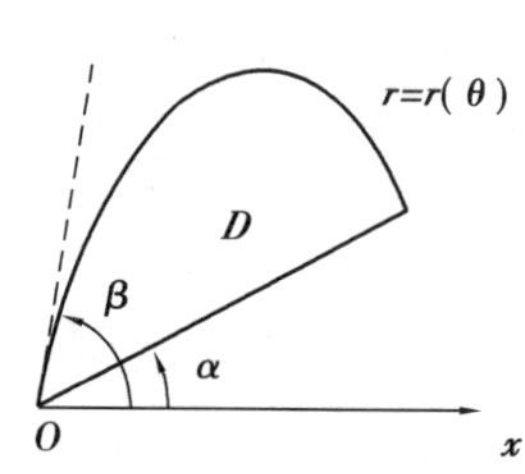

图 6.28

例 5 计算 $\iint_D(1-x^2-y^2)\mathrm{d}\sigma$，其中区域 $D:x^2+y^2\leqslant 1$.

解 在极坐标系下，区域 D 可表示成：

$$\left\{(r,\theta)\mid 0\leqslant r\leqslant 1,0\leqslant\theta\leqslant 2\pi\right\},$$

所以

$$\iint_D(1-x^2-y^2)\mathrm{d}\sigma=\iint_D(1-r^2)r\mathrm{d}r\mathrm{d}\theta=\int_0^{2\pi}\mathrm{d}\theta\int_0^1(r-r^3)\mathrm{d}r$$

$$=\int_0^{2\pi}\left[\frac{1}{2}r^2-\frac{1}{4}r^4\right]_0^1\mathrm{d}\theta=\frac{\pi}{2}.$$

例 6 计算 $\iint_D\mathrm{e}^{-x^2-y^2}\mathrm{d}x\mathrm{d}y$，其中区域 D 是圆域：$x^2+y^2\leqslant a^2$ 在第一象限部分.

解 在极坐标系下，区域 D 可表示成：

$$\left\{(r,\theta)\mid 0\leqslant r\leqslant a,0\leqslant\theta\leqslant\frac{\pi}{2}\right\},$$

所以

$$\iint_D\mathrm{e}^{-x^2-y^2}\mathrm{d}x\mathrm{d}y=\iint_D\mathrm{e}^{-r^2}r\mathrm{d}r\mathrm{d}\theta=\int_0^{\frac{\pi}{2}}\mathrm{d}\theta\int_0^a\mathrm{e}^{-r^2}r\mathrm{d}r$$

$$=\frac{\pi}{2}\left[-\frac{1}{2}\mathrm{e}^{-r^2}\right]_0^a=\frac{\pi}{4}(1-\mathrm{e}^{-a^2}).$$

现在利用上面的结果来计算概率积分 $\int_0^{+\infty} e^{-x^2}dx$. 设

$$D_1 = \{(x,y) \mid x^2 + y^2 \leqslant R^2, x \geqslant 0, y \geqslant 0\},$$

$$D_2 = \{(x,y) \mid x^2 + y^2 \leqslant 2R^2, x \geqslant 0, y \geqslant 0\},$$

$$S = \{(x,y) \mid 0 \leqslant x \leqslant R, 0 \leqslant y \leqslant R\}.$$

显然 $D_1 \subset S \subset D_2$(图 6.29),由于 $e^{-x^2-y^2} > 0$,从而在这些闭区域的二重积分之间有如下不等式:

$$\iint_{D_1} e^{-x^2-y^2}dxdy < \iint_{S} e^{-x^2-y^2}dxdy < \iint_{D_2} e^{-x^2-y^2}dxdy.$$

因为

$$\iint_{S} e^{-x^2-y^2}dxdy = \int_0^R e^{-x^2}dx \cdot \int_0^R e^{-y^2}dy = \left(\int_0^R e^{-x^2}dx\right)^2,$$

应用上面的结果,有

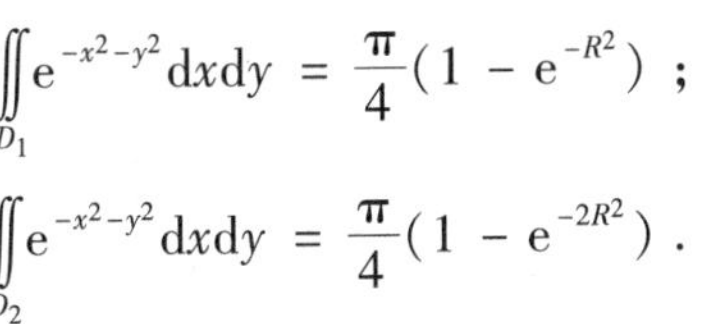

$$\iint_{D_1} e^{-x^2-y^2}dxdy = \frac{\pi}{4}(1 - e^{-R^2});$$

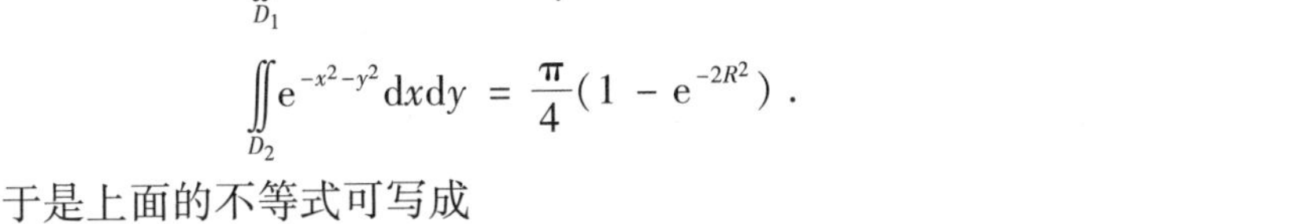

$$\iint_{D_2} e^{-x^2-y^2}dxdy = \frac{\pi}{4}(1 - e^{-2R^2}).$$

图 6.29

于是上面的不等式可写成

$$\frac{\pi}{4}(1 - e^{-R^2}) < \left(\int_0^R e^{-x^2}dx\right)^2 < \frac{\pi}{4}(1 - e^{-2R^2}),$$

令 $R \to +\infty$,上式两边趋于同一个极限$\frac{\pi}{4}$,所以

$$\int_0^{+\infty} e^{-x^2}dx = \frac{\sqrt{\pi}}{2}.$$

习题 6.6

1. 一薄板(不考虑其厚度)位于 xOy 平面上,占有区域 D. 薄板的面密度为$\mu = \mu(x,y)$,试用二重积分表达该薄板的质量.

2. 比较下列积分的大小:

(1) $\iint_D (x+y)^2 d\sigma$ 与$\iint_D (x+y)^3 d\sigma$,其中 D 是由 x 轴、y 轴与直线 $x + y = 1$ 所围成的闭区域;

(2) $\iint_D (x+y)^2 d\sigma$ 与$\iint_D (x+y)^3 d\sigma$,其中 $D = \{(x,y) \mid (x-2)^2 + (y-1)^2 \leqslant 2\}$;

(3) $\iint_D \sin^2(x+y) d\sigma$ 与$\iint_D (x+y)^2 d\sigma$,其中 D 为任一有界闭区域.

3. 估计下列积分的值：

(1) $\iint\limits_D xy(x+y)\mathrm{d}\sigma$，其中 $D=\{(x,y)\mid 0\leqslant x\leqslant 1,0\leqslant y\leqslant 1\}$；

(2) $\iint\limits_D \sin^2 x\sin^2 y\mathrm{d}\sigma$，其中 $D=\{(x,y)\mid 0\leqslant x\leqslant \pi,0\leqslant y\leqslant \pi\}$.

4. 画出积分区域，并计算二重积分：

(1) $\iint\limits_D (3x+2y)\mathrm{d}x\mathrm{d}y$，其中 D 为两坐标轴及直线 $x+y=1$ 所围成的区域；

(2) $\iint\limits_D xy\mathrm{d}x\mathrm{d}y$，其中 D 为 $y=\sqrt{x}$，$y=x^2$ 所围成的区域；

(3) $\iint\limits_D \cos(x+y)\mathrm{d}x\mathrm{d}y$，其中 D 为 $x=0$，$y=\pi$，$y=x$ 所围成的区域；

(4) $\iint\limits_D \mathrm{e}^{x+y}\mathrm{d}\sigma$，其中 $D=\{(x,y)\mid |x|+|y|\leqslant 1\}$.

5. 交换下列积分次序：

(1) $\int_0^1\mathrm{d}y\int_0^y f(x,y)\mathrm{d}x$；

(2) $\int_0^2\mathrm{d}y\int_{y^2}^{2y} f(x,y)\mathrm{d}x$；

(3) $\int_1^{\mathrm{e}}\mathrm{d}x\int_0^{\ln x} f(x,y)\mathrm{d}y$；

(4) $\int_0^{\pi}\mathrm{d}x\int_0^{\sin x} f(x,y)\mathrm{d}y$.

6. 利用极坐标计算下列积分：

(1) $\iint\limits_D \dfrac{1}{1+x^2+y^2}\mathrm{d}\sigma$，其中区域 D：$x^2+y^2\leqslant 1$；

(2) $\iint\limits_D y\mathrm{d}\sigma$，其中 D 为 $y=0$，$y=x$ 和 $y=\sqrt{1-x^2}$ 所围成的在第一象限中的区域；

(3) $\iint\limits_D \sqrt{x^2+y^2}\mathrm{d}\sigma$，其中 D 是圆周 $x^2+y^2=9$ 所围成的区域；

(4) $\iint\limits_D \arctan\dfrac{y}{x}\mathrm{d}\sigma$，其中 D 是由圆周 $x^2+y^2=4$，$x^2+y^2=1$ 以及直线 $y=0$，$y=x$ 所围成的在第一象限中的区域.

7. 将下列积分化为极坐标形式，并计算积分值：

(1) $\int_0^a\mathrm{d}x\int_0^x \sqrt{x^2+y^2}\mathrm{d}y$；

(2) $\int_0^a\mathrm{d}y\int_0^{\sqrt{a^2-y^2}} (x^2+y^2)\mathrm{d}x$；

(3) $\int_0^1\mathrm{d}x\int_{x^2}^x (x^2+y^2)^{-\frac{1}{2}}\mathrm{d}y$；

(4) $\int_0^{2a}\mathrm{d}x\int_0^{\sqrt{2ax-x^2}} (x^2+y^2)\mathrm{d}y$.

8. 选用适当的坐标计算下列各题：

(1) $\iint\limits_D \dfrac{x^2}{y^2}\mathrm{d}\sigma$，其中 D 是由直线 $x=2$，$y=x$ 以及直线 $xy=1$ 所围成的闭区域；

(2) $\iint\limits_{D}\sqrt{\frac{1-x^2-y^2}{1+x^2+y^2}}\,\mathrm{d}\sigma$,其中$D$是由圆周$x^2+y^2=1$及坐标轴所围成的在第一象限内的闭区域;

(3) $\iint\limits_{D}(x^2+y^2)\,\mathrm{d}\sigma$,其中$D$是由直线$y=x,y=x+a,y=a,y=3a(a>0)$所围成的闭区域;

(4) $\iint\limits_{D}\sqrt{x^2+y^2}\,\mathrm{d}\sigma$,其中$D$是圆环形闭区域$\{(x,y)\mid a^2\leqslant x^2+y^2\leqslant b^2\}$.

9. 求以曲面$z=x^2+y^2$为顶、以D为底的曲顶柱体的体积V,其中D是由直线$x=0,y=1$和$y=x$所围成的区域.

10. 求球体$x^2+y^2+z^2\leqslant 4a^2$被圆柱面$x^2+y^2=2ax(a>0)$所截得的(含在圆柱面内的部分)立体的体积.

本章小结

一、基本概念

(1)多元函数的定义,多元函数的极限、连续、偏导、全微分、极值的定义.

(2)二重积分的定义.

二、多元函数的偏导求法与全微分

(1)求一点处偏导数的方法:先代后求;先求后代;利用定义.

(2)求高阶偏导数的方法:逐次求导法(与求导顺序无关时,应选择方便的求导顺序).

(3)函数$z=f(x,y)$的全微分写作$\mathrm{d}z=\frac{\partial z}{\partial x}\mathrm{d}x+\frac{\partial z}{\partial y}\mathrm{d}y$.

(4)重要关系.

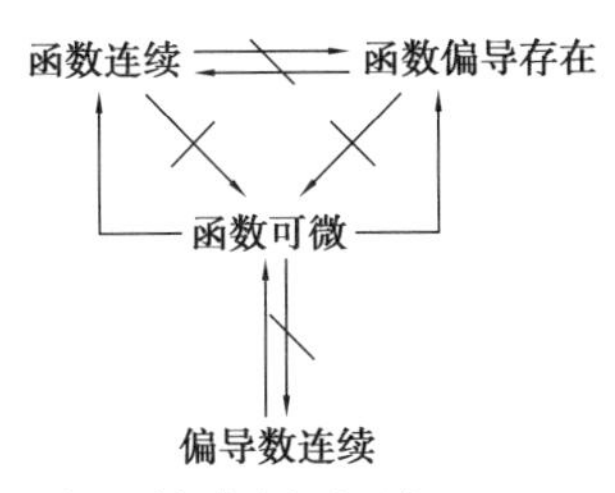

三、多元复合函数求导法则和隐函数求导法则

(1)复合函数求导的链式法则:"分段用乘,分叉用加,单路全导,叉路偏导".

(2)隐函数求导公式:设函数$F(x,y)$在点$P(x_0,y_0)$的某一邻域内具有连续偏导数,$F(x_0,y_0)=0,F_y(x_0,y_0)\neq 0$,则方程$F(x,y)=0$在点$(x_0,y_0)$的某一邻域内能唯一确定一个连续且具有连续导数的函数$y=f(x)$,它满足条件$y_0=f(x_0)$,并有

$$\frac{dy}{dx}=-\frac{F_x}{F_y}.$$

四、多元函数极值与最值

(1)函数的极值问题.

第一步　利用必要条件在定义域内找驻点.

第二步　利用充分条件判别驻点是否为极值点.

(2)函数的条件极值问题.

①简单问题用代入法.

②一般问题用拉格朗日乘数法.

五、二重积分的计算

X 型区域:D:$\varphi_1(x)\leqslant y\leqslant\varphi_2(x),a\leqslant x\leqslant b$. 则

$$\iint_D f(x,y)\mathrm{d}\sigma=\int_a^b\mathrm{d}x\int_{\varphi_1(x)}^{\varphi_2(x)}f(x,y)\mathrm{d}y.$$

Y 型区域:D:$\psi_1(x)\leqslant x\leqslant\psi_2(x),c\leqslant y\leqslant d$. 则

$$\iint_D f(x,y)\mathrm{d}\sigma=\int_c^d\mathrm{d}y\int_{\psi_1(y)}^{\psi_2(y)}f(x,y)\mathrm{d}x.$$

若积分区域 D 可表示为 $\varphi_1(\theta)\leqslant\rho\leqslant\varphi_2(\theta),\alpha\leqslant\theta\leqslant\beta$,

则 $$\iint_D f(\rho\cos\theta,\rho\sin\theta)\rho\mathrm{d}\rho\mathrm{d}\theta=\int_\alpha^\beta\mathrm{d}\theta\int_{\varphi_1(\theta)}^{\varphi_2(\theta)}f(\rho\cos\theta,\rho\sin\theta)\rho\mathrm{d}\rho.$$

总习题6答案解析

总习题 6

一、填空题

1. 函数 $z=\sqrt{x-\sqrt{y}}$ 的定义域是________.

2. $\lim\limits_{(x,y)\to(0,0)}\dfrac{2-\sqrt{xy+4}}{xy}=$________.

3. 改变二次积分的积分次序:$\int_0^1\mathrm{d}y\int_0^y f(x,y)\mathrm{d}x=$________.

4. 设 $D=\{(x,y)\mid 2\leqslant x^2+y^2\leqslant 4\}$,则 $\iint_D\mathrm{d}x\mathrm{d}y=$________.

5. 设 $f(u,v)$ 为二元可微函数,$z=f(x^y,y^x)$,则 $\dfrac{\partial z}{\partial x}=$________.

二、单项选择题

1. 下面集合中(　　)是闭集.

A. $\{(x,y)\mid x\neq0,y\neq0\}$　　B. $\{(x,y)\mid 1<x^2+y^2\leqslant4\}$

C. $\{(x,y)\mid y>x^2\}$　　D. $\{(x,y)\mid x^2+(y-1)^2\geqslant1\}$

2. 设$f(x,y)=\ln(x-\sqrt{x^2-y^2})(x>0,y>0)$，则$f(x+y,x-y)=($　　$)$.

A. $2\ln(\sqrt{x}-\sqrt{y})$　　B. $\ln(x-y)$

C. $2(\ln x-\ln y)$　　D. $2\ln(x-y)$

3. 函数$f(x,y)$在点(x_0,y_0)偏导数存在是$f(x,y)$在该点连续的(　　).

A. 充分而不必要条件　　B. 必要而不充分条件

C. 充分必要条件　　D. 既不是充分也不是必要条件

4. 设函数$f(x,y)$在点(x_0,y_0)处可微，且$f_x(x_0,y_0)=0$，$f_y(x_0,y_0)=0$，则函数$f(x,y)$在点(x_0,y_0)处(　　).

A. 有极值，可能是极大，也可能是极小　　B. 可能有极值，也可能无极值

C. 有极大值　　D. 有极小值

5. 设$I_1=\iint\limits_{D_1}(x^2+y^2)^3\mathrm{d}\sigma$，其中$D_1=\{(x,y)\mid -1\leqslant x\leqslant 1,-2\leqslant y\leqslant 2\}$；$I_2=\iint\limits_{D_2}(x^2+y^2)^3\mathrm{d}\sigma$，其中$D_2=\{(x,y)\mid 0\leqslant x\leqslant 1,0\leqslant y\leqslant 2\}$，则(　　).

A. $I_1=I_2$　　B. $I_1=2I_2$　　C. $I_1=3I_2$　　D. $I_1=4I_2$

6. 设$f(x)$为连续函数，$F(t)=\int_1^t\mathrm{d}y\int_y^t f(x)\mathrm{d}x$，则$F'(2)=($　　$)$.

A. $2f(2)$　　B. $f(2)$　　C. $-f(2)$　　D. 0

三、解答题

1. 设平面区域D由曲线$y=\sqrt{3(1-x^2)}$与直线$y=\sqrt{3}x$及y轴围成，计算二重积分$\iint\limits_D x^2\mathrm{d}x\mathrm{d}y$.

2. 将长为2 m的铁丝分成三段，依次围成圆、正方形与正三角形. 3个图形的面积之和是否存在最小值？如果存在，求出最小值.

3. 设$f(x,y)=\begin{cases}\dfrac{x^2y}{x^2+y^2}, & x^2+y^2\neq 0\\ 0, & x^2+y^2=0\end{cases}$，求$f_x(x,y)$与$f_y(x,y)$.

4. 一个仓库的下半部是圆柱形，顶部是圆锥形，半径均为6 m，总表面积为200 m^2(不包括底部). 问圆柱、圆锥的高各为多少时，仓库的容积最大？

5. 求函数$f(x,y)=2x^2+3y^2-4x+2$在闭区域$D=\{(x,y)\mid x^2+y^2\leqslant 16\}$上的最大值和最小值.

6. 设$z=xy+xF(u)$，而$u=\dfrac{y}{x}$，$F(u)$为可导函数，证明：

$$x\frac{\partial z}{\partial x}+y\frac{\partial z}{\partial y}=z+xy.$$

7. 交换下列二次积分的次序：

(1) $\int_0^1 \mathrm{d}y\int_0^{2y} f(x,y)\,\mathrm{d}x + \int_1^3 \mathrm{d}y\int_0^{3-y} f(x,y)\,\mathrm{d}x$；

(2) $\int_0^1 \mathrm{d}x\int_{\sqrt{x}}^{1+\sqrt{1-x^2}} f(x,y)\,\mathrm{d}y$.

8. 设函数 $f(x)$ 在 $[0,1]$ 上连续且 $\int_0^1 f(x)\,\mathrm{d}x = A$，求 $\int_0^1 \mathrm{d}x\int_x^1 f(x)f(y)\,\mathrm{d}y$.

9. 计算二重积分 $\iint\limits_D \mathrm{e}^{\max\{x^2,y^2\}}\,\mathrm{d}x\mathrm{d}y$，其中 $D = \{(x,y) \mid 0 \leqslant x \leqslant 1, 0 \leqslant y \leqslant 1\}$.

10. 设 $z = f\left(xy,\dfrac{x}{y}\right) + g\left(\dfrac{y}{x}\right)$，其中 f 具有二阶连续偏导数，g 具有二阶连续导数，求 $\dfrac{\partial^2 z}{\partial x \partial y}$.

第6章拓展阅读

拓展阅读(1)　笛卡尔简介

拓展阅读(2)　多元函数微积分中的思政元素

第7章　常微分方程初步

第7章学习导读

客观世界中的许多现象表现在数量上往往是某种函数关系.但有时根据问题的条件,所能知道的并不是这些函数本身,而是包含自变量、未知函数和未知函数导数的某种关系.这种包含未知函数及其导数的方程就称为**微分方程**.本章主要介绍微分方程的基本概念和几类常见微分方程的解法.

7.1　微分方程的一般概念

微分方程的基本概念

例1　求一条平面曲线,使曲线上任一点处的切线斜率等于该点横坐标平方的3倍,并且曲线过坐标原点.

解　设曲线方程为 $y=y(x)$,则曲线在点 $P(x,y)$ 处的切线斜率为 $y'(x)$,所以未知函数 $y=y(x)$ 满足关系式

$$y'=3x^2. \tag{1}$$

此外,未知函数 $y=y(x)$ 还应满足条件:

$$x=0\text{ 时},y=0. \tag{2}$$

对式(1)两边积分,得

$$y=x^3+C. \tag{3}$$

其中 C 为任意常数.

将条件(2)代入(3),得 $C=0$,所以所求曲线的方程为

$$y=x^3 \tag{4}$$

例2　一质量为 m 的物体受重力作用而下落,如果开始下落时位置和速度都为0,试求物体下落的距离 S 与时间 t 的关系.

解　设物体在时刻 t 下落的距离为 $S=S(t)$,因物体只受重力的作用,由牛顿第二运动定律可知,物体运动的加速度

$$\frac{d^2S}{dt^2}=g. \tag{5}$$

其中 g 为重力加速度.此外,未知函数还应满足如下条件:

$$t=0\text{ 时},S=0,V=\frac{dS}{dt}=0. \tag{6}$$

对式(5)两端积分,得

$$\frac{dS}{dt}=gt+C_1 \tag{7}$$

再积分一次，得

$$S=\frac{1}{2}gt^2+C_1t+C_2. \tag{8}$$

这里 C_1,C_2 为任意常数.

将条件"$t=0$ 时，$\frac{dS}{dt}=0$"代入式(7)，得 $C_1=0$；再将条件"$t=0$ 时，$S=0$"代入式(8)，得 $C_2=0$. 所以下落的距离 S 与时间 t 的关系为

$$S=\frac{1}{2}gt^2. \tag{9}$$

上述两个例子中的关系式(1)和(5)都含有未知函数的导数，它们都是微分方程. 一般地，有如下定义：

定义 表示未知函数、未知函数的导数与自变量之间关系的方程称为**微分方程**. 未知函数是一元函数的，称为**常微分方程**；未知函数是多元函数的，称为**偏微分方程**.

在此只讨论常微分方程，为方便起见简称为微分方程或方程.

微分方程中出现的未知函数最高阶导数的阶数称为**微分方程的阶**. 例如，前面所介绍的微分方程(1)是一阶常微分方程，微分方程(5)是二阶微分方程.

一般地，n **阶微分方程**的形式是

$$F(x,y,y',\cdots,y^{(n)})=0, \tag{10}$$

其中 F 是 $n+2$ 个变量的函数. 这里必须指出，在方程(10)中，$y^{(n)}$ 是必须出现的，而 $x,y,y',\cdots,y^{(n-1)}$ 等变量则可以不出现. 例如 n 阶微分方程

$$y^{(n)}+1=0$$

中，除 $y^{(n)}$ 外，其他变量都没有出现.

由前面的例子可以看到，在研究某些实际问题时，首先要建立微分方程，然后找出满足微分方程的函数. 确切地说，函数 $y=\varphi(x)$ 满足方程微分方程(10)，即用

$$y=\varphi(x),y'=\varphi'(x),\cdots,y^{(n)}=\varphi^{(n)}(x)$$

代入方程(10)，而使其成为恒等式

$$F[x,\varphi(x),\varphi'(x),\cdots,\varphi^{(n)}(x)]\equiv 0,$$

则函数 $y=\varphi(x)$ 称为微分方程(10)的**解**.

例如，函数(3)和(4)都是微分方程(1)的解；函数(8)和(9)都是微分方程(5)的解.

微分方程(1)的解

$$y=x^3+C$$

含有一个任意常数. 在这个解中，当任意常数 C 取不同的值时，就得到不同的$y(x)$，它们都是微分方程的解，故一个微分方程有无穷多个解.

一般说来，一个 n 阶微分方程的解若含有 n 个互相独立的任意常数，即若微分方程的解中含有独立的任意常数的个数与方程的阶数相同，则这个解称为该方程的**通解**.

例如，函数 $y=x^3+C$ 是方程(1)的通解，因为它含有一个任意常数，而方程(1)是一阶的. 又如函数(8)是方程(5)的通解，它含有两个独立的任意常数，而方程(5)是二阶的.

这里所说的任意常数是相互独立的，是指它们不能合并而使任意常数的个数减少. 要准确理解，可参看7.4节中函数线性无关的概念.

由于通解中含有任意常数，所以它还不能完全确定地反映某一客观事物的规律性. 要完全确定地反映客观事物的规律性，就必须确定这些常数的值. 为此，要根据问题的实际情况，提出确定这些常数的条件. 例如，例1中的条件：曲线过坐标原点.

一般地，对于一阶微分方程，用来确定任意常数的条件是：

$$y(x_0)=y_0 \text{ 或写成 } y\big|_{x=x_0}=y_0,$$

其中 x_0,y_0 都是给定的值；对于二阶微分方程，用来确定任意常数的条件是：

$$y(x_0)=y_0,y'(x_0)=y_1 \text{ 或写成 } y\big|_{x=x_0}=y_0,y'\big|_{x=x_0}=y_1,$$

其中 x_0,y_0,y_1 都是给定的值. 上述这种条件称为**初始条件**.

确定了通解中的任意常数以后，就得到微分方程的一个特定的解，称为微分方程的**特解**. 例如函数(4)是方程(1)满足初始条件(2)的特解；函数(9)是方程(5)满足初始条件(6)的特解.

求微分方程满足初始条件的特解的问题称为**初值问题**.

微分方程的解的图形是曲线，称为微分方程的**积分曲线**.

例3 验证函数 $y=C_1\cos 2x+C_2\sin 2x$（C_1,C_2 为任意常数）是微分方程

$$y''+4y=0$$

的通解，并求满足初始条件：$y(0)=1,y'(0)=0$ 的特解.

解

$$y'=-2C_1\sin 2x+2C_2\cos 2x;$$

$$y''=-4C_1\cos 2x-4C_2\sin 2x.$$

将 y,y'' 代入微分方程，得

$$\text{左边}=-4C_1\cos 2x-4C_2\sin 2x+4(C_1\cos 2x+C_2\sin 2x)=0=\text{右边}.$$

所以，$y=C_1\cos 2x+C_2\sin 2x$ 是微分方程 $y''+4y=0$ 的解，又因为解中含有两个独立的任意常数，常数个数与方程的阶数相同，所以是方程的通解.

将初始条件 $y(0)=1,y'(0)=0$ 代入

$$y=C_1\cos 2x+C_2\sin 2x$$

和

$$y'=-2C_1\sin 2x+2C_2\cos 2x,$$

得

$$\begin{cases}1=C_1+C_2\times 0\\0=-2C_1\times 0+2C_2\times 1\end{cases}$$

于是 $C_1=1,C_2=0$,所以方程满足初始条件的特解为

$$y=\cos 2x.$$

习题 7.1

1. 指出下列各微分方程的阶数:

(1) $x(y')^2-2yy'+x=0$;　　(2) $x^2y''-xy'=0$;

(3) $(u^2-v^2)\mathrm{d}u+(u^2+v^2)\mathrm{d}v=0$;　　(4) $\frac{\mathrm{d}^2x}{\mathrm{d}t^2}+t\frac{\mathrm{d}x}{\mathrm{d}t}+t=0$.

2. 判断下列各题中的函数是否为所给微分方程的解?

(1) $xy'=2y,y=5x^2$;　　(2) $y''-2y'+y=0,y=x^2\mathrm{e}^x$;

(3) $y''+y=0,y=C_1\cos x+C_2\sin x$($C_1,C_2$ 为任意常数).

(4) $(x-2y)y'=2x-y,x^2-xy+y^2=C$ 所确定的函数.

3. 写出下列条件确定的曲线所满足的微分方程:

(1)曲线在点(x,y)处的切线斜率等于该点横坐标的平方;

(2)曲线在点(x,y)处的切线与横轴交点的横坐标等于切点横坐标的一半.

4. 已知曲线通过点$(0,0)$,且该曲线在点(x,y)处的切线斜率为 $x\mathrm{e}^{-x}$,求该曲线的方程.

7.2　一阶微分方程

一阶微分方程及其解法

一阶微分方程的一般形式为 $F(x,y,y')=0$,如果可解出 y',则方程可写成$y'=f(x,y)$的形式. 本节介绍几种特殊类型的一阶微分方程及其解法.

7.2.1　可分离变量的方程

方程 $y'=f(x,y)$是**可分离变量**的,如果函数 $f(x,y)$ 可以表示成一个 x 的函数和一个 y 的函数的乘积,即微分方程可写成

$$\frac{\mathrm{d}y}{\mathrm{d}x}=g(x)h(y)$$

的形式.

如果 $h(y)\neq 0$,则方程可化为

$$\frac{1}{h(y)}\mathrm{d}y=g(x)\mathrm{d}x$$

左右两边是分别只含有 x 和 y 的表达式,即已经将变量 x 和 y 分离. 将方程两边积分,得

$$\int \frac{1}{h(y)} \mathrm{d}y = \int g(x)\mathrm{d}x .$$

设 $H(y)$ 和 $G(x)$ 分别是 $\frac{1}{h(y)}$ 和 $g(x)$ 的一个原函数，则方程的通解为

$$H(y) = G(x) + C.$$

例1 求微分方程 $\frac{\mathrm{d}y}{\mathrm{d}x}=2xy$ 的通解.

解 这是可分离变量的方程. 分离变量后得

$$\frac{\mathrm{d}y}{y}=2x\mathrm{d}x.$$

两边积分，得

$$\int \frac{\mathrm{d}y}{y} = \int 2x\mathrm{d}x,$$

即

$$\ln|y| = x^2 + C_1,$$

从而

$$y = \pm \mathrm{e}^{x^2+C_1} = \pm \mathrm{e}^{C_1}\mathrm{e}^{x^2}.$$

所以方程的通解

$$y = C\mathrm{e}^{x^2}.$$

这里 $C = \pm \mathrm{e}^{C_1}$，并允许 C 取值0，从而将解 $y=0$ 包括在内.

以后遇到类似上例的情形，可以不必写出处理绝对值的过程.

例2 求微分方程 $\frac{\mathrm{d}y}{\mathrm{d}x}=\frac{y}{x}+\tan\frac{y}{x}$ 的通解.

解 这个方程不能直接分离变量. 作变换 $u=\frac{y}{x}$，则由 $y=xu$ 得

$$\frac{\mathrm{d}y}{\mathrm{d}x}=u+x\frac{\mathrm{d}u}{\mathrm{d}x}.$$

代入原方程，得

$$u+x\frac{\mathrm{d}u}{\mathrm{d}x}=u+\tan u,$$

即

$$x\frac{\mathrm{d}u}{\mathrm{d}x}=\tan u.$$

这是可分离变量方程，分离变量后得

$$\frac{\mathrm{d}u}{\tan u}=\frac{\mathrm{d}x}{x},$$

两边积分，得

$$\ln|\sin u| = \ln|x| + \ln|C|,$$

于是

$$\sin u = Cx.$$

将 $u=\frac{y}{x}$ 代入上式，就得原方程的通解

$$\sin\frac{y}{x}=Cx$$

或 $$y = x\arcsin Cx.$$

一般地，如果一阶微分方程 $\frac{dy}{dx}=f(x,y)$ 可写成

$$\frac{dy}{dx}=\varphi\left(\frac{y}{x}\right)$$

的形式，则称这方程为**齐次方程**. 对于齐次方程，通过变量代换 $u=\frac{y}{x}$ 可化为可分离变量的方程求解.

7.2.2 一阶线性微分方程

形如

$$\frac{dy}{dx}+P(x)y=Q(x) \tag{1}$$

的方程称为**一阶线性微分方程**，因为它是关于未知函数 y 及其导数的一次方程. 当 $Q(x)$ 恒等于零时，方程(1)成为

$$\frac{dy}{dx}+P(x)y=0, \tag{2}$$

称为方程(1)所对应的**齐次线性方程**. 当 $Q(x)$ 不恒等于零时，方程(1)称为**一阶非齐次线性方程**，$Q(x)$ 称为方程(1)的**自由项**或**非齐次项**.

一阶齐次线性方程(2)实际上是可分离变量方程，分离变量后得

$$\frac{dy}{y}=-P(x)dx,$$

两边积分，得 $$\ln|y|=-\int P(x)dx+C_1,$$

于是一阶齐次线性方程(2)的通解为

$$y=Ce^{-\int P(x)dx}. \tag{3}$$

这里 $C=\pm e^{C_1}$，记号 $\int P(x)dx$ 表示 $P(x)$ 某个确定的原函数.

现在来求非齐次方程(1)的通解. 试设方程(1)的解的形式为

$$y=C(x)e^{-\int P(x)dx}, \tag{4}$$

其中 $C(x)$ 为待定函数. 为了确定函数 $C(x)$，将式(4)代入方程(1). 因为

$$\frac{dy}{dx}=C'(x)e^{-\int P(x)dx}-P(x)C(x)e^{-\int P(x)dx},$$

所以 $$C'(x)e^{-\int P(x)dx}-P(x)C(x)e^{-\int P(x)dx}+P(x)C(x)e^{-\int P(x)dx}=Q(x),$$

即 $$C'(x)e^{-\int P(x)dx} = Q(x)$$

或 $$C'(x) = Q(x)e^{\int P(x)dx}.$$

两边积分,得 $$C(x) = \int Q(x)e^{\int P(x)dx}dx + C.$$

将上式代入式(4),得非齐次线性方程(1)的通解

$$y = e^{-\int P(x)dx}\left(\int Q(x)e^{\int P(x)dx}dx + C\right) \tag{5}$$

式(5)可改写为

$$y = Ce^{-\int P(x)dx} + e^{-\int P(x)dx}\int Q(x)e^{\int P(x)dx}dx$$

可以看出,上式右边第一项恰是相应的齐次线性方程(2)的通解,而第二项是非齐次线性方程(1)的一个特解.因此,一阶非齐次线性方程的通解等于它的一个特解与相应的齐次线性方程的通解之和.

从上面的求解过程可以看到,一阶非齐次线性方程(1)的通解可以通过将相应的齐次线性方程的通解中的任意常数换成 x 的函数 $C(x)$ 得到,这种方法称为**常数变易法**.

例3 求一阶非齐次线性微分方程 $\frac{dy}{dx} - \frac{1}{x}y = x^2 + 1$ 的通解.

解 可用常数变易法求解.先求相应的齐次方程的通解.

$$\frac{dy}{dx} - \frac{1}{x}y = 0,$$

分离变量,得 $$\frac{dy}{y} = \frac{dx}{x},$$

两边积分,得 $$\ln|y| = \ln|x| + \ln|C|,$$

即 $$y = Cx.$$

将 C 换成 $C(x)$,即设

$$y = C(x)x, \tag{6}$$

则 $$\frac{dy}{dx} = C'(x)x + C(x).$$

代入所给非齐次方程,得

$$C'(x)x + C(x) - \frac{1}{x}C(x)x = x^2 + 1,$$

$$C'(x)x = x^2 + 1,$$

$$C'(x) = x + \frac{1}{x}.$$

两边积分,得 $$C(x) = \frac{1}{2}x^2 + \ln|x| + C.$$

代入式(6),即得所求方程的通解

$$y=\frac{1}{2}x^3+x\ln|x|+Cx.$$

这个通解也可直接由公式(5)求得. 此时

$$P(x)=-\frac{1}{x},\quad Q(x)=x^2+1.$$

代入公式(5),得

$$y=e^{\int\frac{1}{x}dx}\left[\int(x^2+1)e^{-\int\frac{1}{x}dx}dx+C\right]=x\left(\frac{1}{2}x^2+\ln|x|+C\right),$$

即
$$y=\frac{1}{2}x^3+x\ln|x|+Cx.$$

下面再来分析一下求解一阶非齐次线性方程的过程. 对于一阶非齐次线性方程

$$\frac{dy}{dx}+P(x)y=Q(x),$$

通过解相应的齐次线性方程找到变量代换

$$y=C(x)e^{-\int P(x)dx}\ 或\ C(x)=ye^{\int P(x)dx}.$$

将非齐次线性方程化为变量可分离方程,然后经积分求得通解.

同样地,在前面求解齐次方程 $\frac{dy}{dx}=\varphi\left(\frac{y}{x}\right)$时,也是通过变量代换 $y=xu$ 将它化为变量可分离方程,然后经积分求得通解.

利用变量代换将一个微分方程化为可分离变量方程,或化为求解方法已知的方程,是解微分方程最常用的方法之一.

例 4 求方程 $\frac{dy}{dx}=\frac{1}{x+y}$ 的通解.

解 方程可变形为

$$\frac{dx}{dy}=x+y$$

为一阶线性方程,可按一阶线性方程的解法求解.

现用变量代换来解所给方程:

令 $x+y=u$,则 $y=u-x$, $\frac{dy}{dx}=\frac{du}{dx}-1$. 代入原方程,得

$$\frac{du}{dx}-1=\frac{1}{u},$$

分离变量,得
$$\frac{u}{u+1}du=dx,$$

两边积分,得
$$u-\ln|u+1|=x+C.$$

代入 $u=x+y$,得到方程的通解

$$y-\ln|x+y+1|=C$$

或

$$x=C_1e^y-y-1,(C_1=\pm e^{-C}).$$

7.2.3 一阶微分方程应用举例

指数变化率 假定量 y(人口、放射性元素、货币等)以正比于当前量的速率增加或减少,并知道时刻 $t=0$ 的量 y_0,则可以通过解下列初值问题求 y.

$$\frac{dy}{dt}=ky,\quad y(0)=y_0.$$

其中当 y 增加时,$k>0$;当 y 减少时,$k<0$.

显然,常量函数 $y=0$ 是微分方程的解.为求非零解,分离变量

$$\frac{dy}{y}=kdt,$$

两边积分,得

$$\ln y=kt+\ln C,$$

即

$$y=Ce^{kt}.$$

由初始条件 $y(0)=y_0$ 得 $C=y_0$,于是初值问题的解为

$$y=y_0e^{kt}.$$

1)连续复利

假定以固定的年利率 r 投资 p_0 元,一年内 k 次将利息加入账目,则 t 年后账目资金总额为

$$p(t)=p_0\left(1+\frac{r}{k}\right)^{kt}.$$

利息可以每月($k=12$)、每周($k=52$)、每日($k=365$)甚至更频繁的每小时、每分钟加入.

如果不是离散的,而是连续地以正比于账户现金的速率将利息加入账目,则由指数变化率可知 t 年后账目资金总额为

$$p(t)=p_0e^{rt}.$$

按这个公式支付的利息称为**连续复利**.

例5 假如你在一个账户以6.3%的年利息存款800元,8年后你将有多少钱?如果利息是:

(1)连续复利息; (2)年度复利息.

解 这里 $p_0=800$,$r=0.063$. 8年后账户中的金额是:

(1)$p(8)=800e^{0.063\times 8}=1\ 324.26$ 元;

(2)$p(8)=800(1+0.063)^8=1\ 304.24$ 元.

2) 放射性

当一个原子在放射中失去一些质量时,原子的剩余部分就重组为某种新元素的原子. 这个放射过程和变化称为**放射性衰减**,其原子自然经过这一过程的元素,则是放射性元素.

实验指出:在任何给定的时间,放射性元素衰减的速率(单位时间改变的原子核数目)近似正比于现存放射性原子核的数目. 于是放射性元素的衰减用方程

$$\frac{dy}{dt}=-ky$$

描述. 这里 $k>0$ 为常数,称为衰减常数,等式右边的负号表示 y 是减少的. 如果时刻 $t=0$ 存有放射性原子核数目为 y_0,则在此后时刻 t 仍存有的数目是

$$y=y_0e^{-kt}.$$

必须指出的是,衰减方程为 $y=y_0e^{-kt}$ 的放射性物质的半衰期(原子核衰减一半需要的时间)仅依赖于衰减常数 k. 事实上,令 $y=\frac{1}{2}y_0$,有

$$y_0e^{-kt}=\frac{1}{2}y_0,$$

解之得半衰期 $t=\frac{\ln 2}{k}$.

例 6 利用碳-14 测定年代. 科学家用 5 700 年作为它的半衰期. 假设样本中原有的 10% 的放射性原子核已经衰减,求样本的年龄.

解 因为半衰期 $5\ 700=\frac{\ln 2}{k}$,故 $k=\frac{\ln 2}{5\ 700}$. 需要求 t 的值,它满足

$$y_0e^{-kt}=0.9y_0 \text{ 或 } e^{-kt}=0.9.$$

两端取对数,得

$$-kt=\ln 0.9,$$

所以

$$t=-\frac{1}{k}\ln 0.9=-\frac{5\ 700}{\ln 2}\ln 0.9\approx 866.$$

样本的年龄大约为 866 年.

3) 混合问题

含有某种化学品的液体(或气体)流入容器中,容器中原已装有一定量的含有该化学品的液体. 将混合物搅拌均匀并以一个已知的速度流出容器.

设 $V(t)$ 表示在时刻 t 容器中液体的总量,而 $y(t)$ 是在时刻 t 容器中的化学品总量,则在时间间隔 $[t,t+dt]$ 容器中

$$\text{化学品的改变量}=\text{化学品流入量}-\text{化学品流出量},$$

故

$$\frac{dy}{dt}=(\text{化学品流入速度})-\frac{y(t)}{V(t)}\times(\text{混合物流出速度}).$$

例 7 某湖泊的水量为 V,每年排入湖泊内含污染物 A 的污水量为 $\frac{V}{6}$,流入湖泊内不含

A 的水量为 $\frac{V}{6}$,流出湖泊的水量为 $\frac{V}{3}$. 已知1999年底湖中的 A 的含量为 $5m_0$,超过国家规定标准. 为了治理污染,从2000年初起,限定排入湖泊中含 A 污水的浓度不超过 $\frac{m_0}{V}$. 问至多需经过多少年,湖泊中污染物 A 的含量降至 m_0 以内(注:设湖水中 A 的浓度是均匀的)?

解 设从2000年初(令此时 $t=0$)开始,第 t 年湖泊中污染物 A 的总量为 m,浓度为$\frac{m}{V}$,则在时间间隔$[t,t+\mathrm{d}t]$内:

排入湖泊中 A 的量为 $\frac{m_0}{V}\cdot\frac{V}{6}\mathrm{d}t=\frac{m_0}{6}\mathrm{d}t$;

流出湖泊的水中 A 的量为 $\frac{m}{V}\cdot\frac{V}{3}\mathrm{d}t=\frac{m}{3}\mathrm{d}t$.

因此在此时间间隔内湖泊中污染物 A 的改变量为

$$\mathrm{d}m=\frac{m_0}{6}\mathrm{d}t-\frac{m}{3}\mathrm{d}t,$$

分离变量后积分,得 $m=\frac{m_0}{2}+C\mathrm{e}^{-\frac{t}{3}}$.

再由初始条件 $m(0)=5m_0$ 得 $C=\frac{9}{2}m_0$,因此

$$m=\frac{m_0}{2}(1+9\mathrm{e}^{-\frac{t}{3}}).$$

令 $m=m_0$,得 $t=6\ln 3$. 即至多经过 $6\ln 3$ 年,湖泊中污染物 A 的含量降至 m_0 以内.

习题 7.2

1. 求解下列微分方程:

(1)$\frac{\mathrm{d}y}{\mathrm{d}x}=\sqrt{1-y^2}$;　(2)$y'=xy+y$;

(3)$y'\tan x-y=3$;　(4)$y\mathrm{d}x+(x^2-4x)\mathrm{d}y=0$;

(5)$(1+x^2)y'-y^2=1,y|_{x=0}=1$;　(6)$\mathrm{d}y=x(2y\mathrm{d}x-x\mathrm{d}y),y(1)=4$.

2. 求解下列微分方程:

(1)$x\frac{\mathrm{d}y}{\mathrm{d}x}=y\ln\frac{y}{x}$;　(2)$(xy-x^2)\mathrm{d}y=y^2\mathrm{d}x$;

(3)$(x+y)\mathrm{d}x+(3x+3y-4)\mathrm{d}y=0$;

(4)$(y^2-3x^2)\mathrm{d}y+2xy\mathrm{d}x=0,y(0)=1$.

3. 求下列线性微分方程的通解:

(1)$y'+y\sin x=0$;　(2)$y'+y\tan x=\sin 2x$;

(3) $y' + y = 2e^x$；　　　　(4) $xy' + y = x^2 + 3x + 2$；

(5) $\frac{dy}{dx} + \frac{y}{x} = x^2 y^6$.

4. 设曲线在其上任意一点 $P(x,y)$ 处的切线斜率为 $2x + y$，且曲线通过坐标原点，求曲线方程.

5. 一池内原有 100 L 盐水，其中含有 10 kg 盐，现以匀速每分钟注入 2 L 清水，又流出 2 L 盐水，求时刻 t 池内的含盐量.

可降阶的高阶微分方程

7.3 可降阶的高阶微分方程

二阶及二阶以上微分方程称为**高阶微分方程**. 一般情况下，求解高阶方程更加困难，其基本思路之一是设法降低方程的阶，从而降低问题的难度.

7.3.1 $y^{(n)} = f(x)$ 型的微分方程

方程

$$y^{(n)} = f(x) \tag{1}$$

的右边仅是自变量 x 的函数. 对方程两边逐次积分 n 次(即降阶 n 次)可得到通解.

例 1 求微分方程 $y''' = x + 1$ 的通解.

解 方程两边积分一次，得

$$y'' = \int (x + 1)\,dx = \frac{1}{2}x^2 + x + C_1.$$

两边再积分，得

$$y' = \int \left(\frac{1}{2}x^2 + x + C_1\right)dx = \frac{1}{6}x^3 + \frac{1}{2}x^2 + C_1 x + C_2.$$

第三次积分，得通解

$$\begin{aligned} y &= \int \left(\frac{1}{6}x^3 + \frac{1}{2}x^2 + C_1 x + C_2\right)dx \\ &= \frac{1}{24}x^4 + \frac{1}{6}x^3 + \frac{C_1}{2}x^2 + C_2 x + C_3. \end{aligned}$$

7.3.2 $y'' = f(x, y')$ 型的微分方程

方程

$$y'' = f(x, y') \tag{2}$$

的右边不显含未知函数 y. 如果令 $y' = p(x)$，则 $y'' = p'$，从而方程化为

$$p'=f(x,p).$$

这是关于 x,p 的一阶微分方程,设其通解为

$$p=\varphi(x,C_1),$$

则
$$\frac{\mathrm{d}y}{\mathrm{d}x}=\varphi(x,C_1).$$

积分便得方程(2)的通解

$$y=\int\varphi(x,C_1)\,\mathrm{d}x+C_2.$$

例2 求微分方程 $y''=y'$ 的通解.

解 令 $y'=p(x)$,则 $y''=p'$,代入方程得

$$p'=p,$$

分离变量,得
$$\frac{\mathrm{d}p}{p}=\mathrm{d}x.$$

因而
$$\ln|p|=x+\ln C_1 \text{ 或 } p=C_1\mathrm{e}^x,$$

即 $y'=C_1\mathrm{e}^x$,积分得原方程的通解

$$y=C_1\mathrm{e}^x+C_2.$$

例3 求微分方程 $(1+x^2)y''=2xy'$ 满足初始条件 $y(0)=1,y'(0)=3$ 的特解.

解 所给方程不显含未知函数 y,令 $y'=p$,则 $y''=p'$,从而方程化为

$$(1+x^2)p'=2xp.$$

分离变量,得
$$\frac{\mathrm{d}p}{p}=\frac{2x}{x^2+1}\mathrm{d}x,$$

两边积分,得
$$\ln|p|=\ln(1+x^2)+\ln C_1,$$

即
$$p=y'=C_1(1+x^2).$$

由条件 $y'(0)=3$ 得 $C_1=3$,所以

$$y'=3(1+x^2).$$

两边积分,得
$$y=x^3+3x+C_2.$$

又由条件 $y(0)=1$,得 $C_2=1$,于是所求方程的特解为

$$y=x^3+3x+1.$$

7.3.3 $y''=f(y,y')$ 型的微分方程

方程

$$y''=f(y,y') \tag{3}$$

的右边不显含 x. 如果令 $y'=p(y)$,则

$$y''=\frac{\mathrm{d}p}{\mathrm{d}x}=\frac{\mathrm{d}p}{\mathrm{d}y}\cdot\frac{\mathrm{d}y}{\mathrm{d}x}=p\frac{\mathrm{d}p}{\mathrm{d}y},$$

从而方程(3)可化为

$$p\frac{\mathrm{d}p}{\mathrm{d}y}=f(y,p).$$

这是关于 y,p 的一阶微分方程,设其通解为

$$p=\varphi(y,C_1),$$

则
$$\frac{\mathrm{d}y}{\mathrm{d}x}=\varphi(y,C_1).$$

分离变量并积分,得方程(3)的通解

$$\int\frac{\mathrm{d}y}{\varphi(y,C_1)}=x+C_2.$$

例 4　求微分方程 $2yy''-y'^2-1=0$ 的通解.

解　所给方程不显含自变量 x,令 $y'=p$,则 $y''=p\frac{\mathrm{d}p}{\mathrm{d}y}$,从方程可化为

$$2yp\frac{\mathrm{d}p}{\mathrm{d}y}-p^2-1=0.$$

分离变量,得
$$\frac{2p\mathrm{d}p}{1+p^2}=\frac{\mathrm{d}y}{y},$$

两边积分,得
$$\ln(1+p^2)=\ln|y|+\ln C_1 \text{ 或 } 1+p^2=C_1y.$$

再由 $y'=p$,得

$$1+\left(\frac{\mathrm{d}y}{\mathrm{d}x}\right)^2=C_1y \text{ 或 } \frac{\mathrm{d}y}{\mathrm{d}x}=\pm\sqrt{C_1y-1},$$

分离变量并两边积分,便得原方程的通解

$$\frac{2}{C_1}\sqrt{C_1y-1}=\pm x+C_2 \text{ 或 } y=\frac{C_1}{4}(x+C_2)^2+\frac{1}{C_1}.$$

习题 7.3

1. 求下列微分方程的通解:

(1) $y^{(4)}=\sin x+1$;　　(2) $y''=x+\mathrm{e}^{3x}$;

(3) $y''+2y'=x$;　　(4) $y''+y'=\sin x$;

(5) $y''+y=0$;　　(6) $yy''+(y')^2=0$.

2. 求下列微分方程满足所给初始条件的特解:

(1) $y^3y''+1=0,y(1)=1,y'(1)=0$;

(2) $y'''=\mathrm{e}^{ax},y(1)=y'(1)=y''(1)=0$;

(3) $y''+(y')^2=1,y(0)=y'(0)=0$.

3. 设有一质量为 m 的物体,在空中由静止开始下落,如果空气阻力为 $R=c^2v^2$(其中 c 为

常数,v 为物体运动的速度),求物体下落的距离 s 与时间 t 的函数关系.

线性微分方程解的结构

7.4 线性微分方程解的结构

前面介绍了一阶线性微分方程. 一般地,若微分方程关于未知函数及其各阶导数是线性的,则称此方程为**线性微分方程**. n 阶线性微分方程的一般形式为

$$y^{(n)}+a_1(x)y^{(n-1)}+\cdots+a_{n-1}(x)y'+a_n(x)y=f(x). \tag{1}$$

其中 $a_1(x),a_2(x),\cdots,a_n(x)$ 和 $f(x)$ 都是某个区间 I 上的已知连续函数. 当 $f(x)\equiv 0$ 时,(1)变成相应的齐次线性方程:

$$y^{(n)}+a_1(x)y^{(n-1)}+\cdots+a_{n-1}(x)y'+a_n(x)y=0. \tag{2}$$

在此先讨论二阶齐次线性方程:

$$y''+P(x)y'+Q(x)y=0. \tag{3}$$

定理 1(叠加原理) 如果函数 $y_1(x)$ 与 $y_2(x)$ 是二阶齐次线性方程(3)的两个解,则

$$y=C_1y_1(x)+C_2y_2(x) \tag{4}$$

也是方程(3)的解,其中 C_1,C_2 是任意常数.

证 将式(4)代入方程(3)的左边,得

$$[C_1y_1''+C_2y_2'']+P(x)[C_1y_1'+C_2y_2']+Q(x)[C_1y_1+C_2y_2]$$
$$=C_1[y_1''+P(x)y_1'+Q(x)y_1]+C_2[y_2''+P(x)y_2'+Q(x)y_2].$$

由于 y_1 与 y_2 是方程(3)的解,上式右边方括号中的表达式都恒等于零,因而整个式子恒等于零,所以式(4)是方程(3)的解.

例如,可以验证 $y_1=e^{3x}$ 与 $y_2=e^{-x}$ 都是方程

$$y''-2y'-3y=0$$

的解,从而由叠加原理可知,对于任意常数 C_1,C_2,$y=C_1e^{3x}+C_2e^{-x}$ 也是方程的解,且由于这个解含有两个互相独立的任意常数 C_1 与 C_2,所以 $y=C_1e^{3x}+C_2e^{-x}$ 是方程的通解. 但是,对于这个方程的任意两个解 y_1 与 y_2,$y=C_1y_1+C_2y_2$ 不一定是方程的通解.

例如,$y_1=e^{3x}$ 与 $y_2=2e^{3x}$ 是方程

$$y''-2y'-3y=0$$

的两个解,由于 $y=C_1e^{3x}+C_2\cdot 2e^{3x}$ 可以改写为 $y=Ce^{3x}$,其中 $C=C_1+2C_2$,所以 $y=C_1e^{3x}+C_2\cdot 2e^{3x}$ 显然不是方程的通解. 那么在什么情况下式(4)才是方程(3)的通解? 为解决这个问题,在此引入函数线性相关与线性无关的概念.

定义 设 $y_1(x),y_2(x),\cdots,y_n(x)$ 为定义区间 I 上的 n 个函数,如果存在 n 个不全为零的常数 $k_1,k_2,\cdots,k_n$,使得对于任意 $x\in I$ 都有

$$k_1y_1(x)+k_2y_2(x)+\cdots+k_ny_n(x)=0$$

成立,则称 $y_1(x),y_2(x),\cdots,y_n(x)$ 在区间 I 上**线性相关**;否则称**线性无关**.

对于两个函数的情形,判断它们线性相关与否,只要看它们的比是否恒为常数.如果比恒为常数,那么它们线性相关,否则线性无关.

例如前面所提到的 e^{3x} 与 e^{-x},因为 $\frac{e^{3x}}{e^{-x}}=e^{4x}$ 不恒为常数,所以 e^{3x} 与 e^{-x} 线性无关;而 $\frac{e^{3x}}{2e^{3x}}=\frac{1}{2}$,所以 e^{3x} 与 $2e^{3x}$ 线性相关.又如,因为 $x,x^2,e^x,\sin x,\cos x$ 中任意两个函数的比都不为常数,所以它们当中任意两个函数都是线性无关的.

有了线性相关与线性无关的概念,在此给出如下关于二阶齐次线性方程(3)通解结构的定理.

定理 2 如果函数 $y_1(x)$ 与 $y_2(x)$ 是二阶齐次线性方程(3)的两个线性无关的特解,则

$$y=C_1y_1(x)+C_2y_2(x)\quad (C_1,C_2\text{ 是任意常数})$$

就是方程(3)的通解.

例如,$y_1=e^{3x}$ 与 $y_2=e^{-x}$ 是方程 $y''-2y'-3y=0$ 两个线性无关的特解,由上述定理可知 $y=C_1e^{3x}+C_2e^{-x}$ 是方程的通解.

定理 2 不难推广到 n 阶齐次线性微分方程的情形.

推论 如果 $y_1(x),y_2(x),\cdots,y_n(x)$ 是 n 阶齐次线性微分方程(2)的 n 个线性无关的特解,则

$$y=C_1y_1(x)+C_2y_2(x)+\cdots+C_ny_n(x)\quad (\text{其中 } C_1,C_2,\cdots,C_n\text{ 为任意常数})$$

是方程(2)的通解.

在前一节中已知,一阶非齐次线性微分方程的通解由两部分组成:一部分是对应齐次方程的通解,另一部分是非齐次方程本身的一个特解.实际上,二阶及更高阶的非齐次线性微分方程的通解也具有同样的结构.

定理 3 设 $y^*(x)$ 是二阶非齐次线性微分方程

$$y''+P(x)y'+Q(x)y=f(x) \tag{5}$$

的特解,$Y(x)$ 是方程(5)相应的齐次线性方程(3)的通解,则

$$y=Y(x)+y^*(x) \tag{6}$$

方程(5)的通解.

证 将 $y=Y(x)+y^*(x)$ 代入式(5)的左边,得

$$\begin{aligned}&(Y''+y^{*\prime\prime})+P(x)(Y'+y^{*\prime})+Q(x)(Y+y^*)\\&=[Y''+P(x)Y'+Q(x)Y]+[y^{*\prime\prime}+P(x)y^{*\prime}+Q(x)y^*].\end{aligned}$$

因为 Y 是方程(3)的解,y^* 是方程(5)的解,所以右边第一个括号内的表达式恒等于零,第二个恒等于 $f(x)$.这样,$y=Y+y^*$ 使式(5)的两边恒等,即 $y=Y+y^*$ 是方程(5)的解.

因为相应的齐次线性方程(3)的通解 $Y=C_1y_1+C_2y_2$ 含有两个任意常数,所以 $y=Y+y^*$ 也含有两个任意常数,从而就是二阶非齐次线性方程(5)的通解.

在求解非齐次线性方程的特解时,有时可采用下述定理:

定理4 设非齐次线性方程(5)的右边$f(x)$可表示成几个函数之和,如

$$y''+P(x)y'+Q(x)y=f_1(x)+f_2(x). \tag{7}$$

而y_1与y_2分别是方程

$$y''+P(x)y'+Q(x)y=f_1(x)$$

与

$$y''+P(x)y'+Q(x)y=f_2(x)$$

的特解,则y_1+y_2是方程(7)的特解.

读者很容易验证这个定理.

这一定理通常称为非齐次线性微分方程的解的**叠加原理**.

定理3和定理4可以推广到n阶非齐次线性方程的情形,这里不再赘述.

习题7.4

1. 下列函数组中,哪些是线性无关的?

(1)x,x^2;　　(2)$x,2x$;

(3)x,e^x;　　(4)e^x,e^{-x};

(5)$\sin 2x,\cos 2x$;　　(6)$e^x\cos 2x,e^x\sin 2x$.

2. 验证$y_1=\cos 2x$及$y_2=\sin 2x$都是方程$y''+4y=0$的解,并写出该方程的通解.

3. 验证:

(1)$y=C_1e^x+C_2e^{-x}+e^{2x}$($C_1,C_2$是任意常数)是方程$y''-y=3e^{2x}$的通解;

(2)$y=C_1\cos 3x+C_2\sin 3x+\frac{1}{32}(4x\cos x+\sin x)$($C_1,C_2$是任意常数)是方程$y''+9y=x\cos x$的通解;

(3)$y=C_1e^x+C_2e^{-x}+C_3\cos x+C_4\sin x-x^2$($C_1,C_2C_3C_4$是任意常数)是方程$y^{(4)}-y=x^2$的通解.

7.5 二阶常系数线性微分方程

在线性微分方程中,如果未知函数及其各阶导数的系数都是常数,则称为**常系数线性微分方程**.本节讨论二阶常系数线性微分方程的解法.

高阶常系数齐次线性微分方程的解法

7.5.1 二阶常系数齐次线性微分方程

二阶常系数齐次线性微分方程的一般形式为

$$y''+py'+qy=0. \tag{1}$$

其中p,q是常数.

因为指数函数 e^{rx} 与其一阶、二阶导数 re^{rx}，r^2e^{rx} 只相差一个常数因子，所以，只要选择适当的 r，就可使 e^{rx} 成为常系数齐次线性微分方程(1)的解. 为此，将$y=e^{rx}$代入方程(1)，得

$$r^2e^{rx}+pre^{rx}+qe^{rx}=0\text{，即 } e^{rx}(r^2+pr+q)=0.$$

因为 $e^{rx}\neq 0$，则

$$r^2+pr+q=0. \tag{2}$$

由此可见，只要待定系数 r 满足代数方程(2)，函数 $y=e^{rx}$就是微分方程(1)的解. 将代数方程(2)称为微分方程(1)的**特征方程**.

特征方程(2)是一个二次代数方程，其中 r^2，r 的系数及常数项恰好依次是微分方程(1)中 y''，y'及 y 的系数.

设特征方程的两个根为 r_1，r_2，则相应于 r_1，r_2 的三种情况，微分方程(1)的通解也有三种不同的情形. 分别讨论如下：

(1)特征方程有两个不相等的实根：$r_1\neq r_2$

这时微分方程(1)有两个特解

$$y_1=e^{r_1x}, y_2=e^{r_2x}.$$

因为 $\dfrac{y_2}{y_1}=e^{(r_2-r_1)x}$不为常数，所以 y_1，y_2 线性无关. 因此方程(1)的通解为

$$y=C_1e^{r_1x}+C_2e^{r_2x}.$$

(2)特征方程有两个相等的实根：$r_1=r_2$

这时微分方程(1)有一个特解

$$y_1=e^{r_1x}.$$

为了得到微分方程(1)的通解，还需求出一个与 y_1 线性无关的特解 y_2，也就是求方程(1)的特解 y_2，它满足 $\dfrac{y_2}{y_1}$ 不为常数. 为此，设 $\dfrac{y_2}{y_1}=u(x)$，即令方程(1)的另一个特解为

$$y_2=u(x)e^{r_1x}. \tag{3}$$

其中 $u(x)$是一个待定函数. 求导得

$$y_2'=(u'+r_1u)e^{r_1x},$$

$$y_2''=(u''+2r_1u'+r_1^2u)e^{r_1x}.$$

将 y_2，y_2' 和 y_2'' 代入微分方程(1)，得

$$(u''+2r_1u'+r_1^2u)e^{r_1x}+p(u'+r_1u)e^{r_1x}+que^{r_1x}=0,$$

即

$$[u''+(2r_1+p)u'+(r_1^2+pr_1+q)u]e^{r_1x}=0.$$

因为 $e^{r_1x}\neq 0$，所以

$$u''+(2r_1+p)u'+(r_1^2+pr_1+q)u=0.$$

由于 r_1 是特征方程(2)的重根，从而 $2r_1=-p$，$r_1^2+pr_1+q=0$，所以得 $u''=0$. 因为这里只要得到一个不为常数的解，所以不妨取 $u=x$，代入式(3)得

$$y_2 = xe^{r_1 x},$$

这便是微分方程(1)的与 $y_1 = e^{r_1 x}$ 线性无关的特解.由此,微分方程(1)的通解为

$$y = (C_1 + C_2 x)e^{r_1 x}.$$

(3)特征方程有一对共轭复根:$r_1 = \alpha + i\beta, r_2 = \alpha - i\beta$

这时微分方程(1)有两个特解

$$y_1 = e^{(\alpha + i\beta)x}, \quad y_2 = e^{(\alpha - i\beta)x},$$

但它们是复值函数形式.为了得到实值函数的特解,利用欧拉公式

$$e^{i\theta} = \cos\theta + i\sin\theta$$

将 y_1 与 y_2 改写为

$$y_1 = e^{\alpha x} \cdot e^{i\beta x} = e^{\alpha x}(\cos\beta x + i\sin\beta x)$$

$$y_2 = e^{\alpha x} \cdot e^{-i\beta x} = e^{\alpha x}(\cos\beta x - i\sin\beta x)$$

由叠加原理,实值函数

$$\frac{1}{2}(y_1 + y_2) = e^{\alpha x}\cos\beta x$$

$$\frac{1}{2i}(y_1 - y_2) = e^{\alpha x}\sin\beta x$$

也是微分方程(1)的解,并且 $\frac{e^{\alpha x}\cos\beta x}{e^{\alpha x}\sin\beta x} = \cot\beta x$ 不为常数,所以这两个解线性无关.由此,微分方程(1)的通解为

$$y = e^{\alpha x}(C_1\cos\beta x + C_2\sin\beta x).$$

综上所述,求二阶常系数齐次线性微分方程(1)的通解的步骤如下:

第一步,写出微分方程的特征方程 $r^2 + pr + q = 0$;

第二步,求出特征方程的两个根 r_1, r_2;

第三步,根据特征方程根的不同情况,按下表写出微分方程的通解.

特征方程 $r^2 + pr + q = 0$ 的两个根 r_1, r_2	微分方程 $y'' + py' + qy = 0$ 的通解
两个不相等的实根 r_1, r_2	$y = C_1 e^{r_1 x} + C_2 e^{r_2 x}$
两个相等的实根 $r_1 = r_2$	$y = (C_1 + C_2 x)e^{r_1 x}$
一对共轭复根 $r_{1,2} = \alpha \pm i\beta$	$y = e^{\alpha x}(C_1\cos\beta x + C_2\sin\beta x)$

例1 求微分方程 $y'' + 5y' - 6y = 0$ 的通解.

解 其特征方程为

$$r^2 + 5r - 6 = 0$$

有两个不相等的实根:$r_1 = -6, r_2 = 1$,因此所求通解为

$$y = C_1 e^{-6x} + C_2 e^{x}.$$

例2　求微分方程 $y''+2y'+y=0$ 满足初始条件 $y(0)=4, y'(0)=-2$ 的特解.

解　其特征方程为

$$r^2+2r+1=0$$

有两个相等的实根:$r_1=r_2=-1$,因此所求微分方程的通解为

$$y=(C_1+C_2x)e^{-x},$$

求导,得

$$y'=(C_2-C_1-C_2x)e^{-x}.$$

将条件 $y(0)=4, y'(0)=-2$ 代入上面两式,得

$$\begin{cases}4=C_1\\-2=C_2-C_1\end{cases}$$

解得 $C_1=4, C_2=2$,所以所求特解为

$$y=(4+2x)e^{-x}.$$

例3　求微分方程 $y''+6y'+13y=0$ 的通解.

解　其特征方程为

$$r^2+6r+13=0$$

有一对共轭复根:$r_{1,2}=-3\pm 2i$,因此所求通解为

$$y=e^{-3x}(C_1\cos 2x+C_2\sin 2x).$$

例4　已知某二阶常系数齐次线性微分方程的特征方程有一个根 $r_1=1-3i$,试建立这个微分方程.

解　由于 $r_1=1-3i$ 是特征方程 $r^2+pr+q=0$ 的一个根,则 $r_2=1+3i$ 为另一个根. 故

$$r_1+r_2=2,\quad r_1\cdot r_2=10.$$

由韦达定理可知其特征方程为

$$r^2-2r+10=0,$$

从而所求微分方程为

$$y''-2y'+10y=0.$$

7.5.2　二阶常系数非齐次线性微分方程

二阶常系数非齐次线性微分方程的一般形式为

$$y''+py'+qy=f(x).\tag{4}$$

由7.4定理3可知,方程(4)的通解等于它的一个特解 y^* 加上相应的齐次方程

$$y''+py'+qy=0\tag{5}$$

的通解. 由于二阶常系数齐次线性微分方程的通解的求法在前面得到解决,所以只需讨论求方程(4)的特解 y^* 的方法. 一般说来,特解 y^* 是不容易求的,但当非齐次项 $f(x)$ 为某些特殊类型的函数时,只用代数方法就能求出 y^*. 这种代数方法称为**待定系数法**.

1) $f(x)=P_m(x)e^{\lambda x}$ 型

这里 $P_m(x)$ 是 x 的 m 次多项式，λ 为常数. 因为 $f(x)$ 是多项式与指数函数的乘积，而多项式与指数函数乘积的导数仍是由多项式与指数函数的乘积构成，所以可推测方程(4)的特解 y^* 也是多项式与指数函数的乘积，即令

$$y^*=Q(x)e^{\lambda x},$$

其中 $Q(x)$ 是待定多项式. 求导

$$y^{*\prime}=(Q'+\lambda Q)e^{\lambda x},$$

$$y^{*\prime\prime}=(Q''+2\lambda Q'+\lambda^2 Q)e^{\lambda x},$$

代入方程(4)并消去 $e^{\lambda x}$，得

$$(\lambda^2+p\lambda+q)Q+(2\lambda+p)Q'+Q''=P_m(x). \tag{6}$$

(1) 如果 $\lambda^2+p\lambda+q\neq 0$，即 λ 不是方程(5)的特征方程的根，此时上述等式要成立，等号左边的最高次幂应出现在 $Q(x)$ 中. 所以可知 $Q(x)=Q_m(x)$ 为一个 m 次多项式：

$$Q_m(x)=b_0x^m+b_1x^{m-1}+\cdots+b_{m-1}x+b_m$$

代入式(6)，比较等式两边 x 同次幂的系数，由此可定出 $b_0,b_1,\cdots,b_m$ 这 $m+1$ 个待定系数，从而得到所求的特解 $y^*=Q_m(x)e^{\lambda x}$.

(2) 如果 $\lambda^2+p\lambda+q=0$ 而 $2\lambda+p\neq 0$，即 λ 是特征方程的单根，此时式(6)化为

$$(2\lambda+p)Q'+Q''=P_m(x).$$

为使其两边恒等，$Q'(x)$ 必须是 m 次多项式. 可令

$$Q(x)=xQ_m(x)$$

并且可用同样的方法来确定 $Q_m(x)$ 的系数.

(3) 如果 $\lambda^2+p\lambda+q=0$ 且 $2\lambda+p=0$，即 λ 是特征方程的重根，此时式(6)化为

$$Q''=P_m(x)$$

为使其两边恒等，$Q''(x)$ 必须是 m 次多项式. 可令

$$Q(x)=x^2Q_m(x)$$

并且可用同样的方法来确定 $Q_m(x)$ 的系数.

综上所述，可以得到以下结论：

当 $f(x)=P_m(x)e^{\lambda x}$ 时，二阶常系数非齐次线性微分方程(4)的特解形如

$$y^*=x^kQ_m(x)e^{\lambda x}.$$

其中，$Q_m(x)$ 是与 $P_m(x)$ 同次的(m 次)待定多项式，k 按 λ 不是特征方程的根、是特征方程的单根或重根依次取为0，1或2.

例5 求微分方程 $y''-2y'-3y=3x+1$ 的一个特解.

解 相应齐次方程 $y''-2y'-3y=0$ 的特征方程为

$$r^2-2r-3=0,$$

有两个不相等的实根：$r_1=3,r_2=-1$.

因为$f(x)=3x+1$是$P_m(x)e^{\lambda x}$型($P_m(x)=3x+1$是一次多项式,$\lambda=0$),且$\lambda=0$不是特征方程的根,所以可设特解为

$$y^*=b_0x+b_1.$$

将它代入所给方程,得

$$-3b_0x-2b_0-3b_1=3x+1,$$

比较两边同类项的系数,得

$$\begin{cases}-3b_0=3,\\-2b_0-3b_1=1.\end{cases}$$

解得$b_0=-1,b_1=\frac{1}{3}$. 因而所给方程的一个特解为

$$y^*=-x+\frac{1}{3}.$$

例6 求微分方程$y''-2y'+y=e^x$的通解.

解 相应齐次方程的特征方程为

$$r^2-2r+1=0,$$

有重根$r_1=r_2=1$. 所以相应齐次方程的通解为

$$Y=(C_1+C_2x)e^x.$$

因为$f(x)=e^x$是$P_m(x)e^{\lambda x}$型($P_m(x)=1$是零次多项式,$\lambda=1$),且$\lambda=1$是特征方程的重根,所以可令

$$y^*=x^2Q_0(x)e^x=bx^2e^x.$$

将它代入所给方程,得$2b=1$,即$b=\frac{1}{2}$,于是求得一个特解为

$$y^*=\frac{1}{2}x^2e^x,$$

从而所求通解为

$$y=(C_1+C_2x)e^x+\frac{1}{2}x^2e^x.$$

例7 求微分方程$y''-2y'+y=xe^{2x}$的通解.

解 由上例,其相应齐次方程的通解为

$$Y=(C_1+C_2x)e^x.$$

因为$f(x)=xe^{2x}$是$P_m(x)e^{\lambda x}$型($P_m(x)=x$是一次多项式,$\lambda=2$),且$\lambda=2$不是特征方程的根,所以可令

$$y^*=(b_0x+b_1)e^{2x}.$$

将它代入所给方程,得

$$\begin{cases}b_0=1,\\2b_0+b_1=0.\end{cases}$$

解得 $b_0=1$，$b_1=-2$，于是求得一个特解为

$$y^*=(x-2)e^{2x},$$

从而所给方程的通解为

$$y=(C_1+C_2x)e^x+(x-2)e^{2x}.$$

例 8 求微分方程 $y''-2y'+y=e^x+xe^{2x}$ 的通解.

解 由非齐次线性微分方程的解的叠加原理及例 6、例 7，可知此方程的一个特解为

$$y^*=\frac{1}{2}x^2e^x+(x-2)e^{2x},$$

其通解为

$$y=(C_1+C_2x+\frac{1}{2}x^2)e^x+(x-2)e^{2x}.$$

2) $f(x)=e^{\lambda x}[P_l(x)\cos\beta x+P_n(x)\sin\beta x]$ 型

应用欧拉公式及前面分析的结果可以推出下面的结论：

当 $f(x)=e^{\lambda x}[P_l(x)\cos\beta x+P_n(x)\sin\beta x]$ 时，二阶常系数非齐次线性微分方程(4)具有形如

$$y^*=x^ke^{\lambda x}[R_m^{(1)}(x)\cos\beta x+R_m^{(2)}(x)\sin\beta x]$$

的特解，其中 $R_m^{(1)}(x)$，$R_m^{(2)}(x)$ 是 m 次多项式，$m=\max\{l,n\}$，k 按 $\lambda+i\beta$（或 $\lambda-i\beta$）不是特征方程的根或是特征方程的单根依次取为 0 或 1.

特别地，当 $f(x)=Ae^{\lambda x}\cos\beta x$ 或 $f(x)=Be^{\lambda x}\sin\beta x$ 时，可设特解

$$y^*=x^ke^{\lambda x}[D_1\cos\beta x+D_2\sin\beta x],$$

其中 D_1，D_2 是两个待定常数，k 按 $\lambda+i\beta$（或 $\lambda-i\beta$）不是特征方程的根或是特征方程的单根依次取为 0 或 1.

例 9 求微分方程 $y''+y=\sin 2x$ 的一个特解.

解 相应齐次方程的特征方程为

$$r^2+1=0.$$

$f(x)=\sin 2x$ 属于 $e^{\lambda x}[P_l(x)\cos\beta x+P_n(x)\sin\beta x]$ 型（$\lambda=0$，$\beta=2$，$P_l(x)=0$，$P_n(x)=1$），由于 $\lambda+i\beta=2i$ 不是特征方程的根，所以可设特解

$$y^*=a\cos 2x+b\sin 2x.$$

将它代入所给方程，得 $\quad -3a\cos 2x-3b\sin 2x=\sin 2x.$

比较两边同类项的系数，得 $a=0$，$b=-\frac{1}{3}$. 于是所给方程的一个特解为

$$y^*=-\frac{1}{3}\sin 2x.$$

例 10 求微分方程 $y''+2y'+3y=2x\cos x$ 的通解.

解 相应齐次方程的特征方程为

$$r^2+2r+3=0,$$

有一对共轭复根 $-1\pm\sqrt{2}\mathrm{i}$. 所以相应齐次方程的通解为

$$Y=\mathrm{e}^{-x}(C_1\cos\sqrt{2}x+C_2\sin\sqrt{2}x).$$

因为 $f(x)=2x\cos x$ 属于 $\mathrm{e}^{\lambda x}[P_l(x)\cos\beta x+P_n(x)\sin\beta x]$ 型（其中 $\lambda=0,\beta=1,P_l(x)=x,P_n(x)=0$），由于 $\lambda+\mathrm{i}\beta=\mathrm{i}$ 不是特征方程的根，所以可设特解

$$y^*=(ax+b)\cos x+(cx+d)\sin x.$$

将它代入所给方程，得

$$[(2a+2c)x+2a+2b+2c+2d]\cos x+[(-2a+2c)x-2a-2b+2c+2d]=2x\cos x$$

比较两边同类项的系数，得

$$\begin{cases}2a+2c=2,\\2a+2b+2c+2d=0,\\-2a+2c=0,\\-2a-2b+2c+2d=0.\end{cases}$$

解得 $a=\frac{1}{2},b=-\frac{1}{2},c=\frac{1}{2},d=-\frac{1}{2}$. 于是求得一个特解

$$y^*=\left(\frac{1}{2}x-\frac{1}{2}\right)\cos x+\left(\frac{1}{2}x-\frac{1}{2}\right)\sin x=\frac{x-1}{2}(\cos x+\sin x),$$

从而所给方程的通解为

$$y=\mathrm{e}^{-x}(C_1\cos\sqrt{2}x+C_2\sin\sqrt{2}x)+\frac{x-1}{2}(\cos x+\sin x).$$

习题 7.5

1. 求下列微分方程的通解：

(1) $y''+4y'+3y=0$；　　(2) $y''+6y'+9y=0$；

(3) $y''+2y'+2y=0$；　　(4) $y''+y'=0$；

2. 求下列微分方程的特解：

(1) $y''+2y'+y=0,y(0)=1,y'(0)=0$；

(2) $y''-3y'+2y=0,y(0)=3,y'(0)=4$；

(3) $y''+4y'+29y=0,y(0)=0,y'(0)=15$；

(4) $y''+25y=0,y(0)=2,y'(0)=5$.

3. 求满足方程 $y''+4y'+4y=0$ 的曲线 $y=y(x)$，使该曲线在点 $P(2,4)$ 处与直线 $y=x+2$ 相切.

4. 求下列微分方程的通解：

(1) $y''-y'-2y=4\mathrm{e}^x$；　　(2) $y''-4y'=5$；

(3) $y''-6y'+9y=x+1$；　　　　(4) $y''+2y'+y=4xe^{-x}$；

(5) $y''+y=\sin x$；　　　　(6) $y''+4y=x\cos x$.

5. 求下列微分方程满足所给初始条件的特解：

(1) $y''-3y'+2y=5, y(0)=1, y'(0)=2$；

(2) $y''+4y=\sin x\cos x, y(0)=0, y'(0)=0$.

6. 设函数 $\varphi(x)$ 连续，且满足

$$\varphi(x) = e^x + \int_0^x t\,\varphi(t)\,dt - x\int_0^x \varphi(t)\,dt,$$

求 $\varphi(x)$.

本章小结

1. 可分离量微分方程：$g(y)\,dy=f(x)\,dx$.

可分离变量的微分方程的解法：

第一步　分离变量，将方程写成 $g(y)\,dy=f(x)\,dx$ 的形式；

第二步　两端积分：$\int g(y)\,dy = \int f(x)\,dx$，设积分后得 $G(y)=F(x)+C$；

第三步　求出由 $G(y)=F(x)+C$ 所确定的隐函数 $y=\Phi(x)$ 或 $x=\psi(y)$.

$G(y)=F(x)+C$，$y=\Phi(x)$ 或 $x=\psi(y)$ 都是方程的通解，其中 $G(y)=F(x)+C$ 称为隐式(通)解.

2. 齐次方程：$f(x,y)=\varphi\left(\frac{y}{x}\right)$.

齐次方程的解法：

在齐次方程 $\frac{dy}{dx}=\varphi\left(\frac{y}{x}\right)$ 中，令 $u=\frac{y}{x}$，即 $y=ux$，有 $u+x\frac{du}{dx}=\varphi(u)$，

分离变量，得
$$\frac{du}{\varphi(u)-u}=\frac{dx}{x}.$$

两端积分，得
$$\int\frac{du}{\varphi(u)-u}=\int\frac{dx}{x}.$$

求出积分后，再用 $\frac{y}{x}$ 代替 u，便得所给齐次方程的通解.

3. 一阶线性方程.

方程 $\frac{dy}{dx}+P(x)y=Q(x)$ 叫作一阶线性微分方程.

如果 $Q(x)\equiv 0$，则方程称为齐次线性方程，否则方程称为非齐次线性方程.

方程 $\frac{dy}{dx}+P(x)y=0$ 叫作对应于非齐次线性方程 $\frac{dy}{dx}+P(x)y=Q(x)$ 的齐次线性方程.

齐次线性方程的解法：

齐次线性方程$\frac{\mathrm{d}y}{\mathrm{d}x}+P(x)y=0$是变量可分离方程. 分离变量后得$\frac{\mathrm{d}y}{y}=-P(x)\mathrm{d}x$,

两边积分,得
$$\ln|y| = -\int P(x)\mathrm{d}x + C_1,$$
或
$$y = C\mathrm{e}^{-\int P(x)\mathrm{d}x}(C = \pm \mathrm{e}^{C_1}),$$
这就是齐次线性方程的通解(积分中不再加任意常数).

非齐次线性方程的解法：

将齐次线性方程通解中的常数换成x的未知函数$u(x)$,把
$$y = u(x)\mathrm{e}^{-\int P(x)\mathrm{d}x}$$
设想成非齐次线性方程的通解. 代入非齐次线性方程求得
$$u'(x)\mathrm{e}^{-\int P(x)\mathrm{d}x} - u(x)\mathrm{e}^{-\int P(x)\mathrm{d}x}P(x) + P(x)u(x)\mathrm{e}^{-\int P(x)\mathrm{d}x} = Q(x),$$
化简得
$$u'(x) = Q(x)\mathrm{e}^{\int P(x)\mathrm{d}x},$$
$$u(x) = \int Q(x)\mathrm{e}^{\int P(x)\mathrm{d}x}\mathrm{d}x + C,$$
于是非齐次线性方程的通解为
$$y = \mathrm{e}^{-\int P(x)\mathrm{d}x}\left[\int Q(x)\mathrm{e}^{\int P(x)\mathrm{d}x}\mathrm{d}x + C\right],$$
或
$$y = C\mathrm{e}^{-\int P(x)\mathrm{d}x} + \mathrm{e}^{-\int P(x)\mathrm{d}x}\int Q(x)\mathrm{e}^{\int P(x)\mathrm{d}x}\mathrm{d}x.$$

非齐次线性方程的通解等于对应的齐次线性方程的通解与非齐次线性方程的一个特解之和.

4. 三种可降阶的方程.

(1)$y^{(n)}=f(x)$型的微分方程

解法 积分n次
$$y^{(n-1)} = \int f(x)\mathrm{d}x + C_1,$$
$$y^{(n-2)} = \int\left[\int f(x)\mathrm{d}x + C_1\right]\mathrm{d}x + C_2,$$
……

(2)$y''=f(x,y')$型的微分方程

解法 设$y'=p(x)$,则方程化为$p'=f(x,p)$.

设$p'=f(x,p)$的通解为$p=\varphi(x,C_1)$,则$\frac{\mathrm{d}y}{\mathrm{d}x}=\varphi(x,C_1)$.

原方程的通解为
$$y = \int\varphi(x,C_1)\mathrm{d}x + C_2.$$

(3) $y''=f(y,y')$ 型的微分方程

解法 设 $y'=p(y)$，有 $y''=\frac{dp}{dx}=\frac{dp}{dy}\cdot\frac{dy}{dx}=p\frac{dp}{dy}$.

原方程化为

$$p\frac{dp}{dy}=f(y,p).$$

设方程 $p\frac{dp}{dy}=f(y,p)$ 的通解为 $y'=p=\varphi(y,C_1)$，则原方程的通解为

$$\int\frac{dy}{\varphi(y,C_1)}=x+C_2.$$

5. 二阶常系数齐次线性微分方程：$y''+py'+qy=0$，其中 p、q 均为常数.

求二阶常系数齐次线性微分方程 $y''+py'+qy=0$ 的通解的步骤为：

第一步 写出微分方程的特征方程

$$r^2+pr+q=0$$

第二步 求出特征方程的两个根 r_1、r_2.

第三步 根据特征方程的两个根的不同情况，写出微分方程的通解.

特征根	通解
$r_1\neq r_2$ 实根	$y=C_1e^{r_1x}+C_2e^{r_2x}$
$r_1=r_2=-\frac{p}{2}$	$y=(C_1+C_2x)e^{r_1x}$
$r_{1,2}=\alpha\pm i\beta$	$y=e^{\alpha x}(C_1\cos\beta x+C_2\sin\beta x)$

6. 二阶常系数非齐次线性微分方程：$y''+py'+qy=f(x)$，其中 p、q 是常数.

(1) $f(x)=P_m(x)e^{\lambda x}$ 型：

二阶常系数非齐次线性微分方程 $y''+py'+qy=f(x)$ 有形如

$$y^*=x^kQ_m(x)e^{\lambda x}$$

的特解，其中 $Q_m(x)$ 是与 $P_m(x)$ 同次的多项式，而 k 按 λ 不是特征方程的根，是特征方程的单根或是特征方程的重根依次取为 0、1 或 2.

(2) $f(x)=e^{\lambda x}[P_l(x)\cos\omega x+P_n(x)\sin\omega x]$ 型：

二阶常系数非齐次线性微分方程

$$y''+py'+qy=f(x)$$

的特解可设为

$$y^*=x^ke^{\lambda x}[R_m^{(1)}(x)\cos\omega x+R_m^{(2)}(x)\sin\omega x],$$

其中 $R_m^{(1)}(x)$、$R_m^{(2)}(x)$ 是 m 次多项式，$m=\max\{l,n\}$，而 k 按 $\lambda+i\omega$（或 $\lambda-i\omega$）不是特征方程的根或是特征方程的单根依次取 0 或 1.

总习题 7

总习题 7 答案解析

一、填空题

1. 微分方程 $y'=\dfrac{y(1-x)}{x}$ 的通解是________.

2. 求解微分方程 $\dfrac{\mathrm{d}y}{\mathrm{d}x}=\varphi\left(\dfrac{y}{x}\right)$ 时，可作变换________.

3. 微分方程 $xy'+y=0$ 满足初始条件 $y(1)=1$ 的解是________.

4. 微分方程 $xy'+2y=x\ln x$ 满足初始条件 $y(1)=-\dfrac{1}{9}$ 的解为________.

5. 二阶常系数线性微分方程 $y''+py'+qy=0$ 有两个相等的特征根 $r_1=r_2$，则方程的通解为________.

6. 设 $y_1=\mathrm{e}^{2x}\cos x$，$y_2=\mathrm{e}^{2x}\sin x$ 是常系数微分方程 $y''+by'+cy=0$ 的两个解，则 $b=$________，$c=$________.

7. 已知 $y=1$，$y=x$，$y=x^2$ 是某二阶非齐次线性微分方程的三个解，则方程的通解为________.

二、单项选择题

1. 方程 $(y+\ln x)\mathrm{d}x+x\mathrm{d}y=0$ 是（　　）.

A. 可分离变量方程　　B. 齐次方程

C. 一阶非齐次线性方程　　D. 一阶齐次线性方程

2. 已知 $y_1=\cos 2x$，$y_2=3\sin 2x$ 是方程 $y''+4y=0$ 的解，则 $y=C_1y_1+C_2y_2$（C_1,C_2 为任意常数）是（　　）.

A. 是方程的通解　　B. 是方程的解，但不是通解

C. 是方程的一个特解　　D. 不一定是方程的解

3. 设 C_1,C_2 为任意常数，则微分方程 $y''-3y'+2y=0$ 的通解为（　　）.

A. $y=C_1\mathrm{e}^{x}+C_2\mathrm{e}^{2x}$　　B. $y=C_1\mathrm{e}^{-x}+C_2\mathrm{e}^{-2x}$

C. $y=C_1\cos x+C_2\sin x$　　D. $y=C_1\sin 2x-C_2\cos 2x$

4. 微分方程 $y''+y=x^2+1+\sin x$ 的特解形式可设为（　　）.

A. $y^*=ax^2+bx+c+x(A\sin x+B\cos x)$

B. $y^*=x(ax^2+b+c+A\sin x+B\cos x)$

C. $y^*=ax^2+bx+c+A\sin x$

D. $y^*=ax^2+bx+c+A\cos x$

5. 已知函数 $y=y(x)$ 在任意点处的增量 $\Delta y=\dfrac{y}{1+x^2}\Delta x+\alpha$，且当 $\Delta x\to 0$ 时，α 是 Δx 的高

阶无穷小,$y(0)=\pi$,则 $y(1)$ 等于(　　).

A. 2π　　B. π　　C. $e^{\frac{\pi}{4}}$　　D. $\pi e^{\frac{\pi}{4}}$

6. 设方程 $y''+qy=0$ 有当 $x\to+\infty$ 时趋于零的非零解,则(　　).

A. $q>0$　　B. $q=0$　　C. $q<0$　　D. $q\leqslant 0$

7. 设 $y=y(x)$ 是二阶常系数线性微分方程 $y''+py'+qy=e^{3x}$ 满足初始条件 $y(0)=0$, $y'(0)=0$ 的特解,则当 $x\to 0$ 时,函数 $\dfrac{\ln(1+x^2)}{y(x)}$ 的极限为(　　).

A. 不存在　　B. 1　　C. 2　　D. 3

三、解答题

1. 求以下列各式所表示的函数为通解的微分方程:

(1) $(x+C)^2+y^2=1$(其中 C 为任意常数);

(2) $y=C_1e^x+C_2e^{2x}$(其中 C_1,C_2 为任意常数).

2. 求下列微分方程的通解:

(1) $xy'-y=2\sqrt{xy}$;　　(2) $2y''+y'-y=(x+1)e^x$;

(3) $(3x^2+2xy-y^2)dx+(x^2-2xy)dy=0$.

3. 求下列微分方程满足所给初始条件的特解:

(1) $y''-y'^2=0, y(0)=0, y'(0)=-1$;

(2) $y''+2y'+y=\cos x, y(0)=0, y'(0)=\dfrac{3}{2}$.

(3) $(y+\sqrt{x^2+y^2})dx-xdy=0 \quad (x>0), y(1)=0$.

4. 设可导函数 $\varphi(x)$ 满足

$$\varphi(x)\cos x+2\int_0^x\varphi(t)\sin t\,dt=x+1,$$

求 $\varphi(x)$.

5. 函数 $f(x)$ 在 $[0,+\infty)$ 上可导,$f(0)=1$,且满足等式

$$f'(x)+f(x)-\frac{1}{x+1}\int_0^x f(t)\,dt=0,$$

求导数 $f'(x)$.

6. 设函数 $y(x)(x\geqslant 0)$ 二阶可导,且 $y'(x)>0, y(0)=1$. 过曲线 $y=y(x)$ 上任一点 $P(x,y)$ 作该曲线的切线及 x 轴的垂线,上述两直线与 x 轴所围成的三角形的面积记为 S_1,区间 $[0,x]$ 上以 $y=y(x)$ 为曲边梯形面积记为 S_2,并设 $2S_1-S_2$ 恒为1,求此曲线 $y=y(x)$ 的方程.

7. 某种飞机在机场降落时,为了减少滑行距离,在触地瞬间,飞机尾部张开减速伞,以增大阻力,使飞机迅速减速并停下. 现有一质量为 9 000 kg 的飞机,着陆时的水平速度为 700 km/h. 经测试,减速伞打开后,飞机所受的阻力与飞机的速度成正比(比例系数 $k=6.0\times10^6$). 问从着陆点算起,飞机滑行的最大距离是多少?

第7章拓展阅读

拓展阅读(1)　常微分方程简介

拓展阅读(2)　微分方程中的思政元素

第 8 章　无穷级数

第 8 章学习导读

无穷级数是表示函数、研究函数的性质以及进行数值计算的重要工具,有着广泛的应用. 本章先介绍数项级数,然后讨论幂级数的收敛域及如何将函数展开成幂级数.

8.1　数项级数的概念与性质

8.1.1　数项级数的概念

设给定数列$\{u_n\}$,则表达式

$$u_1+u_2+\cdots+u_n+\cdots \tag{1}$$

称为(**常数项**)**无穷级数**,简称(**数项**)**级数**,记为 $\sum\limits_{i=1}^{\infty}u_n$,即

$$\sum_{n=1}^{\infty}u_n=u_1+u_2+\cdots+u_n+\cdots,$$

其中第 n 项 u_n 称为级数的**一般项**或**通项**.

例如,级数

$$\frac{1}{2}+\frac{1}{4}+\frac{1}{8}+\cdots+\frac{1}{2^n}+\cdots$$

的通项为 $u_n=\frac{1}{2^n}$.

级数

$$\sum_{n=1}^{\infty}(-1)^{n-1}=1-1+1-1+\cdots+(-1)^{n-1}+\cdots$$

的通项为 $u_n=(-1)^{n-1}$.

式(1)只是形式上的和式,因为逐项相加对无穷多项来说是无法实现的. 怎么理解无穷多个数相加呢? 下面从怎样界定无穷级数

$$\frac{1}{2}+\frac{1}{4}+\frac{1}{8}+\cdots+\frac{1}{2^n}+\cdots$$

的意义开始. 为此从第 1 项开始一次加一项,并考察这些“部分和”的变动情况:

第 1 项　$s_1=\frac{1}{2}=1-\frac{1}{2}$

第 2 项 $s_2 = \frac{1}{2} + \frac{1}{4} = 1 - \frac{1}{2^2}$

第 3 项 $s_3 = \frac{1}{2} + \frac{1}{4} + \frac{1}{8} = 1 - \frac{1}{2^3}$

… …

第 n 项 $s_n = \frac{1}{2} + \frac{1}{4} + \cdots + \frac{1}{2^n} = 1 - \frac{1}{2^n}$

… …

部分和组成一个数列,其第 n 项

$$s_n = 1 - \frac{1}{2^n}.$$

因为$\lim\limits_{n\to\infty} s_n = \lim\limits_{n\to\infty}(1 - \frac{1}{2^n}) = 1$,称无穷级数$\frac{1}{2} + \frac{1}{4} + \frac{1}{8} + \cdots + \frac{1}{2^n} + \cdots$的和为 1.

定义 如果级数 $\sum\limits_{i=1}^{\infty} u_n$ 的部分和数列$\{s_n\}$收敛于 s,即

$$\lim_{n\to\infty} s_n = s,$$

则称级数 $\sum\limits_{n=1}^{\infty} u_n$ **收敛**,极限 s 称为级数的**和**,记为

$$s = u_1 + u_2 + \cdots + u_n + \cdots$$

否则称级数**发散**.

利用定义判别级数的敛散性举例

由定义可知,讨论级数 $\sum\limits_{n=1}^{\infty} u_n$ 是否收敛的问题实质上就是考察部分和数列$\{s_n\}$是否收敛的问题.

例 1 讨论首项为 $a(\neq 0)$,公比为 q 的几何级数(等比级数)

$$\sum_{n=1}^{\infty} aq^{n-1} = a + aq + aq^2 + \cdots + aq^{n-1} + \cdots \tag{2}$$

的收敛性.

解 当 $q \neq 1$ 时,级数的部分和

$$s_n = a + aq + aq^2 + \cdots + aq^{n-1} = \frac{a(1-q^n)}{1-q}.$$

当$|q| < 1$时,由于$\lim\limits_{n\to\infty} q^n = 0$,从而几何级数(2)收敛,其和为$\frac{a}{1-q}$;当$|q| > 1$时,由于$\lim\limits_{n\to\infty} q^n = \infty$,从而级数(2)发散;当 $q = -1$ 时,级数(2)为

$$a - a + a - a + \cdots$$

故 n 为奇数时 $s_n = a$,n 为偶数时 $s_n = 0$,于是 $\lim\limits_{n\to\infty} s_n$ 不存在,从而级数(2)发散.

当 $q = 1$ 时,$s_n = na \to \infty$,从而级数(2)发散.

综上所述,如果公比的绝对值 $|q|<1$,则几何级数收敛,和为 $\frac{a}{1-q}$;如果 $|q|\geq 1$,则几何级数发散.

特别地,记 $q=x$,当 $a=1$ 且 $|x|<1$ 时有

$$\frac{1}{1-x}=1+x+x^2+\cdots+x^n+\cdots$$

这是以后经常用到的结果.

例 2 证明级数

$$\frac{1}{1\cdot 2}+\frac{1}{2\cdot 3}+\cdots+\frac{1}{n(n+1)}+\cdots$$

收敛,并求其和.

证 级数的部分和

$$\begin{aligned}s_n&=\frac{1}{1\cdot 2}+\frac{1}{2\cdot 3}+\cdots+\frac{1}{n(n+1)}\\&=\left(1-\frac{1}{2}\right)+\left(\frac{1}{2}-\frac{1}{3}\right)+\cdots+\left(\frac{1}{n}-\frac{1}{n+1}\right)\\&=1-\frac{1}{n+1},\end{aligned}$$

从而 $\lim\limits_{n\to\infty}s_n=1$,所以级数收敛,其和为 1.

例 3 将循环小数 2.717171…表示成两个整数之比.

解

$$\begin{aligned}2.717171\cdots&=2+\frac{71}{100}+\frac{71}{(100)^2}+\frac{71}{(100)^3}+\cdots\\&=2+\frac{71}{100}\left(1+\frac{1}{100}+\frac{1}{(100)^2}+\cdots\right)\\&=2+\frac{71}{100}\left(\frac{1}{0.99}\right)=2+\frac{71}{99}=\frac{269}{99}.\end{aligned}$$

当无穷级数收敛时,其部分和 s_n 是级数的和 s 的近似值,它们之间的差

$$r_n=s-s_n=u_{n+1}+u_{n+2}+\cdots$$

称为级数的**余项**. 用 s_n 近似 s 所产生的误差是这个余项的绝对值,即误差为 $|r_n|$.

由于

$$\lim_{n\to\infty}r_n=\lim_{n\to\infty}(s-s_n)=0,$$

所以当 n 充分大时,这个误差可以任意小.

例 4 几个发散级数

(1)级数 $$1-1+1-1+1-1+\cdots$$

将级数的项两两分组为

$$(1-1)+(1-1)+(1-1)+\cdots$$

或
$$1-(1-1)-(1-1)-\cdots$$
从而得到级数的和分别为0或1. 但这种做法是错误的,因为这是一个无穷级数,而非有限个数相加,加法结合律不适用. 事实上,如果它有和,则必须是部分和数列
$$1,0,1,0,1,\cdots$$
的极限. 因为这个数列没有极限,从而级数发散.

(2)级数
$$a+a+\cdots+a+\cdots \quad (a\text{ 为非零常数})$$
其部分和
$$s_n=na\to\infty\ (n\to\infty),$$
所以级数发散.

(3)级数
$$\frac{2}{1}+\frac{3}{2}+\frac{4}{3}+\cdots+\frac{n+1}{n}+\cdots$$
其部分和
$$s_n=\frac{2}{1}+\frac{3}{2}+\frac{4}{3}+\cdots+\frac{n+1}{n}>n,$$
所以级数发散.

如果 $\sum\limits_{n=1}^{\infty}u_n$ 收敛,则 $\lim\limits_{n\to\infty}u_n=0$. 事实上,设级数 $\sum\limits_{n=1}^{\infty}u_n$ 的部分和为 s_n,如果 $\sum\limits_{n=1}^{\infty}u_n$ 收敛于 s,即 $\lim\limits_{n\to\infty}s_n=s$,则
$$\lim_{n\to\infty}u_n=\lim_{n\to\infty}(s_n-s_{n-1})=\lim_{n\to\infty}s_n-\lim_{n\to\infty}s_{n-1}=s-s=0.$$

定理(级数收敛的必要条件) 如果级数 $\sum\limits_{n=1}^{\infty}u_n$ 收敛,则 $\lim\limits_{n\to\infty}u_n=0$.

由定理可知,如果级数的通项不趋于零,则该级数一定发散,从而定理给出了判定级数发散的一个简便直接的方法. 例如,例4中的3个级数,它们通项的极限 $\lim\limits_{n\to\infty}(-1)^{n-1}\neq0$(不存在),$\lim\limits_{n\to\infty}a=a\neq0$,$\lim\limits_{n\to\infty}\frac{n+1}{n}=1\neq0$,所以级数发散.

值得注意的是,通项趋于零只是级数收敛的必要条件而不是充分条件. 也就是说,通项趋于零的级数也可能发散. 例如,**调和级数**
$$1+\frac{1}{2}+\frac{1}{3}+\cdots+\frac{1}{n}+\cdots, \tag{3}$$
它的通项 $u_n=\frac{1}{n}\to0(n\to\infty)$,但是它是发散的. 用反证法证明如下:

假设级数(3)是收敛的,它的部分和为 s_n,且 $s_n\to s(n\to\infty)$. 显然,对级数(3)前 $2n$ 项的部分和 s_{2n},也有 $s_{2n}\to s(n\to\infty)$. 于是
$$s_{2n}-s_n\to s-s=0 \quad (n\to\infty).$$

另一方面

$$s_{2n}-s_n=\frac{1}{n+1}+\frac{1}{n+2}+\cdots\frac{1}{2n}>\underbrace{\frac{1}{2n}+\frac{1}{2n}+\cdots\frac{1}{2n}}_{n项}=\frac{1}{2}.$$

故 $n\to\infty$ 时，$s_{2n}-s_n$ 不趋于零，矛盾，所以调和级数必定发散.

调和级数的部分和趋于无穷大，但趋于无穷大的速度极其缓慢.

例5 为使调和级数的部分和大于20，大约需要多少项？

解 用 s_n 表示调和级数的前 n 项部分和. 比较图8.1与图8.2，可看出

$$s_4<1+\int_1^4\frac{1}{x}\,\mathrm{d}x=1+\ln 4.$$

一般地，有

$$s_n<1+\ln n.$$

如果 $s_n>20$，则

$$1+\ln n>s_n>20,$$

从而

$$n>\mathrm{e}^{19}.$$

$\mathrm{e}^{19}\approx 178\ 482\ 301$，所以至少要取调和级数的这么多项，才能使部分和超过20.

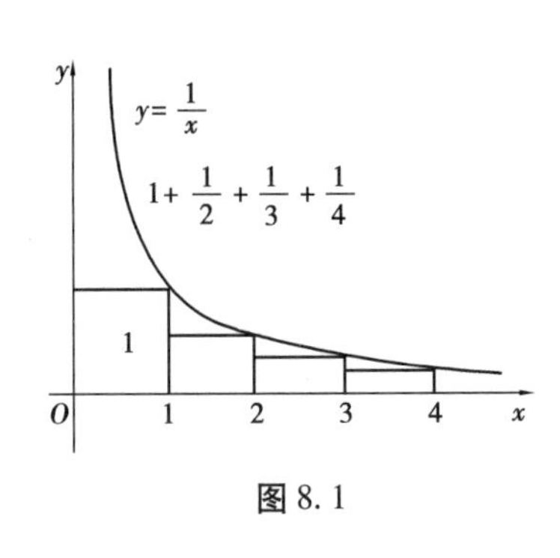

图8.1

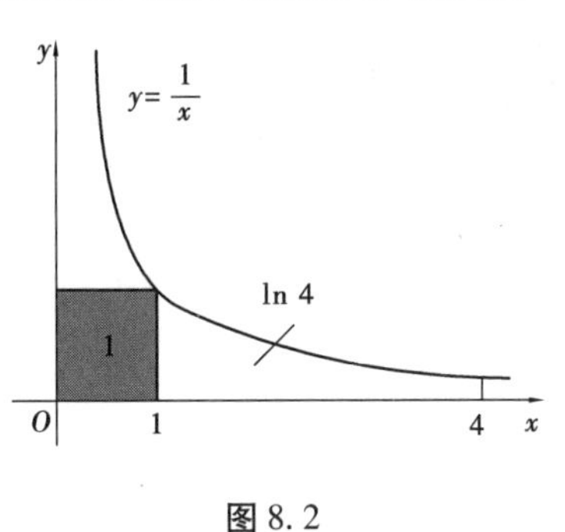

图8.2

8.1.2 收敛级数的性质

性质1 如果级数 $\sum_{n=1}^{\infty}u_n$ 收敛于 s，则级数 $\sum_{n=1}^{\infty}ku_n$（k 为常数）也收敛，并且其和为 ks.

证 设级数 $\sum_{n=1}^{\infty}u_n$ 与级数 $\sum_{n=1}^{\infty}ku_n$ 的部分和分别为 s_n 和 σ_n，则

$$\sigma_n=ku_1+ku_2+\cdots+ku_n=ks_n.$$

于是

$$\lim_{n\to\infty}\sigma_n=\lim_{n\to\infty}ks_n=k\lim_{n\to\infty}s_n=ks,$$

即级数 $\sum_{n=1}^{\infty}ku_n$ 收敛，其和为 ks.

性质2 如果级数 $\sum_{n=1}^{\infty}u_n$ 与 $\sum_{n=1}^{\infty}v_n$ 分别收敛于 s 与 σ，则级数 $\sum_{n=1}^{\infty}(u_n\pm v_n)$ 也收敛，并且其和为 $s\pm\sigma$.

证 设级数 $\sum_{n=1}^{\infty} u_n$ 与 $\sum_{n=1}^{\infty} v_n$ 的部分和分别为 s_n 和 σ_n，则级数 $\sum_{n=1}^{\infty}(u_n \pm v_n)$ 的部分和

$$\begin{aligned}\lambda_n &= (u_1 \pm v_1) + (u_2 \pm v_2) + \cdots + (u_n \pm v_n) \\ &= (u_1 + u_2 + \cdots + u_n) \pm (v_1 + v_2 + \cdots + v_n) = s_n \pm \sigma_n.\end{aligned}$$

于是

$$\lim_{n\to\infty}\lambda_n = \lim_{n\to\infty}(s_n \pm \sigma_n) = s \pm \sigma,$$

所以级数 $\sum_{n=1}^{\infty}(u_n \pm v_n)$ 也收敛，并且其和为 $s \pm \sigma$.

这个性质也可表述为：两个收敛级数可以逐项相加与逐项相减.

需要注意的是，两个发散的级数逐项相加减后得到的级数可能收敛也可能发散；而一个收敛的级数和一个发散的级数逐项相加减后得到的级数一定发散.

性质3 去掉级数的前有限项或在级数前面加上有限项不会改变级数的收敛性.

证 设将级数

$$u_1 + u_2 + \cdots + u_k + u_{k+1} + \cdots + u_{k+n} + \cdots$$

的前 k 项去掉，则得级数

$$u_{k+1} + u_{k+2} + \cdots + u_{k+n} + \cdots.$$

于是新级数的部分和为

$$\sigma_n = u_{k+1} + u_{k+2} + \cdots + u_{k+n} = s_{k+n} - s_k,$$

其中 s_{k+n} 是原级数的前 $k+n$ 项的和. 因为 s_k 是常数，所以当 $n\to\infty$ 时，σ_n 与 s_{k+n} 同时收敛或同时发散，因此去掉级数的前有限项不会改变级数的收敛性，但级数的和是会改变的.

类似可证明，在级数前面加上有限项不会改变级数的收敛性.

因为在级数中去掉、加上或改变有限项，都可以看成去掉级数的前有限项，然后在级数前面加上有限项的结果. 因此有如下推论：

推论 级数中去掉、加上或改变有限项不会改变级数的收敛性.

例如级数 $\sum_{n=1}^{\infty}\frac{1}{n+2}$ 发散，因为它是调和级数 $\sum_{n=1}^{\infty}\frac{1}{n}$ 去掉了前两项得到的级数.

例6 判断下列级数的收敛性：

(1) $\sum_{n=1}^{\infty}(-1)^n\frac{8^n}{9^n}$；　(2) $\sum_{n=1}^{\infty}\sqrt{n}$；　(3) $\sum_{n=1}^{\infty}\left(\frac{1}{2^{n-1}}+\frac{6^n}{5^n}\right)$.

解 (1)级数 $\sum_{n=1}^{\infty}(-1)^n\frac{8^n}{9^n}$ 是以 $-\frac{8}{9}$ 为公比的几何级数，且 $\left|-\frac{8}{9}\right|<1$，所以级数收敛.

(2)级数的通项 $\sqrt{n}\to\infty\ (n\to\infty)$，由级数收敛的必要条件知级数发散.

(3)由于级数 $\sum_{n=1}^{\infty}\frac{1}{2^{n-1}}$ 与级数 $\sum_{n=1}^{\infty}\frac{6^n}{5^n}$ 均为几何级数，公比分别为 $\frac{1}{2}<1$，$\frac{6}{5}>1$，故级数 $\sum_{n=1}^{\infty}\frac{1}{2^{n-1}}$ 收敛，但级数 $\sum_{n=1}^{\infty}\frac{6^n}{5^n}$ 发散. 所以原级数发散.

习题 8.1

1. 写出下列级数的一般项：

(1) $1+\frac{1}{3}+\frac{1}{5}+\frac{1}{7}+\cdots$；　　(2) $\frac{1}{2}-\frac{2}{3}+\frac{3}{4}-\frac{4}{5}+\frac{5}{6}-\cdots$；

(3) $\frac{1}{3}+\frac{2!}{5}+\frac{3!}{7}+\frac{4!}{9}+\cdots$；　　(4) $\frac{1}{2}+\frac{1\cdot 2}{3\cdot 4}+\frac{1\cdot 2\cdot 3}{4\cdot 5\cdot 6}+\cdots$.

2. 根据级数收敛的定义判定下列级数的收敛性：

(1) $\sum\limits_{n=1}^{\infty}\frac{1}{\sqrt{n}+\sqrt{n-1}}$；　　(2) $\sum\limits_{n=1}^{\infty}\frac{1}{(2n-1)(2n+1)}$.

3. 判定下列级数的收敛性：

(1) $\sum\limits_{n=1}^{\infty}\frac{1}{3n}$；　　(2) $\sum\limits_{n=1}^{\infty}\frac{3^n}{2^n}$；

(3) $2+2^2+\cdots+2^{10}+\sum\limits_{n=1}^{\infty}\frac{1}{2^n}$；　　(4) $\sum\limits_{n=1}^{\infty}\frac{n}{\sqrt{n^2+1}}$.

4. 求下列级数的和：

(1) $\sum\limits_{n=1}^{\infty}\frac{4}{(4n-3)(4n+1)}$；　　(2) $\sum\limits_{n=1}^{\infty}\frac{6}{(2n-1)(2n+1)}$；

(3) $\sum\limits_{n=1}^{\infty}\left(\frac{1}{\sqrt{n}}-\frac{1}{\sqrt{n+1}}\right)$.

8.2 正项级数

给定一个级数，有以下两个问题：

(1)级数是否收敛？

(2)如果级数收敛，它的和是多少？

就第一个问题，本节研究没有负项的级数，即**正项级数**.

设 $\sum\limits_{n=1}^{\infty}u_n$ 是一个正项级数，其部分和为 s_n，则有

$$s_1\leqslant s_2\leqslant\cdots\leqslant s_n\leqslant\cdots$$

即部分和数列$\{s_n\}$是一个单调增加数列. 根据单调有界准则，如果数列$\{s_n\}$有界，则其极限一定存在，从而正项级数 $\sum\limits_{n=1}^{\infty}u_n$ 收敛；反过来，如果正项级数 $\sum\limits_{n=1}^{\infty}u_n$ 收敛，即数列$\{s_n\}$有极限，故数列$\{s_n\}$有界.

定理1 正项级数 $\sum_{n=1}^{\infty} u_n$ 收敛的充分必要条件是它的部分和数列有界.

由此可得正项级数收敛性的一个基本判别法.

定理2(比较判别法) 设 $\sum_{n=1}^{\infty} u_n$ 是正项级数.

(1)如果存在一个收敛的正项级数 $\sum_{n=1}^{\infty} v_n$,有 $u_n \leqslant v_n$,则 $\sum_{n=1}^{\infty} u_n$ 收敛;

(2)如果存在一个发散的正项级数 $\sum_{n=1}^{\infty} v_n$,有 $u_n \geqslant v_n$,则 $\sum_{n=1}^{\infty} u_n$ 发散.

证 (1)设 $\sum_{n=1}^{\infty} v_n$ 收敛于 σ,则 $\sum_{n=1}^{\infty} u_n$ 的部分和

$$s_n = u_1 + u_2 + \cdots + u_n \leqslant v_1 + v_2 + \cdots + v_n \leqslant \sigma,$$

即 $\sum_{n=1}^{\infty} u_n$ 的部分和数列 $\{s_n\}$ 有界,从而由定理1知级数收敛.

(2)用反证法. 假设级数 $\sum_{n=1}^{\infty} u_n$ 收敛,由(1)可知级数 $\sum_{n=1}^{\infty} v_n$ 收敛,这与定理所给条件矛盾,所以 $\sum_{n=1}^{\infty} u_n$ 发散.

因为级数的收敛性与级数前有限项无关,可得如下推论:

推论 设 $\sum_{n=1}^{\infty} u_n$ 是正项级数.

(1)如果存在一个收敛的正项级数 $\sum_{n=1}^{\infty} v_n$ 和正整数 N,使得当 $n > N$ 时,有 $u_n \leqslant kv_n(k > 0)$,则 $\sum_{n=1}^{\infty} u_n$ 收敛;

(2)如果存在一个发散的正项级数 $\sum_{n=1}^{\infty} v_n$ 和正整数 N,使得当 $n > N$ 时,有 $u_n \geqslant kv_n(k > 0)$,则 $\sum_{n=1}^{\infty} u_n$ 发散.

p-级数的敛散性讨论

例1 讨论 p **级数**

$$1 + \frac{1}{2^p} + \frac{1}{3^p} + \cdots + \frac{1}{n^p} + \cdots (p > 0) \tag{1}$$

的收敛性.

解 当 $p \leqslant 1$ 时,有 $\frac{1}{n^p} \geqslant \frac{1}{n}$,由于调和级数 $\sum_{n=1}^{\infty} \frac{1}{n}$ 是发散的,故级数(1)发散.

当 $p > 1$ 时,因为对任意 $x \geqslant 1$,当 $k-1 \leqslant x \leqslant k$ 时,有 $\frac{1}{k^p} \leqslant \frac{1}{x^p}$,所以

$$\frac{1}{k^p}=\int_{k-1}^{k}\frac{1}{k^p}\mathrm{d}x\leqslant\int_{k-1}^{k}\frac{1}{x^p}\mathrm{d}x(k=2,3,\cdots),$$

从而级数(1)的部分和

$$\begin{aligned}s_n&=1+\sum_{k=2}^{n}\frac{1}{k^p}\leqslant1+\sum_{k=2}^{n}\int_{k-1}^{k}\frac{1}{x^p}\mathrm{d}x=1+\int_{1}^{n}\frac{1}{x^p}\mathrm{d}x\\&=1+\frac{1}{p-1}\left(1-\frac{1}{n^{p-1}}\right)<1+\frac{1}{p-1}(n=2,3,\cdots),\end{aligned}$$

故部分和数列$\{s_n\}$有界,所以级数(1)收敛.

综上所述,当$p\leqslant1$时,p级数发散;当$p>1$时,p级数收敛.

例如,级数

$$1+\frac{1}{\sqrt{2}}+\frac{1}{\sqrt{3}}+\cdots+\frac{1}{\sqrt{n}}+\cdots$$

是p级数,$p=\frac{1}{2}<1$,因而级数是发散的. 而p级数

$$1+\frac{1}{2^2}+\frac{1}{3^2}+\cdots+\frac{1}{n^2}+\cdots$$

是收敛的,因为$p=2>1$.

例2 讨论级数

$$\sum_{n=1}^{\infty}\frac{1}{\sqrt{n^2+2n}}$$

的收敛性.

解 因为$n^2+2n<n^2+2n+1=(n+1)^2$,所以

$$\frac{1}{\sqrt{n^2+2n}}>\frac{1}{n+1},$$

而级数

$$\sum_{n=1}^{\infty}\frac{1}{n+1}=\frac{1}{2}+\frac{1}{3}+\cdots+\frac{1}{n+1}+\cdots$$

是发散的,由比较判别法知原级数也是发散的.

在应用上,常使用较为方便的比较判别法的极限形式.

定理3(比较判别法的极限形式) 设$\sum\limits_{n=1}^{\infty}u_n$和$\sum\limits_{n=1}^{\infty}v_n$都是正项级数,且$\lim\limits_{n\to\infty}\frac{u_n}{v_n}=l$.

(1)如果$0<l<+\infty$,则级数$\sum\limits_{n=1}^{\infty}u_n$和$\sum\limits_{n=1}^{\infty}v_n$同时收敛或同时发散;

(2)如果$l=0$,并且级数$\sum\limits_{n=1}^{\infty}v_n$收敛,则级数$\sum\limits_{n=1}^{\infty}u_n$收敛;

(3)如果$l=\infty$,并且级数$\sum\limits_{n=1}^{\infty}v_n$发散,则级数$\sum\limits_{n=1}^{\infty}u_n$发散.

例 3 判定级数 $\sum_{n=1}^{\infty} \frac{1}{4^n - 3^n}$ 的收敛性.

解 由于一般项

$$u_n = \frac{1}{4^n - 3^n} = \frac{1}{4^n} \cdot \frac{1}{1 - (3/4)^n}.$$

令 $v_n = \frac{1}{4^n}$,则

$$\lim_{n\to\infty} \frac{u_n}{v_n} = \lim_{n\to\infty} \frac{\frac{1}{4^n} \cdot \frac{1}{1 - (3/4)^n}}{\frac{1}{4^n}} = 1,$$

而几何级数 $\sum_{n=1}^{\infty} \frac{1}{4^n}$ 收敛,所以级数 $\sum_{n=1}^{\infty} \frac{1}{4^n - 3^n}$ 收敛.

例 4 判定级数 $\sum_{n=1}^{\infty} n \cdot \left(1 - \cos\frac{1}{n}\right)$ 的收敛性.

解 当 $n\to\infty$ 时,$1 - \cos\frac{1}{n} \sim \frac{1}{2n^2}$,故

$$\lim_{n\to\infty} \frac{n \cdot \left(1 - \cos\frac{1}{n}\right)}{\frac{1}{n}} = \frac{1}{2}.$$

而调和级数 $\sum_{n=1}^{\infty} \frac{1}{n}$ 发散,故级数 $\sum_{n=1}^{\infty} n \cdot \left(1 - \cos\frac{1}{n}\right)$ 发散.

应用比较判别法时,需要找到一个已知收敛性的级数 $\sum_{n=1}^{\infty} v_n$ 作为比较的对象,最常选用的是几何级数和 p 级数. 但在不少情况下要找到这类比较对象是困难的,为此,下面介绍更简单直观的比值判别法. 这种方法不需借助其他的级数,因此使用起来更为简便. 比值判别法通过考察通项的比值 $\frac{u_{n+1}}{u_n}$ 来测量级数增长的速率. 对于几何级数 $\sum_{n=1}^{\infty} aq^{n-1}$,这个速率是一个常数$\left(\frac{aq^n}{aq^{n-1}} = q\right)$,当且仅当这个速率的绝对值小于 1 时级数收敛. 比值判别法将这个结果推广为通用的规则.

定理 4(比值判别法) 设 $\sum_{n=1}^{\infty} u_n$ 为正项级数,如果

$$\lim_{n\to\infty} \frac{u_{n+1}}{u_n} = \rho,则$$

(1)当 $\rho < 1$ 时,级数收敛;

(2)当 $\rho > 1$(或 $\rho = \infty$)时,级数发散;

(3)当 $\rho=1$ 时,级数可能收敛也可能发散.

证 (1)当 $\rho<1$ 时. 取一个适当的正数 ε,使得 $\rho+\varepsilon=r<1$,根据极限的定义,存在正整数 N,当 $n>N$ 时有

$$\frac{u_{n+1}}{u_n}<\rho+\varepsilon=r,$$

因而
$$u_{N+1}<ru_N,\ u_{N+2}<ru_{N+1}<r^2u_N,\cdots,u_{N+k}<r^ku_N,\cdots.$$

而级数 $\sum\limits_{r=1}^{\infty}r^ku_N$ 收敛(公比 $r<1$ 的几何级数),于是由比较判别法可知级数 $\sum\limits_{n=N+1}^{\infty}u_n$ 也收敛,从而级数 $\sum\limits_{n=1}^{\infty}u_n$ 收敛.

(2)当 $\rho>1$ 时. 因为 $\lim\limits_{n\to\infty}\frac{u_{n+1}}{u_n}=\rho>1$,所以存在正整数 N,当 $n>N$ 时有

$$\frac{u_{n+1}}{u_n}>1\ 即\ u_{n+1}>u_n.$$

由此可见,从第 N 项以后 u_n 是递增的,从而 $\lim\limits_{n\to\infty}u_n\neq0$. 根据级数收敛的必要条件知级数 $\sum\limits_{n=1}^{\infty}u_n$ 发散.

类似可证,当 $\rho=\infty$ 时,级数 $\sum\limits_{n=1}^{\infty}u_n$ 发散.

(3)当 $\rho=1$ 时,级数 $\sum\limits_{n=1}^{\infty}u_n$ 可能收敛也可能发散. 例如 p 级数 $\sum\limits_{n=1}^{\infty}\frac{1}{n^p}$,对任意的 $p>0$ 都有

$$\lim_{n\to\infty}\frac{u_{n+1}}{u_n}=\lim_{n\to\infty}\left(\frac{n}{n+1}\right)^p=1.$$

当 $p\leqslant1$ 时级数发散,当 $p>1$ 时级数收敛.

例5 讨论级数

$$\sum_{n=1}^{\infty}\frac{n^p}{q^n}=\frac{1}{q}+\frac{2^p}{q^2}+\cdots+\frac{n^p}{q^n}+\cdots\quad(p,q>0)$$

的收敛性.

解 因为

$$\frac{u_{n+1}}{u_n}=\frac{(n+1)^p}{q^{n+1}}\cdot\frac{q^n}{n^p}=\frac{1}{q}\left(1+\frac{1}{n}\right)^p,$$

$$\lim_{n\to\infty}\frac{u_{n+1}}{u_n}=\lim_{n\to\infty}\frac{1}{q}\left(1+\frac{1}{n}\right)^p=\frac{1}{q},$$

所以,当 $\frac{1}{q}<1$,即 $q>1$ 时,级数收敛;当 $\frac{1}{q}>1$,即 $q<1$ 时,级数发散;而当 $q=1$ 时,级数为 $\sum\limits_{n=1}^{\infty}n^p$,显然发散.

例 6 讨论级数

$$\sum_{n=1}^{\infty}\frac{1}{n!}=1+\frac{1}{1\cdot 2}+\frac{1}{1\cdot 2\cdot 3}+\cdots+\frac{1}{n!}+\cdots$$

的收敛性.

解法 1(利用比较判别法)当 $n\geqslant 2$ 时,

$$0<\frac{1}{n!}\leqslant\frac{1}{n(n-1)}<\frac{1}{(n-1)^2}$$

而 $\sum\limits_{n=2}^{\infty}\frac{1}{(n-1)^2}=\sum\limits_{n=1}^{\infty}\frac{1}{n^2}$ 收敛,所以所给级数收敛.

解法 2(利用比值判别法)因为

$$\lim_{n\to\infty}\frac{u_{n+1}}{u_n}=\lim_{n\to\infty}\frac{1}{(n+1)!}\cdot\frac{n!}{1}=\lim_{n\to\infty}\frac{1}{n+1}=0<1,$$

所以所给级数收敛.

下面不加证明地给出另一判别正项级数收敛性的强有力工具——根值判别法.

定理 5(根值判别法) 设 $\sum\limits_{n=1}^{\infty}u_n$ 为正项级数,如果

$$\lim_{n\to\infty}\sqrt[n]{u_n}=\rho,$$

则 (1)当 $\rho<1$ 时,级数收敛;

(2)当 $\rho>1$(或 $\rho=\infty$)时,级数发散;

(3)当 $\rho=1$ 时,级数可能收敛也可能发散.

例 7 讨论级数 $\sum\limits_{n=1}^{\infty}\frac{n^2}{2^n}$ 的收敛性.

解 因为

$$\lim_{n\to\infty}\sqrt[n]{u_n}=\lim_{n\to\infty}\frac{1}{2}(\sqrt[n]{n})^2=\frac{1}{2},$$

所以所给级数收敛(这里 $\lim\limits_{n\to\infty}\sqrt[n]{n}=1$).

习题 8.2

1. 用比较判别法及其极限形式判定下列级数的收敛性:

(1) $\sum\limits_{n=1}^{\infty}\frac{1}{2n+1}$;

(2) $\sum\limits_{n=1}^{\infty}\frac{1}{n^2+4}$;

(3) $\sum\limits_{n=1}^{\infty}\frac{1}{(n+1)(n+4)}$;

(4) $\sum\limits_{n=1}^{\infty}\frac{1}{1+a^n}(a>0)$;

(5) $\sum\limits_{n=1}^{\infty}\sin\frac{\pi}{6^n}$

(6) $\sum\limits_{n=1}^{\infty}\frac{1}{\sqrt{n}\ln n}$.

2. 用比值判别法判定下列级数的收敛性：

(1) $\sum_{n=1}^{\infty} \frac{n}{3^n}$;　　(2) $\sum_{n=1}^{\infty} \frac{(n+1)^2}{n!}$;

(3) $\sum_{n=1}^{\infty} 2^n \sin \frac{\pi}{3^n}$;　　(4) $\sum_{n=1}^{\infty} \frac{3^n \cdot n!}{n^n}$.

3. 用根值判别法判定下列级数的收敛性：

(1) $\sum_{n=1}^{\infty} \left(\frac{n+1}{2n}\right)^n$;　　(2) $\sum_{n=1}^{\infty} \frac{1}{[\ln(n+1)]^n}$;

(3) $\sum_{n=1}^{\infty} \left(\frac{\ln n}{n}\right)^n$;　　(4) $\sum_{n=1}^{\infty} \left(\frac{1}{n} - \frac{1}{n^2}\right)^n$.

4. 确定下列级数的收敛性：

(1) $\sum_{n=1}^{\infty} \frac{3}{\sqrt{n}}$;　　(2) $\sum_{n=1}^{\infty} \frac{-2}{n\sqrt{n}}$;

(3) $\sum_{n=1}^{\infty} \frac{1}{(1+\ln n)^2}$;　　(4) $\sum_{n=1}^{\infty} \frac{n!}{(2n+1)!}$.

5. 利用级数收敛的必要条件证明：$\lim_{n\to\infty} \frac{2^n n!}{n^n} = 0$.

8.3　交错级数、绝对收敛与条件收敛

上节介绍的收敛判别法仅适用于正项级数. 本节讨论带负项的级数,其中简单而重要的一类是交错级数.

8.3.1　交错级数

交错级数敛散性举例

如果一个级数的各项是正负交错的,即形如

$$\sum_{n=1}^{\infty} (-1)^{n-1} u_n = u_1 - u_2 + u_3 - u_4 + \cdots + (-1)^{n+1} u_n + \cdots \tag{1}$$

或

$$\sum_{n=1}^{\infty} (-1)^n u_n = -u_1 + u_2 - u_3 + u_4 - \cdots + (-1)^n u_n + \cdots \tag{2}$$

其中 $u_n > 0 (n = 1, 2, \cdots)$,则称该级数为**交错级数**.

因为 $\sum_{n=1}^{\infty} (-1)^n u_n = -\sum_{n=1}^{\infty} (-1)^{n-1} u_n$,所以只讨论形如(1) 的交错级数.

关于交错级数,有如下判别法：

定理1(莱布尼茨判别法) 如果交错级数 $\sum_{n=1}^{\infty}(-1)^{n-1}u_n$ 满足条件

(1) $u_n \geqslant u_{n+1}(n=1,2,\cdots)$;

(2) $\lim_{n\to\infty} u_n = 0$,

则级数收敛,且其和 $s \leqslant u_1$.

证 级数的前 $2n$ 项部分和

$$s_{2n}=(u_1-u_2)+(u_3-u_4)+\cdots+(u_{2n-1}-u_{2n}).$$

由条件(1)知所有括号内的差都是非负的,因而数列 $\{s_{2n}\}$ 是单调增加的. 另一方面,s_{2n} 也可以写成

$$s_{2n}=u_1-(u_2-u_3)-(u_4-u_5)-(u_{n-2}-u_{2n-1})-u_{2n},$$

同样由条件(1)知所有括号内的差都是非负的,因而 $s_{2n}\leqslant u_1$,即数列 $\{s_{2n}\}$ 有界. 于是,根据单调有界准则可知,$\{s_{2n}\}$ 有极限 s,且 $s\leqslant u_1$,即

$$\lim_{n\to\infty} s_{2n}=s\leqslant u_1.$$

级数的前 $2n+1$ 项部分和

$$s_{2n+1}=s_{2n}+u_{2n+1}.$$

由条件(2)知 $\lim_{n\to\infty} u_{2n+1}=0$,因而

$$\lim_{n\to\infty} s_{2n+1}=\lim_{n\to\infty}(s_{2n}+u_{2n+1})=s.$$

由此可见,级数的前 $2n$ 项部分和与前 $2n+1$ 项部分和趋于同一极限 s,故级数的部分和数列 $\{s_n\}$ 有极限 s. 这就证明了所给级数收敛于和 s,并且 $s\leqslant u_1$.

例1 讨论交错级数

$$1-\frac{1}{2}+\frac{1}{3}-\frac{1}{4}+\cdots+(-1)^{n+1}\frac{1}{n}+\cdots$$

的收敛性.

解 这里

$$u_n=\frac{1}{n}>\frac{1}{n+1}=u_{n+1}\quad(n=1,2,\cdots),$$

$$\lim_{n\to\infty} u_n=\lim_{n\to\infty}\frac{1}{n}=0.$$

由莱布尼茨判别法知级数收敛.

8.3.2 绝对收敛与条件收敛

现在来讨论一般的级数

$$\sum_{n=1}^{\infty} u_n = u_1+u_2+\cdots+u_n+\cdots$$

它的各项是任意实数，其收敛性通常可以借助将它的各项取绝对值后所得的正项级数 $\sum\limits_{n=1}^{\infty}|u_n|$ 的收敛性来讨论.

定理 2 如果级数 $\sum\limits_{n=1}^{\infty}|u_n|$ 收敛，则级数 $\sum\limits_{n=1}^{\infty}u_n$ 必收敛.

证 因为

$$0\leqslant|u_n|-u_n\leqslant 2|u_n| \quad (n=1,2,\cdots),$$

由比较判别法知，正项级数 $\sum\limits_{n=1}^{\infty}(|u_n|-u_n)$ 收敛. 而级数

$$\sum_{n=1}^{\infty}u_n=\sum_{n=1}^{\infty}[|u_n|-(|u_n|-u_n)]$$

是两个收敛级数 $\sum\limits_{n=1}^{\infty}|u_n|$ 与 $\sum\limits_{n=1}^{\infty}(|u_n|-u_n)$ 的差，所以级数 $\sum\limits_{n=1}^{\infty}u_n$ 收敛.

定理表明，对于一般的级数 $\sum\limits_{n=1}^{\infty}u_n$，如果用正项级数的判别法判定级数 $\sum\limits_{n=1}^{\infty}|u_n|$ 收敛，则级数 $\sum\limits_{n=1}^{\infty}u_n$ 一定收敛. 但如果级数 $\sum\limits_{n=1}^{\infty}|u_n|$ 发散，则不能判定级数 $\sum\limits_{n=1}^{\infty}u_n$ 也发散. 例如，例 1 中的级数 $\sum\limits_{n=1}^{\infty}u_n=\sum\limits_{n=1}^{\infty}(-1)^{n+1}\dfrac{1}{n}$ 是收敛的，而 $\sum\limits_{n=1}^{\infty}|u_n|=\sum\limits_{n=1}^{\infty}\dfrac{1}{n}$ 为调和级数，是发散的.

定义 如果级数 $\sum\limits_{n=1}^{\infty}|u_n|$ 收敛，则称级数 $\sum\limits_{n=1}^{\infty}u_n$ **绝对收敛**；如果级数 $\sum\limits_{n=1}^{\infty}|u_n|$ 发散，而级数 $\sum\limits_{n=1}^{\infty}u_n$ 收敛，称级数 $\sum\limits_{n=1}^{\infty}u_n$ **条件收敛**.

所以，判断一般项级数 $\sum\limits_{n=1}^{\infty}u_n$ 的收敛性，可以先考虑各项取绝对值后的正项级数的收敛性. 若级数 $\sum\limits_{n=1}^{\infty}|u_n|$ 收敛，则 $\sum\limits_{n=1}^{\infty}u_n$ 本身一定收敛. 若 $\sum\limits_{n=1}^{\infty}|u_n|$ 发散，则 $\sum\limits_{n=1}^{\infty}u_n$ 的收敛性未知，还需再用其他方法讨论级数本身的收敛性.

例 2 讨论级数 $\sum\limits_{n=1}^{\infty}\dfrac{\sin n\alpha}{n^2}$ 的收敛性.

解 因为

$$\left|\frac{\sin n\alpha}{n^2}\right|\leqslant\frac{1}{n^2},$$

而级数 $\sum\limits_{n=1}^{\infty}\dfrac{1}{n^2}$ 收敛，所以所给级数绝对收敛，因而收敛.

例 3 讨论级数 $\sum\limits_{n=1}^{\infty}(-1)^{n-1}\dfrac{1}{\sqrt{n}}$ 的收敛性.

解

$$\sum_{n=1}^{\infty}\left|(-1)^{n-1}\frac{1}{\sqrt{n}}\right|=\sum_{n=1}^{\infty}\frac{1}{\sqrt{n}}$$

为 $p=\frac{1}{2}$ 的 p 级数,是发散的.但 $\sum\limits_{n=1}^{\infty}(-1)^{n-1}\frac{1}{\sqrt{n}}$ 是交错级数,满足

$$u_n=\frac{1}{\sqrt{n}}>\frac{1}{\sqrt{n+1}}=u_{n+1}$$

且

$$\lim_{n\to\infty}u_n=\lim_{n\to\infty}\frac{1}{\sqrt{n}}=0,$$

所以级数 $\sum\limits_{n=1}^{\infty}(-1)^{n-1}\frac{1}{\sqrt{n}}$ 收敛,且条件收敛.

习题 8.3

1. 下列交错级数哪些收敛?哪些发散?

(1) $\sum\limits_{n=1}^{\infty}(-1)^{n+1}\frac{1}{\sqrt{n}+1}$;　　(2) $\sum\limits_{n=1}^{\infty}(-1)^{n+1}\frac{\ln n}{n}$;

(3) $\sum\limits_{n=1}^{\infty}(-1)^{n+1}\frac{\sqrt{n}+1}{n+1}$;　　(4) $\sum\limits_{n=1}^{\infty}(-1)^{n+1}\frac{10^n}{n^{10}}$.

2. 判定下列级数是否收敛?如果收敛,是绝对收敛还是条件收敛?

(1) $\sum\limits_{n=1}^{\infty}(-1)^{n-1}\frac{1}{2n-1}$;　　(2) $\sum\limits_{n=1}^{\infty}(-1)^{n+1}\frac{1}{\ln(n+1)}$;

(3) $\sum\limits_{n=1}^{\infty}(-1)^{n}\frac{n}{2^n}$;　　(4) $\sum\limits_{n=1}^{\infty}(-1)^{n+1}\frac{1}{3\cdot 2^n}$;

(5) $\sum\limits_{n=1}^{\infty}(-1)^{n}(\sqrt{n+\sqrt{n}}-\sqrt{n})$;　　(6) $\sum\limits_{n=1}^{\infty}\frac{\cos n\pi}{n\sqrt{n}}$.

3. 举例说明即使 $\sum\limits_{n=1}^{\infty}u_n$ 与 $\sum\limits_{n=1}^{\infty}v_n$ 都收敛, $\sum\limits_{n=1}^{\infty}u_nv_n$ 也可能发散.

8.4　幂级数

8.4.1　函数项级数的概念

设 $u_n(x)(n=1,2,\cdots)$ 是定义在区间 I 上的一列函数,则表达式

$$u_1(x)+u_2(x)+\cdots+u_n(x)+\cdots \tag{1}$$

称为定义在区间 I 上的**函数项级数**.

对于区间 I 上的每一点 x_0,由函数项级数(1)可得一个数项级数

$$u_1(x_0)+u_2(x_0)+\cdots+u_n(x_0)+\cdots \tag{2}$$

如果数项级数(2)收敛,则称点 x_0 为函数项级数(1)的**收敛点**;如果数项级数(2)发散,则称点 x_0 为函数项级数(1)的**发散点**. 收敛点的全体称为函数项级数(1)的**收敛域**.

对应于收敛域内的任意一点 x,函数项级数成为一个收敛的数项级数,因而有一确定的和 s. 这样,在收敛域上,函数项级数的和是 x 的函数,称为函数项级数的**和函数**,记为 $s(x)$,即

$$s(x)=u_1(x)+u_2(x)+\cdots+u_n(x)+\cdots$$

函数项级数(1)的前 n 项的部分和记为 $s_n(x)$,则在收敛域上

$$\lim_{n\to\infty}s_n(x)=s(x).$$

8.4.2 幂级数及其收敛半径

函数项级数中最简单而重要的一类级数就是**幂级数**,它的每一项都是幂函数,一般形式是

$$a_0+a_1(x-x_0)+a_2(x-x_0)^2+\cdots+a_n(x-x_0)^n+\cdots \tag{3}$$

其中常数 $a_0,a_1,a_2,\cdots,a_n,\cdots$称为幂级数的**系数**.

不失一般性,在此只研究形如

$$\sum_{n=0}^{\infty}a_nx^n=a_0+a_1x+a_2x^2+\cdots+a_nx^n+\cdots \tag{4}$$

的幂级数. 因为经过变换 $t=x-x_0$,幂级数(3)就可化为(4)的形式.

现在来讨论幂级数的收敛域.

已知几何级数

$$1+x+x^2+\cdots+x^n+\cdots$$

当 $|x|<1$ 时收敛,当 $|x|\geqslant 1$ 时发散. 因此,这个几何级数的收敛域是以 $x=0$ 为中心的开区间$(-1,1)$.

定理1(幂级数收敛定理) 幂级数 $\sum\limits_{n=0}^{\infty}a_nx^n$ 的收敛域有三种可能:

(1)存在一个正数 R,使得幂级数在开区间$(-R,R)$内收敛,在闭区间$[-R,R]$外发散,在区间端点 $x=\pm R$ 处可能收敛也可能发散;

(2)幂级数对一切的 x 都收敛;

(3)幂级数只在 $x=0$ 处收敛.

这里,R 称为幂级数的**收敛半径**,开区间$(-R,R)$称为幂级数的**收敛区间**.

如果幂级数对一切的 x 都收敛,则规定收敛半径 $R=+\infty$. 如果幂级数只在$x=0$处收敛,

则规定收敛半径 $R=0$.

该定理揭示了幂级数收敛域的结构. 如果 $R=+\infty$ 或 $R=0$,收敛半径完全决定了收敛域;而对于 $0<R<+\infty$,还留下幂级数在 $x=\pm R$ 处的收敛性问题.

可以看出,求幂级数收敛域的关键就是找出幂级数的收敛半径. 对于幂级数收敛半径 R,有以下简便的求法:

定理 2 给定幂级数 $\sum\limits_{n=0}^{\infty} a_n x^n$,设

$$\lim_{n\to\infty}\left|\frac{a_{n+1}}{a_n}\right|=\rho,$$

求幂级数收敛域举例

则 (1) 当 $0<\rho<+\infty$ 时,$R=\dfrac{1}{\rho}$;

(2) 当 $\rho=0$ 时,$R=+\infty$;

(3) 当 $\rho=+\infty$ 时,$R=0$.

证 考察幂级数各项取绝对值所成的级数

$$|a_0|+|a_1x|+|a_2x^2|+\cdots+|a_nx^n|+\cdots \tag{5}$$

其相邻两项之比的极限

$$\lim_{n\to\infty}\frac{|a_{n+1}x^{n+1}|}{|a_nx^n|}=\lim_{n\to\infty}\left|\frac{a_{n+1}}{a_n}\right|\cdot|x|=\rho\cdot|x|.$$

(1) 如果 $0<\rho<+\infty$,根据正项级数的比值判别法,当 $\rho\cdot|x|<1$,即 $|x|<\dfrac{1}{\rho}$ 时,级数(5)收敛,从而级数 $\sum\limits_{n=0}^{\infty} a_n x^n$ 绝对收敛;当 $\rho\cdot|x|>1$,即 $|x|>\dfrac{1}{\rho}$ 时,级数(5)发散并从某个 n 开始 $|a_{n+1}x^{n+1}|>|a_nx^n|$,因此 $|a_nx^n|$ 不可能趋于零,所以 a_nx^n 也不可能趋于零,从而级数 $\sum\limits_{n=0}^{\infty} a_n x^n$ 发散. 于是级数 $\sum\limits_{n=0}^{\infty} a_n x^n$ 的收敛半径 $R=\dfrac{1}{\rho}$.

(2) 如果 $\rho=0$,则对一切的 x 都有 $\lim\limits_{n\to\infty}\dfrac{|a_{n+1}x^{n+1}|}{|a_nx^n|}=0$,所以级数(5)收敛,从而级数 $\sum\limits_{n=0}^{\infty} a_n x^n$ 收敛. 于是 $R=+\infty$.

(3) 如果 $\rho=+\infty$,则对任意的 $x\neq0$ 都有 $\lim\limits_{n\to\infty}\dfrac{|a_{n+1}x^{n+1}|}{|a_nx^n|}=\infty$,所以级数(5)发散,由(1)中同样的理由可知级数 $\sum\limits_{n=0}^{\infty} a_n x^n$ 发散,于是 $R=0$.

例 1 求幂级数 $\sum\limits_{n=1}^{\infty}\dfrac{x^n}{n^2}$ 的收敛域.

解 这里 $a_n=\dfrac{1}{n^2}$,因为

$$\rho=\lim_{n\to\infty}\left|\frac{a_{n+1}}{a_n}\right|=\lim_{n\to\infty}\left(\frac{1}{(n+1)^2}\div\frac{1}{n^2}\right)=\lim_{n\to\infty}\frac{n^2}{(n+1)^2}=1,$$

所以收敛半径 $R=1$,收敛区间为$(-1,1)$.

当 $x=1$ 时,级数成为 $\sum\limits_{n=1}^{\infty}\frac{1}{n^2}$,是收敛的;当 $x=-1$ 时,级数成为 $\sum\limits_{n=1}^{\infty}(-1)^n\frac{1}{n^2}$,也是收敛的.

综上所述,幂级数 $\sum\limits_{n=1}^{\infty}\frac{x^n}{n^2}$ 的收敛域为$[-1,1]$.

例2 求幂级数 $\sum\limits_{n=0}^{\infty}\frac{x^n}{n!}$ 的收敛域.

解 因为

$$\rho=\lim_{n\to\infty}\left|\frac{a_{n+1}}{a_n}\right|=\lim_{n\to\infty}\frac{n!}{(n+1)!}=\lim_{n\to\infty}\frac{1}{(n+1)}=0,$$

所以收敛半径 $R=+\infty$,收敛域为$(-\infty,+\infty)$.

例3 求幂级数 $\sum\limits_{n=0}^{\infty}n!\cdot x^n$ 的收敛半径.

解 因为

$$\rho=\lim_{n\to\infty}\left|\frac{a_{n+1}}{a_n}\right|=\lim_{n\to\infty}\frac{(n+1)!}{n!}=\lim_{n\to\infty}(n+1)=+\infty,$$

所以收敛半径 $R=0$,级数仅在 $x=0$ 处收敛.

例4 求幂级数 $\sum\limits_{n=1}^{\infty}\frac{x^{2n}}{\sqrt{n}\cdot 2^n}$ 的收敛域.

解 级数缺少奇数次幂的项,定理2不能直接应用.在此用正项级数的比值判别法来求收敛半径.

$$\lim_{n\to\infty}\left|\frac{u_{n+1}}{u_n}\right|=\lim_{n\to\infty}\left|\frac{\dfrac{x^{2(n+1)}}{\sqrt{n+1}\cdot 2^{n+1}}}{\dfrac{x^{2n}}{\sqrt{n}\cdot 2^n}}\right|=\frac{x^2}{2}.$$

因此当 $\frac{x^2}{2}<1$ 即 $|x|<\sqrt{2}$ 时,幂级数收敛;当 $\frac{x^2}{2}>1$ 即 $|x|>\sqrt{2}$ 时,幂级数发散,所以幂级数的收敛半径 $R=\sqrt{2}$,收敛区间为$(-\sqrt{2},\sqrt{2})$.

当 $x=\sqrt{2}$ 时,级数成为 $\sum\limits_{n=1}^{\infty}\frac{1}{\sqrt{n}}$,是发散的;当 $x=-\sqrt{2}$ 时,级数成为 $\sum\limits_{n=1}^{\infty}\frac{1}{\sqrt{n}}$,也是发散的.

综上所述,幂级数的收敛域为$(-\sqrt{2},\sqrt{2})$.

最后指出,幂级数 $\sum\limits_{n=0}^{\infty}a_n(x-x_0)^n$ 收敛域的确定,可仿照上面的方法进行讨论.

例 5 求幂级数 $\sum_{n=1}^{\infty}\frac{(x-1)^n}{2^n n}$ 的收敛域.

解 因为

$$\rho=\lim_{n\to\infty}\left|\frac{a_{n+1}}{a_n}\right|=\lim_{n\to\infty}\frac{2^n n}{2^{n+1}(n+1)}=\lim_{n\to\infty}\frac{n}{2(n+1)}=\frac{1}{2},$$

所以收敛半径 $R=2$,当 $|x-1|<2$ 时,级数收敛,即收敛区间为$(-1,3)$.

当 $x=-1$ 时,级数成为 $\sum_{n=1}^{\infty}(-1)^n\frac{1}{n}$,是收敛的;当 $x=3$ 时,级数成为 $\sum_{n=1}^{\infty}\frac{1}{n}$,是发散的.

综上所述,幂级数 $\sum_{n=1}^{\infty}\frac{(x-1)^n}{2^n n}$ 的收敛域为$[-1,3)$.

8.4.3 幂级数的运算

设幂级数

$$a_0+a_1x+a_2x^2+\cdots+a_nx^n+\cdots$$

及

$$b_0+b_1x+b_2x^2+\cdots+b_nx^n+\cdots$$

的收敛区间分别为$(-R_1,R_1)$,$(-R_2,R_2)$,和函数分别为 $s_1(x)$,$s_2(x)$. 令 $R=\min\{R_1,R_2\}$,则在区间$(-R,R)$内两级数可逐项相加、相减和相乘.

逐项相加和相减:

$$(a_0+a_1x+a_2x^2+\cdots+a_nx^n+\cdots)\pm(b_0+b_1x+b_2x^2+\cdots+b_nx^n+\cdots)=$$
$$(a_0\pm b_0)+(a_1\pm b_1)x+(a_2\pm b_2)x^2+\cdots+(a_n\pm b_n)x^n+\cdots$$

逐项相乘:

$$(a_0+a_1x+a_2x^2+\cdots+a_nx^n+\cdots)\cdot(b_0+b_1x+b_2x^2+\cdots+b_nx^n+\cdots)=$$
$$a_0b_0+(a_0b_1+a_1b_0)x+(a_0b_2+a_1b_1+a_2b_0)x^2+\cdots+(a_0b_n+a_1b_{n-1}+\cdots+a_nb_0)x^n+\cdots$$

可以证明,幂级数的和函数有下列性质:

性质 1 幂级数 $\sum_{n=0}^{\infty}a_nx^n$ 的和函数 $s(x)$ 在其收敛域 I 上连续.

性质 2 幂级数 $\sum_{n=0}^{\infty}a_nx^n$ 的和函数 $s(x)$ 在其收敛域 I 上可积,并有

$$\int_0^x s(x)\,\mathrm{d}x=\int_0^x\left(\sum_{n=0}^{\infty}a_nx^n\right)\mathrm{d}x=\sum_{n=0}^{\infty}\left(\int_0^x a_nx^n\,\mathrm{d}x\right)=\sum_{n=0}^{\infty}\frac{a_n}{n+1}x^{n+1}.$$

性质 3 幂级数 $\sum_{n=0}^{\infty}a_nx^n$ 的和函数 $s(x)$ 在其收敛区间$(-R,R)$内可导,并有

$$s'(x)=\left(\sum_{n=0}^{\infty}a_nx^n\right)'=\sum_{n=0}^{\infty}(a_nx^n)'=\sum_{n=1}^{\infty}na_nx^{n-1}.$$

也就是幂级数 $\sum_{n=0}^{\infty} a_n x^n$ 逐项积分或逐项求导后所得的幂级数与原幂级数有相同的收敛半径 R,并且在区间 $(-R,R)$ 内新得到的幂级数的和函数分别为原幂级数的和函数 $s(x)$ 的积分或导数.

例6 求幂级数

$$1+2x+3x^2+\cdots+nx^{n-1}+\cdots$$

的和函数.

解 易知幂级数的收敛域为 $(-1,1)$. 设和函数为 $s(x)$,即

$$s(x)=1+2x+3x^2+\cdots+nx^{n-1}+\cdots=\sum_{n=1}^{\infty} nx^{n-1}, x\in(-1,1).$$

逐项积分,得

$$\int_0^x s(x)\,\mathrm{d}x=\int_0^x\left(\sum_{n=1}^{\infty} nx^{n-1}\right)\mathrm{d}x$$

$$=\sum_{n=1}^{\infty}\int_0^x nx^{n-1}\mathrm{d}x=\sum_{n=1}^{\infty} x^n=\frac{x}{1-x}, x\in(-1,1).$$

等式两边求导,得

$$s(x)=\frac{1}{(1-x)^2}, x\in(-1,1).$$

例7 求幂级数 $\sum_{n=0}^{\infty}\frac{x^n}{n+1}$ 的和函数.

解 易知幂级数的收敛域为 $[-1,1)$. 设和函数为 $s(x)$,即

$$s(x)=\sum_{n=0}^{\infty}\frac{x^n}{n+1}, x\in[-1,1),$$

所以

$$x\cdot s(x)=\sum_{n=0}^{\infty}\frac{x^{n+1}}{n+1}.$$

逐项求导,得

$$[x\cdot s(x)]'=\sum_{n=0}^{\infty}\left(\frac{x^{n+1}}{n+1}\right)'=\sum_{n=0}^{\infty} x^n=\frac{1}{1-x}, x\in(-1,1).$$

两边积分,得

$$x\cdot s(x)=\int_0^x\frac{1}{1-x}=-\ln(1-x).$$

于是,当 $x\neq 0$ 时,有

$$s(x)=-\frac{1}{x}\ln(1-x)$$

而 $s(0)=1$,故

$$s(x)=\begin{cases}-\frac{1}{x}\ln(1-x), & x\in[-1,0)\cup(0,1)\\ 1, & x=0\end{cases}$$

习题 8.4

1. 求下列幂级数的收敛域:

(1) $\sum_{n=1}^{\infty} nx^n$;

(2) $\sum_{n=1}^{\infty} 10^n x^n$;

(3) $\sum_{n=1}^{\infty} (-1)^{n+1} \frac{x^n}{n}$;

(4) $\sum_{n=1}^{\infty} (-1)^{n+1} \frac{x^{2n+1}}{2n+1}$;

(5) $\sum_{n=1}^{\infty} (-1)^{n+1} \frac{x^n}{\ln(n+1)}$;

(6) $\sum_{n=1}^{\infty} \frac{(x-5)^n}{\sqrt{n}}$;

(7) $\sum_{n=1}^{\infty} \frac{(x-2)^n}{n \cdot 3^n}$.

2. 求下列幂级数的和函数:

(1) $\sum_{n=1}^{\infty} nx^n$;

(2) $\sum_{n=1}^{\infty} \frac{n(n+1)}{2} x^{n-1}$.

8.5 泰勒级数

上一节讨论了幂级数的收敛域及其和函数. 本节讨论相反的问题,即将一个函数$f(x)$表示成一个幂级数.

8.5.1 泰勒级数

假设$f(x)$是收敛区间为 I 的幂级数的和函数,即

$$f(x) = a_0 + a_1(x-x_0) + a_2(x-x_0)^2 + \cdots + a_n(x-x_0)^n + \cdots, x \in I \tag{1}$$

在区间 I 内重复逐项求导,得

$$f'(x) = a_1 + 2a_2(x-x_0) + 3a_3(x-x_0)^2 + \cdots + na_n(x-x_0)^{n-1} + \cdots$$

$$f''(x) = 1 \cdot 2a_2 + 2 \cdot 3a_3(x-x_0) + 3 \cdot 4a_4(x-x_0)^2 + \cdots$$

$$f'''(x) = 1 \cdot 2 \cdot 3a_3 + 2 \cdot 3 \cdot 4a_4(x-x_0) + 3 \cdot 4 \cdot 5a_5(x-x_0)^2 + \cdots$$

第 n 阶导数

$$f^{(n)}(x) = n!\ a_n + (\text{带因式}(x-x_0)\text{的项的和})$$

$$\cdots$$

因为这些等式在 $x = x_0$ 时成立,故有

$$f(x_0) = a_0, f'(x_0) = a_1, f''(x_0) = 1 \cdot 2a_2, \cdots, f^{(n)}(x_0) = n!\,a_n, \cdots$$

即有 $$a_0=f(x_0),a_1=f'(x_0),a_2=\frac{1}{2!}f''(x_0),\cdots,a_n=\frac{1}{n!}f^{(n)}(x_0),\cdots$$

这些公式揭示了区间 I 上收敛于 $f(x)$ 的幂级数(1)的系数与 $f(x)$ 的关系. 如果存在这样一个级数,则这个级数必定是

$$f(x_0)+f'(x_0)(x-x_0)+\frac{f''(x_0)}{2!}(x-x_0)^2+\cdots+\frac{f^{(n)}(x_0)}{n!}(x-x_0)^n+\cdots \tag{2}$$

定义1 设函数 $f(x)$ 在含有 x_0 的某个开区间 I 内具有任意阶的导数,则级数

$$f(x_0)+f'(x_0)(x-x_0)+\frac{f''(x_0)}{2!}(x-x_0)^2+\cdots+\frac{f^{(n)}(x_0)}{n!}(x-x_0)^n+\cdots$$

称为 $f(x)$ 在 x_0 处的**泰勒级数**.

特别地, $f(x)$ 在 $x=0$ 处泰勒级数

$$f(0)+f'(0)x+\frac{f''(0)}{2!}x^2+\cdots+\frac{f^{(n)}(0)}{n!}x^n+\cdots$$

称为 $f(x)$ **的麦克劳林级数**.

必须注意的是,只要函数 $f(x)$ 在点 x_0 具有任意阶导数,则可以写出它的泰勒级数(2). 但泰勒级数是否收敛? 如果收敛,是否收敛于函数 $f(x)$?

8.5.2 泰勒公式

无论是在近似计算还是在理论分析中,对于一些较复杂的函数,往往希望用一些较简单的函数来近似表达. 由于多项式函数只要对自变量进行有限次的加、减、乘三种运算就能求出它的函数值,因此经常用多项式来近似表达函数.

由函数微分的定义,如果函数 $f(x)$ 在点 x_0 处可导,则有

$$f(x)=f(x_0)+f'(x_0)(x-x_0)+o(x-x_0).$$

即在点 x_0 附近, $f(x)$ 可用一次多项式

$$P_1(x)=f(x_0)+f'(x_0)(x-x_0)$$

来逼近,其误差为 $o(x-x_0)$.

如果 $f(x)$ 在点 x_0 处有更高阶的导数,就可用更高阶的多项式来逼近.

定义2 设函数 $f(x)$ 在含有 x_0 的某个开区间 I 内具有直到 n 阶的导数,则

$$P_n(x)=f(x_0)+f'(x_0)(x-x_0)+\frac{f''(x_0)}{2!}(x-x_0)^2+\cdots+\frac{f^{(n)}(x_0)}{n!}(x-x_0)^n$$

称为 $f(x)$ 在 x_0 处的 **n 阶泰勒多项式**.

例1 求 $f(x)=\mathrm{e}^x$ 在 $x=0$ 处的泰勒级数和 n 阶泰勒多项式.

解 因为

$$f'(x)=\mathrm{e}^x,f''(x)=\mathrm{e}^x,\cdots,f^{(n)}(x)=\mathrm{e}^x,\cdots$$

故 $$f(0)=1,f'(0)=1,f''(0)=1,\cdots,f^{(n)}(0)=1,\cdots$$

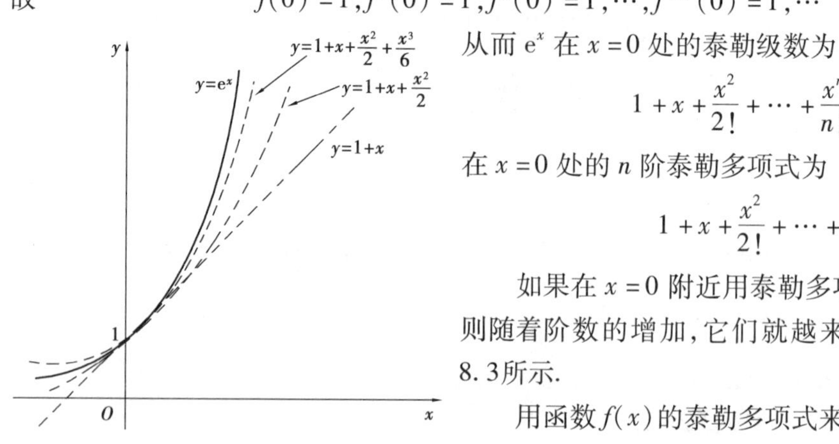

图 8.3

从而 e^x 在 $x=0$ 处的泰勒级数为

$$1+x+\frac{x^2}{2!}+\cdots+\frac{x^n}{n!}+\cdots$$

在 $x=0$ 处的 n 阶泰勒多项式为

$$1+x+\frac{x^2}{2!}+\cdots+\frac{x^n}{n!}$$

如果在 $x=0$ 附近用泰勒多项式来近似代替 e^x，则随着阶数的增加，它们就越来越接近于 e^x，如图 8.3所示.

用函数 $f(x)$ 的泰勒多项式来逼近 $f(x)$ 的精确程度如何？下面的定理提供了一个估计的途径.

定理 1（泰勒定理） 如果函数 $f(x)$ 在含有 x_0 的某个开区间 I 内具有直到 $n+1$ 阶的导数，则对任意 $x\in I$，有

$$f(x)=f(x_0)+f'(x_0)(x-x_0)+\frac{f''(x_0)}{2!}(x-x_0)^2+\cdots+\frac{f^{(n)}(x_0)}{n!}(x-x_0)^n+R_n(x).\tag{3}$$

其中

$$R_n(x)=\frac{f^{(n+1)}(\xi)}{(n+1)!}(x-x_0)^{n+1},\tag{4}$$

这里 ξ 是 x_0 与 x 之间的某个值.

证 设 $R_n(x)=f(x)-P_n(x)$，只需证明

$$R_n(x)=\frac{f^{(n+1)}(\xi)}{(n+1)!}(x-x_0)^{n+1}\quad(\xi\text{ 介于 }x_0\text{ 与 }x\text{ 之间}).$$

由假设可知，$R_n(x)$ 在 I 内具有直到 $(n+1)$ 阶的导数，且

$$R_n(x_0)=R_n'(x_0)=R_n''(x_0)=\cdots=R_n^{(n)}(x_0)=0.$$

对函数 $R_n(x)$ 和 $(x-x_0)^{n+1}$ 在以 x_0 及 x 为端点的区间上应用柯西中值定理（显然，这两个函数满足柯西中值定理的条件），得

$$\frac{R_n(x)}{(x-x_0)^{n+1}}=\frac{R_n(x)-R_n(x_0)}{(x-x_0)^{n+1}-0}=\frac{R_n'(\xi_1)}{(n+1)(\xi_1-x_0)^n}\quad(\xi_1\text{ 在 }x_0\text{ 与 }x\text{ 之间}).$$

再对函数 $R_n'(x)$ 与 $(n+1)(x-x_0)^n$ 在以 x_0 及 ξ_1 为端点的区间上应用柯西中值定理，得

$$\frac{R_n'(\xi_1)}{(n+1)(\xi_1-x_0)^n}=\frac{R_n'(\xi_1)-R_n'(x_0)}{(n+1)(\xi_1-x_0)^n-0}=\frac{R_n''(\xi_2)}{n(n+1)(\xi_2-x_0)^{n-1}}\quad(\xi_2\text{ 在 }x_0\text{ 与 }\xi_1\text{ 之间}).$$

如此继续，$(n+1)$ 次应用柯西中值定理，得

$$\frac{R_n(x)}{(x-x_0)^{n+1}}=\frac{R_n^{(n+1)}(\xi)}{(n+1)!}\quad(\xi\text{ 在 }x_0\text{ 与 }\xi_n\text{ 之间，因而也在 }x_0\text{ 与 }x\text{ 之间}).$$

而 $R_n^{(n+1)}(x)=f^{(n+1)}(x)$（因 $P_n^{(n+1)}(x)=0$），所以由上式得

$$R_n(x)=\frac{f^{(n+1)}(\xi)}{(n+1)!}(x-x_0)^{n+1}\quad(\xi\text{ 在 }x_0\text{ 与 }x\text{ 之间})$$

公式(3)称为 $f(x)$ 按 $(x-x_0)$ 的**幂展开的 n 阶泰勒公式**，而 $R_n(x)$ 的表达式(4)称为**拉格朗日型余项**.

当 $n=0$ 时，泰勒公式变成拉格朗日中值公式：

$$f(x)=f(x_0)+f'(\xi)(x-x_0)\quad(\xi\text{ 在 }x_0\text{ 与 }x\text{ 之间}),$$

所以泰勒定理是拉格朗日中值定理的推广.

由泰勒定理可知，以多项式 $P_n(x)$ 近似表达函数 $f(x)$ 时，其误差为 $|R_n(x)|$. 如果在区间 I 内 $|f^{(n+1)}(x)|\leqslant M$，则

$$|R_n(x)|=\left|\frac{f^{(n+1)}(\xi)}{(n+1)!}(x-x_0)\right|\leqslant\frac{M}{(n+1)!}|x-x_0|^{n+1}.$$

可见，当 $x\to x_0$ 时 $R_n(x)$ 是比 $(x-x_0)^n$ 高阶的无穷小.

在不需要余项的精确表达式时，n 阶泰勒公式也可写成

$$f(x)=f(x_0)+f'(x_0)(x-x_0)+\frac{f''(x_0)}{2!}(x-x_0)^2+\cdots+\frac{f^{(n)}(x_0)}{n!}(x-x_0)^n+o[(x-x_0)^n],$$

这里 $R_n(x)=o[(x-x_0)^n]$ 称为**皮亚诺型余项**.

在泰勒公式中令 $x_0=0$，则

$$f(x)=f(0)+f'(0)x+\frac{f''(0)}{2!}x^2+\cdots+\frac{f^{(n)}(0)}{n!}x^n+\frac{f^{(n+1)}(\theta x)}{(n+1)!}x^{n+1}\quad(0<\theta<1),$$

或写成

$$f(x)=f(0)+f'(0)x+\frac{f''(0)}{2!}x^2+\cdots+\frac{f^{(n)}(0)}{n!}x^n+o(x^n),$$

称为**麦克劳林公式**.

8.5.3 函数展开成幂级数

函数展成幂级数的直接展法与间接展法举例

现在，来回答 8.5.1 提出的问题.

因为 $f(x)$ 的泰勒多项式 $P_n(x)$ 是其泰勒级数(2)前 $n+1$ 项部分和 $s_{n+1}(x)$，故由

$$\lim_{n\to\infty}R_n(x)=\lim_{n\to\infty}[f(x)-P_n(x)]=0$$

有

$$f(x)=\lim_{n\to\infty}P_n(x)=\sum_{n=0}^{\infty}\frac{f^{(n)}(x_0)}{n!}(x-x_0)^n.$$

所以，如果 $\lim\limits_{x\to\infty}R_n(x)=0$，则 $f(x)$ 在 x_0 处的泰勒级数收敛于 $f(x)$. 反之亦然.

定理2 如果函数 $f(x)$ 在含有 x_0 的某个开区间 I 内具有任意阶导数，则在 I 内 $f(x)$ 在

点 x_0 处的泰勒级数收敛于 $f(x)$ 的充分必要条件是：

$$\lim_{n\to\infty}R_n(x)=0,x\in I.$$

定义 如果在含有 x_0 的某个开区间 I 内函数 $f(x)$ 的泰勒级数收敛于 $f(x)$，即

$$f(x)=\sum_{n=0}^{\infty}\frac{f^{(n)}(x_0)}{n!}(x-x_0)^n,$$

则称 $f(x)$ 在 I 内**可展开成泰勒级数**.

将 $f(x)$ 展开成 x 的幂级数的具体步骤如下：

(1)求出 $f(x)$ 的各阶导数；

(2)求函数及其各阶导数在 $x=0$ 的值；

(3)写出幂级数

$$f(0)+f'(0)x+\frac{f''(0)}{2!}x^2+\cdots+\frac{f^{(n)}(0)}{n!}x^n+\cdots$$

并求出收敛半径 R.

(4)考察当 $x\in(-R,R)$ 时

$$\lim_{x\to\infty}R_n(x)=\lim_{x\to\infty}\frac{f^{(n+1)}(\xi)}{(n+1)!}x^{n+1}(\xi\text{ 在 }0\text{ 与 }x\text{ 之间})$$

是否为零.

如果为零，则函数 $f(x)$ 在区间 $(-R,R)$ 内的幂级数展开式为

$$f(x)=f(0)+f'(0)x+\frac{f''(0)}{2!}x^2+\cdots+\frac{f^{(n)}(0)}{n!}x^n+\cdots,x\in(-R,R).$$

例 2 将 $f(x)=e^x$ 展开成 x 的幂级数.

解 由例 1，e^x 的麦克劳林级数为

$$1+x+\frac{x^2}{2!}+\cdots+\frac{x^n}{n!}+\cdots$$

其收敛半径 $R=+\infty$.

对于任意确定的数 x，拉格朗日型余项的绝对值

$$|R_n(x)|=\left|e^{\xi}\cdot\frac{x^{n+1}}{(n+1)!}\right|\leqslant e^{|x|}\frac{|x|^{n+1}}{(n+1)!}\to 0.$$

这是因为 $e^{|x|}$ 是一个有限数，而 $\frac{|x|^{n+1}}{(n+1)!}$ 为正项收敛级数 $\sum_{n=0}^{\infty}\frac{|x|^n}{n!}$ 的通项，由级数收敛的必要条件，对 $(-\infty,+\infty)$ 上的一切 x 有 $\lim_{n\to\infty}R_n(x)=0$. 所以得展开式

$$e^x=1+x+\frac{x^2}{2!}+\cdots+\frac{x^n}{n!}+\cdots(-\infty<x<+\infty).\tag{5}$$

例 3 将 $f(x)=\sin x$ 展开成 x 的幂级数.

解 因为 $f^{(n)}(x)=\sin\left(x+\frac{n}{2}\pi\right)$，从而

$$f(0)=0,f'(0)=1,f''(0)=0,f'''(0)=-1,\cdots$$

$f^{(n)}(0)$依次循环地取0,1,0,-1. 于是函数的麦克劳林级数为

$$x-\frac{x^3}{3!}+\frac{x^5}{5!}-\cdots+(-1)^n\frac{x^{2n+1}}{(2n+1)!}+\cdots$$

其收敛半径$R=+\infty$.

对任何固定的数x,余项的绝对值

$$|R_n(x)|=\left|\sin\left(\xi+\frac{n+1}{2}\pi\right)\cdot\frac{x^{n+1}}{(n+1)!}\right|\leqslant\frac{|x|^{n+1}}{(n+1)!}\to 0,$$

于是得展开式

$$\sin x=x-\frac{x^3}{3!}+\frac{x^5}{5!}-\cdots+(-1)^n\frac{x^{2n+1}}{(2n+1)!}+\cdots\quad(-\infty<x<+\infty).\tag{6}$$

例4 将函数$f(x)=(1+x)^m$展开成x的幂级数,其中m为任意常数.

解 $f(x)$的各阶导数为

$$\begin{aligned}f'(x)&=m(1+x)^{m-1};\\f''(x)&=m(m-1)(1+x)^{m-2};\\&\vdots\\f^{(n)}(x)&=m(m-1)(m-2)\cdots(m-n+1)(1+x)^{m-n};\\&\vdots\end{aligned}$$

所以

$$f(0)=1,f'(0)=m,f''(0)=m(m-1),\cdots,$$

$$f^{(n)}(0)=m(m-1)(m-2)\cdots(m-n+1),\cdots$$

于是得幂级数

$$1+mx+\frac{m(m-1)}{2!}x^2+\cdots+\frac{m(m-1)\cdots(m-n+1)}{n!}x^n+\cdots$$

又

$$\left|\frac{a_{n+1}}{a_n}\right|=\left|\frac{m-n}{n+1}\right|\to 1\quad(n\to\infty),$$

所以级数的收敛区间为$(-1,1)$.

可以证明,当$x\in(-1,1)$时,$\lim\limits_{n\to\infty}R(x)=0$. 于是得展开式

$$(1+x)^m=1+mx+\frac{m(m-1)}{2!}x^2+\cdots+\frac{m(m-1)\cdots(m-n+1)}{n!}x^n+\cdots\quad(-1<x<1)\tag{7}$$

公式(7)称为**二项展开式**. 当m为正整数时,级数只有$m+1$项

$$(1+x)^m=1+mx+\frac{m(m-1)}{2!}x^2+\cdots+x^m$$

正是代数学中的二项式定理.

当m不是正整数或零时,级数是无限的.

当 $m=-1$ 时,即可得下面熟悉的几何级数的求和公式

$$\frac{1}{1+x}=1-x+x^2-x^3+\cdots+(-1)^n x^n+\cdots \quad (-1<x<1). \tag{8}$$

当 $m=\frac{1}{2}$ 时,二项展开式为

$$\sqrt{1+x}=1+\frac{1}{2}x-\frac{1}{2\cdot 4}x^2+\frac{1\cdot 3}{2\cdot 4\cdot 6}x^3-\frac{1\cdot 3\cdot 5}{2\cdot 4\cdot 6\cdot 8}x^4+\cdots(-1\leqslant x\leqslant 1). \tag{9}$$

对于大多数函数而言,通过求导计算泰勒级数的系数很烦琐,并且分析余项是否趋于零也不是容易的事情. 因此,常利用已知的幂级数展开式、幂级数和函数的运算性质以及变量代换等来求函数的幂级数展开式. 称这种方法为**间接展开法**.

例 5 将函数 $\cos x$ 展开成 x 的幂级数.

解 对展开式(6)逐项求导,得

$$\cos x=1-\frac{x^2}{2!}+\frac{x^4}{4!}-\cdots+(-1)^n\frac{x^{2n}}{(2n)!}+\cdots \quad (-\infty<x<+\infty). \tag{10}$$

需要说明的是,假定函数 $f(x)$ 在开区间 $(-R,R)$ 内的展开式为

$$f(x)=\sum_{n=0}^{\infty}a_n x^n.$$

如果函数 $f(x)$ 在该区间的端点 $x=R$(或 $x=-R$)处连续,上式右边的幂级数在 $x=R$(或 $x=-R$)仍收敛,则根据幂级数和函数的连续性,该展开式对 $x=R$(或 $x=-R$)也成立.

例 6 将函数 $f(x)=\ln(1+x)$ 展开成 x 的幂级数.

解 注意到 $f'(x)=\frac{1}{1+x}$,而

$$\frac{1}{1+x}=1-x+x^2-x^3+\cdots+(-1)^n x^n+\cdots \quad (-1<x<1),$$

所以将上式两边从 0 到 x 逐项积分,得

$$\ln(1+x)=x-\frac{x^2}{2}+\frac{x^3}{3}-\frac{x^4}{4}+\cdots+(-1)^n\frac{x^{n+1}}{n+1}+\cdots \quad (-1<x\leqslant 1). \tag{11}$$

展开式对 $x=1$ 也成立,因为上式右边的幂级数当 $x=1$ 时收敛,且 $\ln(1+x)$ 在 $x=1$ 处连续.

例 7 将函数 $\ln x$ 展开成 $(x-2)$ 的幂级数.

解 由式(11),得

$$\begin{aligned}\ln x &= \ln 2\left(1+\frac{x-2}{2}\right)=\ln 2+\ln\left(1+\frac{x-2}{2}\right)\\ &=\ln 2+\sum_{n=1}^{\infty}\frac{(-1)^{n+1}}{n}\left(\frac{x-2}{2}\right)^n=\ln 2+\sum_{n=1}^{\infty}\frac{(-1)^{n+1}}{n\cdot 2^n}(x-2)^n\end{aligned}$$

当 $-1<\frac{x-2}{2}\leqslant 1$,即 $0<x\leqslant 4$ 时成立.

例8 将函数$f(x)=\frac{1}{5-x}$展开成$(x-2)$的幂级数.

解
$$\frac{1}{5-x}=\frac{1}{3-(x-2)}=\frac{1}{3}\frac{1}{1-\frac{x-2}{3}}$$
$$=\frac{1}{3}\left[1+\frac{x-2}{3}+\left(\frac{x-2}{3}\right)^2+\cdots+\left(\frac{x-2}{3}\right)^n+\cdots\right]$$
$$=\frac{1}{3}+\frac{1}{3^2}(x-2)+\frac{1}{3^3}(x-2)^2+\cdots+\frac{1}{3^{n+1}}(x-2)^n+\cdots$$

当$-1<\frac{x-2}{3}<1$,即$-1<x<5$时成立.

习题8.5

1. 求下列函数在点x_0处的2阶和3阶泰勒多项式:

(1)$\ln x, x_0=1$;　　(2)$\frac{1}{x+2}, x_0=0$;

(3)$\cos x, x_0=\frac{\pi}{4}$.

2. 将下列函数展开成x的幂级数:

(1)$\frac{x^2}{2}-1+\cos x$;　　(2)$x^2\sin x$;

(3)e^{2x};　　(4)$\ln(a+x)\ (a>0)$;

(5)$\sin^2 x$;　　(6)$(1+x)\ln(1+x)$.

3. 将$f(x)=e^x$展开成$(x-1)$的幂级数.

4. 将$f(x)=\frac{1}{x}$展开成$(x-a)\ (a>0)$的幂级数.

5. 设在开区间$(-c,c)$内$f(x)=\sum_{n=0}^{\infty}a_n x^n$,证明:

(1)如果$f(x)$为奇函数,则$a_0=a_2=a_4=\cdots=0$,即$f(x)$的级数只含奇次幂;

(2)如果$f(x)$为偶函数,则$a_1=a_3=a_5=\cdots=0$,即$f(x)$的级数只含偶次幂.

8.6 幂级数的应用

8.6.1 近似计算

函数的幂级数展开式可以用来进行近似计算,即在展开式的有效区间上,函数值可以近似地利用这个级数按精度要求计算出来.

例1 计算 e 的近似值,要求误差不超过 0.000 1.

解 在 e^x 的幂级数展开式中,令 $x=1$,得

$$e=1+\frac{1}{2!}+\cdots+\frac{1}{n!}+\cdots.$$

如果取前 $n+1$ 项的和作为 e 的近似值

$$e\approx 1+\frac{1}{2!}+\cdots+\frac{1}{n!},$$

所产生的误差为

$$\begin{aligned}|R_n|&=\frac{1}{(n+1)!}+\frac{1}{(n+2)!}+\cdots\\&=\frac{1}{(n+1)!}\left[1+\frac{1}{n+2}+\frac{1}{(n+2)(n+3)}+\cdots\right]\\&<\frac{1}{(n+1)!}\left[1+\frac{1}{n+1}+\frac{1}{(n+1)^2}+\cdots\right]\\&=\frac{1}{(n+1)!}\cdot\frac{n+1}{n}=\frac{1}{n\cdot n!}.\end{aligned}$$

取 $n=7$,得

$$|R_7|<\frac{1}{7\cdot 7!}=\frac{1}{35\ 280}<\frac{1}{2}\times 10^{-4},$$

故取前 8 项,每项取前 5 位小数计算,得

$$e\approx 1+1+\frac{1}{2!}+\frac{1}{3!}+\cdots+\frac{1}{7!}\approx 2.718\ 3.$$

例2 计算 $\sqrt[5]{245}$ 的近似值,要求误差不超过 0.000 1.

解 $$\sqrt[5]{245}=\sqrt[5]{3^5+2}=3\left(1+\frac{2}{3^5}\right)^{\frac{1}{5}}.$$

在 $(1+x)^m$ 的麦克劳林展开式中令 $m=\frac{1}{5}$,$x=\frac{2}{3^5}$,得

$$\sqrt[5]{245}=3\left[1+\frac{1}{5}\left(\frac{2}{3^5}\right)-\frac{1}{2!}\frac{1}{5}\left(1-\frac{1}{5}\right)\left(\frac{2}{3^5}\right)^2+\cdots\right].$$

级数从第二项开始是交错级数，如果取前 n 项和作为近似值，其误差 $|r_n|<u_{n+1}$，而

$$u_2=3\times\frac{4\times2^2}{2\times5^2\times3^{10}}=\frac{8}{25\times3^9}<0.000\ 1.$$

故要保证误差不超过 0.000 1，只要取前两项作为其近似值即可，于是有

$$\sqrt[5]{245}\approx3\left(1+\frac{1}{5}\times\frac{2}{242}\right)\approx3.004\ 9.$$

利用幂级数还可以计算一些定积分的近似值. 具体做法是将被积函数展开成幂级数，逐项积分，然后通过积分后的幂级数求定积分的近似值.

例3 计算定积分

$$\int_0^1\frac{\sin x}{x}dx$$

的近似值，要求误差不超过 0.000 1.

解 由于 $\lim\limits_{x\to0}\frac{\sin x}{x}=1$，补充定义被积函数在 $x=0$ 处的值为 1，则它在积分区间 $[0,1]$ 上连续.

展开被积函数，有

$$\frac{\sin x}{x}=1-\frac{x^2}{3!}+\frac{x^4}{5!}-\frac{x^6}{7!}+\cdots\quad(-\infty<x<+\infty)$$

在区间 $[0,1]$ 上逐项积分，得

$$\int_0^1\frac{\sin x}{x}dx=1-\frac{1}{3\cdot3!}+\frac{1}{5\cdot5!}-\frac{1}{7\cdot7!}+\cdots.$$

根据交错级数的误差估计，因为

$$\frac{1}{7\cdot7!}<\frac{1}{2}\times0.000\ 1,$$

所以取前 3 项的和作为积分的近似值

$$\int_0^1\frac{\sin x}{x}dx\approx1-\frac{1}{3\cdot3!}+\frac{1}{5\cdot5!}\approx0.946\ 1.$$

8.6.2 未定式的值

有时可以通过泰勒公式求未定式的值.

例4 求极限 $\lim\limits_{x\to0}\frac{\sin x-x\cos x}{x^3}$.

解 由于是求 $x\to0$ 时的极限，故考虑利用函数的麦克劳林公式.

$\sin x$ 的麦克劳林公式写到 x^5 项，$\cos x$ 的麦克劳林公式写到 x^4 项

$$\sin x=x-\frac{x^3}{3!}+\frac{x^5}{5!}+0(x^5)$$

$$x\cos x = x - \frac{x^3}{2!} + \frac{x^5}{4!} + 0(x^5)$$

于是
$$\sin x - x\cos x = \frac{x^3}{3} - \frac{4x^5}{5!} + 0(x^5) \sim \frac{x^3}{3}(x \to 0)$$

所以
$$\lim_{x\to 0}\frac{\sin x - x\cos x}{x^3} = \lim_{x\to 0}\frac{\frac{x^3}{3}}{x^3} = \frac{1}{3}.$$

例 5 求极限 $\lim\limits_{x\to 0}\left(\frac{1}{\sin x} - \frac{1}{x}\right)$.

解 因为

$$\frac{1}{\sin x} - \frac{1}{x} = \frac{x - \sin x}{x\sin x}$$

$$x - \sin x = x - \left[(x - \frac{x^3}{3!} + 0(x^3)\right] = \frac{x^3}{6} + 0(x^3) \sim \frac{x^3}{6}(x \to 0)$$

所以

$$\lim_{x\to 0}\left(\frac{1}{\sin x} - \frac{1}{x}\right) = \lim_{x\to 0}\frac{\frac{x^3}{6}}{x\cdot x}$$
$$= \lim_{x\to 0}\frac{x}{6} = 0.$$

8.6.3 微分方程的幂级数解

当不能求得微分方程解的初等函数或其积分表达式时,需要寻找其他解法. 一个途径就是用一个幂级数作为解的表达式,下面举例说明. 第一个例子是一阶线性微分方程,可用前面学过的方法求解.

例 6 求微分方程 $y' - y = x$ 满足初始条件 $y(0) = 1$ 的特解.

解 设方程有形如

$$y = a_0 + a_1x + a_2x^2 + \cdots + a_{n-1}x^{n-1} + a_nx^n + \cdots \tag{1}$$

的解,其中 $a_0, a_1, a_2, \cdots a_{n-1}, a_n \cdots$ 为待定系数. 方程(1)两边对 x 求导,得

$$y' = a_1 + 2a_2x + 3a_3x^2 + \cdots + na_nx^{n-1} + \cdots.$$

代入微分方程,得

$$x = (a_1 - a_0) + (2a_2 - a_1)x + (3a_3 - a_2)x^2 + \cdots + (na_n - a_{n-1})x^{n-1} + \cdots.$$

比较上式两边 x 的同次幂系数,得

$$a_1 - a_0 = 0, 2a_2 - a_1 = 1, 3a_3 - a_2 = 0, \cdots, na_n - a_{n-1} = 0, \cdots$$

又由初始条件及式(1)知 $a_0 = 1$,故

$$a_0=1,a_1=a_0=1,a_2=\frac{1+a_1}{2}=\frac{2}{2},$$

$$a_3=\frac{a_2}{3}=\frac{2}{3\cdot 2}=\frac{2}{3!},\cdots,a_n=\frac{a_{n-1}}{n}=\frac{2}{n!},\cdots.$$

代入式(1)得

$$\begin{aligned}y&=1+x+2\cdot\frac{x^2}{2!}+2\cdot\frac{x^3}{3!}+\cdots+2\cdot\frac{x^n}{n!}+\cdots\\&=2(1+x+\frac{x^2}{2!}+\frac{x^3}{3!}+\cdots+\frac{x^n}{n!}+\cdots)-1-x\\&=2e^x-1-x.\end{aligned}$$

初值问题的解为

$$y=2e^x-1-x.$$

例7 求微分方程 $y'=x+y^2$ 满足初始条件 $y(0)=0$ 的特解.

解 设方程有形如

$$y=a_0+a_1x+a_2x^2+\cdots+a_{n-1}x^{n-1}+a_nx^n+\cdots \tag{2}$$

的解,其中 $a_0,a_1,a_2,\cdots,a_{n-1},a_n,\cdots$ 为待定系数. 因为 $y(0)=0$,故 $a_0=0$. 方程(2)两边对 x 求导,得

$$y'=a_1+2a_2x+3a_3x^2+\cdots+na_nx^{n-1}+\cdots.$$

代入微分方程,得

$$\begin{aligned}&a_1+2a_2x+3a_3x^2+\cdots+na_nx^{n-1}+\cdots\\&=x+(a_1x+a_2x^2+\cdots+a_{n-1}x^{n-1}+a_nx^n+\cdots)^2\\&=x+a_1^2x^2+2a_1a_2x^3+(a_2^2+2a_1a_3)x^4+\cdots\end{aligned}$$

比较上式两边 x 的同次幂系数,得

$$a_1=0,2a_2=1,3a_3=a_1^2,4a_4=2a_1a_2,5a_5=a_2^2+2a_1a_3,\cdots,$$

故有

$$a_1=0,a_2=\frac{1}{2},a_3=0,a_4=0,a_5=\frac{1}{20},\cdots$$

于是,所求解的幂级数展开式的开始几项为

$$y=\frac{1}{2}x^2+\frac{1}{20}x^5+\cdots$$

8.6.4 欧拉公式

在 e^x 的幂级数展开式

$$e^x=1+x+\frac{x^2}{2!}+\frac{x^3}{3!}+\cdots+\frac{x^n}{n!}+\cdots$$

中用 ix 代替 x,则

$$\begin{aligned}e^{ix} &= 1 + ix + \frac{(ix)^2}{2!} + \frac{(ix)^3}{3!} + \cdots + \frac{(ix)^n}{n!} + \cdots \\ &= \left(1 - \frac{x^2}{2!} + \frac{x^3}{4!} - \cdots\right) + i\left(x - \frac{x^3}{3!} + \frac{x^5}{5!} + \cdots\right) \\ &= \cos x + i\sin x\end{aligned}$$

公式

$$e^{ix} = \cos x + i\sin x \tag{3}$$

称为**欧拉公式**. 用 $-x$ 代替 x,得

$$e^{-ix} = \cos x - i\sin x.$$

两式加、减得欧拉公式的另一种形式

$$\begin{cases}\cos x = \dfrac{e^{ix} + e^{-ix}}{2} \\ \sin x = \dfrac{e^{ix} - e^{-ix}}{2i}\end{cases} \tag{4}$$

特别地,在式(3)中令 $x = \pi$,得

$$e^{i\pi} + 1 = 0, \tag{5}$$

也称为欧拉公式. 在这样一个简单的公式中,将算术基本常数(0 和 1)、几何基本常数(π)、分析常数(e)以及复数常数(i)联系在一起.

习题 8.6

1. 利用函数的幂级数展开式求下列各数的近似值:

(1) $\ln 2$(误差不超过 0.000 1); (2) $\sqrt{e}$(误差不超过 0.00 1);

(3) $\sqrt[5]{240}$(误差不超过 0.000 1).

2. 利用函数的幂级数展开式求下列定积分的近似值:

(1) $\dfrac{2}{\sqrt{\pi}}\displaystyle\int_0^{0.5} e^{-x^2}dx$(误差不超过 0.000 1,取 $\dfrac{1}{\sqrt{\pi}} \approx 0.564\ 19$);

(2) $\displaystyle\int_0^{0.5} \frac{1}{1 + x^4}dx$(误差不超过 0.000 1).

3. 利用泰勒公式求极限:

(1) $\lim\limits_{x\to0}\dfrac{e^x - (1 + x)}{x^2}$; (2) $\lim\limits_{x\to0}\dfrac{\cos x - e^{-\frac{x^2}{2}}}{x^2[x + \ln(1 - x)]}$.

4. 利用幂级数求下列微分方程满足所给初始条件的特解：

(1) $y' - xy = 0, y(0) = 1$；

(2) $y' = y^2 + x^3, y(0) = \frac{1}{2}$.

本章小结

1. 级数 $\sum u_n$ 收敛 ⟺ 部分和数列 $\{S_n\}$ 收敛.

2. 判别正项级数敛散性的方法与步骤.

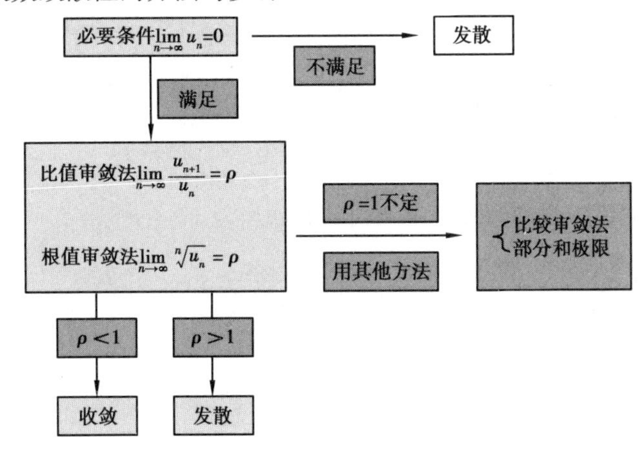

3. 任意项级数审敛法.

概念：若级数 $\sum\limits_{n=1}^{\infty} |u_n|$ 收敛，则称级数 $\sum\limits_{n=1}^{\infty} u_n$ 绝对收敛；若级数 $\sum\limits_{n=1}^{\infty} u_n$ 收敛，而级数 $\sum\limits_{n=1}^{\infty} |u_n|$ 发散，则称级 $\sum\limits_{n=1}^{\infty} u_n$ 条件收敛.

莱布尼茨判别法：如果交错级数 $\sum\limits_{n=1}^{\infty} (-1)^{n-1}u_n$ 满足条件：

$$① u_n \geqslant u_{n+1} (n = 1,2,3\cdots); \qquad ② \lim_{n\to\infty} u_n = 0,$$

则级数收敛，且其和 $s \leqslant u_1$，其余项 r_n 的绝对值 $|r_n| \leqslant u_{n+1}$.

4. 幂级数.

(1) 幂级数收敛半径：如果 $\lim\limits_{n\to\infty}\left|\frac{a_{n+1}}{a_n}\right| = \rho$，其中 a_n、a_{n+1} 是幂级数 $\sum\limits_{n=0}^{\infty} a_n x^n$ 的相邻两项的系数，则这幂级数的收敛半径

$$R = \begin{cases} +\infty & \rho = 0 \\ \dfrac{1}{\rho} & \rho \neq 0 \\ 0 & \rho = +\infty \end{cases}.$$

(2)和函数性质

性质1 幂级数 $\sum_{n=0}^{\infty} a_n x^n$ 的和函数 $s(x)$ 在其收敛域 I 上连续.

如果幂级数在 $x=R$(或 $x=-R$)也收敛,则和函数 $s(x)$ 在 $(-R,R]$(或 $[-R,R)$)连续.

性质2 幂级数 $\sum_{n=0}^{\infty} a_n x^n$ 的和函数 $s(x)$ 在其收敛域 I 上可积,并且有逐项积分公式

$$\int_0^x s(x)\mathrm{d}x = \int_0^x \left(\sum_{n=0}^{\infty} a_n x^n\right)\mathrm{d}x = \sum_{n=0}^{\infty}\int_0^x a_n x^n \mathrm{d}x = \sum_{n=0}^{\infty}\frac{a_n}{n+1}x^{n+1}\ (x \in I),$$

逐项积分后所得到的幂级数和原级数有相同的收敛半径.

性质3 幂级数 $\sum_{n=0}^{\infty} a_n x^n$ 的和函数 $s(x)$ 在其收敛区间 $(-R,R)$ 内可导,并且有逐项求导公式

$$s'(x) = \left(\sum_{n=0}^{\infty} a_n x^n\right)' = \sum_{n=0}^{\infty}(a_n x^n)' = \sum_{n=1}^{\infty} n a_n x^{n-1}\ (|x| < R),$$

逐项求导后所得到的幂级数和原级数有相同的收敛半径.

(3)泰勒级数:$f(x) = f(x_0) + f'(x_0)(x-x_0) + \frac{f''(x_0)}{2!}(x-x_0)^2 + \cdots + \frac{f^{(n)}(x_0)}{n!}(x-x_0)^n + \cdots$

(4)麦克劳林级数:在泰勒级数中取 $x_0=0$,得

$$f(0) + f'(0)x + \frac{f''(0)}{2!}x^2 + \cdots + \frac{f^{(n)}(0)}{n!}x^n + \cdots$$

(5)函数展开成幂级数展开步骤:

第一步 求出 $f(x)$ 的各阶导数:$f'(x), f''(x), \cdots, f^{(n)}(x), \cdots$.

第二步 求函数及其各阶导数在 $x=0$ 处的值:

$$f(0), f'(0), f''(0), \cdots, f^{(n)}(0), \cdots.$$

第三步 写出幂级数

$$f(0) + f'(0)x + \frac{f''(0)}{2!}x^2 + \cdots + \frac{f^{(n)}(0)}{n!}x^n + \cdots,$$

并求出收敛半径 R.

第四步 考察在区间 $(-R,R)$ 内时是否 $R_n(x)\to 0\ (n\to\infty)$.

$$\lim_{n\to\infty} R_n(x) = \lim_{n\to\infty}\frac{f^{(n+1)}(\xi)}{(n+1)!}x^{n+1}$$

是否为零. 如果 $R_n(x)\to 0\ (n\to\infty)$,则 $f(x)$ 在 $(-R,R)$ 内有展开式

$$f(x) = f(0) + f'(0)x + \frac{f''(0)}{2!}x^2 + \cdots + \frac{f^{(n)}(0)}{n!}x^n + \cdots (-R < x < R).$$

(6)间接展开法:

利用一些已知的函数展开式及幂级数的运算性质,将所给函数展开成幂级数.

5. 幂级数的应用.

(1)近似计算.

(2)求未定式的值.

(3)求微分方程的解.

(4)欧拉公式.

总习题8答案解析

总习题8

一、填空题

1. 若级数 $\sum_{n=1}^{\infty} u_n$ 收敛,则 $\lim_{n\to\infty} u_n =$ ________.

2. 当 p ________时,级数 $\sum_{n=1}^{\infty} \frac{1}{n^p}$ 收敛.

3. 部分和数列 $\{s_n\}$ 有界是正项级数 $\sum_{n=1}^{\infty} u_n$ 收敛的________条件.

4. 幂级数 $\sum_{n=1}^{\infty} \frac{n}{2^n} x^n$ 的收敛区间为________.

5. 已知幂级数 $\sum_{n=0}^{\infty} a_n x^n$ 的收敛域为 $(-9,9]$,则幂级数 $\sum_{n=0}^{\infty} a_n (x-3)^{2n}$ 的收敛域为________.

6. 已知幂级数 $\sum_{n=0}^{\infty} a_n (x+2)^n$ 在 $x=0$ 处收敛,在 $x=-4$ 处发散,则幂级数 $\sum_{n=0}^{\infty} a_n (x-3)^n$ 的收敛域为________.

7. a^x 的麦克劳林级数为________.

二、单项选择题

1. 已知 s_n 为级数 $\sum_{n=1}^{\infty} u_n$ 的前 n 项部分和,则下列命题正确的是(　　).

A. 若 $\{s_n\}$ 有界,则 $\sum_{n=1}^{\infty} u_n$ 收敛

B. 若 $\sum_{n=1}^{\infty} u_n$ 收敛,则 $\{s_n\}$ 有界

C. $\sum_{n=1}^{\infty} u_n$ 收敛的充要条件是 $\{s_n\}$ 有界

D. 若 $\sum_{n=1}^{\infty} u_n$ 收敛,则 $\{s_n\}$ 为单调有界

2. 下面命题中,正确的是(　　).

A. 若级数 $\sum_{n=1}^{\infty} u_n$ 发散,则级数 $\sum_{n=1}^{\infty} |u_n|$ 必发散

B. 若级数 $\sum_{n=1}^{\infty} |u_n|$ 发散,则级数 $\sum_{n=1}^{\infty} u_n$ 必发散

C. 若级数 $\sum_{n=1}^{\infty} u_n$ 收敛,则级数 $\sum_{n=1}^{\infty} |u_n|$ 必收敛

D. 若级数 $\sum_{n=1}^{\infty} |u_n|$ 收敛,则必有 $\lim\limits_{n\to\infty} \left|\frac{u_{n+1}}{u_n}\right| = \lambda < 1$

3. 幂级数 $\sum_{n=1}^{\infty} (-1)^n x^n$ 的和函数为(　　).

A. $\frac{1}{1-x}$　　B. $-\frac{1}{1-x}$　　C. $\frac{-x}{1+x}$　　D. $\frac{1}{1+x}$

4. 设级数 $\sum_{n=1}^{\infty} u_n$ 收敛,则必收敛的级数为(　　).

A. $\sum_{n=1}^{\infty} u_n^2$　　B. $\sum_{n=1}^{\infty} (-1)^n \frac{u_n}{n}$

C. $\sum_{n=1}^{\infty} (u_{2n-1} - u_{2n})$　　D. $\sum_{n=1}^{\infty} (u_n + u_{n+1})$

5. 设 $\sum_{n=1}^{\infty} a_n$ 为正项级数,下列结论中正确的是(　　).

A. 若 $\lim\limits_{n\to\infty} na_n = 0$,则级数 $\sum_{n=1}^{\infty} a_n$ 收敛

B. 若存在非零常数 λ,使得 $\lim\limits_{n\to\infty} na_n = \lambda$,则级数 $\sum_{n=1}^{\infty} a_n$ 发散

C. 若级数 $\sum_{n=1}^{\infty} a_n$ 收敛,则 $\lim\limits_{n\to\infty} n^2 a_n = 0$

D. 若级数 $\sum_{n=1}^{\infty} a_n$ 发散,则存在 λ 非零常数,使得 $\lim\limits_{n\to\infty} na_n = \lambda$

三、解答题

1. 讨论级数 $\sum_{n=1}^{\infty} \frac{1}{2+a^n}\left(a > \frac{1}{2}\right)$ 的收敛性.

2. 判断下列级数是否收敛?如果是收敛的,是绝对收敛还是条件收敛?

(1) $\sum_{n=1}^{\infty} (-1)^{n+1} \frac{\sin\frac{\pi}{n+1}}{\pi^{n+1}}$;　　(2) $\sum_{n=1}^{\infty} (-1)^n \ln\frac{n+1}{n}$.

3. 求幂级数 $\sum_{n=1}^{\infty} \frac{1}{3^n + (-2)^n} \frac{x^n}{n}$ 的收敛区间,并讨论该区间端点处的收敛性.

4. 求幂级数 $\sum_{n=1}^{\infty} \frac{n}{2^n} x^{n-1}$ 的收敛域与和函数.

5. 将函数 $\frac{x}{2-x}$ 展为 x 的幂级数,并写出其收敛域.

6. 将函数 $\frac{x}{2+x-x^2}$ 展开成 x 的幂级数.

7. 将函数 $\frac{1}{x^2+3x+2}$ 展开成 $(x+4)$ 的幂级数.

8. 将函数 $\arctan \frac{1-2x}{1+2x}$ 展开成 x 的幂级数,并求级数 $\sum_{n=0}^{\infty} \frac{(-1)^n}{2n+1}$ 的和.

第8章拓展阅读

拓展阅读(1)　调和级数

拓展阅读(2)　无穷级数中的思政元素

部分习题参考答案

第1章

习题1.1

1. (1) $(-3,3)$； (2) $(-1,+\infty)$； (3) $(-\infty,0)\cup(0,3]$； (4) $[1,5]$.

2. $f(0)=-1$, $f(1)=4$, $f(2)=5$, $f(x+2)=\begin{cases}x^2+4x+3, & x<-1\\ x+5, & x\geqslant -1\end{cases}$.

3. (1)奇函数； (2)偶函数； (3)偶函数； (4)奇函数； (5)非奇非偶；
(6)奇函数.

4. 不能.

5. (1) $y=-\sqrt{1-x^2}, x\in[-1,0]$； (2) $y=e^{x-1}-3$； (3) $y=\dfrac{\ln x-5}{4}$；
(4) $y=\dfrac{x+1}{x-1}$.

6. (1) $y=u^{20}, u=1+x$； (2) $y=u^2, u=\arcsin v, v=x^2$；
(3) $y=\ln u, u=1+v, v=\sqrt{w}, w=1+x^2$； (4) $y=2^u, u=v^2, v=\sin x$.

习题1.2

2. (1)1； (2)0； (3) $\dfrac{1}{2}$； (4)1； (5) $\dfrac{4}{3}$； (6) $\dfrac{1}{3}$.

习题1.3

2. $-1,1$;不存在

3. (1) $\dfrac{2}{3}$； (2) $\dfrac{n}{m}$； (3) $\dfrac{4}{3}$； (4) $\dfrac{3^{70}8^{20}}{5^{90}}$； (5) -1； (6) $\dfrac{1}{2}$.

习题1.4

1. (1)4； (2)1； (3)0； (4) $\dfrac{2}{\pi}$； (5) $\sin 2a$； (6)1； (7) -1； (8)0.

2. (1) e^4； (2) e^2； (3) e^n； (4) e^2； (5) e^2； (6) e； (7) e； (8) α.

3. (1)0； (2)1.

习题 1.5

1. (1)无穷小； (2)无穷大； (3)无穷小； (4)无穷大.
2. $a=-4$， $b=-4$.
3. (1)$\beta(x)$； (2)$\alpha(x)$.
4. (1)$\frac{1}{4}$； (2)2； (3)$\frac{1}{2}$.

习题 1.6

1. (1)$x=0$,第二类间断点；
   (2)$x=0$,跳跃间断点；
   (3)$x=0$,可去间断点；
   (4)$x=\frac{\pi}{2}+k\pi\quad(k=0,\pm1,\pm2,\cdots)$,跳跃间断点；
   (5)除 $x=0$ 外,每一点都是第二类间断点；
   (6)$x=-7$ 为第二类间断点,$x=1$ 为跳跃间断点.
2. $a=\frac{3}{2}$.
3. (1)$f[g(x)]$处处连续;$g[f(x)]$,$x=0$ 为可去间断点；
   (2)$f[g(x)]$,$x=-1,0,1$ 为跳跃间断点;$g[f(x)]$处处连续.
4. (1)$\sqrt{3}$； (2)1； (3)$\frac{\sqrt{3}}{2}$； (4)0； (5)π； (6)e.

总习题 1

一、填空题

1. $\arcsin(1-x^2)$.　2. 1.　3. 1.　4. 存在且相等.　5. -6.　6. ln 2.

二、单项选择题

1. D.　2. C.　3. D.　4. A.　5. D.

三、解答题

1. (1)1； (2)$\frac{1}{2}$； (3)e^{-2}； (4)2； (5)2； (6)e.
2. (1)$e^{-\frac{1}{2}}$； (2)2； (3)1； (4)1.

第 2 章

习题 2.1

1. -4.

2. (1) $-\frac{1}{2\sqrt{x^3}}$; (2) $-\sin x$.

3. 切线方程:$y=1$,法线方程:$x=0$.

4. 切线方程:$x-y=0$,法线方程:$x+y-6=0$.

5. $a=4, b=-4$.

习题 2.2

1. (1) x^2+x-2; (2) $2x-\frac{5}{2}x^{-\frac{7}{2}}-3x^{-4}$;

(3) $2x\ln x+x$; (4) $y'=3e^x(\sin x+\cos x)$;

(5) $\frac{1-\cos x-x\sin x}{(1-\cos x)^2}$; (6) $\frac{2}{x(1-\ln x)^2}$;

(7) $2^x\cdot\ln 2\cdot\arcsin x+\frac{2^x}{\sqrt{1-x^2}}-3e^x$; (8) $x\cos x+x\ln x(2\cos x-x\sin x)$.

2. (1) $10x(1+x^2)^4$; (2) $\frac{x-1}{\sqrt{x^2-2x+5}}$;

(3) $\frac{1}{x\ln x}$; (4) $\frac{1}{2x^2+2x+1}$;

(5) $\frac{-(2^{-x}\cdot\ln 2+3^{-x}\cdot\ln 3+4^{-x}\cdot\ln 4)}{2^{-x}+3^{-x}+4^{-x}}$;

(6) $\frac{2\sqrt{x}+1}{4\sqrt{x}\sqrt{x+\sqrt{x}}}$; (7) $\frac{1}{x^2}\sin\frac{2}{x}\cdot e^{-\sin^2\frac{1}{x}}$;

(8) $\arcsin(\ln x)+\frac{1}{\sqrt{1-\ln^2 x}}$.

4. (1) $2xf'(x^2)$; (2) $f'(\tan x)\cdot\sec^2 x+\sec^2[f(x)]\cdot f'(x)$.

习题 2.3

1. (1) $6x+4$; (2) $(4x^2-2)e^{-x^2}$;

(3) $-2\cos 2x$; (4) $\frac{1}{x}$;

(5) $2e^x\cos x$; (6) $-\frac{x}{\sqrt{(1+x^2)^3}}$.

2. 0.

3. (1) $(-1)^{n-1}\frac{(n-1)!}{(1+x)^n}$; (2) $(x+n)e^x$.

习题 2.4

1. (1) $\frac{1-x-y}{x-y}$; (2) $\frac{2x-x^2-y^2}{x^2+y^2-2y}$;

(3) $-\dfrac{e^y}{1+xe^y}$;　　(4) $-\dfrac{ye^{-xy}+\cos(x+y)}{xe^{-xy}+\cos(x+y)}$.

2. (1) $\dfrac{(x+5)^2(x-4)^{\frac{1}{3}}}{(x+2)^5(x+4)^{\frac{1}{2}}}\left(\dfrac{2}{x+5}+\dfrac{1}{3(x-4)}-\dfrac{5}{x+2}-\dfrac{1}{2(x+4)}\right)$;

(2) $x^{\sin x}\left(\cos x\cdot\ln x+\dfrac{1}{x}\sin x\right)$;

(3) $\dfrac{1}{2}\sqrt{x\sin x\cdot\sqrt{1-e^x}}\left[\dfrac{1}{x}+\cot x+\dfrac{e^x}{2(e^x-1)}\right]$.

3. $-\dfrac{R^2}{y^3}$.

4. (1) $2t^2$;　(2) $\dfrac{1+\sin t+\cos t}{1+\sin t-\cos t}$.

5. 切线方程 $y=-2\sqrt{2}x+2$,法线方程 $y=\dfrac{\sqrt{2}}{4}x-\dfrac{1}{4}$.

习题 2.5

1. (1) -2.16;　(2) -0.025.

2. (1) $\left(-\dfrac{1}{x^2}+\dfrac{1}{\sqrt{x}}\right)dx$;　(2) $\ln x dx$;　(3) $(2x\cos x-2x^2\sin 2x)dx$;

(4) $e^{-x}[\sin(3-x)-\cos(3-x)]dx$;　(5) $8x\tan(1+2x^2)\sec^2(1+2x^2)dx$;

(6) $-\dfrac{xdx}{|x|\sqrt{1-x^2}}$.

3. (1) 1.006 7;　(2) 0.002.

总习题 2

一、填空题

1. $2f'(x_0)$.　2. $y=x-e$.　3. $a=2,b=-1$.　4. $dy=\dfrac{1}{2-\cos y}dx$.　5. $f'(0)$.

二、单项选择题

1. B.　2. B.　3. C.　4. D.　5. D.

三、解答题

1. (1) $\dfrac{x(2\ln x-1)}{\ln^2 x}$;　(2) $\dfrac{1}{\sqrt{1+2x-x^2}}$;

(3) $x\sqrt{\dfrac{1-x}{1+x}}\left[\dfrac{1}{x}+\dfrac{1}{2(1-x)}-\dfrac{1}{2(1+x)}\right]$;　(4) $2\ln x\cdot x^{\ln x-1}$;

2. $-\dfrac{1}{8}$.

3. $(-1)^n\left(\frac{2}{3}\right)^n\cdot\frac{1}{3}n!$.

4. $2\sqrt{2}V_0$.

第3章

习题3.1

2. 有分别位于区间(0,1),(1,2),(2,3)内的三个根.

9. 提示:令 $\varphi(x)=f(x)e^{-x}$,先证明 $\varphi(x)$ 为常数.

习题3.2

1. (1) $\frac{m}{n}a^{m-n}$; (2) $\ln\frac{a}{b}$; (3) 1; (4) 2; (5) $-\frac{1}{8}$; (6) $\frac{1}{2}$; (7) 1;

(8) 3; (9) 2; (10) 1; (11) $\frac{2}{\pi}$; (12) $\frac{1}{3}$; (13) ∞; (14) $-\frac{1}{2}$;

(15) $\frac{1}{2}$; (16) e^3; (17) 1; (18) 1; (19) $(a^ab^bc^c)^{\frac{1}{a+b+c}}$; (20) $\frac{2}{3}$.

习题3.3

1. 在 $(-\infty,+\infty)$ 上单调减少.

3. (1) 在 $(-\infty,+\infty)$ 上单调增加;

(2) 在 $\left[\frac{1}{2},+\infty\right)$ 上单调增加,在 $\left(0,\frac{1}{2}\right]$ 上单调减少;

(3) 在 $(-\infty,-1]$ 和 $[3,+\infty)$ 上单调增加,在 $[-1,3]$ 上单调减少;

(4) 在 $[2,+\infty)$ 上单调增加,在 $(0,2]$ 上单调减少;

(5) 在 $(-\infty,-2]$ 和 $[0,+\infty)$ 上单调增加,在 $[-2,0]$ 上单调减少;

(6) 在 $(-\infty,+\infty)$ 上单调增加;

(7) 在 $(-\infty,-2)$ 和 $(8,+\infty)$ 上单调增加,在 $(-2,8)$ 上单调减少;

(8) 在 $\left[\frac{k\pi}{2},\frac{k\pi}{2}+\frac{\pi}{3}\right]$ 上单调增加;

在 $\left[\frac{k\pi}{2}+\frac{\pi}{3},\frac{k\pi}{2}+\frac{\pi}{2}\right]$ 上单调减少 $(k=0,\pm1,\pm2,\cdots)$.

6. (1) 极小值 $y(1)=4$; (2) 极大值 $y(0)=0$,极小值 $y(1)=-1$;

(3) 极大值 $y(-1)=10$,极小值 $y(3)=-54$;

(4) 极小值 $y(0)=0$; (5) 无极值;

(6) 极大值 $y(\pm1)=7$,极小值 $y(0)=6$; (7) 极大值 $y\left(\frac{3}{4}\right)=\frac{5}{4}$;

(8)极大值 $y\left(2k\pi-\frac{\pi}{4}\right)=\frac{1}{\sqrt{2}}e^{2k\pi-\frac{\pi}{4}}(k=0,\pm1,\pm2,\cdots)$，

极小值 $y\left[(2k+1)\pi-\frac{\pi}{4}\right]=-\frac{1}{\sqrt{2}}e^{(2k+1)\pi-\frac{\pi}{4}}(k=0,\pm1,\pm2,\cdots)$；

(9)极大值 $y(e)=e^{\frac{1}{e}}$；　　(10)极大值 $y(2)=\frac{4}{e^2}$,极小值 $y(0)=0$；

(11)极大值 $y(-\sqrt{2})=\frac{4+3\sqrt{2}}{4-3\sqrt{2}}$,极小值 $y(\sqrt{2})=\frac{4-3\sqrt{2}}{4+3\sqrt{2}}$；

(12)极小值 $y(0)=2$；　　(13)极大值 $y(-1)=2$；　　(14)无极值；

(15)极大值 $y\left(k\pi+\frac{\pi}{6}\right)=\frac{3}{2}\sqrt{3}$,极小值 $y\left(k\pi-\frac{\pi}{6}\right)=-\frac{3}{2}\sqrt{3}(k=0,\pm1,\pm2,\cdots)$；

(16)无极值.

7. $a=2$,$f\left(\frac{\pi}{3}\right)=\sqrt{3}$为极大值.

8. (1)最大值 $y(4)=0$,最小值 $y(-1)=-85$；
(2)最大值 $y(3)=9$,最小值 $y(2)=-16$；
(3)最大值 $y\left(\frac{3}{4}\right)=\frac{5}{4}$,最小值 $y(-5)=-5+\sqrt{6}$；
(4)最大值 $y(0)=0$,最小值 $y(-1)=-2$.

9. (1)$x=-3$ 时函数有最小值 27；
(2)没有最大,最小值；
(3)$x=1$ 时函数有最大值$\frac{1}{2}$.

10. $a\geqslant2$ 时最近距离为 $2\sqrt{a-1}$；$a<2$ 时最近距离为 $|a|$.

11. 底半径为$\sqrt[3]{\frac{V}{\pi}}$,高为$\sqrt[3]{\frac{V}{\pi}}$.

12. 当 $x=\frac{a}{2}$时,反应速度最大.

13. $\alpha=2\pi\sqrt{\frac{2}{3}}$.

14. 57 km/h,总费用为 82.20 元.

习题 3.4

1. (1)凸区间$(-\infty,+\infty)$；　　(2)凹区间$(0,+\infty)$；
(3)凸区间$(-\infty,2]$,凹区间$[2,+\infty)$,拐点$(2,-10)$；
(4)凸区间$(-\infty,2]$,凹区间$[2,+\infty)$；拐点$(2,2e^{-2})$；

(5)凹区间$(-\infty,+\infty)$.

2. $a=-3$,拐点为$(1,-7)$,凸区间为$(-\infty,1]$,凹区间为$(1,+\infty)$.

3. $a=-\frac{3}{2}, b=\frac{9}{2}$.

4. (1)$y=0$;　(2)$y=0, x=-1, x=1$;　(3)$y=x-3, x=-1$.

习题 3.5

1. $K=2$.

2. $K=|\cos x|, \rho=|\sec x|$.

3. $K=2, \rho=\frac{1}{2}$.

4. $\left(\frac{\sqrt{2}}{2}, -\frac{\ln 2}{2}\right)$处曲率半径有最小值$\frac{3\sqrt{3}}{2}$.

5. $K=\frac{|\rho^2(\theta)+2\rho'^2(\theta)-\rho(\theta)\rho''(\theta)|}{[\rho^2(\theta)+\rho'^2(\theta)]^{\frac{3}{2}}}$;$K=\frac{1}{\rho\sqrt{1+n^2}}$.

习题 3.6

1. 2.

2. $-\frac{5}{2}$.

总习题 3

一、填空题

1. $[-1,1]$.　2. 1.　3. $a=1, b=-3$.　4. $\left[-\frac{\sqrt{2}}{2}, \frac{\sqrt{2}}{2}\right]$.　5. 1.

6. $y=\frac{1}{2}x-\frac{1}{4}$

二、单项选择题

1. A.　2. A.　3. C.　4. A.　5. D.　6. B.　7. B.　8. A.

三、解答题

1. (1)$\frac{1}{2}$;　(2)0;　(3)$e^{-\frac{4}{\pi}}$;　(4)1;　(5)100!;　(6)$\frac{1}{6}$.

4. 当$x=\frac{a}{2}$时有最大面积$S=\frac{ah}{4}$.

5. (1)有且仅有一个实根;　(2)至少有一个实根.

9. 点$\left(\frac{\pi}{2},1\right)$处曲率半径有最小值 1.

第 4 章

习题 4.1

1. $F(x^2)$.

2. $y=1+\ln x$.

3. (1) $\frac{2}{5}x^{\frac{5}{2}}+C$;

(2) $\frac{1}{2}x^2-\frac{4}{3}x^{\frac{3}{2}}+x+C$;

(3) $2e^x+2\ln|x|+C$;

(4) $x-e^x+C$;

(5) $\frac{1}{2}x+\frac{1}{2}\sin x+C$;

(6) $2\sin x+C$;

(7) $\frac{(3e)^x}{\ln(3e)}+C$;

(8) $\frac{1}{2}\tan x+C$;

(9) $\frac{4(x^2+7)}{7\sqrt[4]{x}}+C$;

(10) $\frac{2}{5}x^{\frac{5}{2}}+\frac{1}{2}x^2+\frac{2}{3}x^{\frac{3}{2}}+x+C$;

(11) $x-\arctan x+C$;

(12) $2\arcsin x-\arctan x+C$;

(13) $\ln|x|+e^x-\frac{1}{2x^2}+C$;

(14) $-\frac{x^3}{3}-x+C$;

(15) $-\frac{1}{x}-\arctan x+C$;

(16) $-\frac{1}{x}+\arctan x+C$;

(17) $\frac{2\left(\frac{3}{4}\right)^x}{\ln 3-\ln 4}-\frac{3\left(\frac{1}{2}\right)^x}{\ln 2}+C$;

(18) $-\cot x-x+C$;

(19) $-\csc x+\cot x+C$;

(20) $-(\tan x+\cot x)+C$;

(21) $\frac{1}{2}(\tan x+x)+C$.

习题 4.2

1. (1) $\frac{2}{9}(3x+2)^{\frac{3}{2}}+C$;

(2) $-\frac{1}{3}(4-x^2)^{\frac{3}{2}}+C$;

(3) $\frac{1}{2}\ln^3 x+C$;

(4) $\frac{1}{2}\ln|3+2x|+C$;

(5) $\ln(e^x+1)+C$;

(6) $2\arctan\sqrt{x}+C$;

(7) $\arcsin\frac{x}{2}+C$;

(8) $x-\frac{1}{\sqrt{3}}\arctan\frac{x}{\sqrt{3}}+C$;

(9) $\arctan e^x+C$;

(10) $-\frac{1}{2}\arctan(\frac{\cos x}{2})+C$;

(11) $\frac{2}{15}(3x-2)(1+x)^{\frac{3}{2}}+C$;　　(12) $\sqrt{x^2-a^2}+a\arcsin\frac{a}{x}+C$;

(13) $-2\cos\sqrt{x}+C$;　　(14) $\ln|\tan x|+C$;

(15) $\frac{\sqrt{2}}{4}\ln\left|\frac{\sqrt{2}x-1}{\sqrt{2}x+1}\right|+C$;　　(16) $\sin x-\frac{\sin^3 x}{3}+C$;

(17) $-\sec x+\frac{\sec^3 x}{3}+C$;　　(18) $\frac{1}{3}\ln\left|\frac{x-2}{x+1}\right|+C$;

(19) $\frac{t}{2}-\frac{1}{4\omega}\sin 2(\omega t+\varphi)+C$;　　(20) $\frac{1}{2}\cos x-\frac{1}{10}\cos 5x+C$;

(21) $\frac{1}{4}\sin 2x-\frac{1}{24}\sin 12x+C$;　　(22) $-\frac{10^{2\arccos x}}{2\ln 10}+C$;

(23) $(\arctan\sqrt{x})^2+C$;　　(24) $-\frac{1}{\arcsin x}+C$;

(25) $-\frac{1}{x\ln x}+C$;　　(26) $\frac{1}{2}(\ln\tan x)^2+C$;

(27) $\arccos\frac{1}{|x|}+C$;　　(28) $\sqrt{x^2-9}-3\arccos\frac{3}{|x|}+C$;

(29) $\tan x-\frac{1}{\cos x}+C$;　　(30) $-\frac{1}{2}\ln(1+\cos^2 x)+C$;

(31) $\sin x-\frac{2}{3}\sin^3 x+\frac{1}{5}\sin^5 x+C$;　　(32) $2\tan x+\frac{2}{\cos x}-x+C$.

2. (1) $\sqrt{2x}-\ln(1+\sqrt{2x})+C$;

(2) $-18\sqrt{3-x}+4(3-x)^{\frac{3}{2}}-\frac{2}{5}(3-x)^{\frac{5}{2}}+C$;

(3) $2\ln(\sqrt{1+e^x}-1)-x+C$;　　(4) $\frac{a^2}{2}\left(\arcsin\frac{x}{a}-\frac{x}{a^2}\sqrt{a^2-x^2}\right)+C$;

(5) $\arcsin x-\frac{x}{1+\sqrt{1-x^2}}+C$;　　(6) $\frac{1}{2}(\arcsin x+\ln|x+\sqrt{1-x^2}|)+C$;

(7) $-\sqrt{1-x^2}+\frac{2}{3}(1-x^2)^{\frac{3}{2}}-\frac{1}{5}(1-x^2)^{\frac{5}{2}}+C$;

(8) $\frac{1}{2}x\sqrt{x^2-2}+\ln|x+\sqrt{x^2-2}|+C$;

(9) $a\arcsin\frac{x}{a}-\sqrt{a^2-x^2}+C$;　　(10) $-\frac{\sqrt{1+x^2}}{x}+C$;

(11) $\frac{\sqrt{x^2-9}}{9x}+C$;　　(12) $\sqrt{x^2+1}+\frac{1}{\sqrt{x^2+1}}+C$.

习题 4.3

1. (1) $x\sin x+\cos x+C$;　(2) $\frac{x^2}{2}\ln x-\frac{x^2}{4}+C$;

(3) $x\ln(1+x^2)-2x+2\arctan x+C$;　(4) $-e^{-x}(x^2+2x+2)+C$;

(5) $\frac{1}{2}(1+x^2)\arctan x-\frac{1}{2}x+C$;　(6) $2\cos\sqrt{x}+2\sqrt{x}\sin\sqrt{x}+C$;

(7) $2e^{\sqrt{x}}(\sqrt{x}-1)+C$;　(8) $\frac{1}{2}e^{-x}(\sin x-\cos x)+C$;

(9) $x\ln^2 x-2x\ln x+2x+C$;　(10) $\frac{x^3}{6}+\frac{x^2}{2}\sin x+x\cos x-\sin x+C$;

(11) $\frac{x}{2}(\cos\ln x+\sin\ln x)+C$;　(12) $x(\arcsin x)^2+2\sqrt{1-x^2}\arcsin x-2x+C$.

2. $\frac{1}{x}(x\cos x-2\sin x)+C$.

习题 4.4

1. $\ln|x^2+3x-10|+C$.

2. $\ln|x+1|-\frac{1}{2}\ln(x^2-x+1)+\sqrt{3}\arctan\frac{2x-1}{\sqrt{3}}+C$.

3. $\frac{1}{3}x^3+\frac{1}{2}x^2+x+8\ln|x|-4\ln|x+1|-3\ln|x-1|+C$.

4. $\frac{1}{x+1}+\frac{1}{2}\ln|x^2-1|+C$.

5. $\ln|x|-\frac{1}{2}\ln(x^2+1)+C$.

6. $\frac{\sqrt{2}}{8}\ln\frac{x^2+\sqrt{2}x+1}{x^2-\sqrt{2}x+1}+\frac{\sqrt{2}}{4}\arctan(\sqrt{2}x+1)+\frac{\sqrt{2}}{4}\arctan(\sqrt{2}x-1)+C$.

7. $\frac{1}{2\sqrt{3}}\arctan\frac{2\tan x}{\sqrt{3}}+C$.

8. $\frac{1}{\sqrt{2}}\arctan\frac{\tan\frac{x}{2}}{\sqrt{2}}+C$.

9. $\ln\left|1+\tan\frac{x}{2}\right|+C$.

10. $\frac{1}{\sqrt{5}}\arctan\frac{3\tan\frac{x}{2}+1}{\sqrt{5}}+C$.

总习题 4

一、填空题

1. $f(x)+C$.　2. $-\frac{1}{64}(1-x^4)^{16}+C$.　3. $G(x)=F(x)+C$.　4. $\frac{1}{2}e^{2x}+C$.

5. $\frac{1}{2}\cos 2x$.

二、单项选择题

1. B.　2. B.　3. D.　4. C.

三、解答题

(1) $\sin x-\frac{1}{3}\sin^3 x+C$;

(2) $6\sqrt[6]{x}-\arctan\sqrt[6]{x}+C$;

(3) $2\arcsin\sqrt{x}+C$ 或 $-2\arcsin\sqrt{1-x}+C$;

(4) $-\frac{1}{10}\ln(x^{-10}+1)+C$;

(5) $xe^x-e^x+\frac{x^2}{2}\arctan x-\frac{x}{2}+\frac{1}{2}\arctan x+C$;

(6) $2\sqrt{1+x}\arcsin x+4\sqrt{1-x}+C$;

(7) $\frac{1}{3}\ln\left|\frac{x-2}{x+1}\right|+C$.

第 5 章

习题 5.1

1. $A=\int_1^2\ln x\mathrm{d}x$.

2. (1) 1;　(2) $\frac{1}{4}\pi a^2$.

3. (1) $\int_0^1 x^2\mathrm{d}x\geqslant\int_0^1 x^3\mathrm{d}x$;　(2) $\int_1^2 x^2\mathrm{d}x\leqslant\int_1^2 x^3\mathrm{d}x$;

(3) $\int_0^{\frac{\pi}{2}}\sin x\mathrm{d}x\geqslant\int_0^{\frac{\pi}{2}}\sin^2 x\mathrm{d}x$;　(4) $\int_3^4\ln^2 x\mathrm{d}x\geqslant\int_3^4\ln x\mathrm{d}x$.

4. (1) $1\leqslant I\leqslant\sqrt{2}$;　(2) $\frac{2}{5}\leqslant I\leqslant\frac{1}{2}$;　(3) $\pi\leqslant I\leqslant 2\pi$;　(4) $0\leqslant I\leqslant\frac{2}{e}$.

习题 5.2

1. (1) $\frac{11}{6}$;　(2) $\frac{1}{\ln 2}+\frac{1}{3}$;　(3) $\frac{5}{2}$;　(4) $\frac{4}{3}$;　(5) $\frac{\pi}{6}$;　(6) $1-\frac{\pi}{4}$;　(7) $\frac{\pi}{2}$;　(8) $\frac{8}{3}$.

2. (1)$\frac{\sin x}{x}$；(2)$2x\sqrt{1+x^4}$；(3)$-e^{-x^2}+2xe^{-x^4}$.

3. $-\frac{3}{4}$.　4. 2.　5. $\frac{9}{2}$.

习题 5.3

1. (1)$\frac{1}{3}$；(2)$\frac{9\pi}{2}$；(3)$\frac{1}{3}$；(4)$\frac{3}{2}$；(5)$2(\sqrt{3}-1)$；(6)$11+6\ln\frac{2}{3}$；

(7)$1-\frac{2}{e}$；(8)1；(9)$\frac{\pi}{2}$；(10)$\frac{1}{2}(1+e^{\frac{\pi}{2}})$；(11)$\frac{1}{4}(\pi-2)$；(12)1.

2. 8.

习题 5.4

1. (1)$\frac{1}{2}$；(2)发散；(3)$\frac{1}{4}$；(4)$\frac{1}{2}$；(5)π；(6)1；(7)发散；

(8)$2\frac{2}{3}$；(9)$\frac{1}{2}$；(10)$\frac{\pi}{2}$.

2. 当 $k>1$ 时收敛于$\frac{1}{(k-1)(\ln 2)^{k-1}}$；当 $k\leqslant 1$ 时发散；当 $k=1-\frac{1}{\ln\ln 2}$时取得最小值.

习题 5.5

1. (1)$\frac{1}{6}$；(2)1；(3)$\frac{32}{3}$；(4)$\frac{3}{2}-\ln 2$；(5)$e+e^{-1}-2$；(6)$\frac{7}{6}$.

2. $\frac{9}{4}$.

3. (1)πa^2；(2)$\frac{3}{8}\pi a^2$.

4. (1)$\frac{128}{7}\pi,\frac{64}{5}\pi$；(2)$\frac{3}{10}\pi$；

5. $\frac{\pi}{2}a,2\pi a^2$.

6. 5 000π kgm.　7. 14 373.33 kN.

8. 水平方向分力：$F_x=-2\frac{kmM}{a}\cdot\frac{1}{\sqrt{4a^2+l^2}}$，垂直方向分力：$F_y=0$.

9. $q(p)=20\ln(p+1)+1\ 000$.

10. $C(q)=25q+15q^2-3q^2+55$，$\overline{C}(q)=25+15q-3q^2+\frac{55}{q}$.

11. $R(q)=3q-0.1q^2$，当 $q=15$ 时收入最高为 22.5.

12. (1)9 987.5；(2)19 850.

总习题 5

一、填空题

1. 0.　2. $\frac{1}{2}(B^2-A^2)$.　3. 收敛.　4. $-e^{-y}\cos x$　5. 0.　6. π.　7. 1.　8. $\frac{3}{8}\pi$

二、单项选择题

1. D.　2. B.　3. D.　4. A.　5. C.　6. C　7. B.　8. B.

三、解答题

1. (1) $\frac{1}{p+1}$;　(2) $\frac{\pi^2}{4}$.

2. (1) $\ln 2+\frac{1}{2}e^4-\frac{1}{2}e$;　(2) $2(\sqrt{2}-1)e^{\sqrt{2}}+2$;　(3) $\frac{2}{3}$;　(4) $\frac{\pi}{12}$;　(5) $2\sqrt{2}-2$;

(6) $\frac{3}{2}$.

3. $b-a$.

4. (1) 3π;　(2) $5\pi^2$.

5. $F(x)=\begin{cases}\frac{1}{2}x^3+x^2-\frac{1}{2}, & -1\leqslant x<0\\ \ln\frac{2e^x}{e^x+1}-\frac{x}{e^x+1}-\frac{1}{2}, & 0\leqslant x\leqslant 1\end{cases}$.

6. (1) $\frac{e}{2}-1$;　(2) $\frac{\pi}{6}(5e^2-12e+3)$.

第 6 章

习题 6.1

1. $5\sqrt{2}$; $\sqrt{34}$, $\sqrt{41}$, 5.

2. $(1,0,0)$.

3. $2x+2y-6z-7=0$.

5. (1) $\{(x.y)\mid x\geqslant y\}$;　(2) $\{(x.y)\mid xy\geqslant 0\}$;

(3) $\{(x,y)\mid y\geqslant x^2$ 且 $x+y\leqslant 2\}$;　(4) $\{(x,y)\mid y^2>4x-8\}$;

(5) $\{(x,y)\mid |x|\neq|y|\}$;　(6) $\{(x,y)\mid |x|\geqslant|y|$ 且 $x\neq 0\}$;

(7) $\{(x,y)\mid x>0,y>0,z>0\}$;　(8) $\{(x,y)\mid r^2\leqslant x^2+y^2+z^2\leqslant R^2\}$.

6. (1) 31;　(2) $(x+y)^3-2(x^2-y^2)+3(x-y)^2$.

习题 6.2

1. (1) 2;　(2) 2;　(3) $\ln 2$;　(4) 0;　(5) 2;　(6) 0;　(7) 2;　(8) -2.

2. 不连续,不连续,连续.

3. (1)不存在; (2)不存在.

习题 6.3

1. (1) $\frac{\partial z}{\partial x}=2x-3y-1,\frac{\partial z}{\partial y}=-3x-8y+2$;

(2) $\frac{\partial z}{\partial x}=y[\cos(xy)-\sin(2xy)],\frac{\partial z}{\partial y}=x[\cos(xy)-\sin(2xy)]$;

(3) $\frac{\partial z}{\partial x}=\frac{2x}{y^2}-\frac{1}{y},\frac{\partial z}{\partial y}=-\frac{2x^2}{y^3}+\frac{x}{y^2}$;

(4) $\frac{\partial z}{\partial x}=\frac{2}{y}\csc\frac{2x}{y},\frac{\partial z}{\partial y}=-\frac{2x}{y^2}\csc\frac{2x}{y}$;

(5) $\frac{\partial u}{\partial x}=\frac{1}{1+x+y^2+z^2},\frac{\partial u}{\partial y}=\frac{2y}{1+x+y^2+z^2},\frac{\partial u}{\partial z}=\frac{2z}{1+x+y^2+z^2}$;

(6) $\frac{\partial u}{\partial x}=(y+z^2)e^{x(y+z^2)},\frac{\partial u}{\partial y}=xe^{x(y+z^2)},\frac{\partial u}{\partial z}=2xze^{x(y+z^2)}$.

2. 36, −2.

3. (1) $\frac{\partial^2 z}{\partial x^2}=6xy^2,\frac{\partial^2 z}{\partial x\partial y}=6x^2y-9y^2-1,\frac{\partial^2 z}{\partial y^2}=2x^3-18xy$;

(2) $\frac{\partial^2 z}{\partial x^2}=(2+x)e^x\sin y,\frac{\partial^2 z}{\partial x\partial y}=(1+x)e^x\cos y,\frac{\partial^2 z}{\partial y^2}=-ye^x\sin y$.

4. 2,2,0.

5. $\frac{\partial^3 z}{\partial x^2\partial y}=-\frac{1}{x^2}$; $\frac{\partial^3 z}{\partial x\partial y^2}=0$

6. (1) $dz=2xydx+(x^2+2y)dy$; (2) $dz=ye^{xy}dx+xe^{xy}dy$;

(3) $dz=\frac{-ydx+xdy}{x^2+y^2}$; (4) $du=dx+\left(\frac{1}{2}\cos\frac{y}{2}-\frac{z}{y^2+z^2}\right)dy+\frac{y}{y^2+z^2}$;

(5) $dz=0.04$; (6) $dz|_{(1,2)}=\frac{1}{3}dx+\frac{2}{3}dy$;

(7) $du=yzx^{yz-1}dx+zx^{yz}\cdot\ln xdy+yx^{yz}\cdot\ln xdz$

7. (1) $\frac{EQ_X}{EP_X}=-1,\frac{EQ_X}{EP_Y}=-0.6$; (2) 0.75.

习题 6.4

1. (1) $\frac{\partial z}{\partial x}=4x,\frac{\partial z}{\partial y}=4y$;

(2) $\frac{\partial z}{\partial x}=\frac{2x}{y^2}\ln(3x-2y)+\frac{3x^2}{(3x-2y)y^2},\frac{\partial z}{\partial y}=-\frac{2x^2}{y^3}\ln(3x-2y)-\frac{2x^2}{(3x-2y)y^2}$;

(3) $e^{\sin t-2t^3}(\cos t-6t^2)$;

(4) $-[rt+2(r+s+t)+3(r+t)(rs+st+tr)^2]\sin[rst+(r+s+t)^2+(rs+st+tr)^3]$;

(5) $\frac{\partial u}{\partial x}=f'_1+yf'_2+yzf'_3,\frac{\partial u}{\partial y}=xf'_2+xzf'_3$.

3. (1) $\frac{y^2-e^x}{\cos y-2xy}$; (2) $\frac{yz}{\cos z-xy}$; (3) $\frac{yz}{z^2-xy},\frac{z(z^4-2xyz^2-x^2y^2)}{(z^2-xy)^3}$; (4) $\frac{xF_1}{zF_2}$.

5. $\frac{\partial z}{\partial x}=f'_1+yf'_2+\frac{1}{y}f'_3,\frac{\partial z}{\partial y}=f'_1+xf'_2-\frac{x}{y^2}f'_3$,

$\frac{\partial^2 z}{\partial x\partial y}=f''_{11}+xf''_{12}-\frac{x}{y^2}f''_{13}+f'_2+y[f''_{21}+xf''_{22}-\frac{x}{y^2}f''_{23}]-\frac{1}{y^2}+\frac{1}{y}[f''_{31}+xf''_{32}-\frac{x}{y^2}f''_{33}]$.

习题6.5

1. (1)极大值$f(2,-2)=8$; (2)极小值$f(0,0)=0$; (3)极小值$f\left(\frac{1}{2},-1\right)=-\frac{e}{2}$.

2. (1)条件极值$z=\frac{1}{8}$; (2)条件极值$z=\pm\sqrt{5}$; (3)条件极值$u=9$.

3. $H=R=\sqrt[3]{\frac{V}{\pi}}$. 4. $\left(\frac{8}{5},\frac{3}{5}\right)$. 5. 长为$\frac{P}{3}$,宽为$\frac{2P}{3}$.

6. 最大值$\sqrt[4]{e}$,最小值$\frac{1}{\sqrt[4]{e}}$.

7. (1)用0.75万元做电台广告,用1.25万元做报纸广告;
(2)将1.5万元广告费全部用于报纸广告.

习题6.6

1. $\iint\limits_D\mu(x,y)\mathrm{d}\sigma$.

2. (1) $\iint\limits_D(x+y)^2\mathrm{d}\sigma\geqslant\iint\limits_D(x+y)^3\mathrm{d}\sigma$; (2) $\iint\limits_D(x+y)^2\mathrm{d}\sigma\leqslant\iint\limits_D(x+y)^3\mathrm{d}\sigma$

(3) $\iint\limits_D\sin^2(x+y)\mathrm{d}\sigma\leqslant\iint\limits_D(x+y)^2\mathrm{d}\sigma$.

3. (1) $0\leqslant I\leqslant 2$; (2) $0\leqslant I\leqslant\pi^2$.

4. (1) $\frac{5}{6}$; (2) $\frac{1}{12}$; (3) -2; (4) $e-e^{-1}$.

5. (1) $\int_0^1\mathrm{d}x\int_x^1 f(x,y)\mathrm{d}y$; (2) $\int_0^4\mathrm{d}x\int_{\frac{x}{2}}^{\sqrt{x}} f(x,y)\mathrm{d}y$;

(3) $\int_0^1\mathrm{d}y\int_{e^y}^{e} f(x,y)\mathrm{d}x$; (4) $\int_0^1\mathrm{d}y\int_{\arcsin y}^{\pi-\arcsin y} f(x,y)\mathrm{d}x$.

6. (1) $\pi\ln 2$; (2) $\frac{1}{3}-\frac{\sqrt{2}}{6}$; (3) 18π; (4) $\frac{3\pi^2}{64}$.

7. (1) $\frac{1}{6}a^3[\sqrt{2}+\ln(1+\sqrt{2})]$； (2) $\frac{1}{8}\pi a^4$； (3) $\sqrt{2}-1$； (4) $\frac{3\pi a^4}{4}$.

8. (1) $\frac{9}{4}$； (2) $\frac{\pi}{8}(\pi-2)$； (3) $14a^4$； (4) $\frac{2\pi}{3}(b^3-a^3)$.

9. $V=\frac{1}{3}$.

10. $\frac{32}{3}a^3\left(\frac{\pi}{2}-\frac{2}{3}\right)$.

总习题 6

一、填空题

1. $\{(x,y)\mid x\geqslant 0,y\geqslant 0,x^2\geqslant y\}$. 2. $-\frac{1}{4}$. 3. $\int_0^1 dx\int_x^1 f(x,y)dy$. 4. 2π.

5. $yx^{y-1}f_1'+y^x\ln y f_2'$.

二、单项选择题

1. D. 2. A. 3. D. 4. B. 5. D. 6. B.

三、解答题

1. $\frac{\sqrt{3}}{32}(\pi-2)$.

2. $\frac{1}{\pi+4+3\sqrt{3}}$

3. $f_x(x,y)=\begin{cases}\frac{2xy^3}{(x^2+y^2)^2}, & x^2+y^2\neq 0\\ 0, & x^2+y^2=0\end{cases}$；$f_y(x,y)=\begin{cases}\frac{x^2(x^2-y^2)}{(x^2+y^2)^2}, & x^2+y^2\neq 0\\ 0, & x^2+y^2=0\end{cases}$.

4. 锥高 $\frac{12\sqrt{5}}{5}$，柱高 $\frac{50}{3\pi}-\frac{9\sqrt{5}}{5}$.

5. 最大值 $f(-2,\pm 2\sqrt{3})=54$，最小值 $f(1,0)=0$.

7. (1) $\int_0^2 dx\int_{\frac{x}{2}}^{3-x} f(x,y)dy$； (2) $\int_0^1 dy\int_0^{y^2} f(x,y)dx+\int_1^2 dy\int_0^{\sqrt{2y-y^2}} f(x,y)dx$

8. $\frac{1}{2}A^2$.

9. $e-1$

10. $f_{11}''\cdot xy-f_{22}''\cdot\frac{x}{y^3}+f'_1-\frac{1}{y^2}f'_2-\frac{y}{x^3}g''-\frac{1}{x^2}g'$

第 7 章

习题 7.1

1. (1)一阶； (2)二阶； (3)一阶； (4)二阶.

2. (1)是； (2)不是； (3)是； (4)是.

3. (1)$y'=x^2$； (2)$xy'=2y$

4. $y=-xe^{-x}-e^{-x}+1$.

习题 7.2

1. (1)$y=\sin(x+C)$； (2)$y=Ce^{\frac{x^2}{2}+x}$；
   (3)$y=C\sin x-3$； (4)$(x-4)y^4=Cx$；
   (5)$y=\frac{1+x}{1-x}$； (6)$y=2(1+x^2)$.

2. (1)$\ln\frac{y}{x}=Cx+1$； (2)$\ln|y|=\frac{y}{x}+C$；
   (3)$x+3y+2\ln|x+y-2|=C$； (4)$y^3=y^2-x^2$

3. (1)$y=Ce^{\cos x}$； (2)$y=\cos x(C-2\cos x)$；
   (3)$y=Ce^{-x}+e^x$ (4)$y=\frac{1}{3}x^2+\frac{3}{2}x+2+\frac{C}{x}$；
   (5)$y^{-5}=\frac{5}{2}x^3+Cx^5$.

4. $y=2(e^x-x-1)$. 5. $10e^{-\frac{t}{50}}$.

习题 7.3

1. (1)$y=\sin x+\frac{1}{24}x^4+\frac{C_1}{6}x^3+\frac{C_2}{2}x^2+C_3x+C_4$；
   (2)$y=\frac{x^3}{6}+\frac{1}{9}e^{3x}+C_1x+C_2$； (3)$y=\frac{x^2}{4}-\frac{x}{4}+C_1e^{-2x}+C_2$；
   (4)$y=-\frac{1}{2}(\cos x+\sin x)-C_1e^{-x}+C_2$； (5)$y=C_1\sin(x+C_2)$；
   (6)$y^2=C_1x+C_2$.

2. (1)$y=\sqrt{2x-x^2}$；
   (2)$y=\frac{1}{a^3}e^{ax}-\frac{e^a}{2a}x^2+\frac{e^a}{a^2}(a-1)x+\frac{e^a}{2a^3}(2a-a^2-2)$；
   (3)$y=\ln \operatorname{ch} x$.

3. $s=\frac{m}{c^2}\ln \mathrm{ch}\left(\sqrt{\frac{g}{m}}ct\right)$.

习题 7.4

1. (1)线性无关；　(2)线性相关；　(3)线性无关；　(4)线性无关；
   (5)线性无关；　(6)线性无关.

2. $y=C_1\cos 2x+C_2\sin 2x$.

习题 7.5

1. (1) $y=C_1e^{-x}+C_2e^{-3x}$；　(2) $y=(C_1+C_2x)e^{-3x}$；
   (3) $y=e^{-x}(C_1\cos x+C_2\sin x)$；　(4) $y=C_1+C_2e^{-x}$.

2. (1) $y=(1+x)e^{-x}$；　(2) $y=2e^x+e^{2x}$；
   (3) $y=3e^{-2x}\sin 5x$；　(4) $y=2\cos 5x+\sin 5x$.

3. $y=(9x-14)e^{4-2x}$.

4. (1) $y=C_1e^{-x}+C_2e^{2x}-2e^x$；　(2) $y=C_1e^{4x}+C_2-\frac{5}{4}x$；
   (3) $y=(C_1+C_2x)e^{3x}+\frac{1}{9}x+\frac{5}{27}$；　(4) $y=(C_1+C_2x)e^{-x}+\frac{2}{3}x^3e^{-x}$；
   (5) $y=C_1\cos x+C_2\sin x-\frac{1}{2}x\cos x$；
   (6) $y=C_1\cos 2x+C_2\sin 2x+\frac{1}{3}x\cos x+\frac{2}{9}\sin x$.

5. (1) $y=-5e^x+\frac{7}{2}e^{2x}+\frac{5}{2}$；　(2) $y=\frac{1}{16}\sin 2x-\frac{1}{8}x\cos 2x$.

6. $\varphi(x)=\frac{1}{2}(\cos x+\sin x+e^x)$.

总习题 7

一、填空题

1. $y=Cxe^{-x}$；　2. $u=\frac{y}{x}$；　3. $y=\frac{1}{x}$　4. $y=\frac{1}{3}x\ln x-\frac{1}{9}x$；　5. $y=(C_1+C_2x)e^{r_1x}$；
6. $b=-4, c=5$；　7. $y=C_1(x-1)+C_2(x^2-1)+1$.

二、单项选择题

1. C.　2. A.　3. A.　4. A.　5. D　6. C.　7. C.

三、解答题

1. (1) $y^2(1+y'^2)=1$；　(2) $y''-3y'+2y=0$.

2. (1) $y=x(\ln Cx)^2$；　(2) $y=C_1e^{-x}+C_2e^{\frac{1}{2}x}+(\frac{1}{2}x-\frac{3}{4})e^x$.

(3) $x^2+xy-y^2=\frac{C}{x}$.

3. (1) $y=-\ln(x+1)$;　(2) $y=xe^{-x}+\frac{1}{2}\sin x$

(3) $y+\sqrt{x^2+y^2}=x^2$,或写成 $y=\frac{1}{2}(x^2-1)$.

4. $\varphi(x)=\sin x+\cos x$.

5. $f'(x)=-\frac{e^{-x}}{x+1}$.

6. $y=e^x$.

7. 1.05 km.

第8章

习题8.1

1. (1) $\frac{1}{2n-1}$;　(2) $(-1)^{n+1}\frac{n}{n+1}$;　(3) $\frac{n!}{2n+1}$;　(4) $\frac{(n!)^2}{(2n)!}$.

2. (1)发散;　(2)收敛.

3. (1)发散;　(2)发散;　(3)收敛;　(4)发散.

4. (1)1;　(2)3;　(3)1.

习题8.2

1. (1)发散;　(2)收敛;　(3)收敛;　(4) $a>1$ 时收敛,$a\leqslant 1$ 时发散;　(5)收敛;　(6)发散.

2. (1)收敛;　(2)收敛;　(3)收敛;　(4)发散.

3. (1)收敛;　(2)收敛;　(3)收敛;　(4)收敛.

4. (1)发散;　(2)收敛;　(3)发散;　(4)收敛.

习题8.3

1. (1)收敛;　(2)收敛;　(3)收敛;　(4)发散.

2. (1)条件收敛;　(2)条件收敛;　(3)绝对收敛;　(4)绝对收敛;　(5)发散;　(6)绝对收敛.

3. $u_n=v_n=(-1)^{n+1}\frac{1}{\sqrt{n}}$.

习题8.4

1. (1) $(-1,1)$;　(2) $\left(-\frac{1}{10},\frac{1}{10}\right)$;　(3) $(-1,1]$;　(4) $[-1,1]$;　(5) $(-1,1]$;

(6) $[4,6)$； (7) $[-1,5)$.

2. (1) $\frac{x}{(1-x)^2}$； (2) $\frac{1}{(1-x)^3}$.

习题 8.5

1. (1) $P_2(x)=(x-1)-\frac{1}{2}(x-1)^2, P_3(x)=(x-1)-\frac{1}{2}(x-1)^2+\frac{1}{3}(x-1)^3$；

(2) $P_2(x)=\frac{1}{2}-\frac{x}{4}+\frac{x^2}{8}, P_3(x)=\frac{1}{2}-\frac{x}{4}+\frac{x^2}{8}-\frac{x^3}{16}$；

(3) $P_2(x)=\frac{1}{\sqrt{2}}-\frac{1}{\sqrt{2}}(x-\frac{\pi}{4})+\frac{1}{2\sqrt{2}}(x-\frac{\pi}{4})^2$；

$P_3(x)=\frac{1}{\sqrt{2}}-\frac{1}{\sqrt{2}}(x-\frac{\pi}{4})+\frac{1}{2\sqrt{2}}(x-\frac{\pi}{4})^2+\frac{1}{6\sqrt{2}}(x-\frac{\pi}{4})^3$.

2. (1) $\frac{x^2}{2}-1+\cos x=\sum_{n=2}^{\infty}(-1)^n\frac{x^{2n}}{(2n)!}, -\infty<x<+\infty$；

(2) $x^2\sin x=\sum_{n=0}^{\infty}(-1)^n\frac{x^{2n+3}}{(2n+1)!}, -\infty<x<+\infty$；

(3) $e^{2x}=\sum_{n=0}^{\infty}\frac{2^n}{n!}x^n, -\infty<x<+\infty$；

(4) $\ln(a+x)=\ln a+\sum_{n=1}^{\infty}\frac{(-1)^{n+1}}{na^n}x^n, -a<x\leqslant a$；

(5) $\sin^2 x=\sum_{n=1}^{\infty}(-1)^{n+1}\frac{(2x)^{2n}}{2(2n)!}, -\infty<x<+\infty$；

(6) $(1+x)\ln(1+x)=x+\sum_{n=2}^{\infty}(-1)^n\frac{x^n}{n(n-1)}, -1<x\leqslant 1$.

3. $e^x=e\sum_{n=0}^{\infty}\frac{(x-1)^n}{n!}, -\infty<x<+\infty$.

4. $\frac{1}{x}=\sum_{n=0}^{\infty}(-1)^n\frac{(x-a)^n}{a^{n+1}}, 0<x<2a$.

习题 8.6

1. (1) 0.693 1，提示：应用 $\ln\frac{1+x}{1-x}$ 的幂级数展开式； (2) 1.648；

(3) 2.992 6.

2. (1) 0.520 5； (2) 0.494 0.

3. (1) $\frac{1}{2}$； (2) $\frac{1}{6}$.

4. (1) $y=1+\frac{1}{2}x^2+\frac{1}{2^2\cdot 2!}x^4+\frac{1}{2^3\cdot 3!}x^6+\cdots+\frac{1}{2^n\cdot n!}x^{2n}+\cdots=e^{x^2/2}$;

(2) $y=\frac{1}{2}+\frac{1}{4}x+\frac{1}{8}x^2+\frac{1}{16}x^3+\cdots$.

总习题 8

一、填空题

1. 0.　2. >1.　3. 充分必要.　4. $(-2,2)$.

5. $[0,6]$.　6. $(1,5]$.　7. $\sum_{n=0}^{\infty}\frac{(\ln a)^n}{n!}x^n$.

二、单项选择题

1. B.　2. A.　3. C.　4. D.　5. B

三、解答题

1. 当$\frac{1}{2}<a\leqslant 1$时，级数发散；当$a>1$时，级数收敛.

2. (1)收敛且绝对收敛；(2)条件收敛.

3. 收敛区间为$(-3,3)$，$x=3$时级数发散，$x=-3$时收敛.

4. 收敛域为$(-2,2)$，和函数为$s(x)=\frac{2}{(2-x)^2}$，$x\in(-2,2)$.

5. $\frac{x}{2-x}=\frac{\frac{x}{2}}{1-\frac{x}{2}}=\frac{x}{2}+\left(\frac{x}{2}\right)^2+\cdots+\left(\frac{x}{2}\right)^n+\cdots(-2<x<2)$.

6. $f(x)=\frac{1}{3}\sum_{n=0}^{\infty}\left[(-1)^n+\frac{1}{2^{n+1}}\right]x^{n+1}$, $-1<x<1$.

7. $\frac{1}{x^2+3x+2}=\sum_{n=0}^{\infty}\left(\frac{1}{2^{n+1}}-\frac{1}{3^{n+1}}\right)(x+4)^n\quad(-6<x<-2)$.

8. $f(x)=\frac{\pi}{4}-2\sum_{n=0}^{\infty}\frac{(-1)^n4^n}{2n+1}x^{2n+1}$，$x\in\left(-\frac{1}{2},\frac{1}{2}\right]$；$\sum_{n=0}^{\infty}\frac{(-1)^n}{2n+1}=\frac{\pi}{4}$.

附　录

附录Ⅰ　预备知识

一、常用初等代数公式

1. 一元二次方程 $ax^2+bx+c=0$

根的判别式 $\Delta=b^2-4ac$.

①当 $\Delta>0$ 时,方程有两相异实根;

②当 $\Delta=0$ 时,方程有两相等实根;

③当 $\Delta<0$ 时,方程有共轭复根.

求根公式为

$$x_{1,2}=\frac{-b\pm\sqrt{b^2-4ac}}{2a}.$$

2. 对数的运算性质

(1)若 $a^y=x$,则 $y=\log_a x$;

(2)$\log_a a=1,\log_a 1=0,\ln e=1,\ln 1=0$;

(3)$\log_a(x\cdot y)=\log_a x+\log_a y$;

(4)$\log_a\left(\frac{x}{y}\right)=\log_a x-\log_a y$;

(5)$\log_a x^b=b\cdot\log_a x$;

(6)$a^{\log_a x}=x,e^{\ln x}=x$.

3. 指数的运算性质

(1)$a^m\cdot a^n=a^{m+n}$;

(2)$\frac{a^m}{a^n}=a^{m-n}$;

(3)$(a^m)^n=a^{mn}$;

(4)$(a\cdot b)^m=a^m\cdot a^n$;

(5)$\left(\frac{a}{b}\right)^m=\frac{a^m}{b^m}$.

4. 常用二项展开及分解公式

(1)$(a+b)^2=a^2+2ab+b^2$;

(2)$(a-b)^2=a^2-2ab+b^2$;

(3)$(a+b)^3=a^3+3a^2b+3ab^2+b^3$;

(4)$(a-b)^3=a^3-3a^2b+3ab^2-b^3$;

(5)$a^2-b^2=(a+b)(a-b)$;

(6)$a^3-b^3=(a-b)(a^2+ab+b^2)$;

(7)$a^3+b^3=(a+b)(a^2-ab+b^2)$;

(8)$a^n-b^n=(a-b)(a^{n-1}+a^{n-2}b+a^{n-3}b^2+\cdots+b^{n-1})$;

(9)$(a+b)^n=C_n^0a^n+C_n^1a^{n-1}b+C_n^2a^{n-2}b^2+\cdots+C_n^ka^{n-k}b^k+\cdots+C_n^nb^n$,

其中组合系数 $C_n^m=\frac{n(n-1)(n-2)\cdots(n-m+1)}{m!}$，$C_n^0=C_n^n=1$.

5. 常用不等式及其运算性质

如果 $a>b$，则有

(1) $a\pm c>b\pm c$；　　(2) $ac>bc(c>0)$，$ac<bc(c<0)$；

(3) $\frac{a}{c}>\frac{b}{c}(c>0)$，$\frac{a}{c}<\frac{b}{c}(c<0)$；

(4) $a^n>b^n(n>0,a>0,b>0)$，$a^n<b^n(n<0,a>0,b>0)$；

(5) $\sqrt[n]{a}>\sqrt[n]{b}$（n 为正整数，$a>0,b>0$）；

对于任意实数 a,b，均有

(1) $|a|-|b|\leqslant|a+b|\leqslant|a|+|b|$；

(2) $a^2+b^2\geqslant 2ab$.

6. 常用数列公式

(1) 等差数列：$a_1,a_1+d,a_1+2d,\cdots,a_1+(n-1)d$，其公差为 d，前 n 项的和为 $s_n=\frac{a_1+a_n}{2}\cdot n$.

(2) 等比数列：$a_1,a_1q,a_1q^2,\cdots,a_1q^{n-1}$，其公比为 $q\neq 1$，前 n 项的和为 $s_n=\frac{a_1(1-q^n)}{1-q}$.

(3) 一些常见数列的前 n 项和：

$1+2+3+\cdots+n=\frac{n(n+1)}{2}$；　　$2+4+6+\cdots+2n=n(n+1)$；

$1+3+5+\cdots+(2n-1)=n^2$；　　$1^2+2^2+3^2+\cdots+n^2=\frac{1}{6}n(n+1)(2n+1)$；

$1^2+3^2+\cdots+(2n-1)^2=\frac{1}{3}n(4n^2-1)$.

二、常用基本三角公式

1. 基本公式

(1) $\sin^2x+\cos^2x=1$；　　(2) $1+\tan^2x=\sec^2x$；　　(3) $1+\cot^2x=\csc^2x$.

2. 倍角公式

(1) $\sin 2x=2\sin x\cos x$；

(2) $\cos 2x=\cos^2x-\sin^2x=1-2\sin^2x=2\cos^2x-1$；

(3) $\tan 2x=\frac{2\tan x}{1-\tan^2x}$.

3. 半角公式

(1) $\sin^2\frac{x}{2}=\frac{1-\cos x}{2}$；　　(2) $\cos^2\frac{x}{2}=\frac{1+\cos x}{2}$；　　(3) $\tan\frac{x}{2}=\frac{1-\cos x}{\sin x}$.

4. 加法公式

(1) $\sin(x \pm y) = \sin x \cos y \pm \cos x \sin y$;

(2) $\cos(x \pm y) = \cos x \cos y \mp \sin x \sin y$;

(3) $\tan(x \pm y) = \dfrac{\tan x \pm \tan y}{1 \mp \tan x \tan y}$.

5. 和差化积公式

(1) $\sin x + \sin y = 2 \sin \dfrac{x+y}{2} \cos \dfrac{x-y}{2}$;　(2) $\sin x - \sin y = 2 \cos \dfrac{x+y}{2} \sin \dfrac{x-y}{2}$;

(3) $\cos x + \cos y = 2 \cos \dfrac{x+y}{2} \cos \dfrac{x-y}{2}$;　(4) $\cos x - \cos y = -2 \sin \dfrac{x+y}{2} \sin \dfrac{x-y}{2}$.

6. 积化和差公式

(1) $\sin x \cos y = \dfrac{1}{2}[\sin(x+y) + \sin(x-y)]$;

(2) $\cos x \sin y = \dfrac{1}{2}[\sin(x+y) - \sin(x-y)]$;

(3) $\cos x \cos y = \dfrac{1}{2}[\cos(x+y) + \cos(x-y)]$;

(4) $\sin x \sin y = -\dfrac{1}{2}[\cos(x+y) - \cos(x-y)]$.

三、排列组合

(1) $P_n^m = n(n-1)\cdots[n-(m-1)] = \dfrac{n!}{(n-m)!}$(约定 $0! = 1$);

(2) $C_n^m = \dfrac{P_n^m}{m!} = \dfrac{n!}{m!(n-m)!}$;　(3) $C_n^m = C_n^{n-m}$;　(4) $C_n^m + C_n^{m-1} = C_{n+1}^m$;

(5) $C_n^0 + C_n^1 + C_n^2 + \cdots + C_n^n = 2^n$.

附录Ⅱ　积分表

一、含有 $ax+b$ 的积分($a \neq 0$)

(1) $\displaystyle\int \frac{dx}{ax+b} = \frac{1}{a} \ln|ax+b| + C$;

(2) $\displaystyle\int (ax+b)^{\mu} dx = \frac{1}{a(\mu+1)}(ax+b)^{\mu+1} + C(\mu \neq -1)$;

(3) $\displaystyle\int \frac{x}{ax+b} dx = \frac{1}{a^2}(ax+b-b\ln|ax+b|) + C$;

(4) $\displaystyle\int \frac{x^2}{ax+b} dx = \frac{1}{a^3}\left[\frac{1}{2}(ax+b)^2 - 2b(ax+b) + b^2 \ln|ax+b|\right] + C$;

(5) $\int \frac{\mathrm{d}x}{x(ax+b)} = -\frac{1}{b}\ln\left|\frac{ax+b}{x}\right| + C$;

(6) $\int \frac{\mathrm{d}x}{x^2(ax+b)} = -\frac{1}{bx} + \frac{a}{b^2}\ln\left|\frac{ax+b}{x}\right| + C$;

(7) $\int \frac{x}{(ax+b)^2}\mathrm{d}x = \frac{1}{a^2}\left(\ln|ax+b| + \frac{b}{ax+b}\right) + C$;

(8) $\int \frac{x^2}{(ax+b)^2}\mathrm{d}x = \frac{1}{a^3}\left(ax+b-2b\ln|ax+b| - \frac{b^2}{ax+b}\right) + C$;

(9) $\int \frac{\mathrm{d}x}{x(ax+b)^2} = \frac{1}{b(ax+b)} - \frac{1}{b^2}\ln\left|\frac{ax+b}{x}\right| + C$.

二、含有 $\sqrt{ax+b}$ 的积分($a\neq 0$)

(1) $\int \sqrt{ax+b}\,\mathrm{d}x = \frac{2}{3a}\sqrt{(ax+b)^3} + C$;

(2) $\int x\sqrt{ax+b}\,\mathrm{d}x = \frac{2}{15a^2}(3ax-2b)\sqrt{(ax+b)^3} + C$;

(3) $\int x^2\sqrt{ax+b}\,\mathrm{d}x = \frac{2}{105a^3}(15a^2x^2-12abx+8b^2)\sqrt{(ax+b)^3} + C$;

(4) $\int \frac{x}{\sqrt{ax+b}}\mathrm{d}x = \frac{2}{3a^2}(ax-2b)\sqrt{ax+b} + C$;

(5) $\int \frac{x^2}{\sqrt{ax+b}}\mathrm{d}x = \frac{2}{15a^3}(3a^2x^2-4abx+8b^2)\sqrt{ax+b} + C$;

(6) $$\int \frac{\mathrm{d}x}{x\sqrt{ax+b}} = \begin{cases} \frac{1}{\sqrt{b}}\ln\left|\frac{\sqrt{ax+b}-\sqrt{b}}{\sqrt{ax+b}+\sqrt{b}}\right| + C & (b>0) \\ \frac{2}{\sqrt{-b}}\arctan\sqrt{\frac{ax+b}{-b}} + C & (b<0) \end{cases};$$

(7) $\int \frac{\mathrm{d}x}{x^2\sqrt{ax+b}} = -\frac{\sqrt{ax+b}}{bx} - \frac{a}{2b}\int \frac{\mathrm{d}x}{x\sqrt{ax+b}}$;

(8) $\int \frac{\sqrt{ax+b}}{x}\mathrm{d}x = 2\sqrt{ax+b} + b\int \frac{\mathrm{d}x}{x\sqrt{ax+b}}$;

(9) $\int \frac{\sqrt{ax+b}}{x^2}\mathrm{d}x = -\frac{\sqrt{ax+b}}{x} + \frac{a}{2}\int \frac{\mathrm{d}x}{x\sqrt{ax+b}}$.

三、含有 $x^2 \pm a^2$ 的积分

(1) $\int \frac{\mathrm{d}x}{x^2+a^2} = \frac{1}{a}\arctan\frac{x}{a} + C$;

(2) $\int \frac{\mathrm{d}x}{(x^2+a^2)^n} = \frac{x}{2(n-1)a^2(x^2+a^2)^{n-1}} + \frac{2n-3}{2(n-1)a^2}\int \frac{\mathrm{d}x}{(x^2+a^2)^{n-1}}$;

(3) $\int \frac{dx}{x^2 - a^2} = \frac{1}{2a}\ln\left|\frac{x-a}{x+a}\right| + C.$

四、含有 ax^2+b 的积分

(1) $$\int \frac{dx}{ax^2+b} = \begin{cases} \frac{1}{\sqrt{ab}}\arctan\sqrt{\frac{a}{b}}x + C & (b>0) \\ \frac{1}{2\sqrt{-ab}}\ln\left|\frac{\sqrt{a}x - \sqrt{-b}}{\sqrt{a}x + \sqrt{-b}}\right| + C & (b<0) \end{cases};$$

(2) $\int \frac{x}{ax^2+b}dx = \frac{1}{2a}\ln|ax^2+b| + C;$

(3) $\int \frac{x^2}{ax^2+b}dx = \frac{x}{a} - \frac{b}{a}\int\frac{dx}{ax^2+b};$

(4) $\int \frac{dx}{x(ax^2+b)} = \frac{1}{2b}\ln\frac{x^2}{|ax^2+b|} + C;$

(5) $\int \frac{dx}{x^2(ax^2+b)} = -\frac{1}{bx} - \frac{a}{b}\int\frac{dx}{ax^2+b};$

(6) $\int \frac{dx}{x^3(ax^2+b)} = \frac{a}{2b^2}\ln\frac{|ax^2+b|}{x^2} - \frac{1}{2bx^2} + C;$

(7) $\int \frac{dx}{(ax^2+b)^2} = \frac{x}{2b(ax^2+b)} + \frac{1}{2b}\int\frac{dx}{ax^2+b}.$

五、含有 $ax^2+bx+c(a>0)$ 的积分

(1) $$\int \frac{dx}{ax^2+bx+c} = \begin{cases} \frac{2}{\sqrt{4ac-b^2}}\arctan\frac{2ax+b}{\sqrt{4ac-b^2}} + C & (b^2<4ac) \\ \frac{1}{\sqrt{b^2-4ac}}\ln\left|\frac{2ax+b-\sqrt{b^2-4ac}}{2ax+b+\sqrt{b^2-4ac}}\right| + C & (b^2>4ac) \end{cases};$$

(2) $\int \frac{x}{ax^2+bx+c}dx = \frac{1}{2a}\ln|ax^2+bx+c| - \frac{b}{2a}\int\frac{dx}{ax^2+bx+c}.$

六、含有 $\sqrt{x^2+a^2}\,(a>0)$ 的积分

(1) $\int \frac{dx}{\sqrt{x^2+a^2}} = \ln(x+\sqrt{x^2+a^2}) + C;$

(2) $\int \frac{dx}{\sqrt{(x^2+a^2)^3}} = \frac{x}{a^2\sqrt{x^2+a^2}} + C;$

(3) $\int \frac{x}{\sqrt{x^2+a^2}}dx = \sqrt{x^2+a^2} + C;$

(4) $\int \frac{x}{\sqrt{(x^2+a^2)^3}}dx = -\frac{1}{\sqrt{x^2+a^2}} + C;$

(5) $\int \frac{x^2}{\sqrt{x^2+a^2}}\mathrm{d}x = \frac{x}{2}\sqrt{x^2+a^2} - \frac{a^2}{2}\ln(x+\sqrt{x^2+a^2}) + C$;

(6) $\int \frac{x^2}{\sqrt{(x^2+a^2)^3}}\mathrm{d}x = -\frac{x}{\sqrt{x^2+a^2}} + \ln(x+\sqrt{x^2+a^2}) + C$;

(7) $\int \frac{\mathrm{d}x}{x\sqrt{x^2+a^2}} = \frac{1}{a}\ln\frac{\sqrt{x^2+a^2}-a}{|x|} + C$;

(8) $\int \frac{\mathrm{d}x}{x^2\sqrt{x^2+a^2}} = -\frac{\sqrt{x^2+a^2}}{a^2x} + C$;

(9) $\int \sqrt{x^2+a^2}\,\mathrm{d}x = \frac{x}{2}\sqrt{x^2+a^2} + \frac{a^2}{2}\ln(x+\sqrt{x^2+a^2}) + C$;

(10) $\int \sqrt{(x^2+a^2)^3}\,\mathrm{d}x = \frac{x}{8}(2x^2+5a^2)\sqrt{x^2+a^2} + \frac{3}{8}a^4\ln(x+\sqrt{x^2+a^2}) + C$;

(11) $\int x\sqrt{x^2+a^2}\,\mathrm{d}x = \frac{1}{3}\sqrt{(x^2+a^2)^3} + C$;

(12) $\int x^2\sqrt{x^2+a^2}\,\mathrm{d}x = \frac{x}{8}(2x^2+a^2)\sqrt{x^2+a^2} - \frac{1}{8}a^4\ln(x+\sqrt{x^2+a^2}) + C$;

(13) $\int \frac{\sqrt{x^2+a^2}}{x}\mathrm{d}x = \sqrt{x^2+a^2} + a\ln\frac{\sqrt{x^2+a^2}-a}{|x|} + C$;

(14) $\int \frac{\sqrt{x^2+a^2}}{x^2}\mathrm{d}x = -\frac{\sqrt{x^2+a^2}}{x} + \ln(x+\sqrt{x^2+a^2}) + C$.

七、含有 $\sqrt{x^2-a^2}\,(a>0)$ 的积分

(1) $\int \frac{\mathrm{d}x}{\sqrt{x^2-a^2}} = \ln|x+\sqrt{x^2-a^2}| + C$;

(2) $\int \frac{\mathrm{d}x}{\sqrt{(x^2-a^2)^3}} = -\frac{x}{a^2\sqrt{x^2-a^2}} + C$;

(3) $\int \frac{x}{\sqrt{x^2-a^2}}\mathrm{d}x = \sqrt{x^2-a^2} + C$;

(4) $\int \frac{x}{\sqrt{(x^2-a^2)^3}}\mathrm{d}x = -\frac{1}{\sqrt{x^2-a^2}} + C$;

(5) $\int \frac{x^2}{\sqrt{x^2-a^2}}\mathrm{d}x = \frac{x}{2}\sqrt{x^2-a^2} + \frac{a^2}{2}\ln|x+\sqrt{x^2-a^2}| + C$;

(6) $\int \frac{x^2}{\sqrt{(x^2-a^2)^3}}\mathrm{d}x = -\frac{x}{\sqrt{x^2-a^2}} + \ln|x+\sqrt{x^2-a^2}| + C$;

(7) $\int \frac{\mathrm{d}x}{x\sqrt{x^2-a^2}} = \frac{1}{a}\arccos\frac{a}{|x|} + C$;

(8) $\int \frac{dx}{x^2\sqrt{x^2-a^2}} = \frac{\sqrt{x^2-a^2}}{a^2 x} + C$;

(9) $\int \sqrt{x^2-a^2}dx = \frac{x}{2}\sqrt{x^2-a^2} - \frac{a^2}{2}\ln|x+\sqrt{x^2-a^2}| + C$;

(10) $\int \sqrt{(x^2-a^2)^3}dx = \frac{x}{8}(2x^2-5a^2)\sqrt{x^2-a^2} + \frac{3}{8}a^4\ln|x+\sqrt{x^2-a^2}| + C$;

(11) $\int x\sqrt{x^2-a^2}dx = \frac{1}{3}\sqrt{(x^2-a^2)^3} + C$;

(12) $\int x^2\sqrt{x^2-a^2}dx = \frac{x}{8}(2x^2-a^2)\sqrt{x^2-a^2} - \frac{1}{8}a^4\ln|x+\sqrt{x^2-a^2}| + C$;

(13) $\int \frac{\sqrt{x^2-a^2}}{x}dx = \sqrt{x^2-a^2} - a\arccos\frac{a}{|x|} + C$;

(14) $\int \frac{\sqrt{x^2-a^2}}{x^2}dx = -\frac{\sqrt{x^2-a^2}}{x} + \ln|x+\sqrt{x^2-a^2}| + C$.

八、含有 $\sqrt{a^2-x^2}(a>0)$ 的积分

(1) $\int \frac{dx}{\sqrt{a^2-x^2}} = \arcsin\frac{x}{a} + C$;

(2) $\int \frac{dx}{\sqrt{(a^2-x^2)^3}} = \frac{x}{a^2\sqrt{a^2-x^2}} + C$;

(3) $\int \frac{x}{\sqrt{a^2-x^2}}dx = -\sqrt{a^2-x^2} + C$;

(4) $\int \frac{x}{\sqrt{(a^2-x^2)^3}}dx = \frac{1}{\sqrt{a^2-x^2}} + C$;

(5) $\int \frac{x^2}{\sqrt{a^2-x^2}}dx = -\frac{x}{2}\sqrt{a^2-x^2} + \frac{a^2}{2}\arcsin\frac{x}{a} + C$;

(6) $\int \frac{x^2}{\sqrt{(a^2-x^2)^3}}dx = \frac{x}{\sqrt{a^2-x^2}} - \arcsin\frac{x}{a} + C$;

(7) $\int \frac{dx}{x\sqrt{a^2-x^2}} = \frac{1}{a}\ln\frac{a-\sqrt{a^2-x^2}}{|x|} + C$;

(8) $\int \frac{dx}{x^2\sqrt{a^2-x^2}} = -\frac{\sqrt{a^2-x^2}}{a^2 x} + C$;

(9) $\int \sqrt{a^2-x^2}dx = \frac{x}{2}\sqrt{a^2-x^2} + \frac{a^2}{2}\arcsin\frac{x}{a} + C$;

(10) $\int \sqrt{(a^2-x^2)^3}dx = \frac{x}{8}(5a^2-2x^2)\sqrt{a^2-x^2} + \frac{3}{8}a^4\arcsin\frac{x}{a} + C$;

(11) $\int x\sqrt{a^2-x^2}dx = -\frac{1}{3}\sqrt{(a^2-x^2)^3}+C$;

(12) $\int x^2\sqrt{a^2-x^2}dx = \frac{x}{8}(2x^2-a^2)\sqrt{a^2-x^2}+\frac{a^4}{8}\arcsin\frac{x}{a}+C$;

(13) $\int \frac{\sqrt{a^2-x^2}}{x}dx = \sqrt{a^2-x^2}+a\ln\frac{a-\sqrt{a^2-x^2}}{|x|}+C$;

(14) $\int \frac{\sqrt{a^2-x^2}}{x^2}dx = -\frac{\sqrt{a^2-x^2}}{x}-\arcsin\frac{x}{a}+C$.

九、含有三角函数的积分

(1) $\int \sin x dx = -\cos x + C$;

(2) $\int \cos x dx = \sin x + C$;

(3) $\int \tan x dx = -\ln|\cos x| + C$;

(4) $\int \cot x dx = \ln|\sin x| + C$;

(5) $\int \sec x dx = \ln|\sec x + \tan x| + C$;

(6) $\int \csc x dx = \ln|\csc x - \cot x| + C$;

(7) $\int \sec^2 x dx = \tan x + C$;

(8) $\int \csc^2 x dx = -\cot x + C$;

(9) $\int \sec x \tan x dx = \sec x + C$;

(10) $\int \csc x \cot x = -\csc x + C$;

(11) $\int \sin^2 x dx = \frac{x}{2}-\frac{1}{4}\sin 2x + C$;

(12) $\int \cos^2 x dx = \frac{x}{2}+\frac{1}{4}\sin 2x + C$;

(13) $\int \sin^n x dx = -\frac{1}{n}\sin^{n-1}x\cos x+\frac{n-1}{n}\int \sin^{n-2}x dx$;

(14) $\int \cos^n x dx = \frac{1}{n}\cos^{n-1}x\sin x+\frac{n-1}{n}\int \cos^{n-2}x dx$;

(15) $\int \frac{dx}{\sin^n x} = -\frac{1}{n-1}\cdot\frac{\cos x}{\sin^{n-1}x}+\frac{n-2}{n-1}\int\frac{dx}{\sin^{n-2}x}$;

(16) $\int \frac{dx}{\cos^n x} = \frac{1}{n-1} \cdot \frac{\sin x}{\cos^{n-1} x} + \frac{n-2}{n-1}\int \frac{dx}{\cos^{n-2} x}$;

(17) $\int \sin ax \cos bx dx = -\frac{1}{2(a+b)}\cos(a+b)x - \frac{1}{2(a-b)}\cos(a-b)x + C$;

(18) $\int \sin ax \sin bx dx = -\frac{1}{2(a+b)}\sin(a+b)x + \frac{1}{2(a-b)}\sin(a-b)x + C$;

(19) $\int \cos ax \cos bx dx = \frac{1}{2(a+b)}\sin(a+b)x + \frac{1}{2(a-b)}\sin(a-b)x + C$;

(20) $\int \frac{dx}{a^2\cos^2 x + b^2\sin^2 x} = \frac{1}{ab}\arctan\left(\frac{b}{a}\tan x\right) + C$;

(21) $\int \frac{dx}{a^2\cos^2 x - b^2\sin^2 x} = \frac{1}{2ab}\ln\left|\frac{b\tan x + a}{b\tan x - a}\right| + C$;

(22) $\int x \sin ax dx = \frac{1}{a^2}\sin ax - \frac{1}{a}x\cos ax + C$;

(23) $\int x^2 \sin ax dx = -\frac{1}{a}x^2\cos ax + \frac{2}{a^2}x\sin ax + \frac{2}{a^3}\cos ax + C$;

(24) $\int x \cos ax dx = \frac{1}{a^2}\cos ax + \frac{1}{a}x\sin ax + C$;

(25) $\int x^2 \cos ax dx = \frac{1}{a}x^2\sin ax + \frac{2}{a^2}x\cos ax - \frac{2}{a^3}\sin ax + C$.

十、含有反三角函数的积分(其中 $a>0$)

(1) $\int \arcsin\frac{x}{a}dx = x\arcsin\frac{x}{a} + \sqrt{a^2-x^2} + C$;

(2) $\int x\arcsin\frac{x}{a}dx = \left(\frac{x^2}{2} - \frac{a^2}{4}\right)\arcsin\frac{x}{a} + \frac{x}{4}\sqrt{a^2-x^2} + C$;

(3) $\int x^2\arcsin\frac{x}{a}dx = \frac{x^3}{3}\arcsin\frac{x}{a} + \frac{1}{9}(x^2+2a^2)\sqrt{a^2-x^2} + C$;

(4) $\int \arccos\frac{x}{a}dx = x\arccos\frac{x}{a} - \sqrt{a^2-x^2} + C$;

(5) $\int x\arccos\frac{x}{a}dx = \left(\frac{x^2}{2} - \frac{a^2}{4}\right)\arccos\frac{x}{a} - \frac{x}{4}\sqrt{a^2-x^2} + C$;

(6) $\int x^2\arccos\frac{x}{a}dx = \frac{x^3}{3}\arccos\frac{x}{a} - \frac{1}{9}(x^2+2a^2)\sqrt{a^2-x^2} + C$;

(7) $\int \arctan\frac{x}{a}dx = x\arctan\frac{x}{a} - \frac{a}{2}\ln(a^2+x^2) + C$;

(8) $\int x\arctan\frac{x}{a}dx = \frac{1}{2}(a^2+x^2)\arctan\frac{x}{a} - \frac{a}{2}x + C$;

(9) $\int x^2\arctan\frac{x}{a}dx = \frac{x^3}{3}\arctan\frac{x}{a} - \frac{a}{6}x^2 + \frac{a^3}{6}\ln(a^2+x^2) + C$.

十一、含有指数函数的积分

(1) $\int a^x dx = \frac{1}{\ln a} a^x + C$;

(2) $\int e^{ax} dx = \frac{1}{a} e^{ax} + C$;

(3) $\int x e^{ax} dx = \frac{1}{a^2}(ax - 1) e^{ax} + C$;

(4) $\int x^n e^{ax} dx = \frac{1}{a} x^n e^{ax} - \frac{n}{a} \int x^{n-1} e^{ax} dx$;

(5) $\int x a^x dx = \frac{x}{\ln a} a^x - \frac{1}{(\ln a)^2} a^x + C$;

(6) $\int x^n a^x dx = \frac{1}{\ln a} x^n a^x - \frac{n}{\ln a} \int x^{n-1} a^x dx$;

(7) $\int e^{ax} \sin bx dx = \frac{1}{a^2 + b^2} e^{ax}(a \sin bx - b \cos bx) + C$;

(8) $\int e^{ax} \cos bx dx = \frac{1}{a^2 + b^2} e^{ax}(b \sin bx + a \cos bx) + C$;

(9) $\int e^{ax} \sin^n bx dx = \frac{1}{a^2 + b^2 n^2} e^{ax} \sin^{n-1} bx(a \sin bx - nb \cos bx) + \frac{n(n-1)b^2}{a^2 + b^2 n^2} \int e^{ax} \sin^{n-2} bx dx$;

(10) $\int e^{ax} \cos^n bx dx = \frac{1}{a^2 + b^2 n^2} e^{ax} \cos^{n-1} bx(a \cos bx + nb \sin bx) + \frac{n(n-1)b^2}{a^2 + b^2 n^2} \int e^{ax} \cos^{n-2} bx dx$.

十二、含有对数函数的积分

(1) $\int \ln x dx = x \ln x - x + C$;

(2) $\int \frac{dx}{x \ln x} = \ln |\ln x| + C$;

(3) $\int x^n \ln x dx = \frac{1}{n+1} x^{n+1} \left(\ln x - \frac{1}{n+1} \right) + C$;

(4) $\int (\ln x)^n dx = x (\ln x)^n - n \int (\ln x)^{n-1} dx$;

(5) $\int x^m (\ln x)^n dx = \frac{1}{m+1} x^{m+1} (\ln x)^n - \frac{n}{m+1} \int x^m (\ln x)^{n-1} dx$.

十三、定积分

(1) $\int_{-\pi}^{\pi} \cos nx dx = \int_{-\pi}^{\pi} \sin nx dx = 0$;

(2) $\int_{-\pi}^{\pi} \cos mx \sin nx dx = 0$;

(3) $\int_{-\pi}^{\pi} \cos mx \cos nx dx = \begin{cases} 0, m \neq n \\ \pi, m = n \end{cases}$;

(4) $\int_{-\pi}^{\pi}\sin mx\sin nx\mathrm{d}x=\begin{cases}0, m\neq n\\ \pi, m=n\end{cases}$;

(5) $\int_{0}^{\pi}\sin mx\sin nx\mathrm{d}x=\int_{0}^{\pi}\cos mx\cos nx\mathrm{d}x=\begin{cases}0, m\neq n\\ \dfrac{\pi}{2}, m=n\end{cases}$;

(6) $I_n=\int_{0}^{\frac{\pi}{2}}\sin^n x\mathrm{d}x=\int_{0}^{\frac{\pi}{2}}\cos^n x\mathrm{d}x$;

$$I_n=\frac{n-1}{n}I_{n-2}=\begin{cases}\dfrac{n-1}{n}\cdot\dfrac{n-3}{n-2}\cdots\dfrac{4}{5}\cdot\dfrac{2}{3}\quad (n\text{ 为大于 1 的奇数}), I_1=1\\ \dfrac{n-1}{n}\cdot\dfrac{n-3}{n-2}\cdots\dfrac{3}{4}\cdot\dfrac{1}{2}\cdot\dfrac{\pi}{2}\quad (n\text{ 为正偶数}), I_0=\dfrac{\pi}{2}\end{cases}.$$

参考文献

[1] 同济大学数学系.高等数学[M].6版.北京:高等教育出版社,2011.

[2] Ross L Finney,Maurice D Weir.托马斯微积分[M].10版.叶其孝,王耀东,唐兢,译.北京:高等教育出版社,2003.

[3] 郭镜明,韩云瑞,章栋恩,等.美国微积分教材精粹选编[M].北京:高等教育出版社,2012.

[4] 上海高校《高等数学》编写组.高等数学[M].4版.上海:上海科学技术出版社,2001.

[5] 四川大学数学系高等数学教研室.高等数学[M].3版.北京:高等教育出版社,1995.

[6] 刘群,杜瑞燕.经济数学——微积分[M].北京:清华大学出版社,2011.

[7] 刘森石,等.高等数学[M].2版.北京:国防科技大学出版社,2000.

[8] 刘忠东,罗贤强,等.微积分[M].北京:中国传媒大学出版社,2010.

[9] 李文林.数学史概论[M].2版.北京:高等教育出版社,2002.

[10] Dunham W.微积分的历程:从牛顿到勒贝格[M].李伯民,汪军,张怀勇,译.北京:人民邮电出版社,2010.

[11] 王亚凌,廖建光.高等数学:课程思政改革版[M].北京:北京理工大学出版社,2019.